中等职业教育机电类专业改革创新示范教材

车工技能项目训练

主　编　王爱国
副主编　陈海华　徐　吴　陈旭彬
参　编　齐荣波　李建波　田文君　杜丙科
刘国柱　沈　健　刘　军　林将毅
胡蓉蓉　姚志刚　卢　东　徐　敏
谢宜路　商建方
主　审　陈定定　童燕波

机 械 工 业 出 版 社

本书根据国家中等职业教育改革发展示范学校建设的相关精神和实践，借鉴国内外先进的职业教育理念、模式和方法，并参照相关国家职业标准和行业职业技能鉴定规范，采用项目式教学的模式编写而成。本书共有八个项目，包括认识卧式车床、车削轴类零件、车削套类零件、车削沟槽、车削圆锥面、加工成形面、车削螺纹、车削复杂零件，每个项目下又包含若干个任务。书后附录安排了产教结合案例等。本书图文并茂、形象直观、简明扼要、通俗易懂，内容安排由浅入深、层层推进、环环相扣。

本书可作为中等职业学校普通车工课程教材，也可作为车工技能等级考试的教学用书或车工岗位培训用书，还可供相关工程技术人员参考。

图书在版编目（CIP）数据

车工技能项目训练/王爱国主编. —北京：机械工业出版社，2012.7（2024.8 重印）
中等职业教育机电类专业改革创新示范教材
ISBN 978 -7 -111 -39163 -0

Ⅰ.①车…　Ⅱ.①王…　Ⅲ.①车削 - 中等专业学校 - 教材　Ⅳ.①TG51

中国版本图书馆 CIP 数据核字（2012）第 160465 号

机械工业出版社（北京市百万庄大街 22 号　邮政编码 100037）
策划编辑：汪光灿　责任编辑：汪光灿　王海霞　版式设计：霍永明
责任校对：闫玥红　封面设计：张　静　责任印制：单爱军
北京虎彩文化传播有限公司印刷
2024 年 8 月第 1 版第 6 次印刷
184mm × 260mm · 22 印张 · 546 千字
标准书号：ISBN 978-7-111-39163-0
定价：58.00 元

电话服务
客服电话：010- 88361066
010-88379833
010-68326294

网络服务
机　工　官　网：www.cmpbook.com
机　工　官　博：weibo.com/cmp1952
金　书　网：www.golden-book.com
机工教育服务网：www.cmpedu.com

序

数字化工厂作为新型制造技术与系统是制造业迎接未来挑战的有效手段。数字化工厂根据市场需求，通过数字化设计、数字化工艺系统与数字化制造装备、车间的数字化仿真与制造执行系统等的集成来实现整个工厂的数字化。数字化工厂将会成为越来越多制造企业的选择。

本套书是中等职业教育基于数字化工厂人才培养模式的工作过程系统化、行动导向课程教材。它以企业需求为基本依据，以就业为导向，以提高学生全面素质为基础，以能力为本位，并根据数字化生产职业岗位能力要求，结合职业资格技能标准及学生职业生涯发展需要设置课程和教学环节。采用理论和实践一体化的编写模式，符合职业教育的发展趋势，具有先进性。本套书采用了新的课程标准，在内容上突出了课程体系的实用性和针对性，提高了课程设置上的科学性，充分反映了企业对技能型人才的需求。

本套书将传统的学校实训工场改造成虚拟企业生产车间，建立现代先进制造业需求的数字化教学和实训环境，充分实现课堂与实习地点的一体化，在数字化工厂工作过程系统化教学中，使学生首先对数字化制造的内容和工作环境等有感性的认识，获得与工作岗位和工作过程相关的知识，然后再开始学习专业知识。

宁波市鄞州职业教育中心学校是首批国家示范校建设单位，数控技术应用专业是其重点建设的专业之一。他们在专业建设与专业教学改革方面进行了有益探索和深入实践，取得了丰硕的成果，提出了基于数字化工厂的人才培养模式，按典型工作任务实践项目化教学；按照工作过程系统化的思路，围绕数字化制造的核心职业能力，提炼出若干典型工作任务，精心设计实训项目。从教学项目入手，把现代化的企业生产流程引入实训教学，真实模拟现代企业的生产经营场景。按照产品的真实生产过程组织教学流程：分析产品特点、进行三维造型、形成二维图样、编制生产工艺、生成加工代码、组织零件加工、实施产品组装，实现适应数字化生产需要的人才培养。

本套书共有六册，充分展现了数字化工厂的职业岗位，突出了课堂与实习地点的一体化，学习过程与工作过程的一致性。该套书的出版必定有益于中等职业教育的专业课程建设和技能培训。

浙江大学机械工程学系　教授

浙江大学工程训练中心　主任

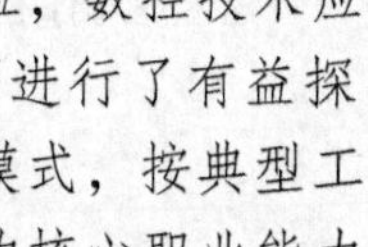

2012. 6. 18

中等职业教育机电类专业改革创新示范教材
编写委员会

前　言

本书根据国家中等职业教育改革发展示范学校建设的相关精神，借鉴国内外先进的职业教育理念、模式和方法，并参照相关国家职业标准和行业职业技能鉴定规范，采用项目式教学的模式编写而成，对普通车工的教学内容进行了大胆的改革。

本书坚持“以服务为宗旨，以能力为本位，以就业为导向”的思想，突出了职业技能教育的特色。本书的主要特点如下：

1）在编写理念上，根据中等职业学校学生的培养目标及认知特点，打破了传统的理论—实践—再理论的认知规律，代之以实践—理论—再实践的新认知规律，突出“做中学、学中做”的新型教育理念。

2）在教学思想上，坚持“理实一体”，充分体现“教学做一体化”的教学模式，设置了学习目标、任务描述、任务实施、任务评价、知识链接及知识扩展等环节。在任务实施过程中强调实践与理论的有机统一，技能上力求满足企业的用工需要，理论上做到适度、够用。在任务评价中融入了对职业技能和职业素养的要求，任务的选择体现了梯度性的特点，能有效地减少实训耗材的支出，降低实训成本，体现出了适应职业岗位需求的知识技能。

3）在教学内容上，充分考虑学生的认知规律，强调由浅入深、循序渐进，力求在教学内容上做到学生“能学”和“乐学”。同时，在内容编排上打破了原有的理论框架，对内容进行整合、取舍和补充，简化原理性的描述，尽量以图表的形式将复杂的内容形象化，由实践操作的需要引出理论知识的讲解，充分适应和迎合学生的学习习惯。

本书共有八个教学项目，前七个项目符合国家职业技能鉴定普通车工中级工的考核要求，项目八及书后附录为选择性或针对性教学内容。应用本教材教学时，可根据学校自身的教学资源以及学校对教学内容、课时的要求酌情进行调整与删选。书中的工艺过程仅供参考，实际教学中可灵活应用。

本书由鄞州职业教育中心学校王爱国任主编，陈海华、徐吴、陈旭彬任副主编，陈定定、童燕波任主审。王爱国编写了项目一和项目二，陈海华编写了项目八和附录，徐吴编写了项目四的任务二和项目七的任务二、三、四、五，陈旭彬编写了项目三和项目四的任务一、任务三，齐荣波编写了项目六，李建波编写了项目五，田文君编写了项目七的任务一。

在编写本书的过程中，得到了有关领导的大力支持和杜丙科、刘国柱、沈健、刘军、林将毅、胡蓉蓉、姚志刚、卢东、徐敏、谢宜路、商建方等教师的帮助，在此对他们付出的辛勤劳动表示感谢。

由于本书对原有的车工教学内容进行了一次重组，是对教学内容和教学方式的一次创新尝试，再加上编者水平所限，书中难免有缺点和错误，恳切希望广大师生和读者提出宝贵意见，以便编者不断修改完善。

编　者

目　　录

项目一 认识卧式车床

任务一 卧式车床的加工内容

学习目标

1. 能正确判别卧式车床的加工内容。
2. 能根据实物图和零件图正确选择卧式车床的加工内容。
3. 能根据实物图和零件图选择合适的金属切削加工机床。

友情提示：建议用 3 学时完成本学习任务。

任务描述

在现实生活中，复杂的机器大都由各种轴类、套类、盘类、齿轮类和箱体类等零件装配而成，这些不同种类的零件是由不同工种的工人分别加工而成的。随着科学技术的发展，尽管有些机器零件已可以由铸造或冷挤压等方法来制造，但绝大多数零件还离不开金属切削加工。金属切削加工是指利用工件和刀具之间的相对（切削）运动，用刀具上的切削刃切除工件上的多余金属层，从而获得具有一定加工质量的零件的过程。一般机械工厂中大多设有铸、锻、车、铣、刨、磨和钳等工种，因此学生根据零件图样加工零件时，首先要选择合适的加工设备。车削加工是指在卧式车床（图 1-1）上，利用刀具与工件之间的相对切削运动，来改变毛坯的尺寸和形状，使之成为零件的加工过程。车削是金属切削加工中最为常用的、最基本的加工方法，且卧式车床占金属切削机床总数的一半左右，故其在机械加工中占有重要的地位。

图 1-1 卧式车床

车削加工可完成的工作内容多，应用广泛，一般公差等级在 IT8 以下，表面粗糙度值在 $Ra1.6\mu m$ 以上的旋转表面均可在卧式车床上加工。卧式车床的加工内容如图 1-2 所示。

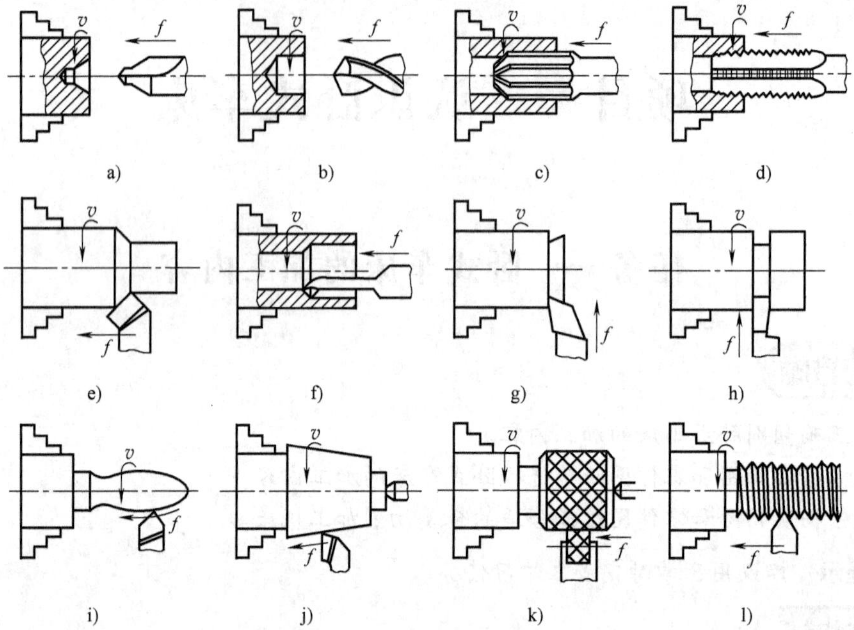

图 1-2　卧式车床的加工内容

a）钻中心孔　b）钻孔　c）铰孔　d）攻螺纹　e）车外圆　f）镗孔　g）车端面　h）切槽　i）车成形面　j）车锥面　k）滚花　l）车螺纹

知识链接

知识链接一　卧式车床的加工精度

车削加工的尺寸精度范围较宽，一般可达 IT12 ~ IT7，精车时可达 IT6 ~ IT5；表面粗糙度 *Ra*（轮廓算术平均高度）值的范围一般是 6.3 ~ 0.8μm，见表 1-1。表面粗糙度值对照样块如图 1-3 所示。

表 1-1　常用车削精度与相应表面粗糙度值

加工类别	加工精度	相应表面粗糙度值 *Ra*/μm	标注代号	表面特征
粗车	IT12 IT11	25 ~ 50 12.5	Ra 25、Ra 50 Ra 12.5	可见明显刀痕 可见刀痕
半精车	IT10 IT9	6.3 3.2	Ra 6.3 Ra 3.2	可见加工痕迹 微见加工痕迹
精车	IT8 IT7	1.6 0.8	Ra 1.6 Ra 0.8	不见加工痕迹 可辨加工痕迹方向
精细车	IT6 IT5	0.4 0.2	Ra 0.4 Ra 0.2	微辨加工痕迹方向 不辨加工痕迹

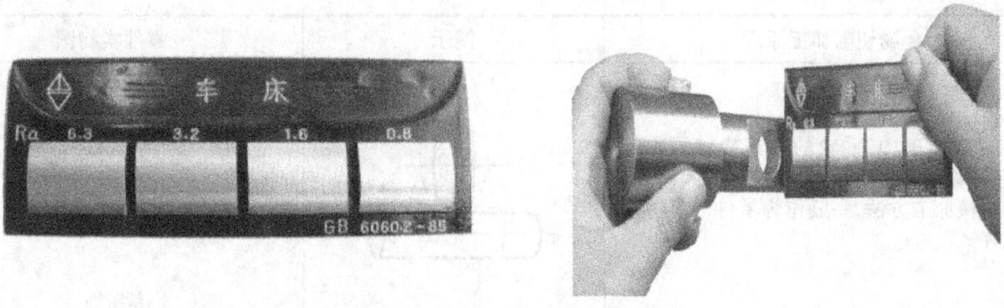

图 1-3　表面粗糙度值对照样块

知识链接二　常用金属切削加工技术

金属切削的加工范围很广，凡是利用机械设备对工件进行切削加工的过程都属于金属切削加工，如车削、铣削、刨削和磨削等，见表 1-2。

表 1-2　常用金属切削加工技术

种类	金属切削加工原理	图示	零件实物图
车削	在车削加工中，一般工件旋转是主运动，刀具移动是进给运动。凡是具有回转体表面的工件都可以在卧式车床上用车削的方法进行加工		 螺纹轴
铣削	在铣削加工中，刀具旋转是主运动，工件移动是进给运动。在铣床上可以加工各种沟槽、平面和成形面等		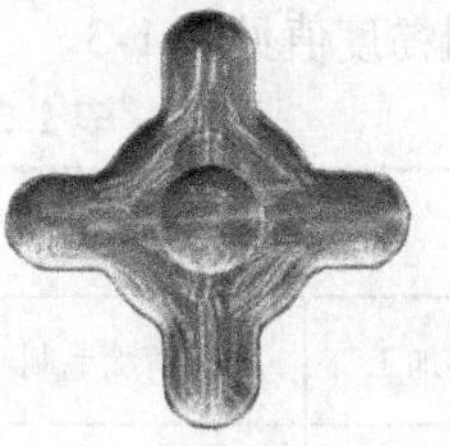 十字槽
刨削	在刨削加工中，刀具往复移动是主运动，工件横向或上、下移动是进给运动。刨削主要加工精度要求不高的平面和沟槽等	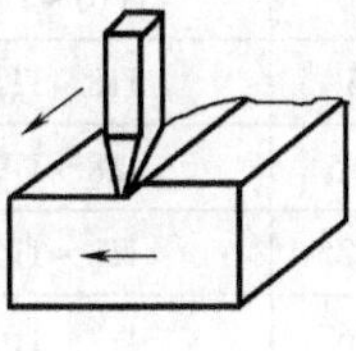	 平板

（续）

种类	金属切削加工原理	图示	零件实物图
磨削	在磨削加工中，砂轮的高速旋转为主运动，工件移动为进给运动。磨削是一种较精密的机械加工方法，一般作为零件的最终加工工序	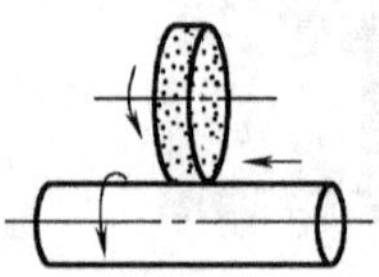	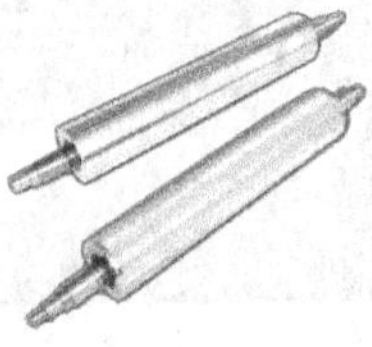 精密轴

任务解析

（1）情景预演　操作者在开始生产前，首先需要根据零件图样选择合适的金属切削机床。

（2）任务分析　金属切削机床选择得不合适，可能出现以下问题：

1）加工效率降低，加工时间增长。

2）加工成本提高。

3）加工难度增大。

（3）任务小结　金属切削机床的选择是操作者加工零件前需要掌握的最基本的技能之一，通过本任务的学习，学生可以掌握基本的金属切削机床的选择方法，为合理加工零件奠定扎实的基础。

知识拓展

各种金属切削加工方法的加工精度

经金属切削机床加工后，零件的尺寸、形状、位置等参数的实际数值与设计理想值的符合程度称为机械加工精度，简称加工精度。各种金属切削加工方法所能达到的公差等级和表面粗糙度值见表1-3。

表1-3　不同切削加工方法所能达到的公差等级和表面粗糙度值

表面特征		表面粗糙度值 $Ra/\mu m$	公差等级	加工方法	应用
不加工	清除毛刺		IT16 ~ IT14		铸件、锻件、焊接件、冲压件
粗加工	明显可见刀痕	≤80	IT13 ~ IT10	粗车、粗刨、粗铣、钻、毛锉、锯断	非配合尺寸或不重要的配合
	可见刀痕	≤40	IT10		用于一般要求，主要是长度尺寸的配合
	微见刀痕	≤20	IT10 ~ IT8		
半精加工	可见加工痕迹	≤10	IT10 ~ IT8	半精车、精车、精刨、精铣、粗磨	重要配合
	微见加工痕迹	≤5	IT8 ~ IT7		
	不见加工痕迹	≤2.5	IT8 ~ IT7		
精加工	可辨加工痕迹方向	≤1.25	IT8 ~ IT6	精车、精刨、精磨、铰	
	微辨加工痕迹方向	≤0.63	IT7 ~ IT6		精密配合
	不辨加工痕迹方向	≤0.32	IT7 ~ IT6		

（续）

表面特征		表面粗糙度值 $Ra/\mu m$	公差等级	加工方法	应用
超精加工	暗光泽面	≤0.16	IT6 ~ IT5	精磨、研磨、镜面磨、超精加工	量块、量仪和精密仪表、精密零件的光整加工
	亮光泽面	≤0.08	IT6 ~ IT5		
	镜状光泽面	≤0.04			
	雾状光泽面	≤0.02			
	镜面	≤0.01			

想想练练

想一想

车削加工及其基本加工内容是什么？

练一练

请根据不同的加工内容选择合适的金属切削机床。

滚花______________ 圆柱齿轮______________

管螺纹______________ 超精密表面______________

任务二 认识工具、量具

学习目标

1. 了解车工常用的工具、量具的结构形状。
2. 能正确判别车工常用的工具、量具。
3. 能根据零件图选择车工常用的工具、量具。
4. 能根据不同测量要求，选择不同的测量工具，以保证零件的尺寸精度。

友情提示：建议用3学时完成本学习任务。

任务描述

1. 工具

为了确保加工出合格的零件，必须选用相应的工具进行配合，常用的车工工具有卡盘钥匙、刀架钥匙、加力管（铁管）、扳手（活扳手）、呆扳手、内六角扳手、螺钉旋具、板牙套、回转顶尖、固定顶尖、钻夹头、毛刷、油壶、锤子、铁钩、锉刀和划针盘等，见表1-4。

表1-4 车工常用工具

名称	外观	应用场合
卡盘钥匙		松紧工件

（续）

名称	外　观	应用场合
刀架钥匙	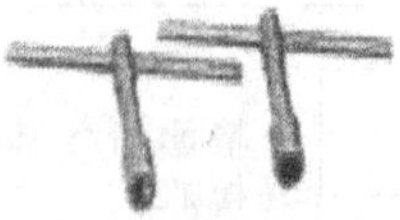	松紧刀具
活扳手		拧紧或旋松螺钉、螺母
钻夹头		夹持中心钻和直柄麻花钻
内六角扳手		拧紧内六角头螺钉
莫氏钻套		将麻花钻和车床尾座锥孔配合
回转顶尖		承受工件的质量与切削时的切削力

2. 量具

为了保证所加工零件的质量，必须使用量具进行测量。用来测量、检验零件尺寸和形状的工具称为量具。量具的种类很多，根据其用途和特点可分为三种类型。

（1）万能量具　这类量具一般都有刻度，在测量范围内可以测量零件形状及尺寸的具体数值，如游标卡尺、千分尺、百分表和游标万能角度尺等。

（2）专用量具　这类量具不能测量出实际尺寸，只能测定零件的形状及尺寸是否合格，如卡规、塞规等。

（3）标准量具　这类量具只能制成某一固定尺寸，通常用来校对和调整其他量具，也可以作为标准与被测量件进行比较，如量块。

测量长度（深度）尺寸的量具有深度游标卡尺、钢直尺、卷尺和游标卡尺等；测量直径（内、外）尺寸的量具有游标卡尺，外径千分尺，内径百分表，内、外卡钳和塞规等；测量槽尺寸的量具有钢直尺、游标卡尺、直角尺、外径千分尺、塞规和卡规等；测量锥体尺寸的量具有游标卡尺、直角尺、游标万能角度尺、莫氏（公制）锥套等；测量成形体尺寸的量具有游标卡尺、千分尺、半径样板、成形样板等；测量螺纹尺寸的量具有游标卡尺、螺纹样板、螺纹牙规、螺纹塞（或环）规、螺纹千分尺和三针等。

车工常用量具见表 1-5。

表 1-5　车工常用量具

名称	外　观	应用场合
游标卡尺		测量工件外径、孔径、长度、深度及沟槽宽度
外径千分尺		测量工件外径
螺纹千分尺	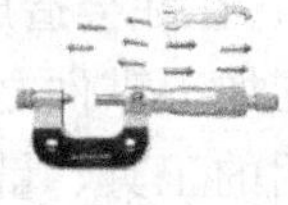	测量外螺纹中径
游标万能角度尺		测量角度
内径百分表	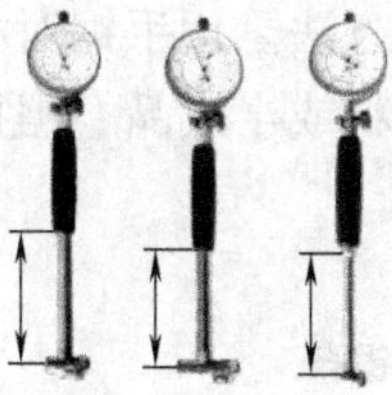	测量工件孔径
螺纹塞(或环)规	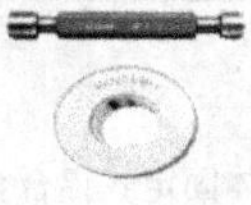	测量内外螺纹精度
半径样板	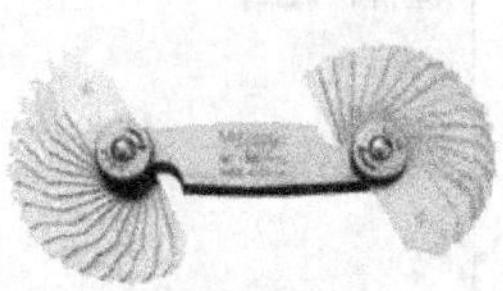	测量圆弧半径
公法线千分尺	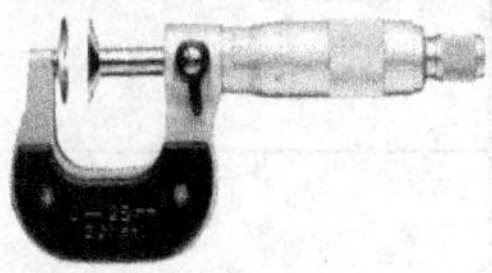	配合三针测量外螺纹中径的精度，测量工件外径、长度、沟槽宽度等

知识链接

知识链接一　长度单位

我国的法定长度单位是米（m），但机械工程图样上所标注的尺寸均以毫米（mm）为单位。机械制图国家标准规定，当图样中的尺寸以毫米为单位时，不需要标注计量单位的代号或名称，如 100 即 100mm，0.002 即 0.002mm。

除法定长度单位外，有时还会用到英制单位。在我国，英制尺寸除了在引进设备和修配旧机器时可能遇到外，已很少使用，但与世界各国一样，管螺纹仍然采用英制尺寸作为单位。机械工程图样上标注的英制尺寸是以英寸（in）为单位的，毫米和英寸的换算关系为 1in = 25.4mm。

任务解析

（1）情景预演　操作者在进行加工前，需要根据零件图样准备合适的工具、量具。

（2）任务分析　由于零件图样中各加工项目的尺寸精度不一致，因此，操作人员需要准备合适的工具和量具，如果检验量具选择得不合适，往往会造成加工时间的延误。

（3）任务小结　工具、量具的选择是操作人员在加工零件之前需要掌握的基本技能之一，通过本任务的学习，学生可以正确选择车工常用的工具、量具，为合理加工零件创造条件。

知识拓展

钳工锯削知识

在车削工件的过程中，有时需要用到锯削加工方法。用手锯对材料或工件进行切断或切槽等的加工方法称为锯削。锯削可以锯断各种原材料或半成品、锯掉工件上的多余部分或在工件上锯槽等。

手锯由锯弓和锯条两部分组成，见表 1-6。

表 1-6　锯弓和锯条

名　称	外　　观	特　　点
整体固定式	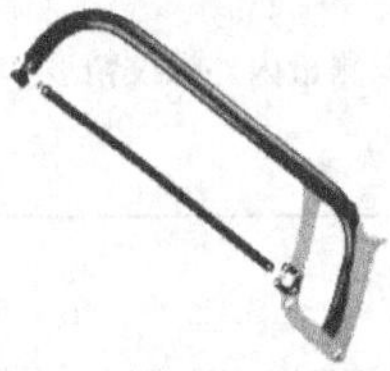	整体固定式铝合金弓身，质量小、刚性好，经久耐用，但价格较高
可调式		通过调整可以安装几种不同长度的锯条
碳素钢锯条	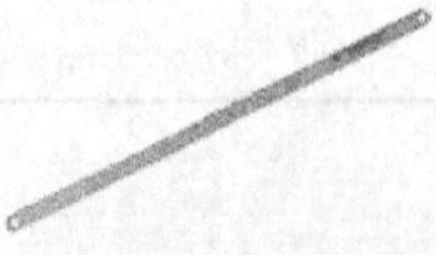	价格便宜，寿命短，使用普遍

1. 锯弓

锯弓用于安装和张紧锯条，有固定式和可调式两种。安装锯条时，应使其齿尖的方向朝前，如图 1-4 所示。

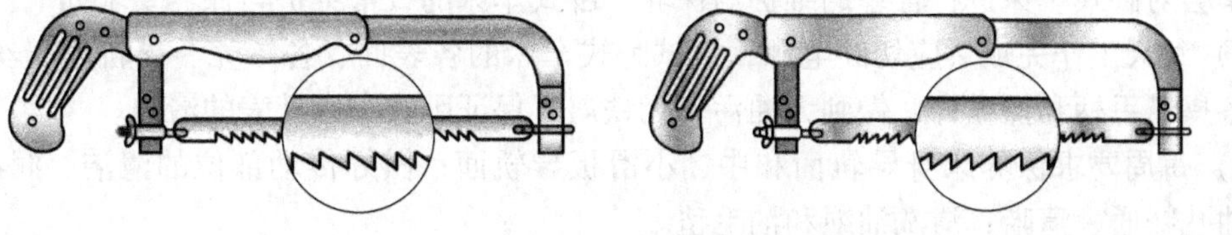

a)　　　　b)

图 1-4　锯条的安装

a）正确　b）错误

2. 锯条

锯条一般用渗碳钢冷轧而成，也可由碳素工具钢或合金钢制成，并经热处理淬硬。锯条的长度是以两端安装孔的中心距来表示的，钳工常用的是长度规格为 300mm 的锯条。锯齿的粗细是以锯条每 25mm 长度内的齿数来表示的，一般分为粗、中、细三种。

想想练练

想一想

1. 在机械工程图样上，长度的法定计量单位是________，5/8in = ________mm。

2. 量具的种类很多，根据其用途和特点可分为________、________、________三种类型。

练一练

写出表 1-7 中各图形的名称。

表 1-7　练一练

	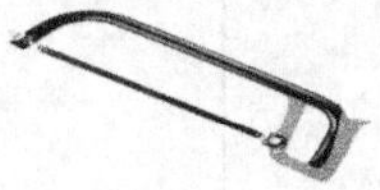	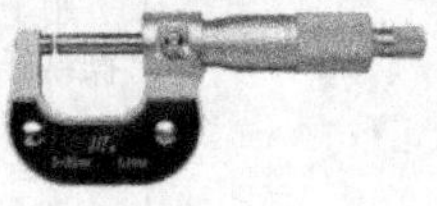

任务三　卧式车床的日常维护保养与“7S”管理

学习目标

1. 了解卧式车床维护、保养的重要意义，能够对卧式车床进行日常维护、保养。
2. 了解“7S”管理的相关知识。
3. 能够对照正确的规范图示执行“7S”标准。
4. 了解车工安全文明生产制度。

友情提示：建议用 3 学时完成本学习任务。

任务描述

为了保证卧式车床的加工精度，延长其使用寿命，保证加工质量，提高生产效率，操作者应学会对卧式车床进行合理的维护与保养。卧式车床的日常维护与保养要求如下：

1）每天工作完成后应切断电源，擦拭卧式车床的各表面、各罩壳、导轨面、丝杠、光杠、各操纵手柄和操纵杆，做到无油污、无铁屑，保证卧式车床外表的清洁。

2）每周要求保养床身导轨面和中、小滑板导轨面；做好传动部位的清洁、润滑工作，要求油孔畅通、清晰；清洗油绳和油毛毡。

卧式车床的润滑方式见表1-8。

表1-8　卧式车床的润滑方式

序号	润滑方式	润滑部位	实　物　图
1	浇油润滑	通常用于外露的滑动表面，如床身导轨面、滑板导轨面	
2	溅油润滑	用于密闭的箱体。例如，溜板箱中的齿轮旋转将油溅到箱体的油箱中，然后流到各润滑点	
3	油绳导油润滑	用于“二杠一杆”（丝杠、光杠、操纵杆）支架的轴承处	
4	弹子油杯注油润滑	用于尾座，中、小滑板手柄，刀架，丝杠、光杠及操纵杆的轴颈	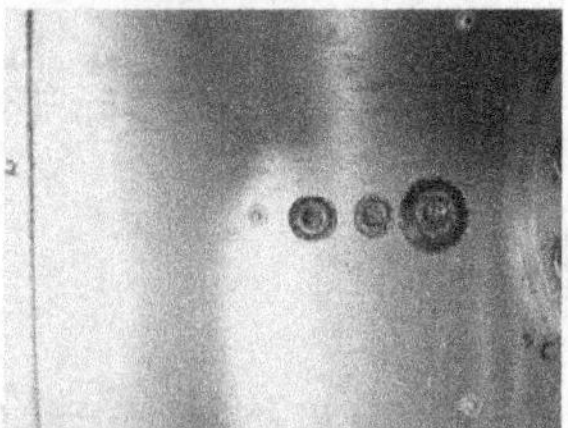
5	润滑脂润滑	用于交换齿轮架的中间轴以及不经常润滑处	

（续）

序号	润滑方式	润滑部位	实物图
6	液压泵输油润滑	用于转速高,需要大量润滑油连续强制润滑的场合,如主轴箱内的许多润滑点	

知识链接

知识链接　“7S”管理

1. 执行“7S”管理的目标

制定安全防护措施，培养学生树立良好的职业道德，养成良好的习惯，以适应现代企业的需求。

2. “7S”管理的内容

（1）整理　整理是改善生产现场管理的第一步。其主要内容是对实训和生产现场的各种物品进行清理，分清哪些是工作现场需要的，哪些是不需要的，对于现场不需要的物品，要坚决将其清理出现场。

（2）整顿　在整理的基础上，对工作现场需要留下的物品进行科学合理的摆放。

1）物品摆放要有固定的地点和区域，以便于寻找和避免混放。

2）物品摆放要科学合理，以减少取放物品的时间，提高工作效率。

3）物品摆放要尽可能目视化，以便做到对某些物品过目知数，易于管理。

（3）清扫　清扫是指对工作场地的设备、工具、物品及地面进行维护、打扫，保持现场的整齐和干净。工作过程中会产生废气、废液、废渣、油污等，使工作现场（包括机器设备）变脏，从而使设备的精度降低，影响产品质量和职工的工作情绪，甚至引发事故。因此，清扫活动不仅清除了脏物，创建了明快、舒畅的工作环境，而且保证了工作的安全、优质、高效。

（4）清洁　清洁是前三项活动的继续和深入，是指进一步清除生产现场的事故隐患，保证操作者有良好的精神状态和稳定的工作情绪。其主要内容有：工作现场不仅要整齐，而且要清洁，要消除混浊空气、粉尘和噪声等污染源；要求操作者着装整洁，仪表自然大方，语言文明。

（5）安全　安全就是要求操作人员按规定穿戴好防护用品，严格遵守安全操作规程，严禁违章操作，提高安全防范意识，发现事故隐患要及时处理。

（6）素质　安全文明实训的核心是培养和提高人员的素质，而职业素质的培养和体现就是创造一个清洁、文明、安全的工作环境。最后，生产现场的人员必须贯彻“安全第一、文明生产”的原则，必须自觉遵守安全、文明实训的生产规程和各项规章制度。

（7）节约　节约是指对时间、空间、能源等方面进行合理的利用，以发挥它们的最大效能，从而创造一个高效率且物尽其用的工作场所。

普通车工“7S”管理手册见附录 A。

任务解析

（1）情景预演　操作者在操作卧式车床前，应整理好工具、量具，对其进行清理、保养后，按规定位置摆放物品。

（2）任务分析　若卧式车床保养和执行“7S”不当，将造成以下问题：

1）造成卧式车床的零件磨损严重，使其精度逐渐降低，甚至导致部件损坏。

2）使卧式车床的使用寿命降低，使操作者的人身安全难以得到保障。

（3）任务小结　日常维护和保养是维护卧式车床的基础，卧式车床维护和保养得好坏，将直接影响工件的加工质量和生产效率。维护、保养的内容主要是清洁、润滑和必要的调整，以保持卧式车床处于良好的状态，达到延长使用寿命，减少维修费用，降低成本，保证产品质量，提高生产效率的目的。

卧式车床的日常维护、保养和“7S”规范的正确执行是对操作人员最基本的职业要求，通过本任务的学习，学生可以掌握基本的卧式车床的日常维护、保养方法，能够正确执行“7S”规范，为成为合格的操作人员奠定扎实的基础。

知识拓展

安全文明生产制度

一个企业、一个部门，为防范各类事故的发生，应对各个岗位制定相应的规章制度，以保证安全生产和杜绝各类事故的发生。对于机械行业，每个操作者在实际操作中都必须遵守相应的规章制度，切实保障人身和设备的安全。

车工安全文明生产制度如下：

1）开车前应检查卧式车床各手柄的位置是否到位，并按要求加油润滑；冬天时，应低速空运转卧式车床 2 ~5min。

2）主轴变速应停车进行，变换进给箱手柄的操作要在低速下进行。

3）刀具、量具及工具等应按要求合理、整齐、稳妥放置，便于取用。

4）工具箱内的物件应分类摆放整齐，不得随意乱放。

5）正确使用和爱护量具，经常保持清洁。

6）不允许在卡盘及卧式车床上敲击或校直工件。

7）车刀磨损后要及时刃磨，以免增大卧式车床的负荷，损坏卧式车床。

8）毛坯、成品应分开放置整齐，严防碰伤已加工表面。

9）工艺图样应放置在便于阅读的位置，并注意保持其清洁和完整。

10）车削铸铁或气割下料的工件时，应擦净导轨上的润滑油，以免损坏床身导轨面。

11）实训场地应保持清洁整齐。实训结束后，应关闭电源，清除切屑，认真擦净机床，加油润滑，以保持良好的工作环境。

12）不准任意拆装卧式车床的电气设备。

车间中常见的安全警示标志见表 1-9，操作人员应了解其含义与特点，并在日常生产过程中严格执行。

表 1-9 车间中常见的安全警示标志

标志图		名称	概念	特点
 必须保持清洁	 必须戴防护眼镜	指令标志	强制人们执行某种动作或采取某种防范措施	蓝底白字、带圆形边框
 必须穿工作服	 必须戴防护帽			
 当心触电	 当心机械伤人	警示标志	提醒人们对周围环境要引起注意，以避免可能发生的危险	黄底黑字，带正三角形边框
 当心伤手	 当心滑倒			
 禁止打手机	 禁止吃零食	禁止标志	禁止人们的不安全、不规范行为	白底红字，带斜杠的红色圆边框
 禁止乱丢垃圾	 禁止追逐打闹			

想想练练

想一想

1. 卧式车床导轨、中滑板燕尾导轨等外露部分一般采用________润滑方式。
2. 卧式车床交换齿轮架的中间轴或不经常润滑处一般采用________润滑方式。

练一练

对 CA6140A 型卧式车床进行清洁、润滑和执行“7S”规范，其考核标准见表 1-10。

表 1-10 CA6140A 型卧式车床的清洁、润滑和执行“7S”规范的考核标准

序号	内 容	要 求	配分	得分	结果记录
1	两穿两戴(穿工作服、工作鞋、戴工作帽、防护眼镜)	穿戴整齐,紧扣、紧扎	10		
2	刀具	拆卸、整理、归位	5		
3	量具	清洁、保养、归位	10		
4	工具	整理、归位	5		
5	工作台	清洁、保养 、归位	10		
6	导轨、润滑部位	清洁、保养、加油润滑	10		
7	主轴	清洁、保养	5		
8	刀架	清洁、保养	10		
9	机床外观	清洁	10		
10	电源	切断	5		
11	切屑	清扫	10		
12	工作区域	清扫	10		
总 分					

学生签名__________ 教师签名__________ 日期__________

任务四 认识卧式车床的结构

学习目标

1. 能识别卧式车床各部位的名称，并掌握其功能。
2. 了解卧式车床的传动系统。
3. 掌握起动主轴、调整转速与装卸工件的方法。
4. 能够根据铭牌调整进给速度。
5. 熟悉卧式车床各操作手柄的作用及操作方法。

友情提示：建议用 3 学时完成本学习任务。

任务描述

图 1-5 所示为一台 CA6140A 卧式车床，根据图示了解卧式车床的结构。

1. 卧式车床的型号

机床的型号是用来表示机床的类别、特征、组系和主要参数的代号，由汉语拼音字母及阿拉伯数字组成。例如，CA6140A 表示可加工的最大工件回转直径为 400mm 的卧式车床。

2. 卧式车床的组成部分及其作用

CA6140A 型卧式车床是我国自行设计的一种典型卧式车床，它由主轴箱、进给箱、溜板箱、床身和尾座等部分组成。

（1）主轴箱 主轴箱内装有主轴和主轴变速机构，通过变换箱体外部手柄的位置来操纵变速机构，使主轴获得不同的转速，如图 1-6 所示。

图 1-5　CA6140A 型卧式车床

1—主轴箱　2—刀架　3—工作灯　4—尾座　5—床身　6—丝杠　7—光杠
8—操纵杆　9—床脚　10—溜板箱　11—进给箱　12—交换齿轮箱

主轴为空心结构，前部外短锥面用于安装定位卡盘或其他夹具来装夹工件，内锥面用于安装顶尖来支顶轴类工件，内孔可穿入长棒料。

（2）交换齿轮箱　交换齿轮箱的作用是把主轴箱的转动传递给进给箱。更换箱内的齿轮，配合进给箱内的变速机构，可得到车削各种螺纹螺距的进给运动，并满足车削时对不同纵、横向进给量的要求。交换齿轮箱如图 1-7 所示。

图 1-6　主轴箱

图 1-7　交换齿轮箱

（3）进给箱　进给箱内装有进给运动的变速机构，调整箱外手柄的位置，可获得所需的各种进给量或螺距，如图 1-8 所示。

（4）光杠和丝杠　它们可将进给箱内的运动传给溜板箱。光杠传动用于机动进给车削，丝杠传动用于螺纹的车削，其变换可通过进给箱外部的光杠、丝杠变换手柄来控制。光杠与丝杠的作用是连接与传递，如图 1-9 所示。

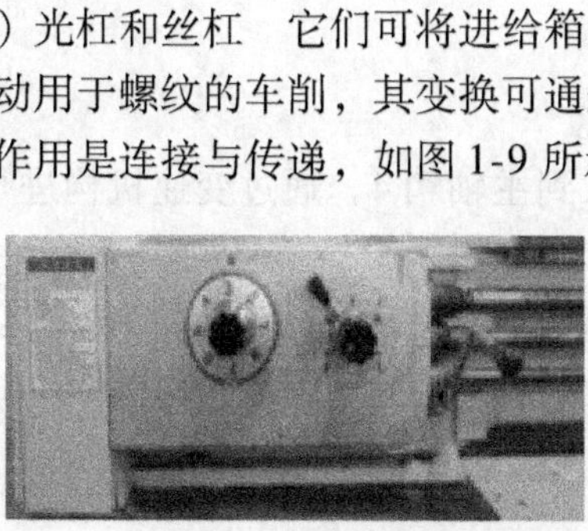

图 1-8　进给箱

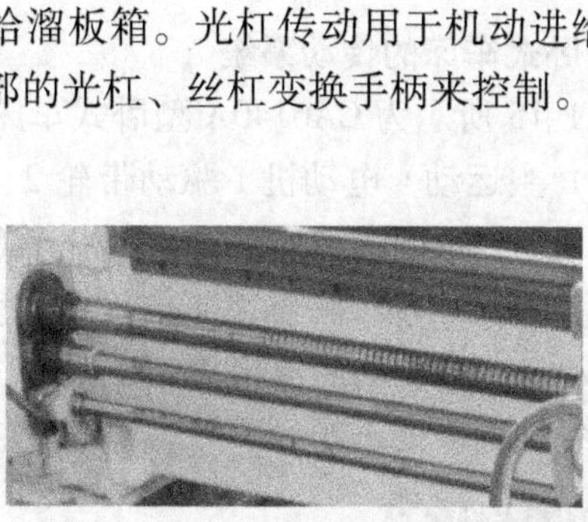

图 1-9　光杠和丝杠

（5）溜板箱　溜板箱是卧式车床进给运动的操纵箱。溜板箱内装有进给运动的变向机构，外部有手动手轮、开合螺母及机动进给控制手柄、按钮，可以很方便地操纵机床的各种运动，如机动、手动、车螺纹及快速移动等。溜板箱如图 1-10 所示。

（6）刀架和滑板　刀架和滑板用来装夹车刀，使其作纵向、横向或斜向进给运动。刀架和滑板由床鞍、中滑板、转盘、小滑板和方刀架组成，如图 1-11 所示。

图 1-10　溜板箱

图 1-11　刀架和滑板

（7）尾座　尾座的底面与床身导轨面接触，可调整并固定在床身导轨面的任意位置上。可在尾座套筒内装顶尖、钻头、铰刀等工具或刀具，进行轴类工件的支承定位以及钻孔、铰孔等操作。尾座如图 1-12 所示。

图 1-12　尾座

（8）床身　床身用于连接卧式车床各主要部件并保持其相对位置，其导轨用来引导床鞍和尾座的纵向移动，如图 1-13 所示。

（9）床脚　床脚与地基连接，用来支承床身，如图 1-14 所示。

图 1-13　床身

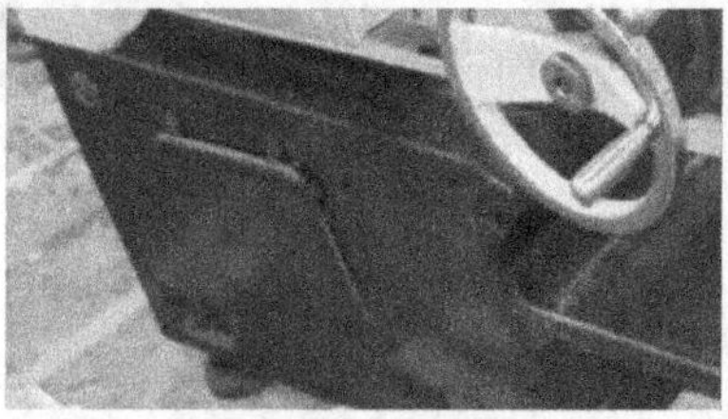

图 1-14　床脚

3. 卧式车床的传动系统

图 1-15 所示为 CA6140A 型卧式车床的传动系统。

（1）主运动　电动机 1 驱动带轮 2，把运动输入到主轴箱 4，通过变速机构进行变速，使主轴 5 得到不同的转速，再经卡盘 6（或夹具）带动工件旋转。

（2）进给运动　主轴箱 4 把旋转运动输出到交换齿轮箱 3，通过进给箱 13 变速后由丝杠 11 或光杠 12 驱动溜板箱 9、床鞍 10、中滑板 8 和刀架 7，从而控制车刀的运动轨迹，完成车削各种表面的工作。

知识链接

知识链接一　主轴的起动、转速的调整与工件的装卸

起动主轴、调整转速与装卸工件的基本操作训练内容见表 1-11。

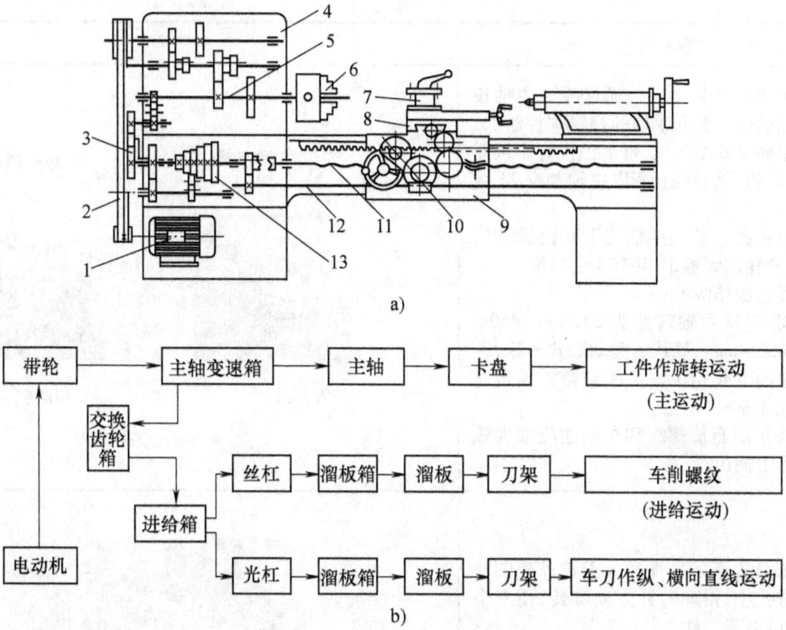

图 1-15　CA6140A 型卧式车床的传动系统

a）示意图　b）方框图

1—电动机　2—带轮　3—变换齿轮箱　4—主轴箱　5—主轴　6—卡盘

7—刀架　8—中滑板　9—溜板箱　10—床鞍　11—丝杠　12—光杠　13—进给箱

表 1-11　起动主轴、调整转速与装卸工件的基本操作训练内容

项目	内容和步骤	图　示
起动主轴	1）检查卧式车床的各变速手柄是否处于空挡位置，离合器是否处于正确位置，操纵杆是否处于停止状态。确认无误后，合上卧式车床的电源开关（图 a） 2）按下绿色起动按钮（图 b），起动电动机 3）向上提起溜板箱右侧的操纵杆手柄，主轴正转（图 c）；操纵杆手柄回到中间位置时，主轴停止转动（图 d），操纵杆手柄下压时，主轴反转（图 e） 4）主轴正、反转的转换要在主轴停止转动后进行，避免因连续转换操作使瞬间电流过大而引发电气故障 5）按下床鞍上的红色按钮图（b），电动机停止工作	 a)  b)  c)  d)  e)

（续）

项目	内容和步骤	图　示
调整转速	卧式车床主轴箱变速是通过改变主轴箱正面右侧的两个叠套手柄的位置来控制的。前面的手柄有6个挡位,每个挡位有4级变速,由后面的手柄控制,所以主轴共有24级转速 主轴箱正面左侧的手柄用于变换螺纹的左、右旋向和加大螺距,共有4个挡位 主轴变速操作练习: 1)分别调整主轴转速为37r/min、450r/min和1000r/min,确认后起动卧式车床,并观察转速的变化情况。每次调整主轴转速前必须先停车 2)选择车削右旋螺纹和车削左旋加大螺距螺纹的手柄位置	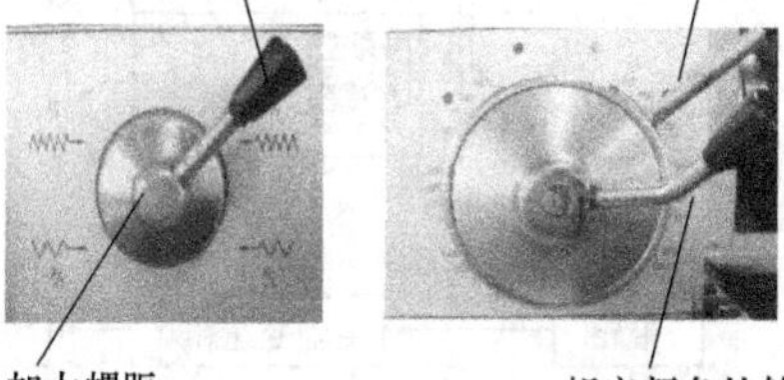
装卸工件	1)将卡盘扳手的方榫插入卡盘外壳圆柱面上的方孔中,沿顺时针方向旋转,使三个爪收缩,以夹紧工件 2)将卡盘扳手的方榫插入卡盘外壳圆柱面上的方孔中,沿逆时针方向旋转,使三个爪放开,以放松工件	

知识链接二　根据铭牌调整进给速度

CA6140A 型卧式车床进给箱的正面左侧有一个手轮，手轮有 8 个挡位；右侧有前、后两个手柄，前面的手柄是丝杠、光杠变换手柄，后面的手柄有 4 个挡位，用来与手轮配合，调整螺距或进给量，如图 1-16 所示。

图 1-16　手轮和手柄

根据加工要求调整所需螺距或进给量时，可依据进给箱油盖上的调配表来确定手轮和手柄的具体位置。

进给变速操作练习如下：

1）确定纵向进给量为 0. 2mm/r、横向进给量为 0. 1mm/r 时手轮和手柄的位置，并进行调整。

2）确定车削螺距分别为 1. 5mm、2mm 的普通螺纹和螺距为 6mm 的梯形螺纹时，进给箱上手轮与手柄的位置，并进行调整。

任务解析

（1）情景预演　操作人员操纵卧式车床时，可通过扳动变速手柄，改变传动路线，使主轴得到不同的转速；操作进给箱手柄，可改变车削时的相应进给量或螺距。

（2）任务分析　操作人员必须根据不同的零件材料和零件直径来调整转速，如果选择不当，则会使刀具的磨损加剧。

操作人员必须根据零件粗加工和精加工的工艺来调整不同的进给量，如果选择不当，则会使零件的表面粗糙度值增大，使加工时间增长。

（3）任务小结 操纵变速手柄变速时应先停机。若在卧式车床转动时变速，容易将齿轮轮齿打坏。同时，变速时手柄要扳到位，否则会出现“空挡”现象，或者由于齿轮在齿宽方向上没有全部进入啮合，而使齿轮的强度降低，容易导致齿轮损坏。进给箱手柄要扳到位，否则会造成丝杠和光杠停转或加工过程中的停转现象。

安全文明小贴士

1）变换转速时，应停车进行。

2）工件装卸完毕后，必须取下三爪钥匙，并将其放置在正确位置。

3）操作者在练习时精神必须高度集中，遇到问题时要沉着冷静并及时纠正。

知识拓展

数控车床

1. 数控车床的基本概念

（1）数字控制 数字控制（Numerical Control），简称数控（NC），它是一种借助数字、字符或其他符号对某一工作过程进行可编程序控制的自动化控制技术。

（2）数控车床 数控车床又称为 CNC 车床，即计算机数字控制车床。数控车床是目前国内外使用量最大、覆盖面最广的数控机床之一。

2. 数控车床的加工范围

数控车床主要用于加工成批生产的轴类、套类、盘类 、成形件类等零件，其加工精度和生产效率较高，劳动强度低，与卧式车床相比，具有更广泛的适用范围。图 1-17 所示为常见的由数控车床加工的零件。

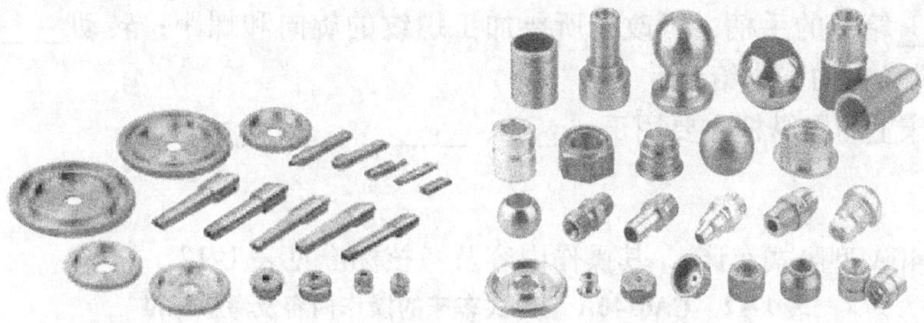

图 1-17 常见的由数控车床加工的零件

3. 数控车床的工作原理

数控车床的工作原理如图 1-18 所示。用数控车床加工零件时，必须根据零件图及加工工艺的要求，将加工所需的刀具、刀具的运动轨迹与速度、主轴的转速与旋转方向以及冷却等辅助要素的先后顺序用规定的数控代码编制成程序，再将这些程序输入到数控装置中，然后通过数控装置内部的控制软件，经过自动数据处理、计算后，向数控车床各伺服系统及辅助装置发出工作指令，驱动各运动部件及辅助装置按预定顺序动作，实现刀具与工件的相对运动，最终加工出合格的零件。

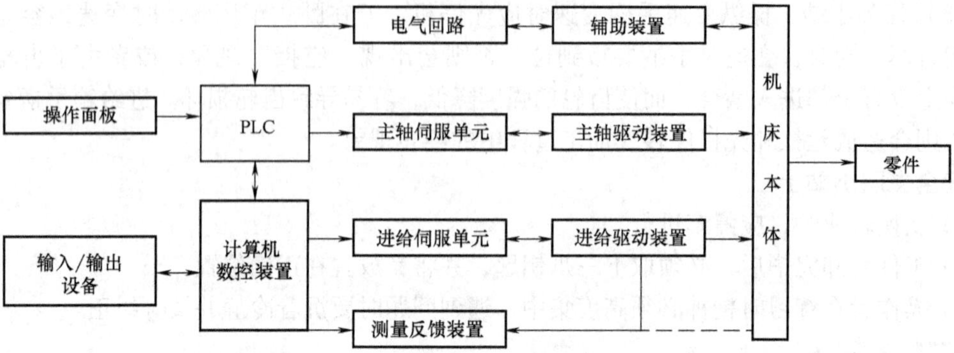

图 1-18　数控车床的工作原理

想想练练

想一想

1. 卧式车床是由主轴箱______、______、______、______、刀架和滑板、______、______及床脚等部分组成的。

2. 进给箱是进给传动系统的__________机构。

3. 溜板箱是接受________________传递的运动，以驱动床鞍和中、小滑板及刀架，实现车刀的________、__________进给运动。

4. ________可将主轴的旋转运动传递给进给箱。

5. 卧式车床使用的顶尖可装夹在_____上。

6. 转动____箱外的手柄，可改变所要加工螺纹的旋向和螺距；转动____箱外的手柄，可改变刀具的进给方向和进给量。

7. 卧式车床上的操纵杆主要用于______、______、______。

练一练

操纵 CA6140A 型卧式车床，其操作内容及考核标准见表 1-12。

表 1-12　CA6140A 型卧式车床的操作内容及考核标准

项目	序号	考核内容	配分	实测结果	检测方法	得分
认识结构	1	指出卧式车床各部分结构的名称及作用	10		目测	
卧式车床的起动	2	起动顺序不正确不得分	10		目测	
主轴转速	3	n = 320r/min、n = 63r/min、n = 560r/min、n = 1400r/min	20		目测	
进给速度	4	f=0.05mm、f=0.2mm、f=0.5mm、f=0.3mm	20		目测	
螺距	5	P = 1mm、P = 1.5mm、P = 2mm、P = 3.5mm、P=6mm	20		目测	
工件的装卸	6	动作和三爪钥匙取放合理	10		目测	
“7S”规范	7	不合要求不得分	10		目测	
总　分						

任务五　操作卧式车床

学习目标

1. 能手动、机动操作卧式车床实现各种运动。
2. 熟悉卧式车床各操作手柄的作用及操作方法。
3. 掌握车削的基本运动、切削用量的概念及切削用量的初步选择方法。

友情提示：建议用 4 学时完成本学习任务。

任务描述

1. 卧式车床的手动操作

（1）尾座的操作　手动移动尾座，并可依靠尾座的两个锁紧螺母使之固定在床身的任意位置上；转动尾座手轮，可使套筒在尾座内移动；转动尾座最上方的手柄，可固定尾座套筒。

（2）纵向、横向手动进给手柄的操作　操作时，左手握溜板箱上的纵向进给手动手轮，右手握横向进给的中滑板手柄。逆时针转动手轮，床鞍左进（移向主轴箱）；顺时针转动，床鞍右退（退向尾座）。顺时针转动中滑板手柄，刀架前进；逆时针转动，刀架退回。

（3）刀架的机动进给和快速移动操作　溜板箱右侧有一个带十字槽的扳动手柄，它是控制刀架实现纵、横向机动进给和快速移动的操纵机构。该手柄的顶部有一个快进按钮，是控制接通快速电动机的按钮；该手柄的扳动方向与刀架的运动方向一致，扳向左方时，床鞍作纵向左向（移向主轴箱）机动进给，再按快进按钮，床鞍作纵向左向快速移动。

（4）刻度盘的应用　转动中滑板手柄，可使横向进给丝杠转动，因丝杠轴向固定，所以与丝杠连接的螺母将带动中滑板作横向移动。丝杠的螺距是 5mm，则手柄转动一周时，中滑板横向移动 5mm。因与手柄一起转动的刻度盘的一周被等分为 100 格，因此，当手柄转过 1 格时，中滑板的移动量为 0.05mm。

注意：进行以上操作时必须停车。

2. 卧式车床的机动操作

进行机动操作前，应检查各手柄是否处于正确位置，并使床鞍移至床身的中部位置。

机动进给的操作步骤是：起动电动机→操纵主轴正转→手动纵、横向进给→手动退回→机动纵向进给→机动快速退回→机动横向进给→机动快速退回→停止主轴转动→关闭电动机→关闭机床电源开关。

知识链接

知识链接一　车床的手动、机动操作

卧式车床手动、机动操作的训练内容见表 1-13。

表 1-13　卧式车床手动、机动操作的训练内容

项目	内容及步骤	图　　示
溜板部分	溜板部分包括溜板箱、床鞍、中滑板、小滑板及刀架等 溜板部分用于实现车削的绝大部分进给运动：床鞍及溜板箱作纵向移动，中滑板作横向移动，小滑板可作纵向或斜向移动。进给运动有手动进给和机动进给两种方式	
大、中、小滑板的刻度值	1）床鞍及溜板箱的纵向移动由溜板箱正面左侧的大手轮控制。按顺时针方向转动手轮时，床鞍及溜板箱向右运动；反之，床鞍及溜板箱向左运动。手轮轴上的刻度盘圆周等分为 300 格，手轮每转过 1 格，床鞍及溜板箱纵向移动 1mm  2）中滑板的横向移动由中滑板手柄控制。中滑板丝杠上的刻度圆周等分为 100 格，手柄每转过 1 格，中滑板横向移动 0.05mm  3）小滑板在小滑板手柄的控制下可作短距离的纵向移动。小滑板手柄沿顺时针方向转动时，小滑板向左运动；反之，小滑板向右运动。小滑板丝杠上的刻度圆周等分为 100 格，手柄每转过 1 格，小滑板纵向（或斜向）移动 0.05mm 	

（续）

项目	内容及步骤	图　示
尾座的操作	1）手动沿床身导轨纵向移动尾座至合适位置，按逆时针方向扳动尾座固定手柄，将尾座固定 2）摇动手轮，使套筒作进、退移动 3）擦净套筒内孔和顶尖锥柄，安装后顶尖；摇动手轮，使套筒后退并退出后顶尖	

任务解析

（1）情景预演

1）操作者手动操作卧式车床，转动手柄，使各滑板慢速均匀移动。操作者站在床鞍手轮的右侧，双手交替摇动各手轮。

2）操作者机动操作卧式车床。

（2）任务分析　摇动床鞍大手轮，使床鞍向左或向右作纵向移动；用左手、右手分别摇动中滑板手柄，作横向进刀和退刀运动；用双手摇动小滑板手柄，作纵向短距离的左、右移动。要求做到操作熟练、自如，床鞍、中滑板、小滑板的移动平稳、均匀。卧式车床的纵、横向机动进给采用单手柄操纵。自动进给手柄在溜板箱的右侧，可沿十字槽纵、横扳动，手柄的扳动方向与刀架的运动方向一致，操作简单、方便；手柄在十字槽中央位置时，停止进给运动。

（3）任务小结

1）手动进给要求大滑板、中滑板和小滑板慢速、均匀地移动，要求双手交替、动作自如。

2）分清大滑板、中滑板和小滑板的进、退刀方向，要求反应灵活、动作准确。

安全文明小贴士

1）横向机动进给时，应注意中滑板向前移动时，刀架的前面不要超过卡盘中心，以防止中滑板丝杠与螺母脱开。

2）手动进给车削时，应把有关进给手柄放在空挡位置。

3）注意移动尾座时用力不要过大，以防撞击工件或脱离导轨。

4）变换转速时，应停车进行。

5）在卧式车床运转中进行操作时，转速要慢，注意防止左、右、前、后碰撞，以免发生事故。

6）禁止两人同时操作一台机床。

知识拓展

消除刻度盘空行程的方法

使用刻度盘时，由于螺杆和螺母之间的配合往往存在间隙，因此会产生空行程（即刻度盘转动而滑板并未移动）。当进刀过深时，必须向相反的方向退回全部空行程，然后转到需要的格数。中滑板刻度进刀量应是工件余量尺寸的 1/2。注意：要正确计算刻度盘的调整格数，进、退刀相反时还要克服空行程，如图 1-19 所示。

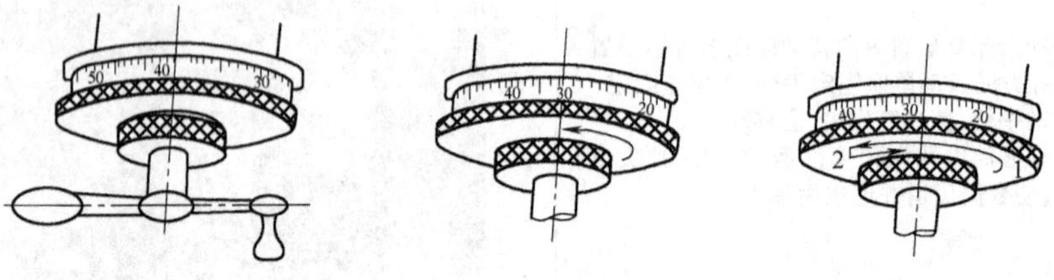

a) b) c)

图 1-19 手柄刻度摇过量后的纠正方法

a）要求手柄转至 30 但摇过量成 40 b）错误：直接退至 30 c）正确：反转约一周后，再转至 30

想想练练

想一想

若分度值为 0.05mm，中滑板丝杠上的刻度盘为 100 格，则每转过 1 格表示刀架横向移动______mm；在相同条件下，使小滑板向前移动 1 格，表示刀架纵向移动______mm。

练一练

操纵 CA6140A 型卧式车床，其考核标准见表 1-14。

表 1-14 CA6140A 型卧式车床的考核标准

项目	序号	考核内容	配分	考核结果	考核方法	得分
手动进给	1	摇动中滑板手柄，使车刀横向前后移动	20		目测	
	2	摇动大滑板手柄，使车刀纵向左右移动	20		目测	
	3	摇动小滑板手柄，使车刀纵向左右移动	20		目测	
机动进给	4	使车刀纵、横向移动	15		目测	
尾座的操作	5	移动、锁紧、松开、装卸后顶尖	15		目测	
“7S”规范	6	不合要求不得分	10		目测	
总分						

任务六 装拆自定心卡盘的卡爪

学习目标

1. 了解卧式车床卡盘的结构和作用。

2. 能正确装拆自定心卡盘的卡爪。

友情提示：建议用 2 学时完成本学习任务。

任务描述

进行切削加工时，工件必须在机床夹具中定位和夹紧，使其在整个切削过程中始终保持正确的位置。工件装夹正确与否和装夹速度，直接影响加工质量和劳动生产率。

自定心卡盘的结构如图 1-20 所示。

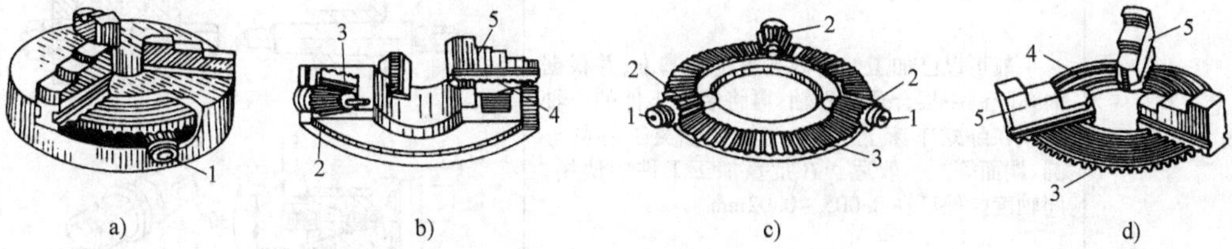

图 1-20　自定心卡盘的结构

1—方孔　2—小锥齿轮　3—大锥齿轮　4—平面螺纹　5—卡爪

根据工件形状、大小和加工数量的不同，常采用以下几种装夹方法，见表 1-15。

表 1-15　工件的装夹方法

序号	装夹方法	结构及作用	图　示
1	自定心卡盘	自定心卡盘的三个卡爪是同步运动的，能自动定心，工件在装夹后一般不需找正。但较长的工件离卡盘远端的旋转中心不一定与卧式车床主轴的旋转中心重合，这时必须找正；在卡盘因使用时间较长而精度下降后，或者当工件加工部位的精度要求较高时，也需要找正 自定心卡盘装夹工件方便、省时，但其夹紧力没有单动卡盘大，所以适用于装夹外形规则的中、小型工件	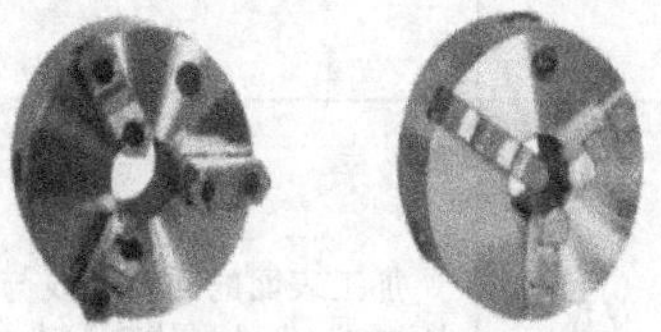
2	单动卡盘	由于单动卡盘的四个卡爪各自独立运动，因此，装夹工件时，必须使加工部分的旋转中心与卧式车床主轴的旋转中心重合后才可车削 单动卡盘找正比较费时，但夹紧力较大，所以适用于装夹大型或形状不规则的工件。单动卡盘可装成正爪或反爪两种形式，反爪用来装夹直径较大的工件	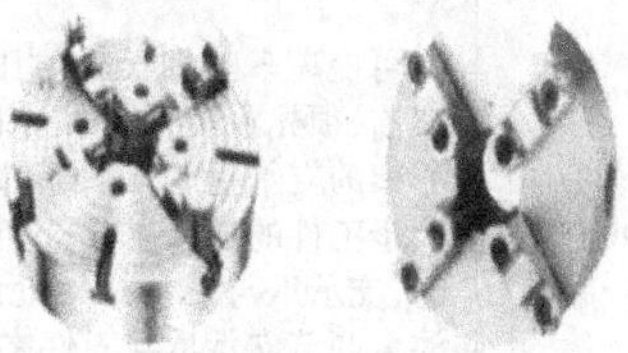
3	一夹一顶	即一端用卡盘夹持，另一端由顶尖支承的方法。用这种方法安装工件比较安全、可靠，能承受较大的轴向切削力，适用于轴类零件的粗车或半精车。但对于相互位置精度要求较高的工件，此方法在掉头车削时找正较困难	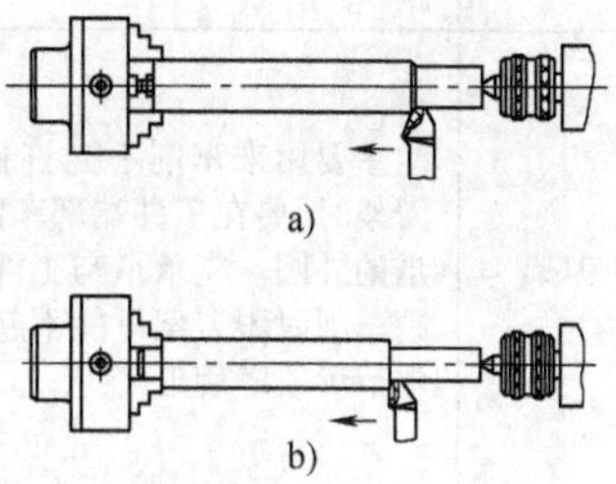

（续）

序号	装夹方法	结构及作用	图　示
4	两顶尖	适于精车多段外圆、同轴度要求高的轴类工件。工件利用其中心孔被顶在前、后顶尖之间，并通过拨盘和卡头随主轴一起转动	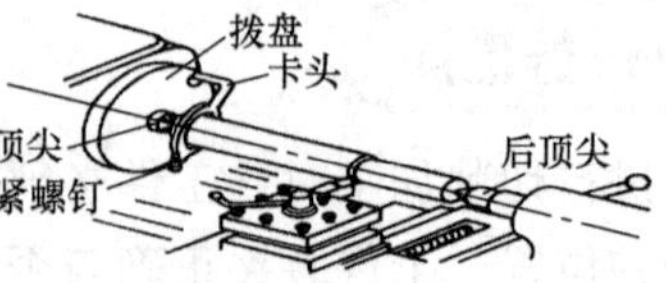
5	心轴	一般可以已加工好的内孔为定位基准，并根据内孔配制一根合适的心轴，再将装好工件的心轴支顶在卧式车床上，用于精加工套类工件的外圆、端面等。一般适于在批量加工工件中使用，同轴度能保证在 0.005 ~ 0.02mm	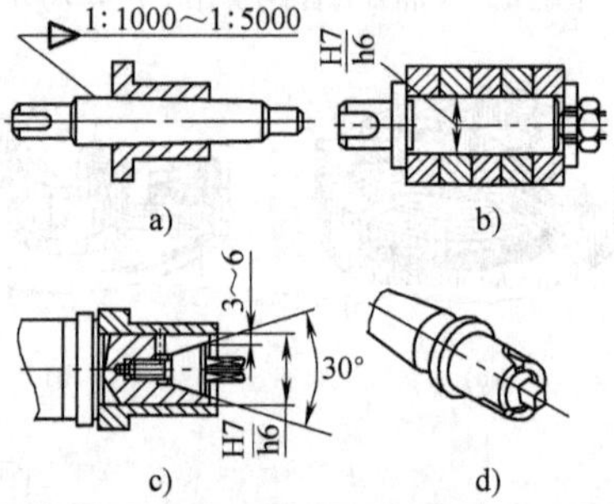
6	软卡爪	批量生产工件时，可先将零件的外圆和一个端面在一次安装中精加工后，用以作为定位基准；然后用软卡爪装夹零件，加工内孔和另一个端面。这样能够较好地保证工件外圆与内孔的同轴度和两个端面的平行度，其精度可达0.05 ~ 0.02mm	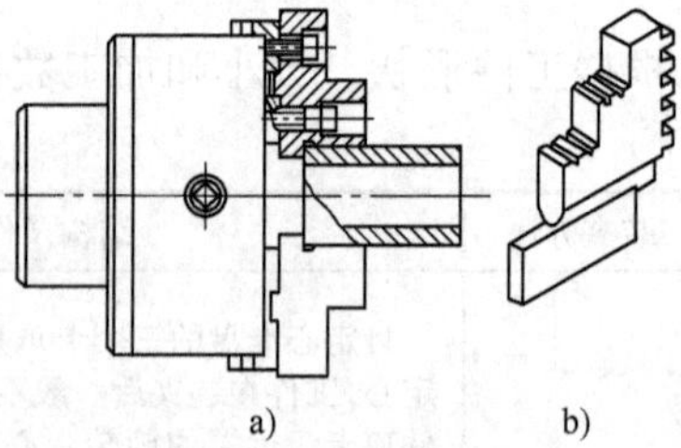
7	花盘	加工表面的回转轴线与基准面相互垂直，有孔距要求，且外形比较复杂的工件	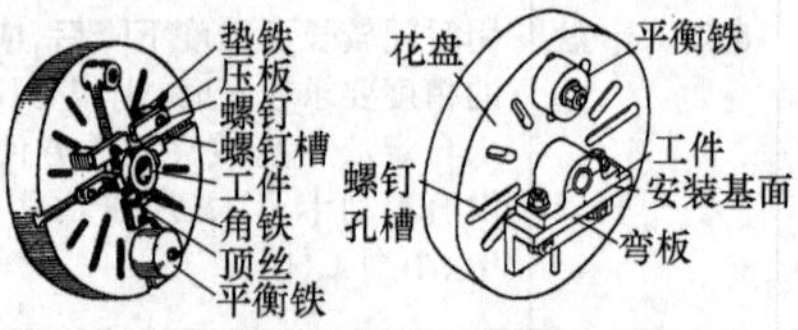
8	中心架	可提高车削细长轴时工件的刚性。安装中心架前，须先在工件毛坯中间车削一段沟槽，使中心架的支承爪与工件能良好接触。槽的直径略大于工件的最后尺寸，宽度应大于支承爪。车削时，支承爪与工件接触处应经常加注润滑油，并注意调节支承爪与工件之间的压力，以防拉毛工件及摩擦发热	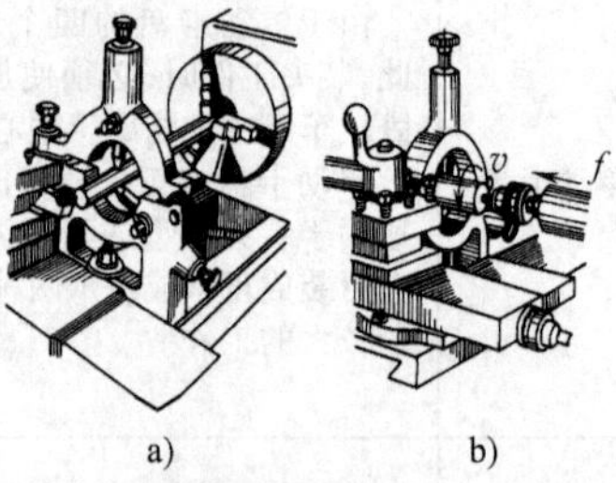
9	跟刀架	主要用来车削不允许接刀的细长轴。使用跟刀架时，要在工件端部车削一段安装跟刀架支承爪的外圆。支承爪与工件接触的压力要适当，否则车削时跟刀架可能不起作用，或者将工件车成竹节形或螺旋形	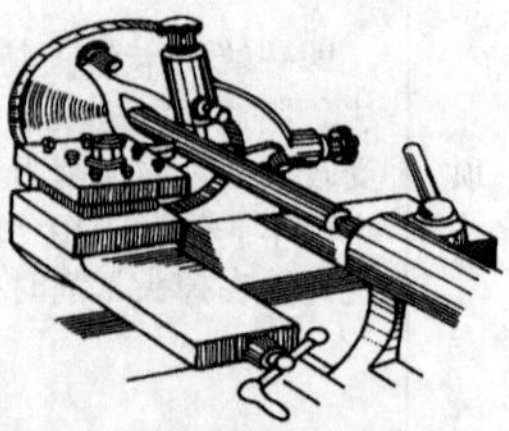

知识链接

知识链接一　自定心卡盘卡爪的识别与装拆

自定心卡盘卡爪的识别与装拆操作训练内容见表 1-16。

表 1-16　自定心卡盘卡爪的识别与装拆操作训练内容

项目	内容及步骤	图　示
卡爪的识别	自定心卡盘有正、反两副卡爪，正卡爪用于装夹外圆直径较小和内孔直径较大的工件；反卡爪用于装夹外圆直径较大的工件。每副卡爪分别标有 1、2、3 的编号，安装卡爪时必须按顺序装配。如果卡爪的编号标记得不清晰，可将三个卡爪并列在一起，比较卡爪上端面螺纹牙数的多少，最多的为 1 号，最少的为 3 号	 正爪 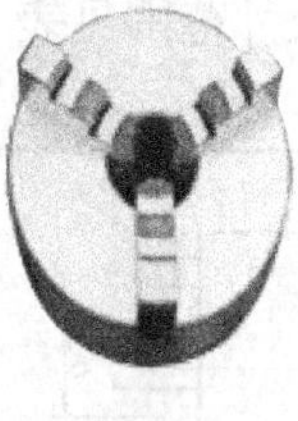 反爪 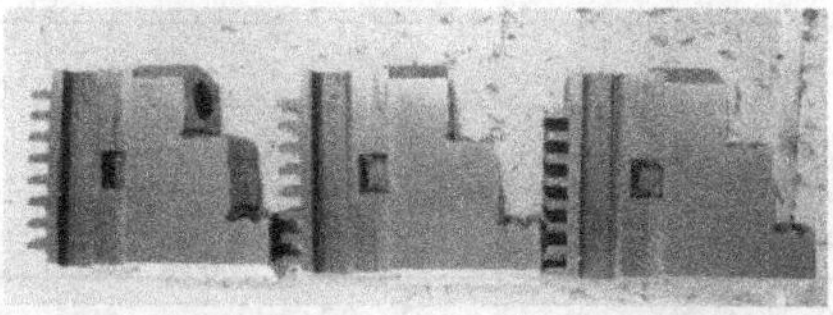
卡爪的安装	将卡盘扳手的方榫插入卡盘壳体圆柱面上的方孔中，沿顺时针方向旋转，驱动大锥齿轮回转。当其背面平面螺纹的螺扣转到要接近 1 槽时，将 1 号卡爪插入壳体的 1 槽内，继续顺时针旋转卡盘扳手，在卡盘壳体的 2 槽、3 槽内依次装入 2 号、3 号卡爪。随着卡盘扳手的继续转动，三个卡爪同步沿径向向心运动，直到汇聚于卡盘的中心为止	 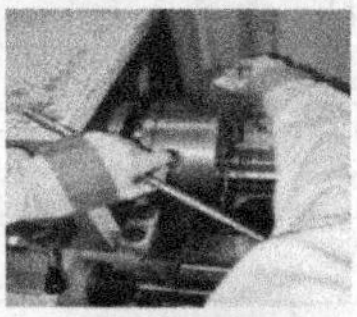 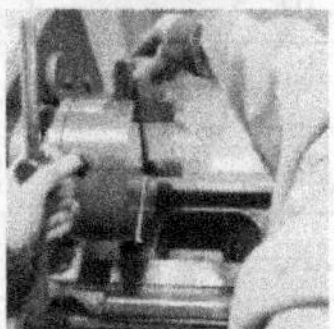 
自定心卡盘的拆装步骤	1）松去三个定位螺钉 6，取出三个小锥齿轮 2 2）松去三个紧固螺钉 7，取出防尘盖板 5 和带有平面螺纹的大锥齿轮 3	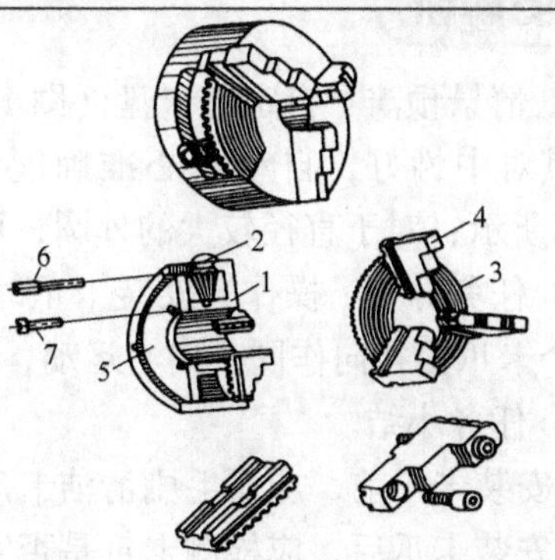 1—卡盘外壳　2—小锥齿轮　3—大锥齿轮 4—卡爪　5—防尘盖板　6—定位螺钉 7—紧固螺钉

（续）

项目	内容及步骤	图　示
卡爪的拆卸	将卡盘扳手的方榫插入卡盘外壳圆柱面上的方孔中，使卡盘扳手沿逆时针方向旋转，三个卡爪则同步沿径向作离心运动，直至退出卡盘壳体。当卡爪退离卡盘壳体时，要注意防止卡爪从卡盘壳体中跌落受损。更换反卡爪，按同样的方法进行卡爪的安装、拆卸操作练习	

知识链接二　自定心卡盘的规格

常用公制自定心卡盘的规格有 150mm、200mm 和 250mm 三种。自定心卡盘夹紧或撑紧工件的尺寸范围见表 1-17。

表 1-17　自定心卡盘夹紧、撑紧工件的尺寸范围　　（单位：mm）

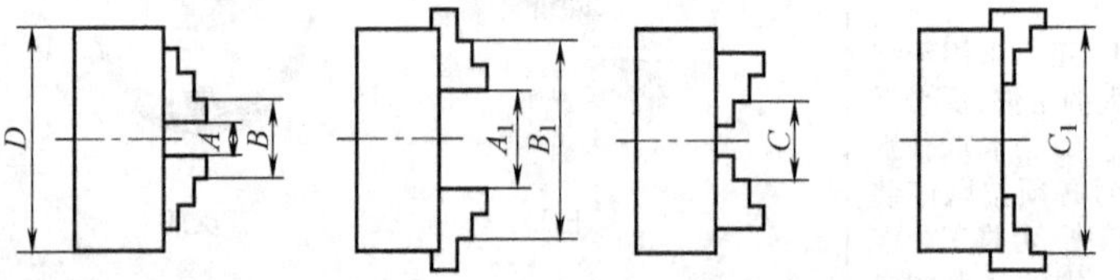

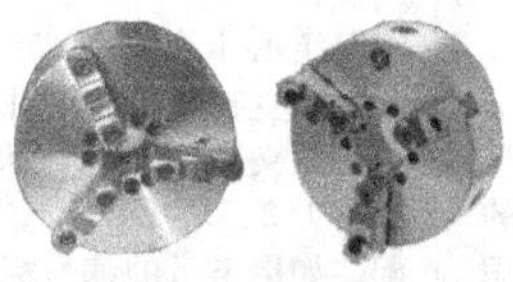

卡盘直径 D	正爪		反爪
	夹紧尺寸范围	撑紧尺寸范围	夹紧尺寸范围
	$A \sim A_1$	$B \sim B_1$	$C \sim C_1$
80	2～22	25～70	22～63
100	2～30	30～90	30～80
125	2.5～40	38～125	38～110
160	3～55	50～160	55～145
200	4～85	65～200	65～200
250	6～110	80～250	90～250
320	10～140	95～320	100～320
400	15～210	120～400	120～400
500	25～280	150～500	150～500

任务解析

（1）情景预演　自定心卡盘（图 1-21a）可以装夹圆柱体工件、截面形状为正六边形的工件，其对中性好，自动定心准确度为 0.05～0.15mm。装夹直径较小的外圆的情形如图 1-21b所示；对于直径较大的外圆，可用三个反爪装夹，如图 1-21c 所示。

（2）任务分析　操作者安装卡爪时，如未按卡爪上的号码依 1、2、3 的顺序装配，会造成三个卡爪沿径向作同步向心运动，而不能汇聚于卡盘的中心，如图 1-22 所示。

（3）任务小结

1）安装卡爪前，应用毛刷清洁卡爪。

2）安装卡爪后，应检测卡爪是否安装准确。

安全文明小贴士

1）安装三个卡爪时，应沿逆时针方向顺序进行，并防止平面螺纹转过头。

2）安装卡爪时，不准开车，以防发生事故。

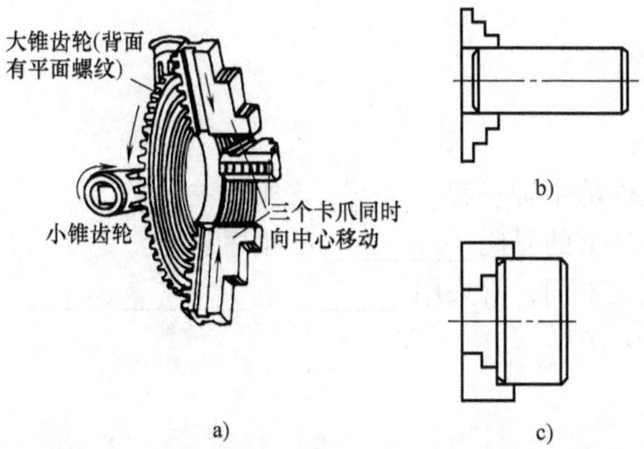

图 1-21　用自定心卡盘装夹工件

a）自定心卡盘　b）直径较小的外圆的装夹　c）反爪装夹

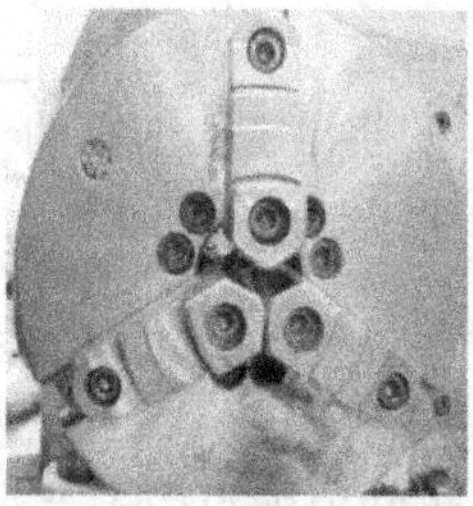

图 1-22　卡爪安装错误

知识拓展

气动卡盘和液压卡盘

气动卡盘和液压卡盘如图 1-23 和图 1-24 所示。

图 1-23　气动卡盘

图 1-24　液压卡盘

随着数控加工技术的发展和产业产能的提高，气动卡盘和液压卡盘得到了广泛的应用。它们的性能优势主要表现在以下几个方面。

（1）装夹迅速，工效提高　与手动卡盘相比，气动卡盘和液压卡盘只需按一下按钮，即可在短时间内自动定心，夹紧工件，且夹持力稳定可调。除提高了工作效率外，还可实现一人操作多台数控机床，从而大大降低了人力成本，同时减少了固定设备投入，广泛适用于进行批量生产的机械加工企业。

（2）降低劳动强度　使用气动卡盘和液压卡盘，在提高生产效率的同时，可大幅度降低工人的劳动强度。

（3）夹持精度高，使用寿命长　气动卡盘和液压卡盘采用全封闭结构，其零部件经过精挑细选，所有配合面均具有防尘功能。加之独到的选材和热处理工艺，其使用寿命大大超过手动卡盘，重复装夹精度一般为 0.01～0.03mm。

（4）夹持力大，夹持范围广　气动卡盘和液压卡盘的夹持力稳定可靠，并且可以调整夹持力的大小。

（5）安全性和可靠性强　气动卡盘和液压卡盘除夹持力大之外，还具有超强的自锁功能，并且在断开气源的情况下，仍能牢牢地夹紧工件进行切削，从而彻底解决了安全性及可靠性方面的问题。

想想练练

想一想

1. 自定心卡盘用以______，并带动工件随主轴一起________，实现主____。

2. 安装自定心卡盘的卡爪时，应按卡爪上的号码_________的顺序装配。

3. 根据工件的形状、大小和加工数量的不同，常采用________、________、________、________、________、________等装夹方法。

练一练

装拆和识别自定心卡盘卡爪，其考核标准见表 1-18。

表 1-18　装拆和识别自定心卡盘卡爪的考核标准

项目	序号	考核内容	配分	考核结果	考核方法	得分
安装	1	安装自定心卡盘卡爪	20		目测	
拆卸	2	拆卸卡盘	20		目测	
识别	3	区分正爪、反爪	20		目测	
	4	区分卡爪 1、2、3 的编号	20		目测	
“7S”规范	5	不合要求不得分	20		目测	
总　分						

项目二　车削轴类零件

任务一　车削短光轴

学习目标

1. 能使用各类通用外圆车刀车削光轴的外圆、端面。
2. 能正确安装工件，且操作姿势正确。
3. 能根据零件图的要求正确选择刀具，刃磨刀具，并正确安装刀具。
4. 能正确选择切削用量，包括切削速度、进给量、背吃刀量。
5. 能通过对纵、横向手轮的调节正确对刀。
6. 掌握试切削、试测量的方法。
7. 能用游标卡尺测量直径尺寸，用钢直尺控制轴肩的长度尺寸。
8. 能正确操纵操作手柄进行切削，最终获得符合零件图要求的零件。

友情提示：建议用10学时完成本学习任务。

任务描述

分析如图2-1所示的光轴零件图，制订合理的加工工艺，选择合适的加工刀具，并按要

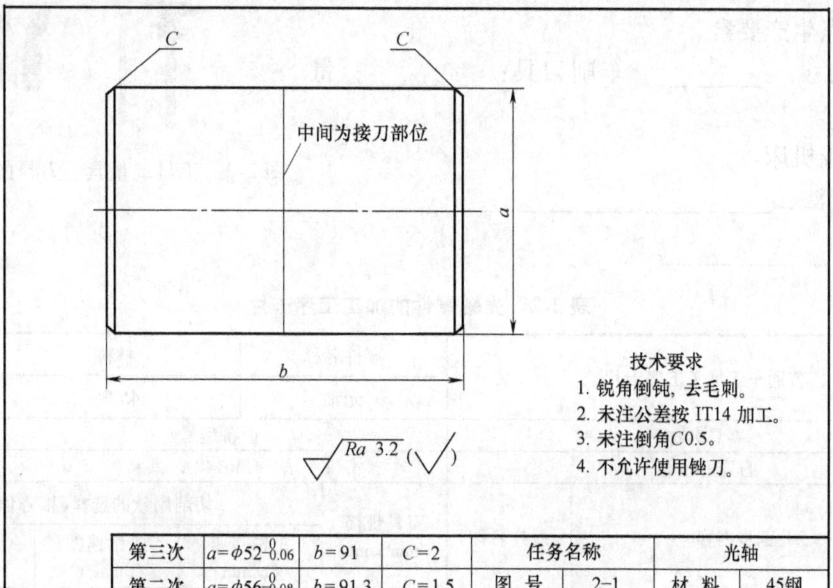

第三次	$a=\phi52^{0}_{-0.06}$	$b=91$	$C=2$	任务名称		光轴	
第二次	$a=\phi56^{0}_{-0.08}$	$b=91.3$	$C=1.5$	图　号	2-1	材　料	45钢
第一次	$a=\phi60^{0}_{-0.12}$	$b=91.6$	$C=1$	加工时间	40min	毛坯尺寸	$\phi65\times92$

图2-1　光轴

求操作卧式车床，进行零件的试生产，最后完成光轴的加工及检测。

光轴是典型的轴类零件，其外形简单。光轴的应用有小齿轮轴、自行车前轮轴、火车轮轴、带轮轴和销轴等。

任务实施

1. 工具、量具、刀具的选择

（1）量具的选择　该零件的加工精度要求不是很高，使用 0～150mm 的游标卡尺和钢直尺即可满足要求。

（2）刀具的选择　加工材料为 45 钢，用 90°外圆车刀、45°外圆车刀加工工件表面，控制工件的精度和表面质量。

本任务所用的工具、量具、刀具见表 2-1，其摆放方法如图 2-2 所示。

表 2-1　加工光轴的工具、量具、刀具清单

种类	序号	名称	规格	精度/mm	单位	数量
工具	1	活扳手	250mm		把	1
	2	刀架钥匙	17mm × 17mm		把	1
	3	卡盘钥匙	12mm × 12mm		把	1
量具	4	钢直尺	0～150mm		支	1
	5	游标卡尺	0～150mm	0.02	支	1
刀具	6	90°外圆车刀	25mm × 25mm		把	1
	7	45°外圆车刀	25mm × 25mm		把	1

2. 制订加工工序

1）光轴零件的加工工序卡片见表 2-2。

根据工作任务做好加工准备工作，并操作机床加工光轴。

① 清点生产要素。

毛坯尺寸：________；车削刀具：________；量具：______。

② 检查机床。

检查方法：____。

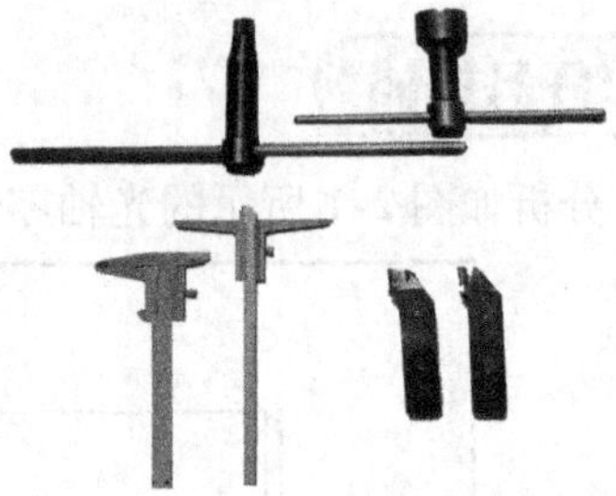

图 2-2　工具、量具、刀具的摆放方法

表 2-2　光轴零件的加工工序卡片

普通车工加工工序卡片				零件名称		材料	零件图号
				光轴		45 钢	2-1
夹具名称			设备型号				车间
自定心卡盘			CA6140A				普通车工
工步号	工步内容	刀具名称	刀具规格 /mm × mm	切削用量的选择（推荐值）			
				主轴转速 /(r/min)	进给速度 /(mm/r)	背吃刀量 /mm	
1	粗车工件端面	45°外圆车刀	25 × 25	500	0.2	0.5	
2	精车工件端面	45°外圆车刀	25 × 25	700	0.1	0.2	

（续）

工步号	工步内容	刀具名称	刀具规格/mm×mm	切削用量的选择(推荐值)		
				主轴转速/(r/min)	进给速度/(mm/r)	背吃刀量/mm
3	粗车工件外圆	90°外圆车刀	25×25	500	0.25	2
4	精车工件外圆	90°外圆车刀	25×25	700	0.12	1
5	工件倒角	45°外圆车刀	25×25	800	手动	0.2
6	掉头接刀车削另一端					
7	粗车工件端面	45°外圆车刀	25×25	500	0.2	0.5
8	精车工件端面,保证总长	45°外圆车刀	25×25	700	0.1	0.2
9	粗车工件外圆	90°外圆车刀	25×25	500	0.25	2
10	精车工件外圆	90°外圆车刀	25×25	700	0.12	1
11	工件倒角	45°外圆车刀	25×25	800	手动	0.2
编制	审核		批准		共　页	第　页

是否正常：□正常　　□不正常

处理意见：____。

③ 按照“7S”标准摆放生产要素。

□正确　　□不正确

④ 装夹毛坯。

伸出长度：________。

2）光轴零件的加工过程见表2-3，加工完成后的零件如图2-3所示。

表2-3　光轴零件的加工过程

工步	图　示	操作内容	刀具	量具
1	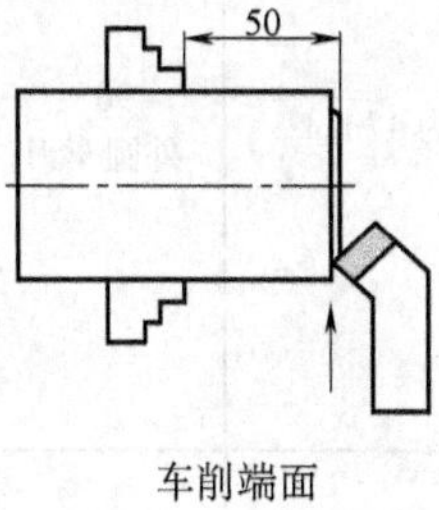 车削端面	1)检查毛坯 ϕ65mm×92mm 是否符合图样要求 2)用自定心卡盘夹持毛坯,伸出长度约为50mm,粗、精车端面	45°外圆车刀	游标卡尺
2	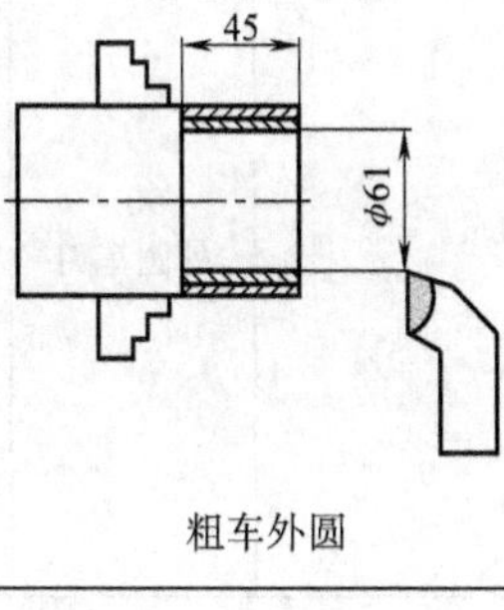 粗车外圆	分两次粗车外圆至 ϕ61mm,长为45mm	90°外圆车刀	游标卡尺

（续）

工步	图　示	操作内容	刀具	量具
3	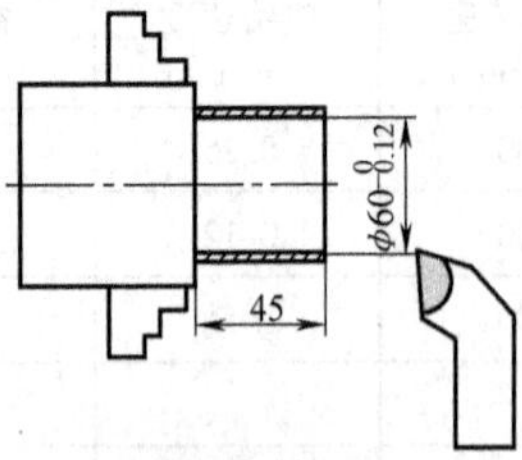 精车外圆	精加工工件外圆至 $\phi60_{-0.12}^{\ 0}$ mm	90°外圆车刀	游标卡尺
4	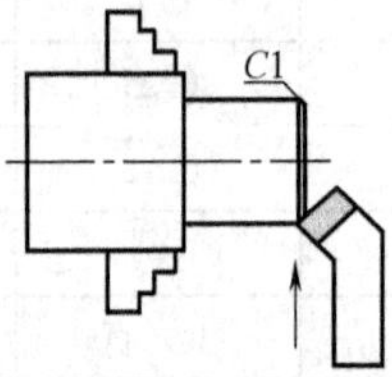 倒角	倒角 $C1$，去毛刺	45°外圆车刀	游标卡尺或目测
5	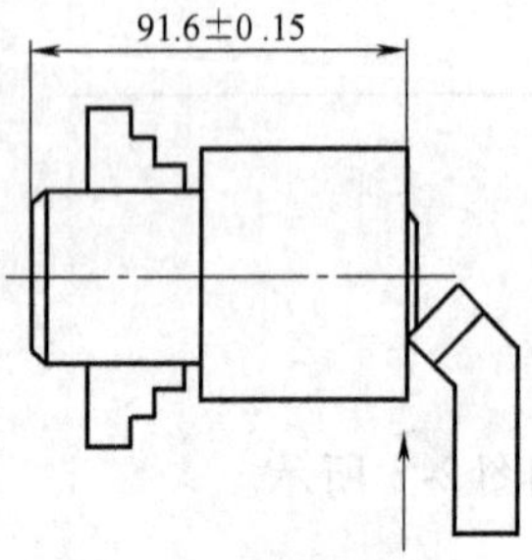 车削端面	1）掉头装夹 2）用自定心卡盘夹持已加工外圆，找正工件，伸出长度约为 50mm。粗、精车端面，控制总长为(91.6 ±0.15)mm	45°外圆车刀	游标卡尺
6	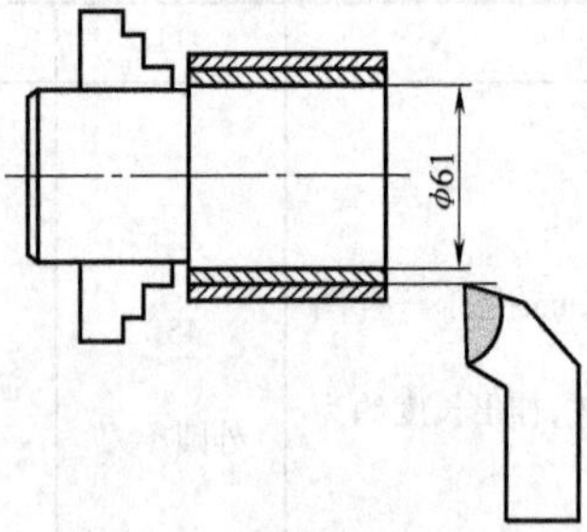 粗车外圆	分两次粗车外圆至 $\phi61$mm，长为 47mm	90°外圆车刀	游标卡尺
7	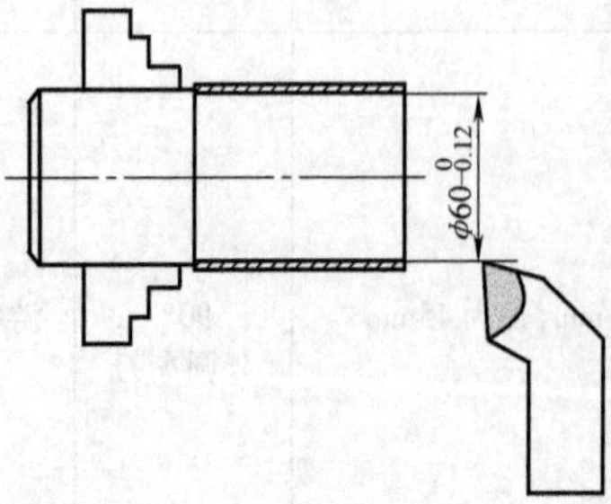 精车外圆	精加工工件外圆至 $\phi60_{-0.12}^{\ 0}$ mm	90°外圆车刀	游标卡尺

（续）

工步	图　示	操作内容	刀具	量具
8	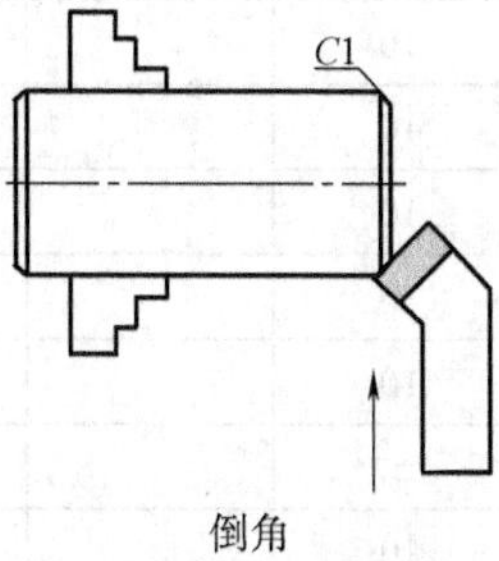	倒角 C1，去毛刺	45°外圆车刀	游标卡尺或目测

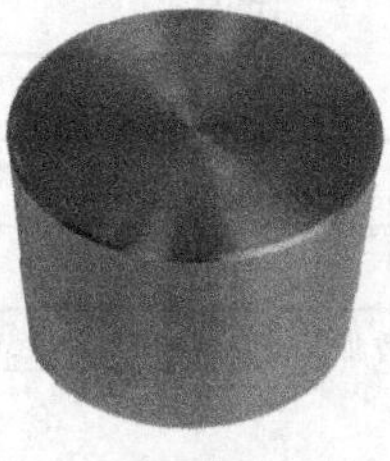

图 2-3　加工完成后的零件

任务评价

1）工件的质量评价见表 2-4。

表 2-4　工件质量评分表

项目		序号	检测内容	配分	学生		教师评分
					自检	互检	
基本检查	准备	1	切削加工工艺制订正确	5			
		2	切削用量选择合理	5			
		3	刀具刃磨质量符合要求	5			
	操作	4	设备操作、维护保养正确	3			
		5	操作要领正确	5			
		6	刀具选择、安装正确、规范	3			
		7	工件找正、安装正确、规范	4			
工作态度		8	符合“7S”规范，纪律表现良好	10			
尺寸		9	$\phi60_{-0.12}^{0}$mm（2 处）	20			
		10	91.6mm	20			
		11	C1（2 处）	10			
		12	Ra3.2μm	10			
综合得分				100			

2）机床的清洁与保养记录见表 2-5。

表 2-5　机床的清洁与保养记录

序号	内　容	要　求	配分	得分	结果记录
1	刀具	拆卸、整理、归位	10		
2	量具	清洁、保养、归位	10		
3	工具	整理、归位	10		
4	工作台	清洁、保养 、归位	10		
5	导轨、润滑部位	清洁、保养、加油润滑	10		
6	主轴	清洁、保养	5		
7	刀架	清洁、保养	10		
8	机床外观	清洁	10		
9	电源	切断	5		
10	切屑	清扫	10		
11	工作区域	清扫	10		
总　分					

学生签名__________　　教师签名____________　　日期__________

安全文明小贴士

1）注意中滑板的进、退刀方向。

2）若工件端面中心留有凸头，其原因是刀尖没有对准工件中心，偏高或偏低。

3）若转速过高，则在切削过程中车刀易磨损。

4）掉头装夹工件时，最好垫铜皮，以防夹坏工件。

5）车削前应检查滑板的位置是否正确，工件装夹是否牢靠，卡盘扳手是否取下。

小提示：工件要正确找正并夹紧，以防加工过程中工件飞出。

知识链接

知识链接一　切削运动和切削用量三要素

1. 切削运动

进行切削加工时，为了获得各种形状的零件，刀具与工件之间必须具有一定的相对运动，即切削运动。切削运动按其所起的作用可分为主运动和进给运动 。

（1）主运动　由机床或人力提供的运动称为主运动，它使刀具与工件之间产生主要的相对运动。主运动的特点是速度最高，消耗功率最大。车削工件时，主运动是工件的回转运动，如图 2-4 所示；用牛头刨床刨削工件时，主运动是刀具的往复直线运动，如图 2-5 所示。

（2）进给运动　刀具与工件之间产生的附加相对运动称为进给运动，它配合主运动，不断将多余的金属投入切削，以保持切削的连续进行或反复进行的运动。一般而言，进给运动的速度较低，消耗功率较少。

进给运动可由刀具完成（如车削、钻削），也可由工件完成（如铣削）；进给运动不限于一个（如滚齿），个别情况下也可以没有进给运动（如拉削）。

主运动的运动形式可以是旋转运动，也可以是直线运动；主运动可以由工件完成，也可以由刀具完成；主运动和进给运动可以同时进行，也可以间歇进行；主运动通常只有一个，而进给运动的数目则可以是一个或几个。

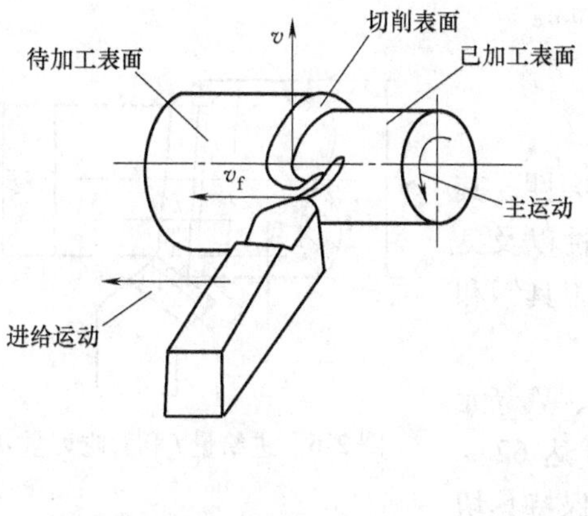

图 2-4　车削运动和工件上的表面

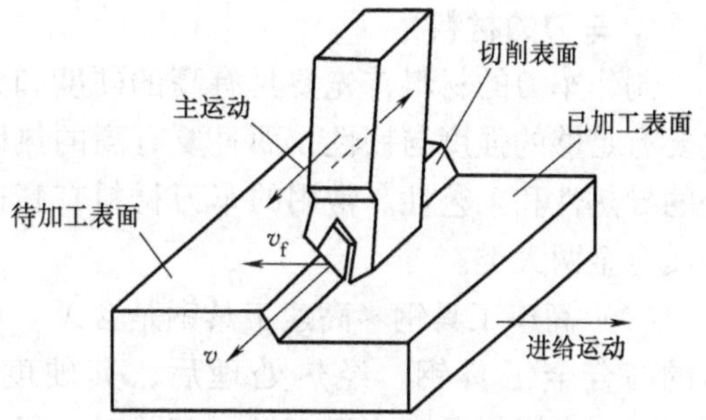

图 2-5　刨削运动和工件上的表面

2. 工件上的表面

切削加工过程中，在切削运动的作用下，工件表面的一层金属被不断地切下来变为切屑，从而加工出所需要的新的表面。在新表面形成的过程中，工件上有三个依次变化着的表面，分别是待加工表面、切削表面和已加工表面，如图 2-4、图 2-5 所示。

（1）待加工表面　即将被切去金属层的表面。

（2）切削表面　切削刃正在切削而形成的表面，又称加工表面或过渡表面。

（3）已加工表面　已经切去多余金属层而形成的新表面。

3. 切削用量的三个要素

切削用量是表示主运动及进给运动大小的参数。合理选择切削用量与提高加工质量和生产效率有着密切的关系。切削用量包括切削速度、进给量、背吃刀量三个要素。

（1）切削速度 v_c　进行切削加工时，切削刃选定点相对于工件主运动的瞬时速度称为切削速度。它表示在单位时间内，工件和刀具沿主运动方向相对移动的距离，单位为 m/min。

当主运动为旋转运动时，切削速度 v_c 的计算公式为

$$v_c = \frac{\pi d n}{1000}$$

式中　d——工件待加工表面的最大直径，单位为 mm；

n——卧式车床主轴的转速，单位为 r/min。

（2）进给量 f　进给量是刀具在进给运动方向上相对于工件的位移量，可用刀具或工件每转或每行程的位移量来表示或度量。车削时，进给量的单位是 mm/r，即工件每转一圈，刀具沿进给运动方向移动的距离，如图 2-6 所示。

（3）背吃刀量 a_p　背吃刀量 a_p 是指主切削刃的工作长度（在基面上的投影）在垂直于进给运动方向上的投影值。对于外圆车削，背吃刀量 a_p 等于工件已加工表面和待加工表面之间的垂直距离（图 2-6），单位为 mm，即

$$a_p = \frac{d_w - d_m}{2}$$

式中　d_w——待加工表面的直径，单位为 mm；

d_m——已加工表面的直径，单位为 mm。

知识链接二　认识车刀

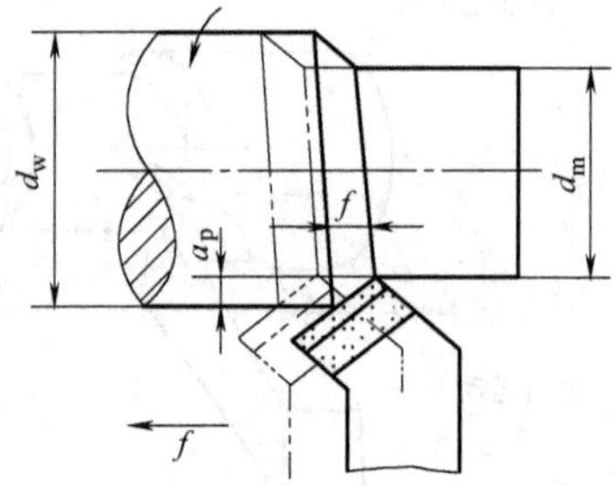

图 2-6　进给量 f 和背吃刀量 a_p

1. 车刀的材料

制作车刀的材料首先要具有高的硬度和耐磨性，其次要有足够的强度与韧性，而且要有高的热硬性以及良好的导热性和工艺性。常用的车刀材料有高速工具钢和硬质合金两大类。

（1）高速工具钢　高速工具钢是含 W、Cr、V 等元素的高合金工具钢，经热处理后，其硬度可达 62 ~ 65HRC；当切削温度达到 500 ~ 600℃时，仍能保持其切削性能；切削速度一般为 0.4 ~ 0.5m/s。高速工具钢车刀刃磨后切削刃锋利，常用于精加工以及需要承受较大冲击力的场合。常用的高速工具钢牌号有 W18Cr4V、W6Mo5Cr4V2、W6Mo5Cr4V2Al、W10Mo4Cr4V3Al 等。

（2）硬质合金　硬质合金是由碳化钨（WC）、碳化钛（TiC）和钴（Co）等材料用粉末冶金方法制成的。它具有高硬度（74 ~ 82HRC）和高耐磨性，在 800 ~ 1000℃的高温下仍能保持良好的切削能力，所以可进行高速切削。但其韧性差，不耐冲击，故大部分是在制成刀片后，通过焊接或机械方式夹固在刀体上使用。常用的硬质合金有钨钴类和钨钛钴类。

2. 车刀的种类

在车削加工中，为了加工不同的表面、不同的工件，需要选用不同种类的车刀。车刀的种类见表 2-6。

表 2-6　车刀的种类

分类方法	举　例
按用途分类	外圆车刀、通孔镗刀、不通孔镗刀、45°车刀、切断刀、车槽刀、螺纹车刀
按进刀方向分类	左偏刀、右偏刀
按刀头形状分类	直头刀、弯头刀
按制造方法分类	整体车刀、机夹车刀
按刀具材料分类	高速工具钢车刀、硬质合金车刀
按工艺分类	粗车刀、半精车刀、精车刀

3. 车刀的组成

车刀由刀头（或刀片）与刀体两部分组成，如图 2-7 所示。车刀的切削部分位于刀头上，刀体用于安装刀具。外圆车刀刀头的切削部分通常由“三面”、“两刃”、“一尖”组成。其中，前刀面是切屑流经的表面，主后刀面是与工件过渡表面相对的表面，副后刀面是与工件已加工表面相对的表面。

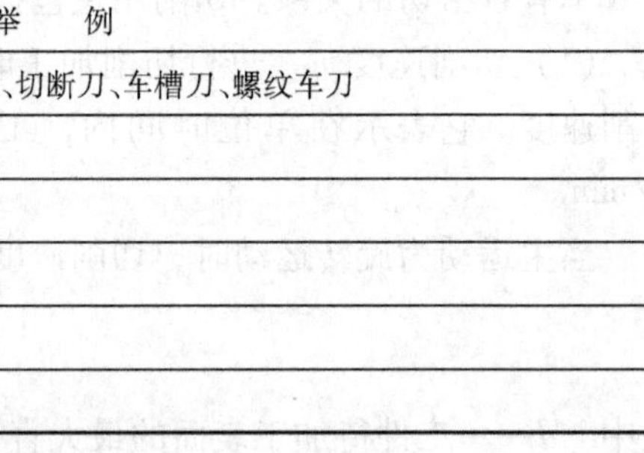

图 2-7　车刀的组成

切削刃可以是直线，也可以是曲线，如圆弧车刀。主切削刃是前刀面与主后刀面的交线，起主要的切削作用；副切削刃是前刀面与副后刀面的交线，起次要切削作用和一定的修光作用。刀尖是主切削刃与副切削刃的交点，实际上通常为一小段过渡圆弧或一小段直线过渡刃。其他车刀也有上述组成部分，但数量不一定完全相同，如切断刀有三个后刀面（两个副后刀面）、三条切削刃和两个刀尖。

4. 车刀的结构形式

车刀从结构上分为四种形式，即整体式、焊接式、机夹式和可转位式，如图 2-8 所示。车刀的结构特点及适用场合见表 2-7。

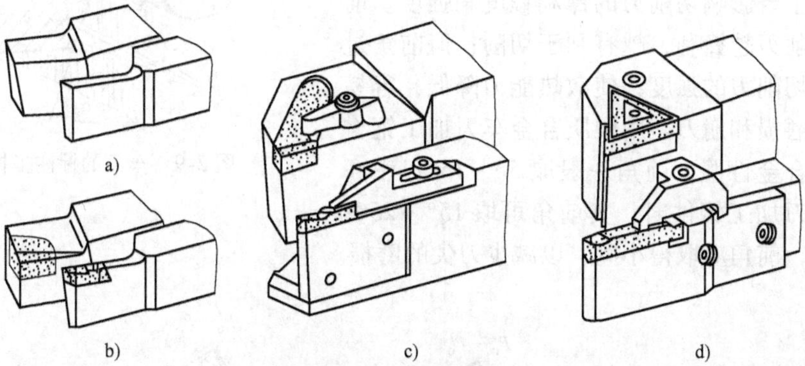

图 2-8 车刀的结构形式

a）整体式 b）焊接式 c）机夹式 d）可转位式

表 2-7 车刀的结构特点及适用场合

类型	性能特点	适用场合
整体式	用整体高速工具钢制造，刃口可磨得较锋利	适用于小型卧式车床或用于加工非铁金属
焊接式	焊接硬质合金或高速工具钢刀片，其结构紧凑，使用灵活	适用于各类车刀，特别是小刀具
机夹式	避免了由焊接产生的应力、裂纹等缺陷，刀杆的利用率高，刀片可集中刃磨以获得所需参数，使用灵活方便	适用于外圆、端面的加工以及镗孔、切断、螺纹车刀等
可转位式	避免了焊接刀的缺点，刀片可快换转位；生产效率高；断屑稳定；可使用涂层刀片	适用于在大中型卧式车床上加工外圆、端面、镗孔，特别适用于自动线、数控机床

5. 车刀的标注坐标系

为了确定车刀的切削刃及前、后刀面在空间的位置，即确定车刀的几何角度，需要选定基准坐标平面组成刀具坐标系，作为标注、刃磨和测量刀具的基准。在常用的正交平面坐标系中，有基面、切削平面和剖面，三者在空间上是相互垂直的，如图 2-9 所示。

（1）切削平面　切削平面是指通过切削刃上的某选定点，相切于工件过渡表面的平面。例如，图 2-9 中的 $ABCD$ 平面即为 P 点的切削平面。

（2）基面　基面是指通过切削刃上的某选定点，垂直于该点切削速度方向的平面。例如，图 2-9 中的 $EFGH$ 平面即为 P 点的基面。

显然，切削平面和基面始终是相互垂直的。对于车削加工，基面一般通过工件轴线，且平行于刀具的底面。

6. 车刀的角度及其主要作用

车刀的切削部分共有六个独立的基本角度：前角（γ_o）、主后角（α_o）、副后角（α'_o）、主偏角（κ_r）、副偏角（κ'_r）和刃倾角（λ_s）。外圆车刀的角度如图 2-10 所示。

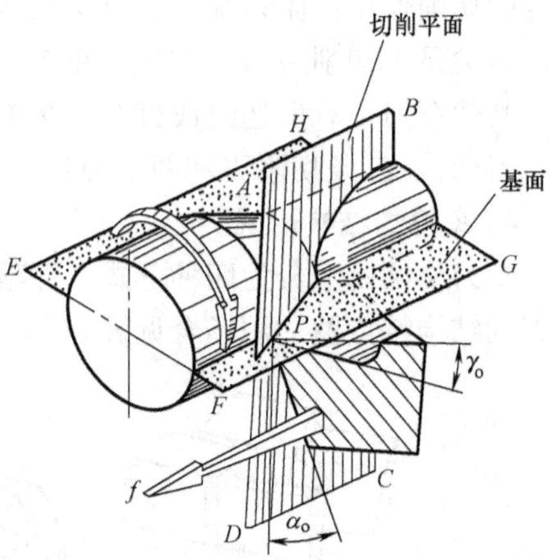

图 2-9　车刀的标注坐标系

（1）在主剖面内测量的角度

1）前角（γ_o）。它是前刀面与基面间的夹角。前角的大小主要影响切削刃的锋利程度和强度。前角越大，切削刃越锋利，越有利于切削；但前角过大，会削弱切削刃的强度，使散热能力降低，容易造成刀具的磨损和崩刀。用硬质合金车刀加工钢材时，因硬质合金性脆，前角一般取 5°～15°；用高速工具钢车刀加工钢件时，其前角可取 15°～25°；加工铸铁时，前角应取得小些，以减少刀尖的磨损。

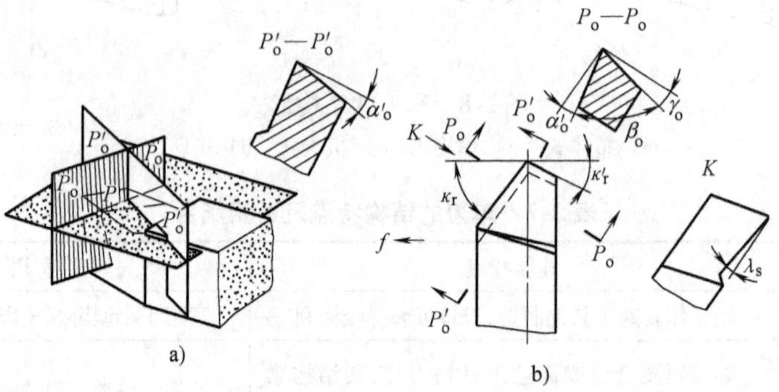

图 2-10　外圆车刀的角度

2）主后角（α_o）。它是主后刀面与切削平面之间的夹角。主后角影响主后刀面与工件过渡表面的摩擦及切削刃的强度和锋利程度。主后角一般为 3°～12°。粗加工时，为保证切削刃的强度，应选较小的后角；精加工时，为避免已加工表面被擦伤，应选较大的后角。

（2）在副剖面内测量的角度　副后角（α'_o）　是副后刀面与副切削平面之间的夹角。副后角影响副后刀面与工件已加工表面的摩擦及切削刃的强度和锋利程度。其他同主后角。

（3）在基面内测量的角度

1）主偏角（κ_r）。它是在基面内测量的主切削平面与进给运动方向之间的夹角，其大小主要影响切削条件和刀具寿命。减小主偏角，可增加主切削刃参加切削的长度，有利于散热和增加刀尖的强度，从而延长刀具的寿命，但会使刀具作用于工件的径向力增大，当工件刚性不足时，易引起工件的弯曲和振动。主偏角通常在 45°～75°范围内选取。车削细长轴时，为避免车刀顶弯工件，主偏角应在 75°～90°选取。

2）副偏角（κ'_r）。它是在基面内测量的副切削平面与进给运动反方向之间的夹角。副偏角影响已加工表面的表面粗糙度。副偏角较小时，可减小切削时的残留面积，从而减小表面粗糙度值，如图2-11所示。一般副偏角取5°~15°，精加工时，宜取小值。

(4) 在切削平面内测量的角度　刃倾角（λ_s）是主切削刃与基面间的夹角，其主要作用是控制排屑方向。

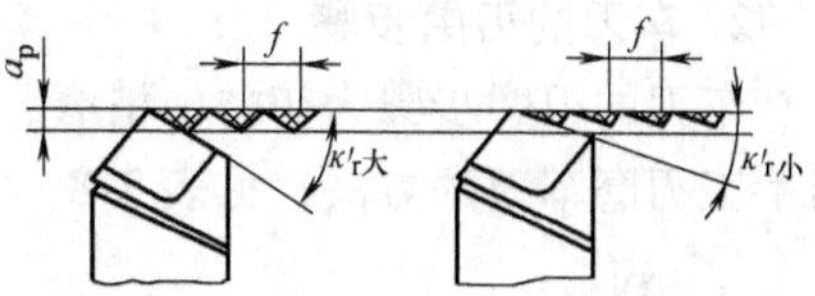

图2-11　副偏角对表面粗糙度的影响

当刀尖位于主切削刃的最高点时，刃倾角为正值。切削时，切屑排向工件的待加工表面方向（图2-12b），切屑不易擦毛已加工表面，车削出的工件的表面粗糙度值小，但刀尖强度较差。尤其是在车削不圆整的工件受到冲击时，冲击点在刀尖上，刀尖易损坏。

当刀尖位于主切削刃的最低点时，刃倾角为负值。切削时，切屑排向工件的已加工表面方向（图2-12c），容易擦毛已加工表面，但刀尖强度高。车削承受冲击的工件时，冲击点先接触远离刀尖的切削刃处，从而保护了刀尖，如图2-12d所示。当主切削刃和基面平行时，刃倾角为0°，切削时，切屑基本上沿垂直于主切削刃的方向排出，如图2-12a所示。

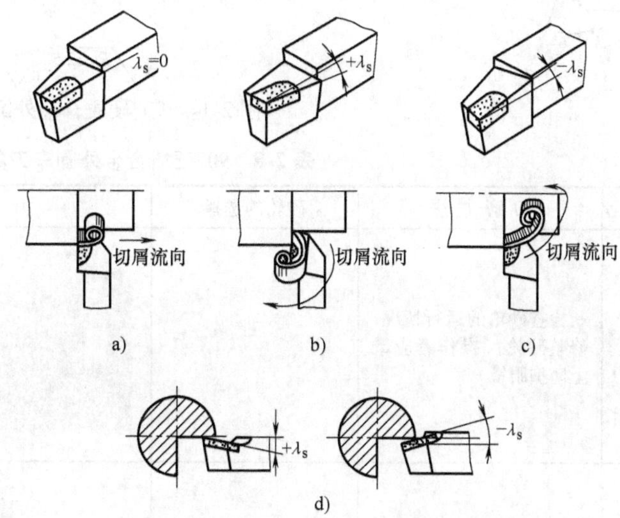

图2-12　刃倾角的作用

a)、b)、c) 控制排屑方向　d) 车刀受冲击时保护刀尖

知识链接三　车刀的刃磨

在切削过程中，由于车刀的各表面处于剧烈的摩擦和高切削热的作用下，会使车刀的切削刃变钝而失去切削能力，只有通过刃磨才能恢复切削刃的锋利和正确的车刀角度。正确刃磨车刀是车工必须掌握的基本技能之一。学习了合理选择车刀材料和几何角度的知识以后，还应掌握车刀的刃磨方法，否则，合理的几何角度仍然不能在生产实践中发挥作用。

车刀的刃磨方法一般有机械刃磨和手工刃磨两种。机械刃磨的效率高、质量好、操作方便，一般有条件的工厂已应用较多。但手工刃磨灵活，对设备要求低，目前仍普遍采用。另外，对于车工，手工刃磨是基础，是必须掌握的基本技能。

1. 砂轮的选择

常用的砂轮有氧化铝和碳化硅两类，如图2-13所示。氧化铝砂轮呈白色，适用于高速工具钢和碳素工具钢刀具的刃磨；碳化硅砂轮呈绿色，适用于硬质合金刀具的刃磨。砂轮的粗细以粒度表示，一般有F36、F60、F80和F120等级别，粒度越大，表示组成砂轮的磨

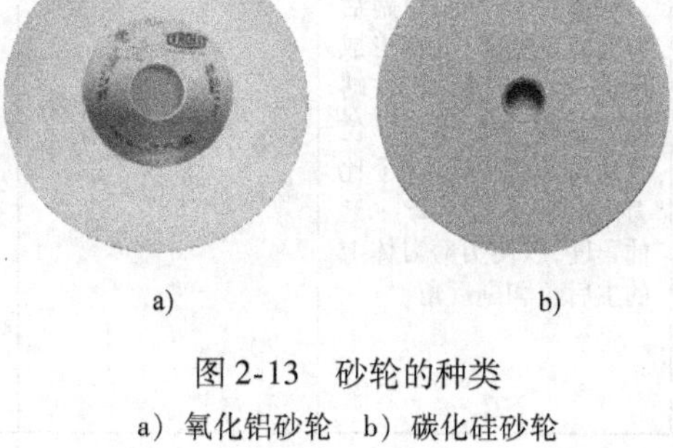

图2-13　砂轮的种类

a) 氧化铝砂轮　b) 碳化硅砂轮

粒越细，反之则越粗。粗磨车刀时选粗砂轮，精磨车刀应选细砂轮。

2. 车刀的刃磨步骤

车刀的刃磨步骤为初磨、精磨、研磨。现以90°硬质合金外圆车刀为例（图2-14），介绍手工刃磨车刀的方法，见表2-8。

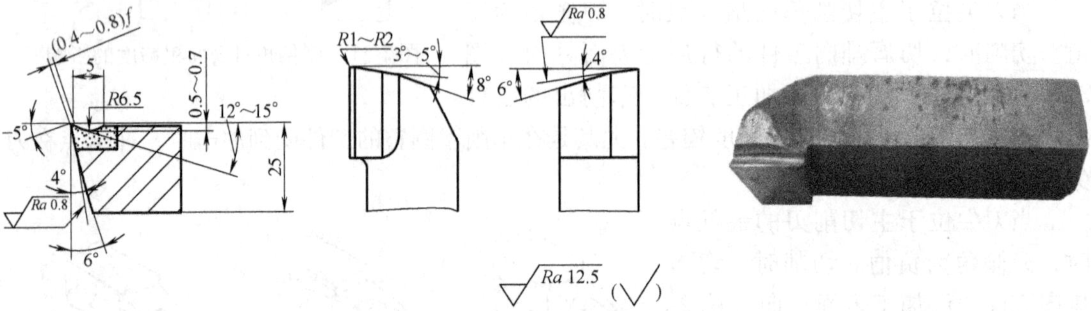

图2-14　90°硬质合金外圆车刀

表2-8　90°硬质合金外圆车刀的刃磨方法

序号	刃磨方法	砂轮的选择	图示
1	检查砂轮的运行情况，修整砂轮，（操作者应戴上防护眼镜）		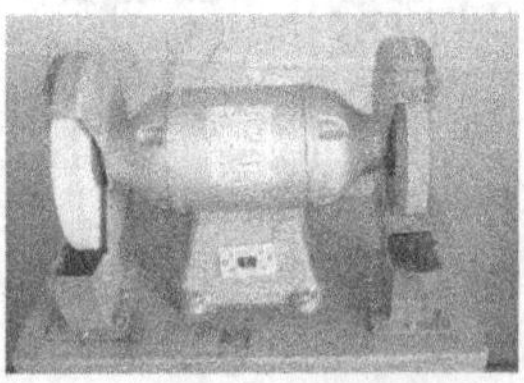 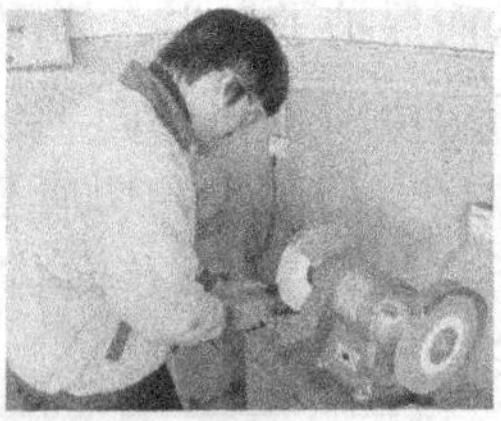
2	先磨去车刀前刀面、后刀面上的焊渣，并将车刀底面磨平	粒度为F24～F36的氧化铝砂轮	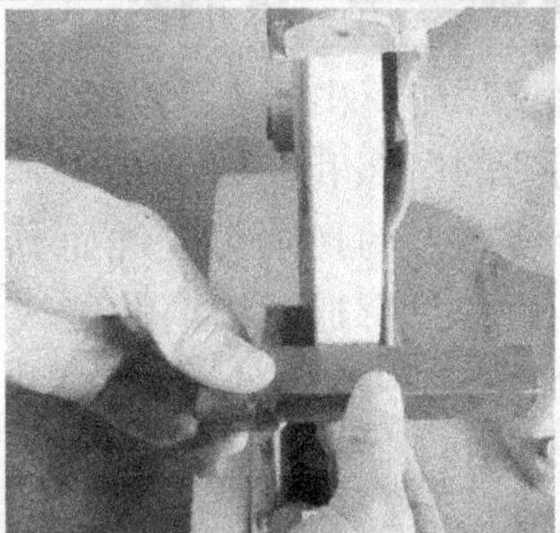
3	粗磨主后刀面和副后刀面的刀柄部分（以形成后隙角）。刃磨时，在略高于砂轮中心的水平位置处将车刀翘起一个比刀体上的后角大2°～3°的角度，以便刃磨刀体上的主后角和副后角	选择粒度为F24～F36、硬度为中软的氧化铝砂轮	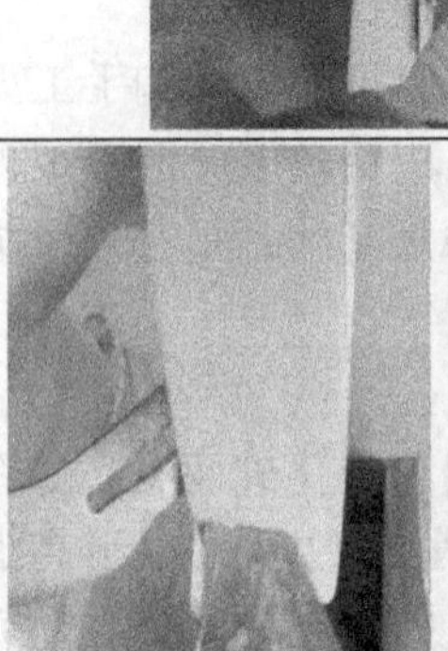 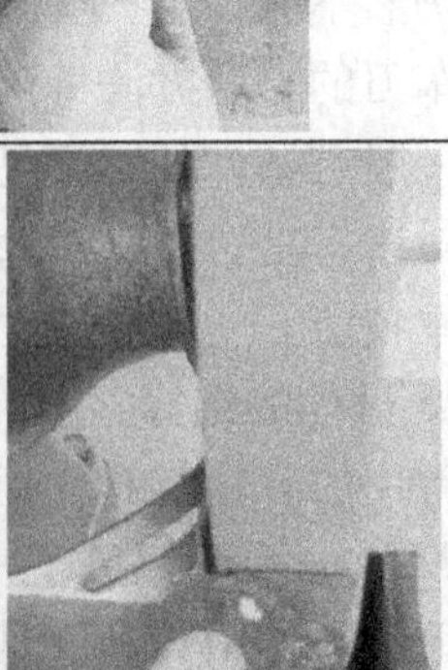

（续）

序号	刃磨方法	砂轮的选择	图　示
4	粗磨刀体上的主后刀面	选用粒度号为F36～F60的碳化硅砂轮	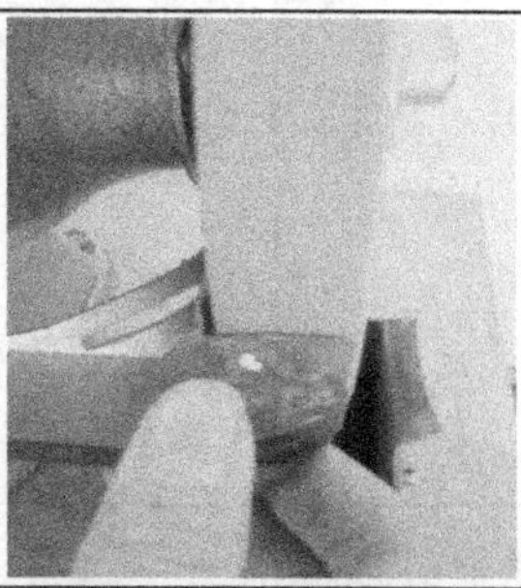
5	粗磨刀体上的副后刀面	选用粒度号为F36～F60的碳化硅砂轮	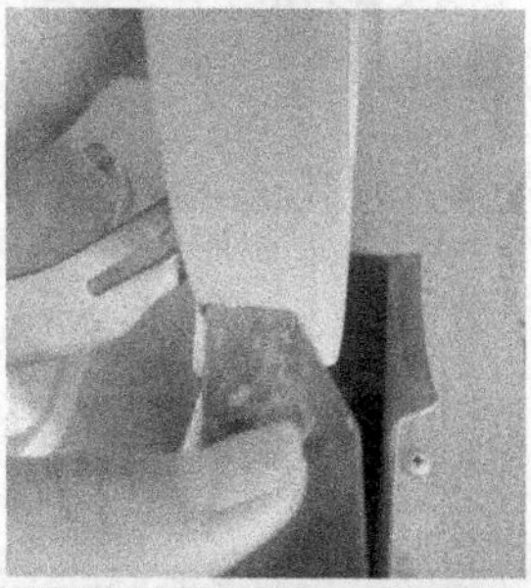
6	用砂轮的端面粗磨出车刀的前刀面，并在磨前刀面的同时磨出前角 γ_o	选用粒度号为F36～F60的碳化硅砂轮	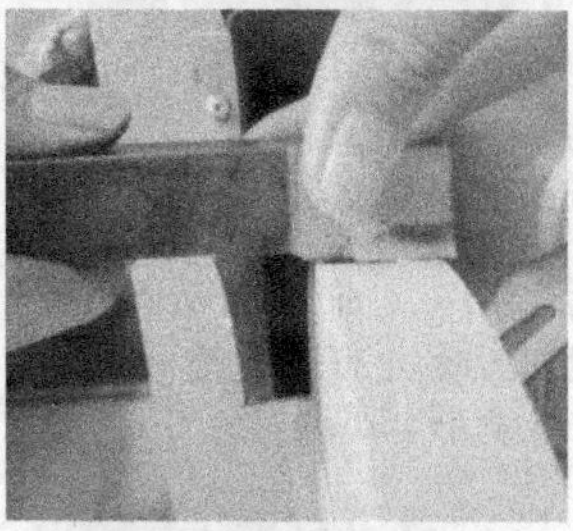
7	刃磨断屑槽。刃磨时刀头向上，车刀前刀面与砂轮外圆成一夹角，即前角。刃磨时的起点位置离主切削刃2～3mm，沿主切削刃方向上下缓慢移动进行刃磨	选用粒度号为F36～F60的碳化硅砂轮	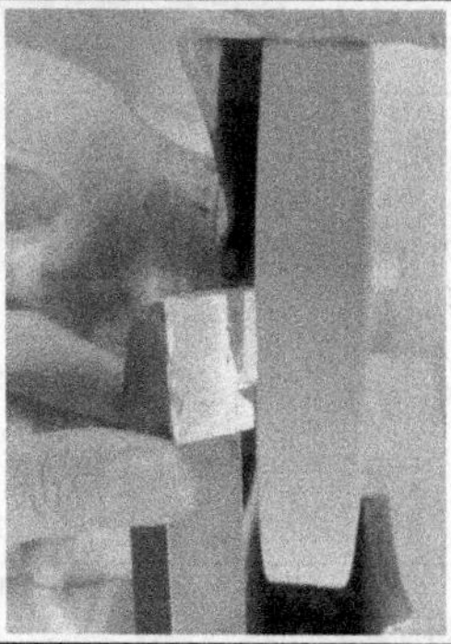
8	精磨主后刀面和副后刀面	选用粒度为F80～F120的碳化硅砂轮	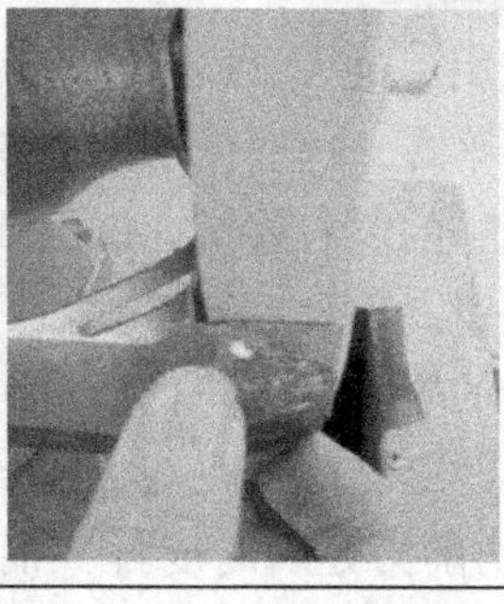 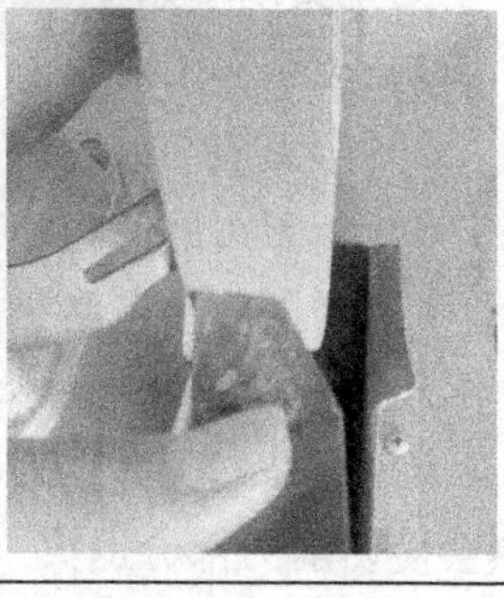

（续）

序号	刃磨方法	砂轮的选择	图示
9	测量角度		 
10	磨负倒棱。在主切削刃上磨出负值的倒棱、角度及宽度	选用粒度为F80～F120的碳化硅砂轮	
11	磨过渡刃。过渡刃有直线形和圆弧形两种，其刃磨方法与精磨后刀面时基本相同。刃磨车削较硬材料的车刀时，也可以在过渡刃上磨出负倒棱	选用粒度为F80～F120的碳化硅砂轮	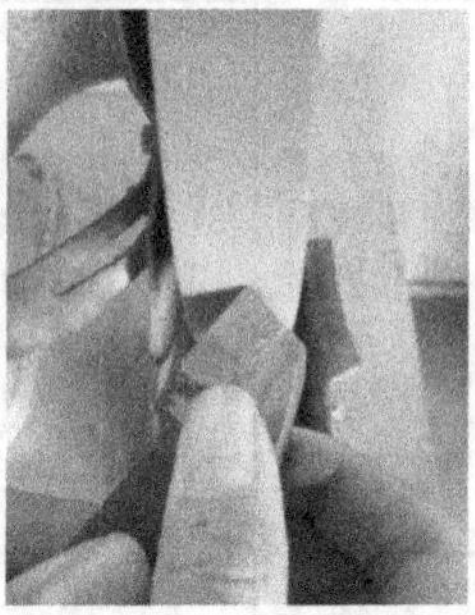
12	车刀的手工研磨。手工刃磨的车刀还应用细油石研磨其切削刃。研磨时，手持油石在切削刃上来回移动，要求动作平稳、用力均匀	油石	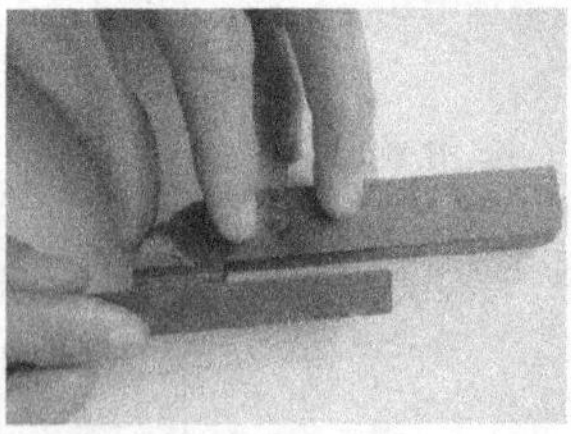 

安全文明小贴士

1）刃磨车刀时，不能用力过大，以防打滑伤手。

2）车刀应与砂轮中心平齐，这样便于掌握角度。

3）车刀刃磨时应作水平的左右移动，以免砂轮表面出现凹坑。

4）磨刀时要戴防护眼镜。

5）操作者应站在砂轮的侧面，以防止砂轮崩裂伤人。

6）磨高速工具钢刀具时应勤蘸水冷却，不要长时间磨削或过分用力磨削，否则，磨削热会使切削刃部分退火（切削刃处瞬时变红）而降低其硬度。硬质合金刀具不能蘸水，但也应注意冷却。

7）刃磨结束后，应随手关闭砂轮机电源。

知识链接四　车刀的安装

为了使车刀在工作时能保持合理的切削角度，必须正确地安装车刀。安装车刀的过程见表2-9。

表 2-9　安装车刀的过程

序号	安装步骤	安装要求	正确图示	错误图示
1	垫片应平整，并与刀架对齐，垫片数量一般不超过2~3片	垫片应与刀架的边缘对齐		
2	放置车刀	车刀刀杆的伸出长度不宜过长，一般不超过刀杆厚度的2倍；车刀刀杆中心线应与进给方向垂直或平行	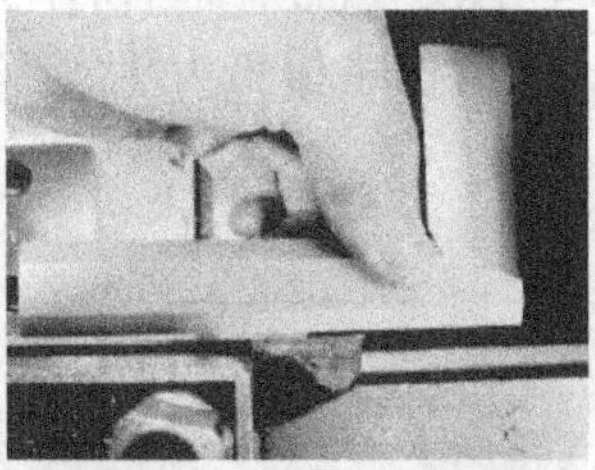	
3	车刀的刀尖对准工件的回转中心	车刀刀尖应与卧式车床主轴的轴线等高	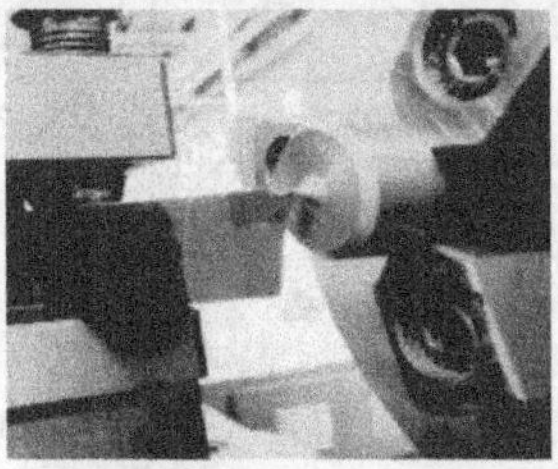	
4	拧紧车刀	两个螺钉交替拧紧	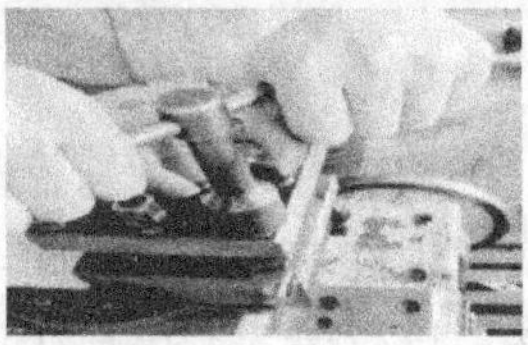	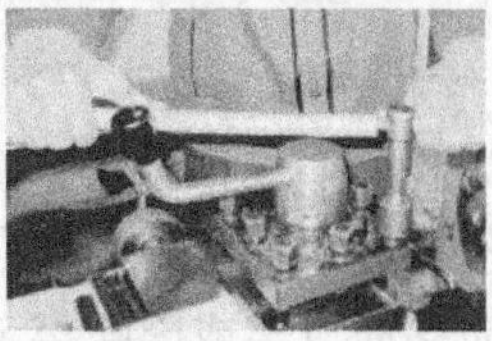

小提示：装好刀具后，应检查当车刀处于工件的加工极限位置时，卧式车床上有无相互干涉或碰撞的可能。

任务解析

(1) 情景预演　操作者在车削加工前需要安装零件，轴类零件通常采用自定心卡盘装夹。开动机器时，轴的外伸端往往会产生甩动现象，同时，工件外伸端可能出现预留长度不足的问题。

（2）任务分析　若工件安装时的长度不足或夹持部分的长度不足，则最后加工出来的零件的刚度不能得到保证；若安装好的轴的外伸端产生甩动现象，则会使车刀的切削力不均衡，或者造成工件直径方向尺寸不足的问题。

使用游标卡尺测量工件时，若装夹的松紧程度不适当，将造成工件的测量误差。

（3）任务小结　光轴的加工是车工工艺中最基本的技能之一。通过本任务的学习，学生可以掌握车削轴类零件所用的刀具、量具的使用方法，刀具的刃磨方法，轴类零件的安装与找正方法以及轴类零件的加工方法，从而为更深入、全面地学习车工技术打下扎实的基础。

知识拓展

车削外圆、平面和试切法

1. 外圆的车削

车削外圆是车削加工中最基本的工作。如图 2-15 所示，外圆的车削主要有以下几种情况：尖刀主要用于粗车外圆和车削没有台阶或台阶不大的外圆；弯头刀用于车削外圆、端面、倒角和有 45°斜面的外圆；偏刀的主偏角为 90°，车削外圆时径向力很小，常用来车削有垂直台阶的外圆和细长轴。

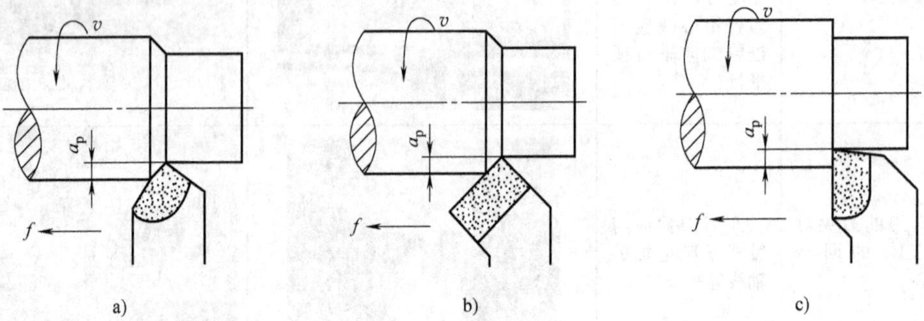

图 2-15　外圆的车削

a）尖刀车削外圆　b）弯头刀车削外圆　c）偏刀车削外圆

2. 平面的车削

开动卧式车床使工件旋转，移动小滑板或床鞍控制背吃刀量，然后锁紧床鞍，摇动中滑板丝杠进给，由工件外向中心或由工件中心向外进给车削。一次进给完毕后，横向退刀，再纵向移动刀架或床鞍至工件右端，进行第二、第三次进给车削，直至符合图样要求为止，如图 2-16 所示。

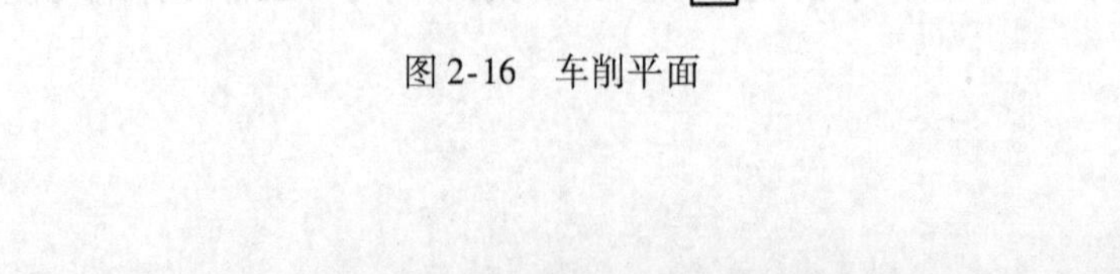

图 2-16　车削平面

3. 采用试切法切削

试切法是指按试切→测量→调整→再试切的顺序反复切削，直至工件尺寸达到要求的加工方法。由于横向刀架丝杠及其螺母螺距与刻度盘的刻线均有一定的制造误差，仅按刻度盘定进给量难以保证精车的尺寸公差，因此需要通过试切来准确控制尺寸。此外，试切也可防止进错刻度而造成废品。车削外圆工件时的试切方法与步骤如图 2-17 所示。

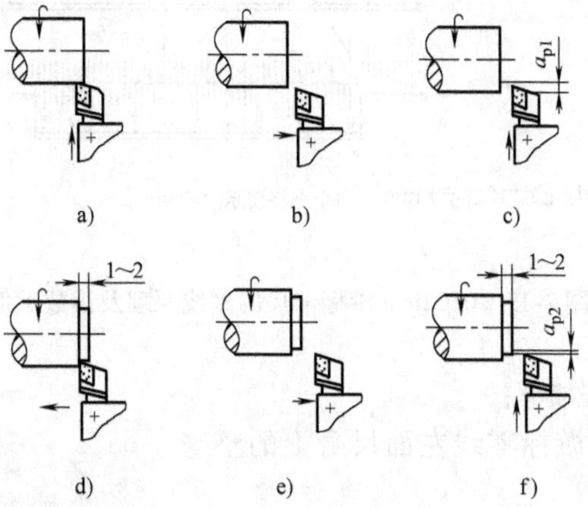

图 2-17　试切法

游标卡尺

1. 游标卡尺的测量范围

游标卡尺的规格按测量范围分为 0 ~ 125mm、0 ~ 150mm、0 ~ 200mm、0 ~ 300mm、0 ~ 500mm、300 ~ 800mm、400 ~ 1000mm、600 ~ 1500mm 和 800 ~ 2000mm 等。

测量工件尺寸时，应按工件的尺寸大小和尺寸精度选用量具，游标卡尺适用于中等精度（IT10 ~ IT16）尺寸的测量和检验。

2. 游标卡尺的结构

游标卡尺由尺身 3 和游标 6 等组成，如图 2-18 所示。旋松固定游标用的紧固螺钉 2 即可进行测量。外测量爪 7 用来测量工件的外径或长度，内测量爪 1 可以测量孔径或槽宽，深度尺 4 可用来测量工件的深度和长度尺寸。测量时，移动游标使量爪与工件接触，量取尺寸后，应把紧固螺钉 2 旋紧后再读数，以防尺寸变动。

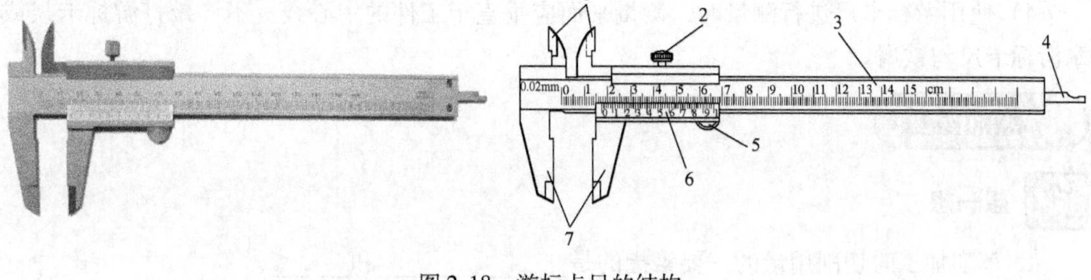

图 2-18　游标卡尺的结构

1—内测量爪　2—紧固螺钉　3—尺身　4—深度尺　5—凸钮　6—游标　7—外测量爪

3. 游标卡尺的读数原理

图 2-19 所示为分度值为 0.02mm 的游标卡尺的刻线原理。尺身的每小格是 1mm，当两卡脚合并时，尺身上的 49mm 刚好等于游标上的 50 格，则游标每格长为 49mm/50 即 0.98mm，尺身与游标每格相差 1mm - 0.98mm = 0.02mm。因此，其分度值为 0.02mm。

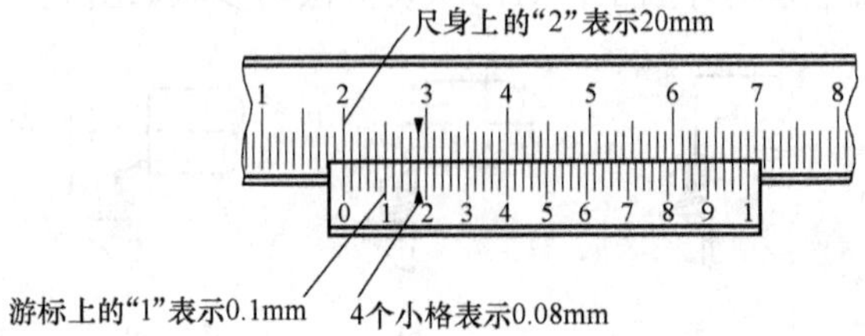

图 2-19　0.02mm 游标卡尺的刻线原理及读数示例

游标卡尺的读数方法如下：

1）读整数，即读出游标零线左面尺身上的整毫米数。

2）判断游标与尺身的哪一条刻线对齐。

3）根据游标上哪一条刻线与尺身的刻线对齐，从游标上读出小于 1mm 的尺寸值（每格为 0.02mm）。

4）把在尺身和游标上读出的尺寸相加，即为测得的尺寸值。

游标卡尺的测量范围广，可以测量工件的外径、孔径、长度、深度及沟槽的宽度等。用游标卡尺测量工件的姿势和方法如图 2-20 所示。

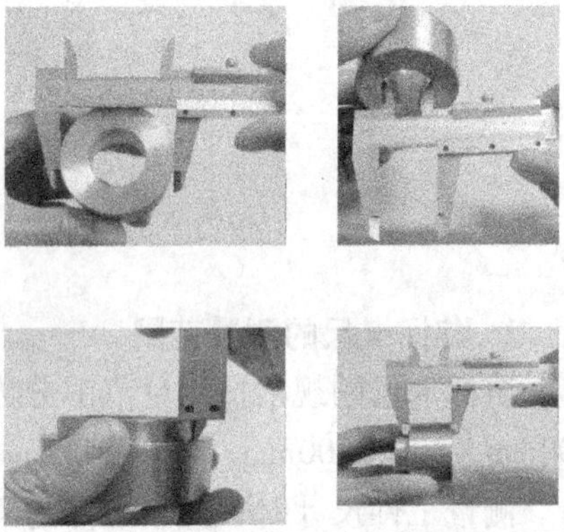

图 2-20　游标卡尺的测量姿势和方法

安全文明小贴士

1）在卧式车床未停妥前，不能使用游标卡尺测量工件。

2）使用游标卡尺测量工件时，松紧程度要适当，特别是用微调螺钉使卡脚接近工件时，尤其要注意不能卡得太紧。

3）用完游标卡尺后，应擦净放入盒中；长期不用时，应擦净并涂上全损耗系统油防止其生锈。

4）使用游标卡尺进行测量时，测量平面应垂直于工件的中心线；不许敲打游标卡尺或拿游标卡尺勾铁屑。

想想练练

想一想

1. 车削加工时切削用量的三要素指的是______、______和______。

2. 车削加工中在工件表面形成的三个表面分别是________、________和______。

3. 成为车刀材料的必备条件是，首先要具有__________和__________；其次要有足够的＿＿＿＿＿；而且要有高的＿＿＿＿＿、良好＿＿＿＿＿和工艺性。

练一练

加工如图 2-21 所示的光轴，其质量评价见表 2-10。

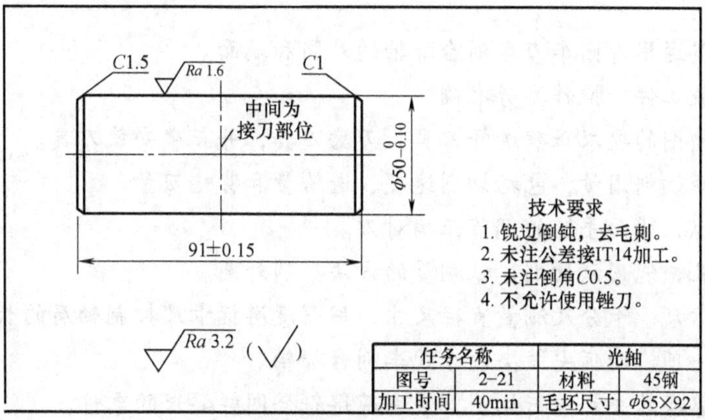

图 2-21　光轴零件图

表 2-10　工件质量评分表

项目		序号	检测内容	配分	学生		教师评分
					自检	互检	
基本检查	准备	1	切削加工工艺制订正确	5			
		2	切削用量选择合理	5			
		3	刀具刃磨质量符合要求	5			
	操作	4	设备操作、维护保养正确	3			
		5	操作要领正确	5			
		6	刀具选择、安装正确、规范	3			
		7	工件找正、安装正确、规范	4			
工作态度		8	遵守“7S”规范，纪律表现良好	10			
尺寸		9	$\phi50_{-0.10}^{\ 0}$ mm（2 处）	20			
		10	(91 ±0.15) mm	20			
		11	*C*1	5			
		12	*C*1.5	5			
		13	*Ra*3.2μm	5			
		14	*Ra*1.6μm	5			
综合得分				100			

任务二　车削台阶轴

学习目标

1. 能使用各类通用外圆车刀车削台阶轴的外圆和端面。
2. 能正确安装工件，操作姿势准确。
3. 能根据零件图的要求正确选择刀具，刃磨刀具，并正确安装刀具。
4. 能正确选择切削用量，包括切削速度、进给量和背吃刀量。
5. 能通过对纵、横向手轮的调节正确对刀。
6. 能钻中心孔，能用试切削、试测量的方法车削外圆。
7. 能用游标卡尺、千分尺测量直径尺寸，用深度游标卡尺控制轴肩的长度尺寸。
8. 能用一夹一顶、两顶尖装夹的方式车削台阶轴。
9. 能正确操纵操作手柄进行切削，最终获得符合图样要求的零件。

友情提示： 建议用 16 学时完成本学习任务。

任务描述

分析如图 2-22 所示的台阶轴零件图，制订合理的加工工艺，选择合适的加工刀具，并按要求操作卧式车床，同时操作普通卧式车床的大、中、小滑板，提高操作卧式车床能力，最后完成台阶轴的加工及检测。

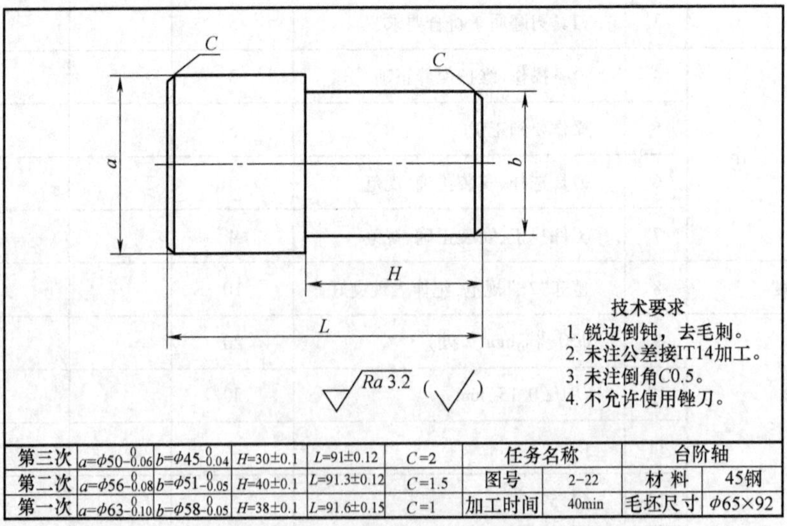

第三次	$a=\phi50^{0}_{-0.06}$	$b=\phi45^{0}_{-0.04}$	$H=30\pm0.1$	$L=91\pm0.12$	$C=2$	任务名称		台阶轴	
第二次	$a=\phi56^{0}_{-0.08}$	$b=\phi51^{0}_{-0.05}$	$H=40\pm0.1$	$L=91.3\pm0.12$	$C=1.5$	图号	2−22	材 料	45钢
第一次	$a=\phi63^{0}_{-0.10}$	$b=\phi58^{0}_{-0.05}$	$H=38\pm0.1$	$L=91.6\pm0.15$	$C=1$	加工时间	40min	毛坯尺寸	$\phi65\times92$

图 2-22　台阶轴零件图

说明：图中有三组数据，学生应分别进行练习。本书其他任务与此相同。

台阶轴是典型的轴类零件，其外形较简单。台阶轴的应用场合有汽车转向盘的轴、电风扇的轴、砂轮机轴、卧式车床主轴箱中的传动轴等。

任务实施

1. 工具、量具、刀具的选择

（1）量具的选择　该零件加工精度的要求不是很高，使用0~150mm游标卡尺、25~50mm的外径千分尺、50~75mm的外径千分尺和钢直尺即可满足要求。

（2）刀具的选择　该零件材料为45钢，用90°外圆车刀、45°外圆车刀加工工件表面，控制工件的精度和表面质量。

本任务所用的工具、量具、刀具见表2-11，其摆放方法如图2-23所示。

表2-11　台阶轴零件加工的工具、量具、刀具清单

种类	序号	名称	规格	精度/mm	单位	数量
工具	1	活扳手	250mm		把	1
	2	刀架钥匙	17mm×17mm		把	1
	3	卡盘钥匙	12mm×12mm		把	1
	4	回转顶尖	5号		个	1
	5	前顶尖			个	1
	6	鸡心夹头	大于 ϕ50mm		个	1
	7	钻夹头	13mm		个	1
量具	8	钢直尺	0~150mm		支	1
	9	游标卡尺	0~150mm	0.02	支	1
	10	外径千分尺	25~50mm	0.01	支	1
	11	外径千分尺	50~75mm	0.01	支	1
刀具	12	90°外圆车刀	25mm×25mm		把	1
	13	45°外圆车刀	25mm×25mm		把	1
	14	中心钻	A3		支	1

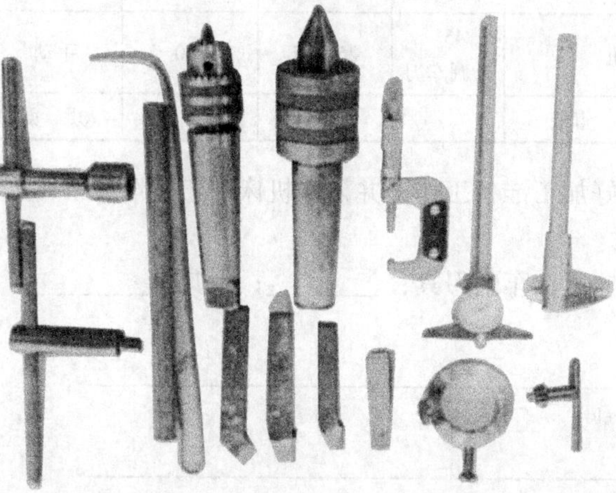

图2-23　工具、量具、刀具的摆放方法

2. 制订加工工序

1）台阶轴零件的加工工序卡片见表2-12。

表 2-12　台阶轴零件的加工工序卡片

普通车工加工工序卡片			零件名称	材料		零件图号	
			台阶轴	45 钢		2-22	
夹具名称			设备型号			车间	
自定心卡盘			CA6140A			普通车工	
工步号	工步内容	刀具名称	刀具规格 /mm × mm	切削用量的选择(推荐值)			备注
				主轴转速 /(r/min)	进给速度 /(mm/r)	背吃刀量 /mm	
1	粗车工件端面	45° 外圆车刀	25×25	500	0.2	0.5	
2	精车工件端面	45° 外圆车刀	25×25	700	0.1	0.2	
3	粗车工件外圆	90° 外圆车刀	25×25	500	0.25	2	
4	精车工件外圆	90° 外圆车刀	25×25	700	0.12	1	
5	工件倒角	45° 外圆车刀	25×25	800	手动	0.2	
6	掉头接刀车削另一端						
7	粗车工件端面	45° 外圆车刀	25×25	500	0.2	0.5	
8	精车工件端面,保证总长	45° 外圆车刀	25×25	700	0.1	0.2	
9	粗车工件外圆	90° 外圆车刀	25×25	500	0.25	2	
10	精车工件外圆	90° 外圆车刀	25×25	700	0.12	1	
11	工件倒角	45° 外圆车刀	25×25	800	手动	0.2	
编制		审核	批准		共　页	第　页	

根据工作任务做好加工准备工作，并操作机床加工台阶轴。

① 清点生产要素。

毛坯尺寸：________；车削刀具：________；量具：________。

② 检查机床。

检查方法：________________________________。

是否正常：□正常　　□不正常

处理意见：________________________________。

③ 按照“7S”标准摆放生产要素。

□正确　　□不正确

④ 装夹毛坯。

伸出长度：________。

2）台阶轴零件的加工过程清单见表2-13，加工完成的零件如图2-24所示。

表2-13　台阶轴零件的加工过程清单

工步	图　　示	操作内容	刀具	量具
1	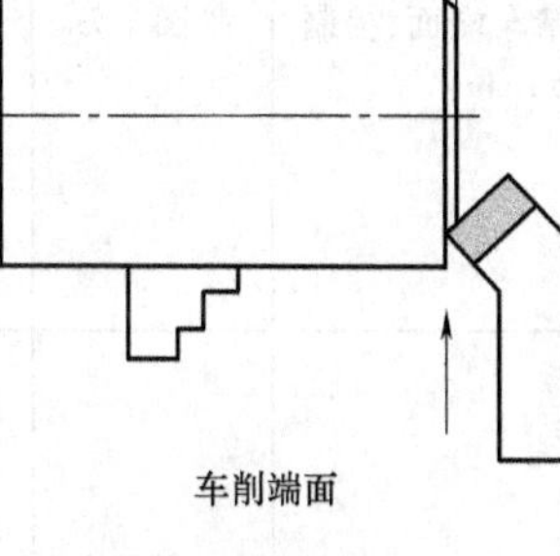 车削端面	1）检查毛坯 ϕ65mm × 92mm是否符合图样要求 2）用自定心卡盘夹持毛坯，伸出长度约为43mm，粗、精车端面	45° 外圆车刀	游标卡尺
2	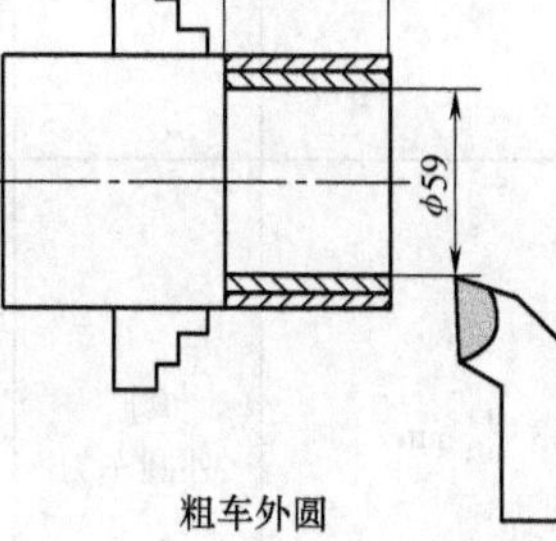 粗车外圆	分两次粗车外圆至 ϕ59mm，长为37.8mm	90° 外圆车刀	游标卡尺
3	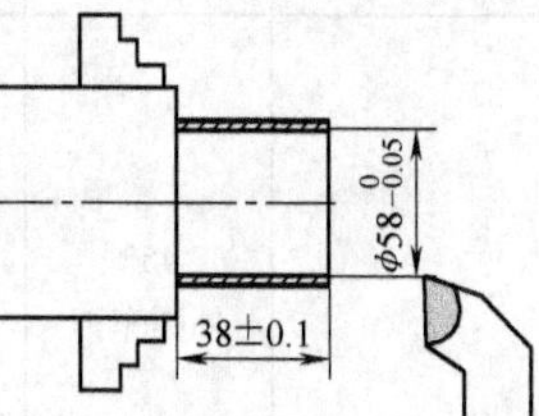 精车外圆	精车外圆至 $\phi58_{-0.05}^{\ 0}$ mm，长为(38±0.1)mm	90° 外圆车刀	游标卡尺、外径千分尺
4	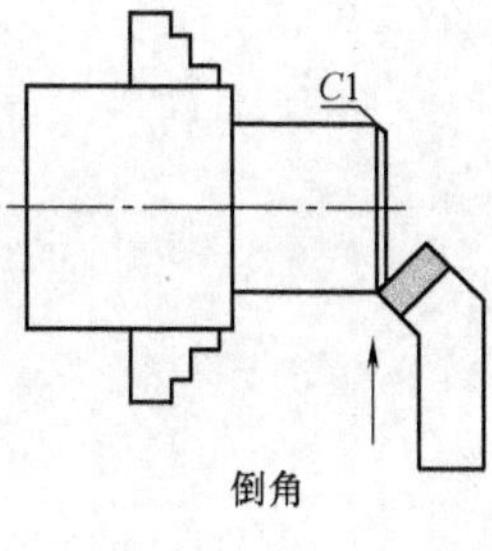 倒角	倒角 C1，去毛刺	45° 外圆车刀	游标卡尺或目测

（续）

工步	图　示	操作内容	刀具	量具
5	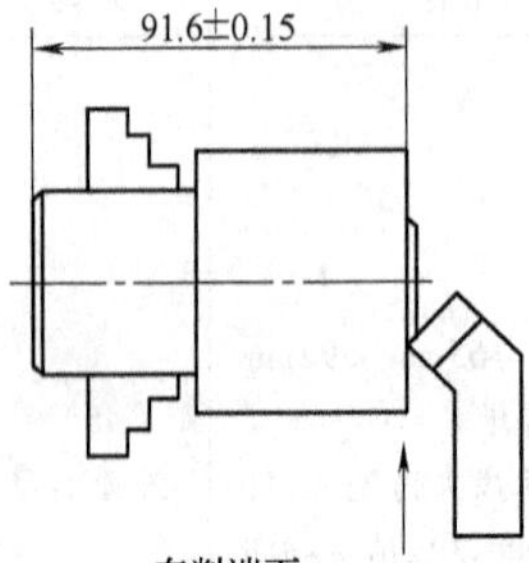 车削端面	用自定心卡盘夹持已加工的一端外圆，找正工件，伸出长度约为55mm，粗、精车端面，控制总长（91.6 ±0.15）mm	45°外圆车刀	游标卡尺
6	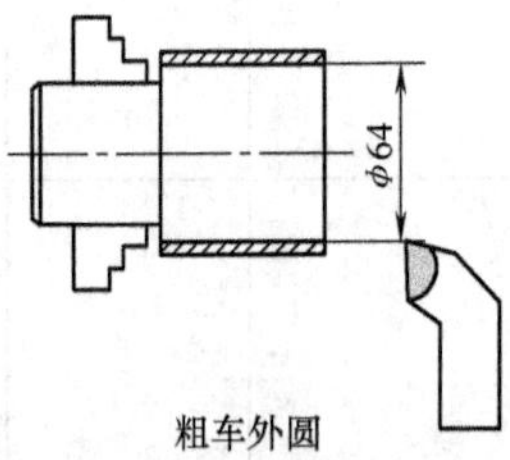 粗车外圆	粗车外圆至 $\phi64$mm	90°外圆车刀	游标卡尺
7	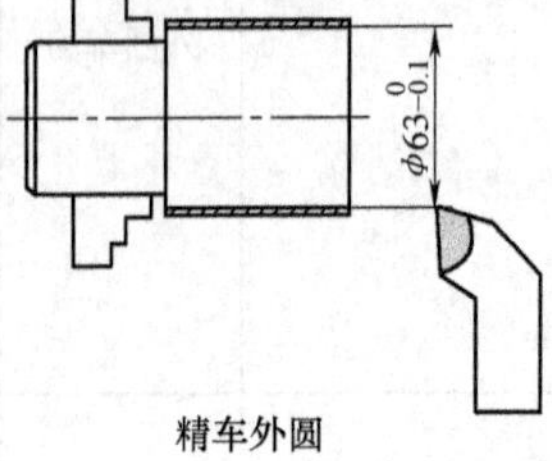 精车外圆	精车外圆至 $\phi63_{-0.1}^{\ 0}$mm	90°外圆车刀	游标卡尺、外径千分尺
8	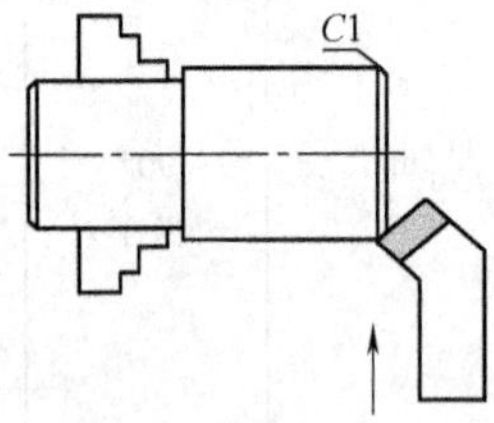 倒角	倒角 $C1$，去毛刺	45°外圆车刀	游标卡尺或目测

图 2-24　加工完成后的零件

任务评价

1）工件的质量评价见表 2-14。

表 2-14　工件质量评分表

项　目		序号	检 测 内 容	配分	学生		教师评分
					自检	互检	
基本检查	准备	1	切削加工工艺制订正确	5			
		2	切削用量选择合理	5			
		3	刀具刃磨质量符合要求	5			
	操作	4	设备操作、维护保养正确	3			
		5	操作要领正确	5			
		6	刀具选择、安装正确、规范	3			
		7	工件找正、安装正确、规范	4			
工作态度		8	符合“7S”规范，纪律表现良好	10			
尺寸		9	$\phi63_{-0.10}^{0}$mm	10			
		10	$\phi58_{-0.05}^{0}$mm	15			
		11	(38 ±0.10) mm	10			
		12	(91.6 ±0.15) mm	10			
		13	*C*1(2 处)	5			
		14	*Ra*3.2μm	10			
综合得分				100			

2）机床的清洁与保养记录见表 2-15。

表 2-15　机床清洁与保养记录

序号	内　容	要　求	配分	得分	结果记录
1	刀具	拆卸、整理、归位	10		
2	量具	清洁、保养、归位	10		
3	工具	整理、归位	10		
4	工作台	清洁、保养、归位	10		
5	导轨、润滑部位	清洁、保养、加油润滑	10		
6	主轴	清洁、保养	5		
7	刀架	清洁、保养	10		
8	机床外观	清洁	10		
9	电源	切断	5		
10	切屑	清扫	10		
11	工作区域	清扫	10		
总分					

学生签名＿＿＿＿＿　　教师签名＿＿＿＿＿　　日期＿＿＿＿＿

安全文明小贴士

1）注意中滑板的进、退刀方向。

2）如果工件平面的中心留有凸头，原因是刀尖没有对准工件中心，偏高或偏低。

3）台阶平面和外圆相交处要清角，防止产生凹坑和小台阶。

4）掉头装夹工件时，最好垫铜皮，以防夹坏工件。

5）车削前应检查滑板的位置是否正确，工件装夹是否牢靠，卡盘扳手是否取下。

6）测量多台阶工件的长度时，应从一个基面开始，以防积累误差。

7）车削台阶外圆时，应将粗、精车分开，严格按加工工步进行加工。

小提示

初学者进行机动进给车削时，注意力要集中，以防发生碰撞事故。同时，要严格进行试切削、试测量，注意保持刀具锋利。

知识链接

知识链接一　粗车、半精车、精车时的切削用量

合理选择切削用量，是指在工件材料、刀具材料和几何角度及其他切削条件已经确定的情况下，选择切削用量三要素的最优化组合来进行切削加工。

1. 粗车时切削用量的选择

粗车时，加工余量大，其目的是尽快从工件上切去大部分加工余量，使工件接近最后的形状和尺寸。粗车要给精车留适当的加工余量，其精度和表面质量要求并不高，因此粗车的目的是提高生产效率。为了保证刀具的使用寿命及减少刃磨次数，粗车时应先选用较大的背吃刀量，其次适当加大进给量，最后选取合适的切削速度。

2. 半精车、精车时切削用量的选择

半精车、精车阶段的加工余量较小，主要是考虑如何保证加工精度和表面质量，当然也要注意提高生产效率及保证刀具寿命。应根据工艺要求确定半精车、精车的加工余量，原则上是在一次进给过程中切除。若工件的表面质量要求高，一次进给无法达到要求，则应分两次进给，但最后一次进给的背吃刀量不得小于0.1mm。半精车、精车时的进给量应选得小一些，切削速度则应根据刀具的材料进行选择：高速工具钢车刀应选用较低的切削速度（$v_c<5m/min$）以降低切削温度，防止积屑瘤的产生；硬质合金车刀应选用较高的切削速度（$v_c>80m/min$），这样既可提高工件的表面质量，又可提高生产效率。

知识链接二　中心钻

车削加工中，需要进行多次装夹才能完成加工的轴类工件，如台阶轴、齿轮轴、丝杠，一般需要在工件两端钻中心孔，其目的是使圆锥孔的锥面与顶尖的锥面相配合，起定心作用并承受工件的质量和切削力。

中心钻通常由高速工具钢制成，其外形如图2-25所示。

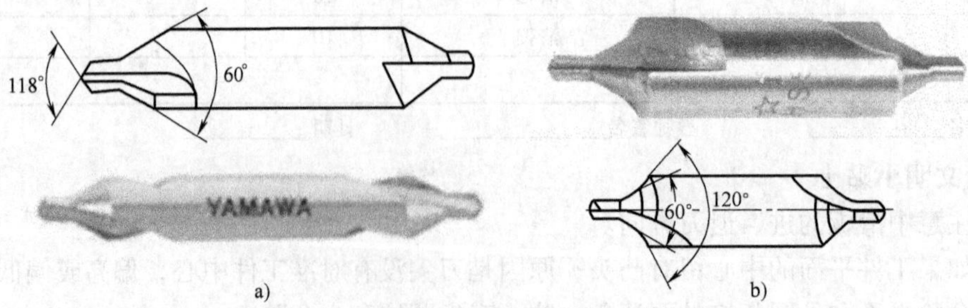

图2-25　中心钻

a）A型中心钻　b）B型中心钻

中心孔的种类及应用见表 2-16。

表 2-16　中心孔的种类及应用

名称	不带保护锥（A 型）	带保护锥（B 型）	带螺纹孔（C 型）	带 R 圆弧（R 型）
图示	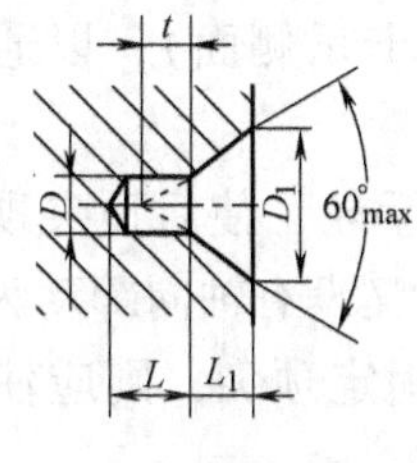	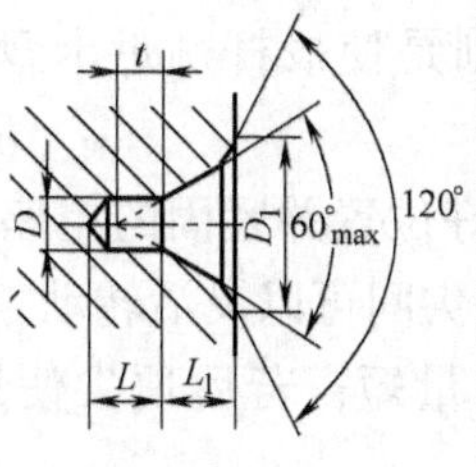	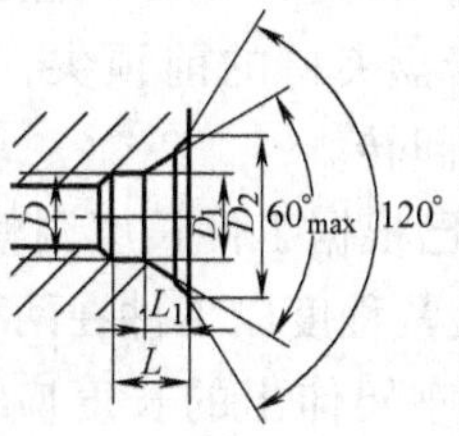	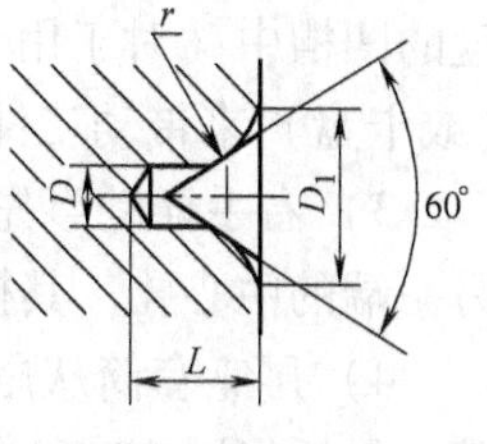
应用	用于不需要进行多次装夹或不必保留中心孔的工件	一般适用于多次装夹的工件或较重的工件	用于工件之间的紧固连接或重型工件	用于精度要求很高的轴类工件
加工方法	1）装夹工件及中心钻，并找正尾座 2）车平端面 3）按工艺或图样要求选定中心钻的型号，然后将中心钻装在尾座钻夹头上，选择较高的转速，慢慢摇动手轮，钻至所需尺寸 4）钻好一端中心孔后，掉头钻另一端面的中心孔			

知识链接三　用两顶尖和一夹一顶的方式装夹加工

1. 顶尖的作用及种类

顶尖的作用是定中心，承受工件的质量与切削时的切削力。顶尖分为前顶尖（图 2-26）和后顶尖（图 2-27）两类。

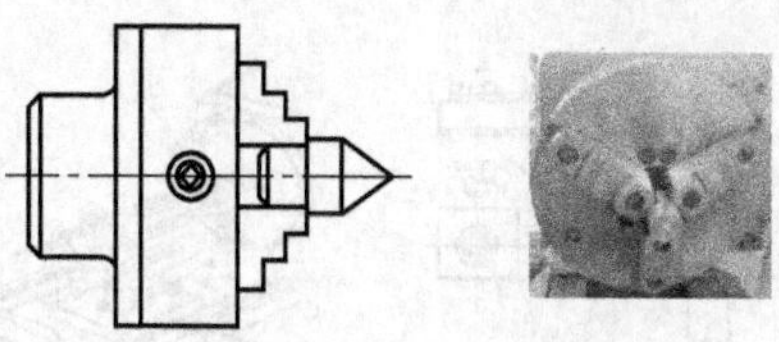

图 2-26　前顶尖

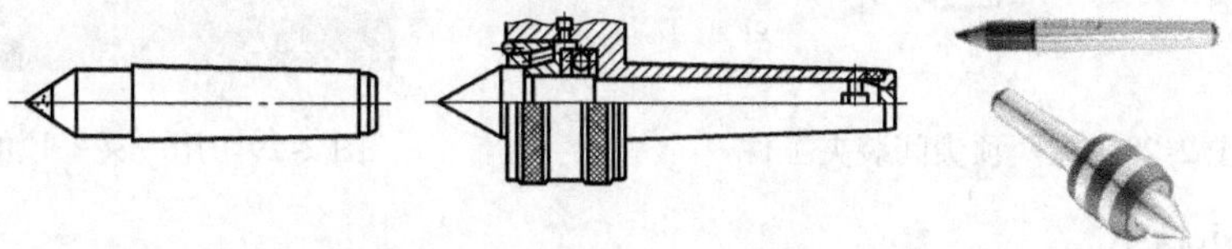

图 2-27　后顶尖

（1）前顶尖　前顶尖是安装在主轴上的顶尖，它随主轴和工件一起回转。因此，其与工件中心孔之间无相对运动，不产生摩擦。

（2）后顶尖　后顶尖是插入尾座内的顶尖，分为固定顶尖和回转顶尖两类。固定顶尖的优点是定心好、刚度高，切削时不易产生振动；缺点是与工件中心孔之间有相对运动，容易磨损和产生高热。回转顶尖将顶尖与中心孔之间的滑动摩擦转变为顶尖内部的轴承的滚动摩擦，克服了固定顶尖容易磨损和产生高热的缺点，可以承受很高的转速，但其定心精度不如固定顶尖高，刚度也稍低。

2. 工件的装夹

装夹工件的方法与步骤如下：

1）用鸡心夹头或平行对分夹头夹紧工件一端的适当部位（应使夹头上的拨杆伸出工件轴端）。

2）左手托起工件，将夹有夹头一端的中心孔放置在前顶尖上，并使夹头的拨杆插入拨盘的凹槽中（对于用卡盘夹持的前顶尖，则是使拨杆贴近卡盘的卡爪侧面），以通过拨盘（或卡盘）来带动工件回转。

3）右手摇动事先已根据工件长度调整好位置并紧固的尾座的手轮，使后顶尖顶入工件另一端的中心孔，其松紧程度以工件在两顶尖间可以灵活转动，而又没有轴向蹿动为宜。

4）尾座套筒从尾座架伸出的长度应尽量短；若后顶尖使用固定顶尖，则应使用润滑脂。最后将尾座套筒的固定手柄压紧。

3. 在两顶尖间装夹工件

对于较长或必须经过多道工序才能加工完成的轴类工件，为保证每次安装时的精度，可使用两顶尖装夹，如图2-28所示。用两顶尖装夹工件操作方便，不需要找正，而且定位精度高，但装夹前必须在工件的两端面上钻出合适的中心孔。

4. 用一夹一顶的方法装夹工件

用两顶尖装夹轴类工件的优点虽然很多，但其刚性较差，尤其是在装夹粗大、笨重的工件时，其稳定性不够，使切削用量的选择受到限制。这时，通常采用一端用卡盘夹住，另一端用顶尖支承的方式来装夹工件，即用一夹一顶的方法装夹工件，如图2-29所示。

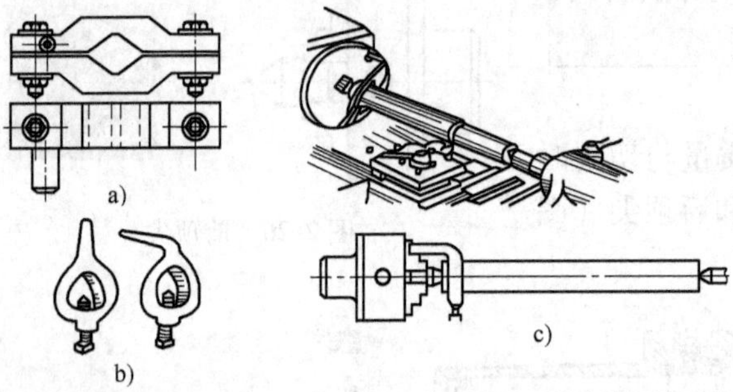

图2-28　在两顶尖间装夹工件

图2-29　用一夹一顶的方法装夹工件

安全文明小贴士

1）前、后两顶尖要对准，若两顶尖没有对准，则应调整尾座的调整螺栓，直至符合要求。

2）用一夹一顶的方式装夹工件时应调整尾座，以找正车削过程中产生的锥度。

3）采用一夹一顶的方式装夹工件时，为了防止工件的轴向蹿动，通常可在卡盘内装一个轴向限位支承，或者在工件的被夹持部位车削一个10～20mm的台阶，作为轴向限位支承，如图2-30所示。

4）用一夹一顶的方式装夹工件比较安全、可靠，能承受较大的轴向切削力，因此它是车工常用的装夹方法。但对

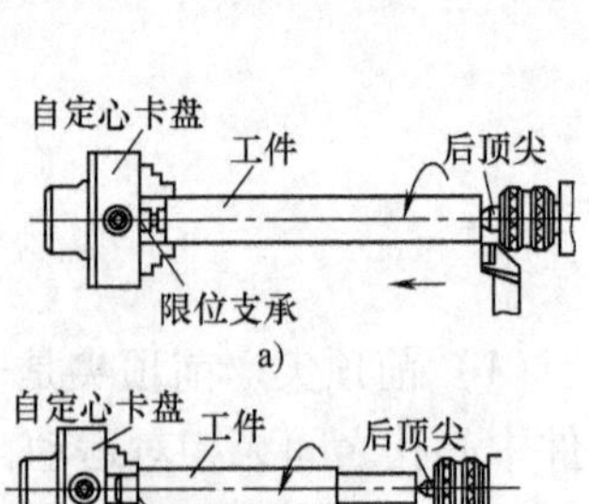

图2-30　限位方式

a）用限位支承限位　b）利用工件的台阶限位

于相互位置精度要求较高的工件，采用这种方法在掉头车削时找正较困难。

5）应注意工件锥度的方向性。

任务解析

（1）情景预演　操作者将工件安装好后，应根据零件图样的加工要求，选择合适的切削刀具。

（2）任务分析　车刀的选择必须根据零件图加工部位的结构形状而定。车削90°轴肩时，直角偏刀的主偏角应略大于90°，以保证刀具在径向退出时，轴肩成直角。车削台阶的方法有大滑板控制刻度法和划痕法两种，而大滑板控制刻度法是生产中使用较为广泛的一种方法。

轴肩台阶的车削主要是保证各台阶的长度及直径尺寸，此处的知识点主要是用划痕法确定台阶长度及轴类零件直径的测量方法。车削各台阶的直径时，要求操作者能够熟练地使用游标卡尺及千分尺测量直径，越到接近零件直径的最后车削阶段，越要多停机进行测量，以确保加工出符合尺寸要求的零件。

（3）任务小结　台阶轴的加工是车工加工工艺中最基本的技术之一，通过本任务的学习，学生可以掌握车削台阶轴类零件所用的刀具、量具的使用方法，台阶轴类零件的加工方法、切削用量的选择方法、中心钻的基础知识以及工件的装夹方式，从而为更深入、全面地学习车工技术打下扎实的基础。

知识拓展

台阶的车削

1. 低台阶的车削方法

较低的台阶面可用偏刀在车削外圆时一次进给同时车出。车刀的主切削刃应垂直于工件的轴线，如图2-31a所示；可用直角尺对刀或以车好的端面对刀，如图2-31b所示，使主切削刃和端面贴平。

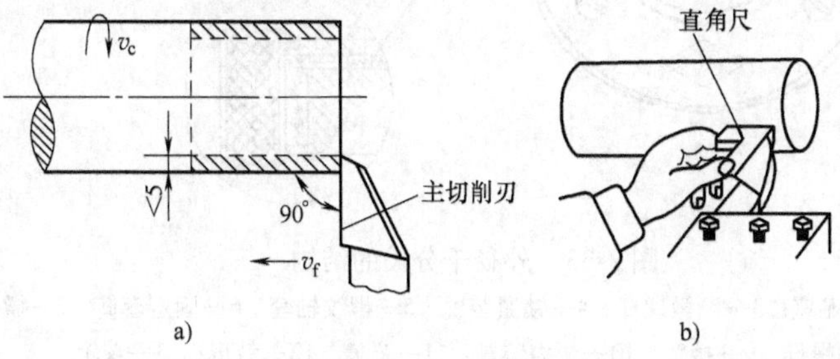

图2-31　车削低台阶

2. 高台阶的车削方法

车削高于5mm的台阶时，因肩部过宽，车削时会发生振动。因此，车削高台阶工件时，可先用外圆车刀把台阶车成大致形状，然后将偏刀的主切削刃装得与工件端面有5°左右的间隙，分层进行切削，如图2-32所示。但是，最后一刀必须横向进给完成，否则会使车出的台阶偏斜。

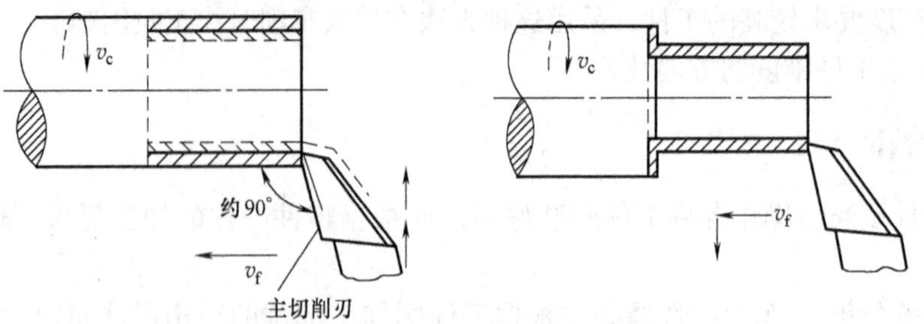

图 2-32　车削高台阶

千　分　尺

1. 千分尺的测量范围和分度值

千分尺的规格按测量范围分为 0 ~ 25mm、25 ~ 50mm、50 ~ 75mm、75 ~ 100mm 和 100 ~ 125mm 等，使用时按被测工件的尺寸选用。

千分尺是一种精密量具，其分度值为 0.01mm，比游标卡尺的精度高，而且比较灵敏。因此，对于加工精度要求较高的尺寸，要用千分尺来测量。

千分尺的种类很多，有外径千分尺、内径千分尺和深度千分尺等，其中以外径千分尺用得最多。

2. 外径千分尺的结构形状

外径千分尺由尺架 1、砧座 2、测微螺杆 3、锁紧装置 4、固定套筒 6、微分筒 7 和测力装置 10 等组成，如图 2-33 所示。

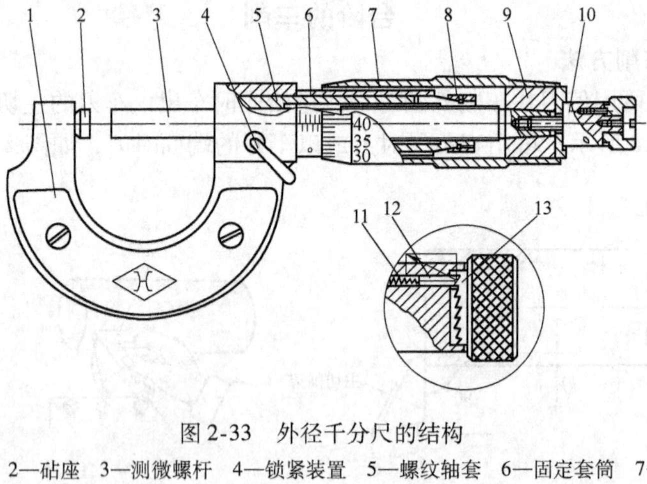

图 2-33　外径千分尺的结构

1—尺架　2—砧座　3—测微螺杆　4—锁紧装置　5—螺纹轴套　6—固定套筒　7—微分筒　8—螺母　9—接头　10—测力装置　11—弹簧　12—棘爪　13—棘轮

3. 外径千分尺的刻线原理及读数方法

（1）外径千分尺的刻线原理　外径千分尺测微螺杆 3 的螺距为 0.5mm，固定套筒 6 上的直线距离每格为 0.5mm。当微分筒 7 转一周时，测微螺杆移动 0.5mm，微分筒的圆周斜面上共有 50 格，因此，当微分筒转一格时（1/50 转），测微螺杆移动 0.5mm/50 = 0.01mm，即常用外径千分尺的分度值为 0.01mm。

（2）外径千分尺的读数方法　外径千分尺的读数方法分为三步：

1）读出固定套筒上露出刻线的整毫米数和半毫米数。

2）看准微分筒上的哪一格与固定套筒的基准线对准，读出小数部分。

3）将整数部分和小数部分相加，即为被测工件的尺寸，如图2-34所示。

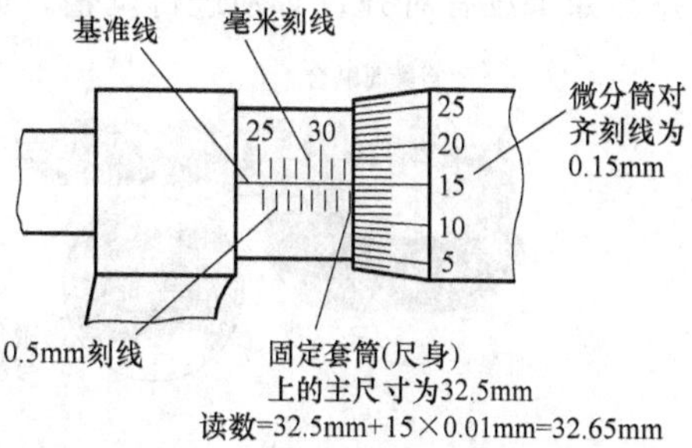

图2-34　外径千分尺读数示例

4. 外径千分尺的测量方法

1）选用与零件尺寸相适应的外径千分尺。例如，被测零件的公称尺寸为50mm，则应选用50～75mm的外径千分尺。

2）测量工件时，应擦净工件的被测表面和外径千分尺的两测量面。左手握尺架，右手转动微分筒，使测杆端面接近被测工件表面，如图2-35a所示。

3）用右手转动棘轮，使测微螺杆端面和工件被测表面接触，直到棘轮打滑，发出响声为止，读出数值，如图2-35b所示。

4）测量外径时，测微螺杆的轴线应通过工件的中心，如图2-35c所示。

5）测量小型工件时，用左手握工件，右手单独操作，如图2-35d所示。

6）退出外径千分尺时，应反向转动微分筒，使测微螺杆的端面离开被测表面后，再将外径千分尺退出，如图2-35e所示。

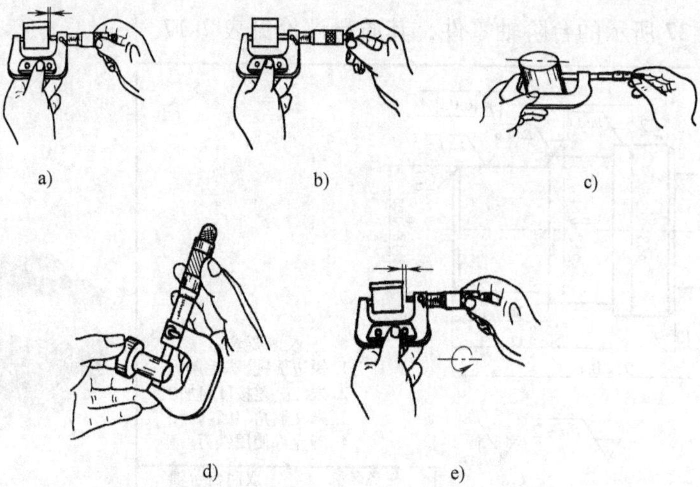

图2-35　外径千分尺的测量方法

安全文明小贴士

1）外径千分尺只适用于测量精度较高的尺寸，不能测量毛坯面；卧式车床未停妥前，不能使用外径千分尺测量工件。

2）使用外径千分尺时，要注意与游标卡尺结合使用，避免外径千分尺读数错误。

3）用完外径千分尺后应擦净放入盒中，长期不用时应擦净并涂上会损耗系统用油。

4）使用外径千分尺进行测量时，应轻拿轻放，测量平面要垂直于工件的中心线，不允许用外径千分尺敲打铁屑。

5）使用外径千分尺前应校准尺寸，检查活动套筒上的零线是否与固定套筒上的基准线对齐，如果没有对齐，必须进行调整，如图 2-36 所示。

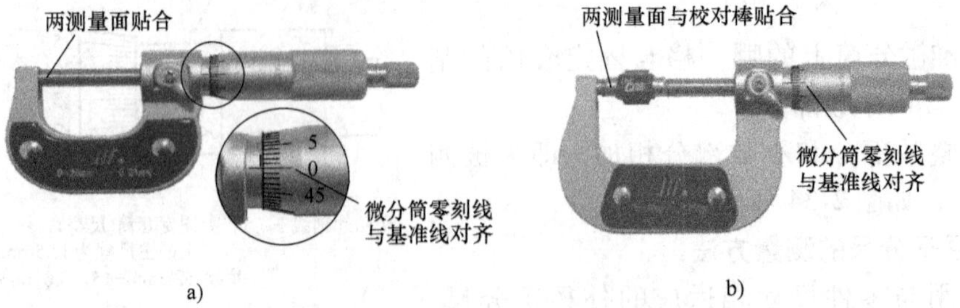

图 2-36　外径千分尺校正零位

a) 0～25mm 的外径千分尺　b) 25～50mm 的外径千分尺

想想练练

想一想

1. 中心钻有不带保护锥（A 型）、______（B 型）、______（C 型）及______（D 型）。

2. 千分尺的种类很多，有__________、__________、__________等，其中以______用得最多。

练一练

车削如图 2-37 所示的台阶轴零件，其质量评价见表 2-17。

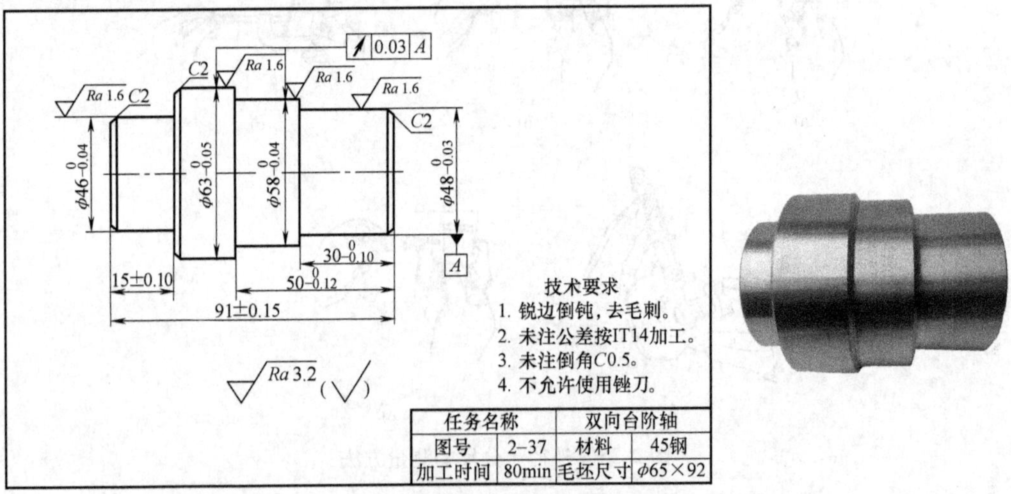

图 2-37　双向台阶轴零件图和实物图

表 2-17　工件质量评分表

项　目		序号	检测内容	配分	学生		教师评分
					自检	互检	
基本检查	准备	1	切削加工工艺制订正确	5			
		2	切削用量选择合理	5			
		3	刀具刃磨质量符合要求	5			

（续）

项　目		序号	检测内容	配分	学生		教师评分
					自检	互检	
基本检查	操作	4	设备操作、维护保养正确	3			
		5	操作要领正确	5			
		6	刀具选择、安装正确、规范	3			
		7	工件找正、安装正确、规范	4			
工作态度		8	遵守“7S”规范，纪律表现良好	10			
尺寸		9	$\phi63_{-0.05}^{0}$mm	7			
		10	$\phi58_{-0.04}^{0}$mm	7			
		11	$\phi48_{-0.03}^{0}$mm	7			
		12	$\phi46_{-0.04}^{0}$mm	7			
		13	$30_{-0.10}^{0}$mm	5			
		14	(15 ±0.10)mm	5			
		15	$50_{-0.12}^{0}$mm	5			
		16	(91 ±0.15)mm	5			
		17	*C*2（3 处）	4			
		18	*C*0.5	2			
		19	*Ra*3.2μm	2			
		20	*Ra*1.6μm	4			
			综合得分	100			

项目三　车削套类零件

任务一　车 削 通 孔

学习目标

1. 熟练掌握通孔的加工方法及检测方法，掌握通孔车刀及麻花钻的相关知识。
2. 了解通孔车刀的种类和几何角度，会选用通孔车刀。
3. 掌握通孔车刀的刃磨步骤及方法，能正确安装通孔车刀。
4. 掌握通孔及台阶孔的加工方法及切削用量的选择方法。
5. 掌握内径千分尺的安装及使用方法。

友情提示：建议用 10 学时完成本学习任务。

任务描述

用车削的方法扩大工件上的孔或加工空心工件的内表面的过程称为车孔。车孔是车削加工的主要内容之一，可用作孔的半精加工和精加工。车孔的加工精度一般可达 IT7 ~ IT8；表面粗糙度值为 *Ra*1.6 ~ 3.2μm，精车时可达 *Ra*0.8μm。

套类零件是一种较简单的回转体零件，也是比较常见的通孔零件（图 3-1），如轴承套

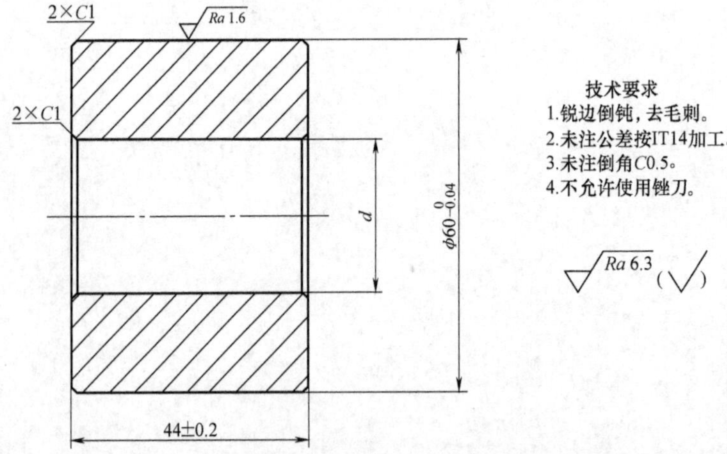

次数	d/mm
1	$\phi26^{+0.04}_{0}$
2	$\phi32^{+0.04}_{0}$
3	$\phi38^{+0.04}_{0}$

任务名称		车削通孔	
图　号	3-1	材　料	45钢
加工时间	120min	毛坯尺寸	φ65×45

图 3-1　通孔零件图

圈及轴瓦等。

任务实施

1. 工具、量具、刀具的选择

（1）量具的选择　当零件加工精度的要求不是很高时，使用0～150mm的游标卡尺和钢直尺即可满足要求；当零件加工精度的要求较高时，还需要使用外径千分尺、内测千分尺、内径百分表等。

（2）刀具的选择　加工材料为45钢，主要刀具有粗、精车外圆车刀，中心钻，麻花钻，粗、精车内孔车刀和内孔倒角车刀。

本任务所用的工具、量具、刀具见表3-1，其摆放方法如图3-2所示。

表3-1　加工通孔零件的工具、量具、刀具清单

种类	序号	名称	规格	精度/mm	单位	数量
工具	1	活扳手	250mm		把	1
	2	刀架钥匙	17mm×17mm		把	1
	3	卡盘钥匙	12mm×12mm		把	1
量具	4	钢直尺	0～150mm		支	1
	5	游标卡尺	0～150mm	0.02	支	1
	6	外径千分尺	0～25mm	0.01	支	1
	7	内径百分表	18～35mm	0.01	支	1
刀具	8	45°外圆车刀	25mm×25mm		把	1
	9	90°外圆粗车刀	25mm×25mm		把	1
	10	90°外圆精车刀	25mm×25mm		把	1
	11	中心钻	A3		支	1
	12	麻花钻	ϕ21mm		支	1
	13	粗车内孔车刀	16mm×16mm		把	1
	14	精车内孔车刀	16mm×16mm		把	1
	15	内孔倒角车刀	12mm×12mm		把	1

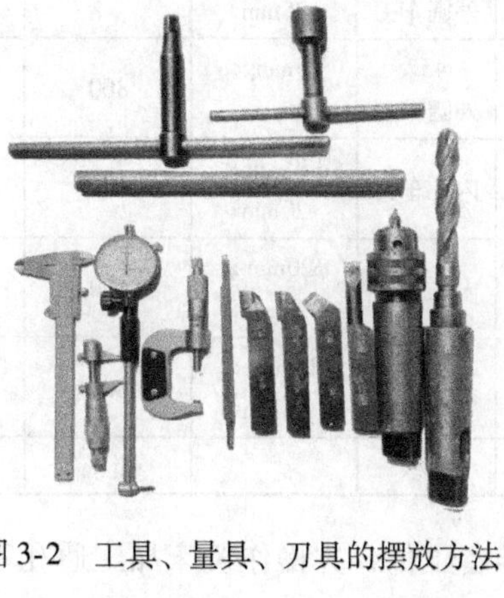

图3-2　工具、量具、刀具的摆放方法

2. 制订加工工序

1）通孔零件的加工工序卡片见表 3-2。

表 3-2 通孔零件的加工工序卡片

<table>
<tr><td colspan="3" rowspan="2">普通车工加工工序卡片</td><td>零件名称</td><td colspan="2">材料</td><td colspan="2">零件图号</td></tr>
<tr><td>通孔</td><td colspan="2">45 钢</td><td colspan="2">3-1</td></tr>
<tr><td colspan="3">夹具名称</td><td colspan="3">设备型号</td><td colspan="2">车间</td></tr>
<tr><td colspan="3">自定心卡盘</td><td colspan="3">CA6140A</td><td colspan="2">普通车工</td></tr>
<tr><td rowspan="2">工步号</td><td rowspan="2">工步内容</td><td rowspan="2">刀具名称</td><td rowspan="2">刀具规格</td><td colspan="3">切削用量的选择（推荐值）</td><td rowspan="2">备注</td></tr>
<tr><td>主轴转速 /(r/min)</td><td>进给速度 /(mm/r)</td><td>背吃刀量 /mm</td></tr>
<tr><td>1</td><td>粗车工件端面</td><td>45° 外圆车刀</td><td>25mm × 25mm</td><td>500</td><td>0.2</td><td>0.5</td><td></td></tr>
<tr><td>2</td><td>精车工件端面</td><td>45° 外圆车刀</td><td>25mm × 25mm</td><td>700</td><td>0.1</td><td>0.2</td><td></td></tr>
<tr><td>3</td><td>钻中心孔</td><td>钻夹头</td><td></td><td>1000</td><td></td><td></td><td></td></tr>
<tr><td>4</td><td>钻孔</td><td>麻花钻</td><td>ϕ21mm</td><td>300</td><td></td><td></td><td></td></tr>
<tr><td>5</td><td>粗车 ϕ60mm 外圆</td><td>90° 外圆车刀</td><td>25mm × 25mm</td><td>500</td><td>0.25</td><td>2</td><td></td></tr>
<tr><td>6</td><td>精车 ϕ60mm 外圆</td><td>90° 外圆车刀</td><td>25mm × 25mm</td><td>700</td><td>0.12</td><td>1</td><td></td></tr>
<tr><td>7</td><td>外圆倒角</td><td>45° 外圆车刀</td><td>25mm × 25mm</td><td>800</td><td>手动</td><td>0.2</td><td></td></tr>
<tr><td>8</td><td>掉头装夹</td><td></td><td></td><td></td><td></td><td></td><td></td></tr>
<tr><td>9</td><td>粗车工件端面</td><td>45° 外圆车刀</td><td>25mm × 25mm</td><td>500</td><td>0.2</td><td>0.5</td><td></td></tr>
<tr><td>10</td><td>精车工件端面</td><td>45° 外圆车刀</td><td>25mm × 25mm</td><td>700</td><td>0.1</td><td>0.2</td><td></td></tr>
<tr><td>11</td><td>粗车 ϕ60mm 外圆</td><td>90° 外圆车刀</td><td>25mm × 25mm</td><td>500</td><td>0.25</td><td>2</td><td></td></tr>
<tr><td>12</td><td>精车 ϕ60mm 外圆</td><td>90° 外圆车刀</td><td>25mm × 25mm</td><td>700</td><td>0.12</td><td>1</td><td></td></tr>
<tr><td>13</td><td>外圆倒角</td><td>45° 外圆车刀</td><td>25mm × 25mm</td><td>800</td><td>手动</td><td>0.2</td><td></td></tr>
<tr><td>14</td><td>粗车内孔</td><td>内孔车刀</td><td>ϕ20mm × 20mm</td><td>400</td><td>0.15</td><td>1.5</td><td></td></tr>
<tr><td>15</td><td>精车内孔</td><td>内孔车刀</td><td>ϕ20mm × 20mm</td><td>600</td><td>0.08</td><td>0.5</td><td></td></tr>
<tr><td>16</td><td>内孔倒角</td><td>45° 外圆车刀</td><td>25mm × 25mm</td><td>800</td><td>手动</td><td>0.2</td><td></td></tr>
<tr><td colspan="2">编制</td><td colspan="2">审核</td><td colspan="2">批准</td><td>共 页</td><td>第 页</td></tr>
</table>

根据工作任务做好加工准备工件，并操作机床加工通孔零件。

① 清点生产要素。

毛坯尺寸：________；车削刀具：________；量具：________。

② 检查机床。

检查方法：____。

是否正常：□正常　　□不正常

处理意见：____。

③ 按照“7S”标准摆放生产要素。

□正确　　□不正确

④ 装夹毛坯。

伸出长度：________。

2）通孔零件的加工过程见表3-3，加工完成后的零件如图3-3所示。

表3-3 通孔零件的加工过程

工步	图示	操作内容	刀具	量具
1	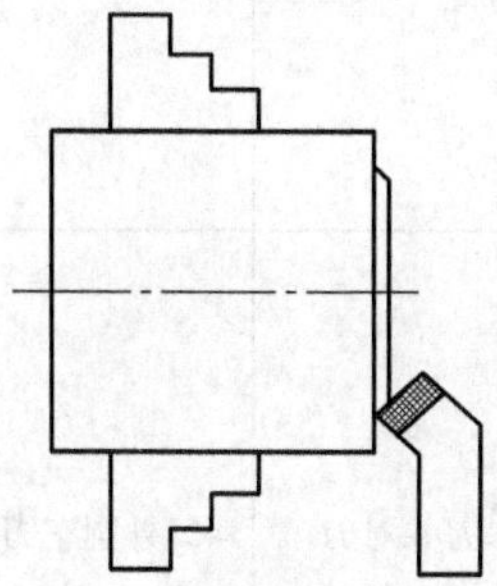 车削端面	1）检查毛坯 ϕ65mm×45mm是否符合图样要求 2）用自定心卡盘夹持毛坯，粗、精车端面	45°外圆车刀	游标卡尺
2	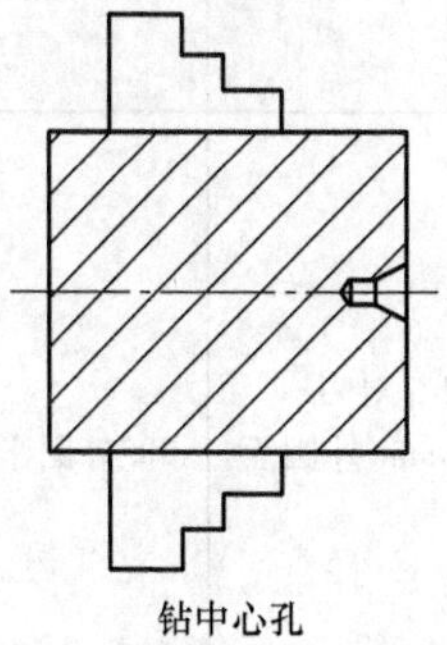 钻中心孔	装夹中心钻，钻中心孔	中心钻	
3	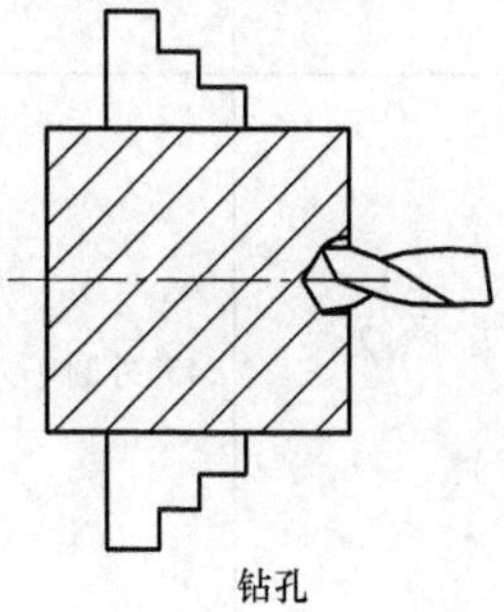 钻孔	换麻花钻，钻孔	麻花钻	

（续）

工步	图　示	操 作 内 容	刀具	量具
4	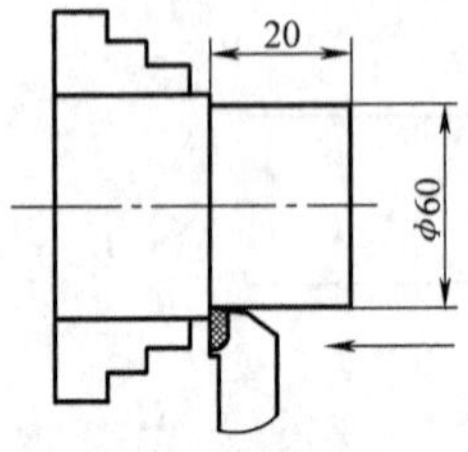 粗、精车外圆	1）换90°外圆车刀并对刀 2）粗、精车 $\phi60$mm 外圆至20mm长	90°外圆车刀	游标卡尺、千分尺
5	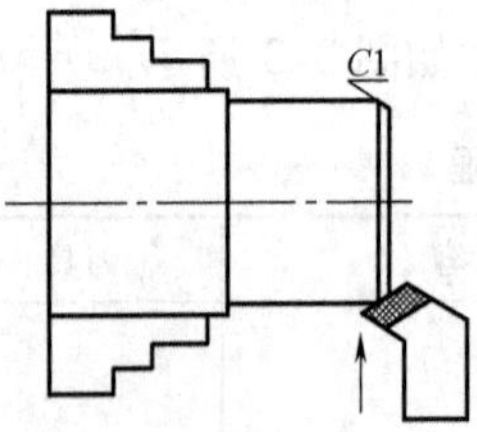 倒角	1）换45°外圆车刀 2）倒角 $C1$	45°外圆车刀	
6	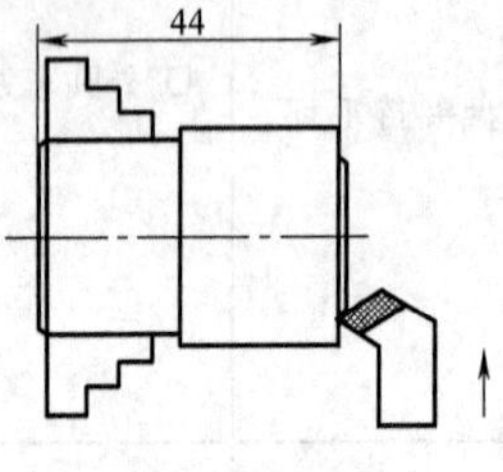 掉头车端面	1）掉头装夹工件 2）安装45°外圆车刀并对刀 3）车削端面，保证总长44mm	45°外圆车刀	游标卡尺、千分尺
7	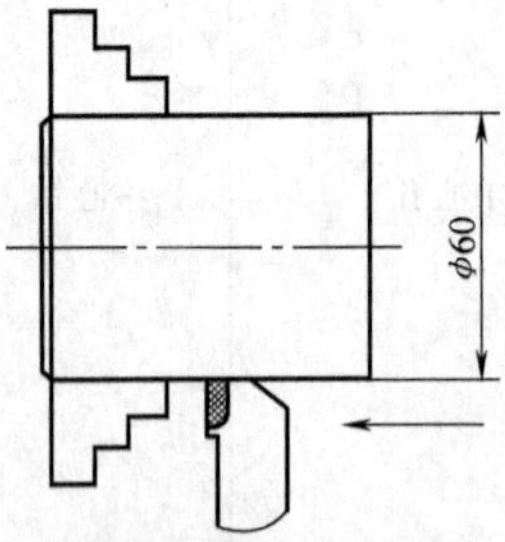 粗、精车外圆	1）换90°外圆车刀并对刀 2）粗、精加工 $\phi60$mm 外圆至前一面接刀处	90°外圆车刀	游标卡尺、千分尺
8	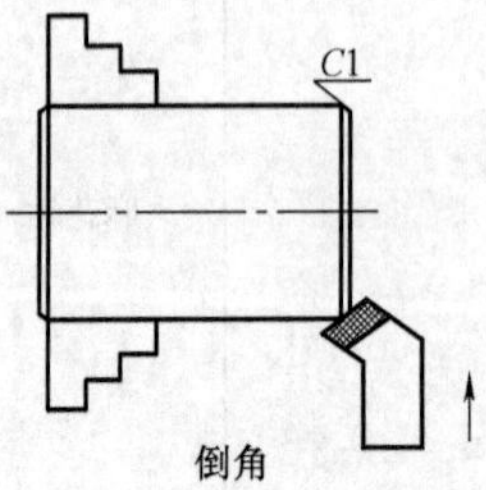 倒角	1）换45°外圆车刀并对刀 2）倒角 $C1$	45°外圆车刀	

（续）

工步	图　　示	操 作 内 容	刀具	量具
9	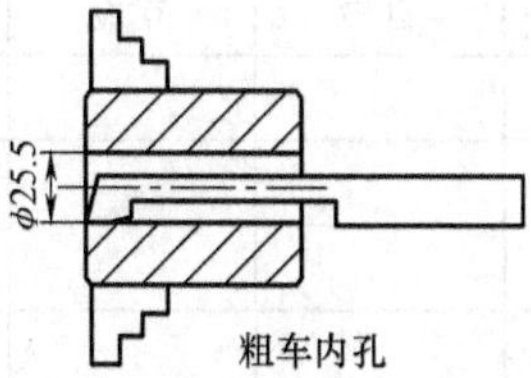 粗车内孔	1）换内孔粗车刀并对刀 2）粗车内孔至 ϕ25. 5mm，留 0. 5mm 左右的精车余量	内孔车刀	游标卡尺
10	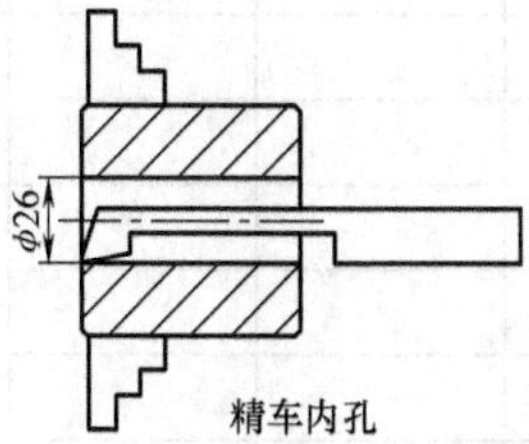 精车内孔	1）换内孔精车刀并对刀 2）精车内孔至 ϕ26mm	内孔车刀	游标卡尺、内径百分表
11	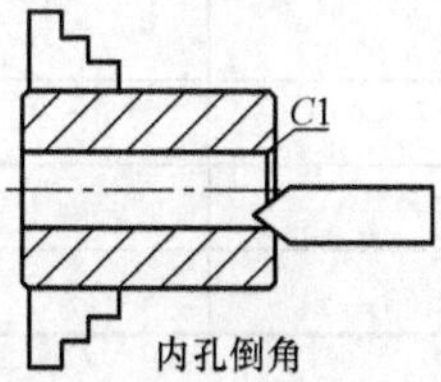 内孔倒角	1）换内孔倒角刀并对刀 2）倒角 $C1$	内孔倒角车刀	
12	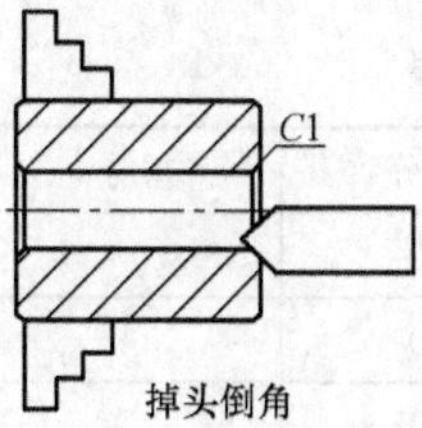 掉头倒角	1）掉头装夹工件并对刀 2）倒角 $C1$	内孔倒角车刀	

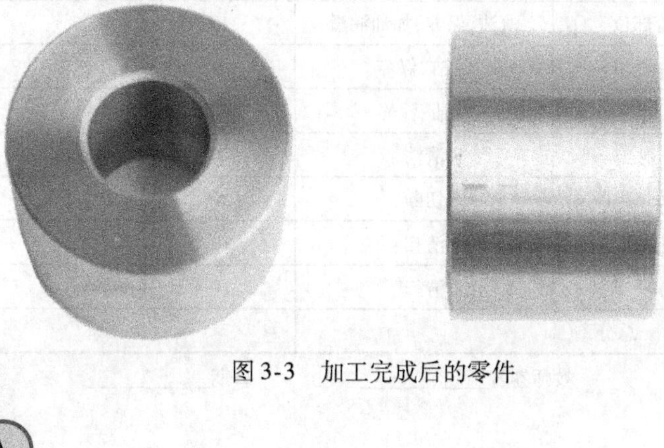

图 3-3　加工完成后的零件

任务评价

1）工件的质量评价见表 3-4。

表 3-4　工件质量评分表

项　目		序号	检 测 内 容	配分	学生		教师评分
					自检	互检	
基本检查	准备	1	切削加工工艺制订正确	5			
		2	切削用量选择合理	5			
		3	刀具刃磨质量符合要求	5			
	操作	4	设备操作、维护保养正确	3			
		5	操作要领正确	5			
		6	刀具选择、安装正确、规范	3			
		7	工件找正、安装正确、规范	4			
工作态度		8	遵守“7S”规范，纪律表现良好	10			
尺寸		9	$\phi60_{-0.04}^{\ 0}$mm	15			
		10	(44 ± 0.2)mm	10			
		11	$C1$（4 处）	10			
		12	$\phi26_{\ 0}^{+0.04}$mm	15			
		13	$Ra1.6\mu m$	5			
		14	$Ra3.2\mu m$	5			
综合得分				100			

2）机床的清洁与保养记录见表 3-5。

表 3-5　机床的清洁与保养记录

序号	内　容	要　求	配分	得分	结果记录
1	刀具	拆卸、整理、归位	10		
2	量具	清洁、保养、归位	10		
3	工具	整理、归位	10		
4	工作台	清洁、保养 、归位	10		
5	导轨、润滑部位	清洁、保养、加油润滑	10		
6	主轴	清洁、保养	5		
7	刀架	清洁、保养	10		
8	机床外观	清洁	10		
9	电源	切断	5		
10	切屑	清扫	10		
11	工作区域	清扫	10		
总分					

学生签名＿＿＿＿＿＿　　教师签名＿＿＿＿＿＿　　日期＿＿＿＿＿＿

安全文明小贴士

1）注意中滑板的进、退刀方向（内孔应与外圆相反）。

2）注意工件的有效夹紧（建议刚开始不使用铜皮，直接夹已加工表面）。

小提示

工件应夹紧，以防在加工过程中工件飞出；但套类零件又要防止用力过大，以防夹扁工件。

知识链接

知识链接一　通孔车刀

通孔车刀如图3-4所示，主要用于车削通孔。其切削部分的形状与外圆车刀相似；主偏角一般取60°~75°，副偏角取15°~30°，后角一般磨成双重后角，$\alpha_{o1}=6°\sim12°$，$\alpha_{o2}=30°$左右。

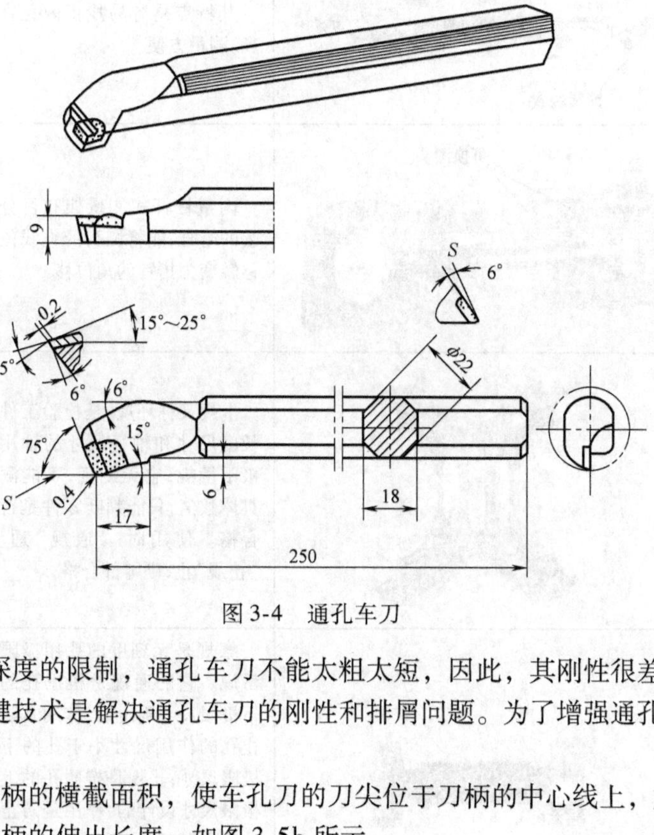

图3-4　通孔车刀

受通孔直径和深度的限制，通孔车刀不能太粗太短，因此，其刚性很差且排屑困难。所以，车削通孔的关键技术是解决通孔车刀的刚性和排屑问题。为了增强通孔车刀的刚性，可采取以下两种措施：

1）尽量增加刀柄的横截面积，使车孔刀的刀尖位于刀柄的中心线上，如图3-5a所示。

2）尽量缩短刀柄的伸出长度，如图3-5b所示。

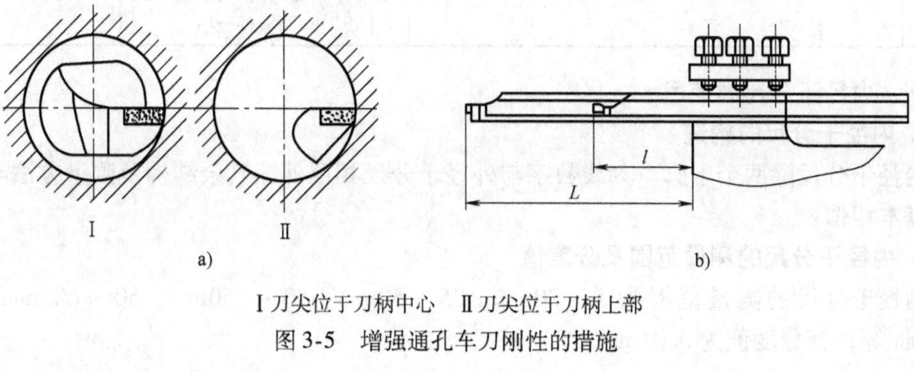

Ⅰ刀尖位于刀柄中心　Ⅱ刀尖位于刀柄上部

图3-5　增强通孔车刀刚性的措施

知识链接二　孔径尺寸的测量

当孔的精度要求较低时，可采用钢直尺、游标卡尺进行测量；当孔的精度要求较高时，可采用表 3-6 所列方法进行测量。

表 3-6　内径的测量方法

<table>
<tr><th colspan="2">量具名称</th><th>图　示</th><th>原理及特点</th><th>应　用</th></tr>
<tr><td colspan="2">内径千分尺</td><td>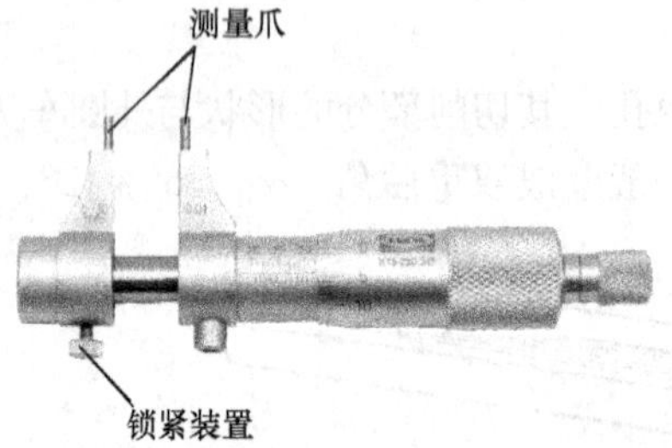
</td><td>利用螺旋副原理，对主体两端球形测量面间的距离进行读数
其特点是容易找正内孔直径，测量方便</td><td>用于测量小尺寸内径和内侧面槽的宽度</td></tr>
<tr><td colspan="2">内径百分表</td><td>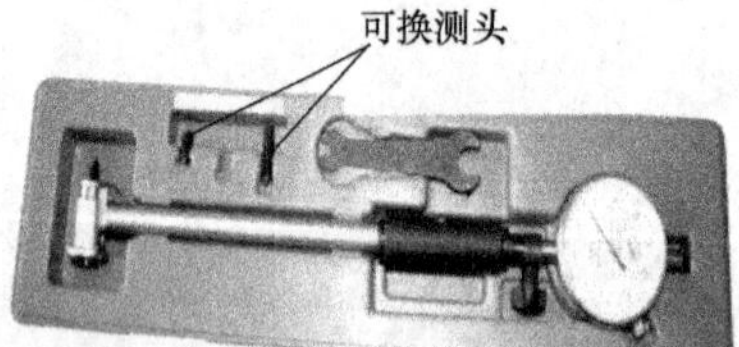
</td><td>内量杠杆式测量架和百分表的组合，能将测头的直线位移转变为指针的角位移</td><td>用相对法测量内孔</td></tr>
<tr><td rowspan="2">圆柱光滑极限量规</td><td>卡规</td><td>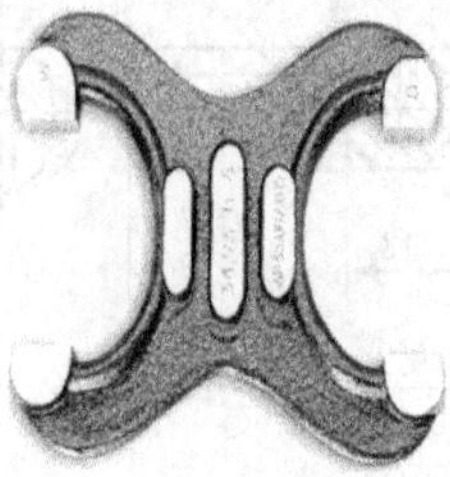</td><td>卡规又称环规，是检验工件长度尺寸和轴径尺寸的轴用极限量规，它无刻度，不能测具体数值，只能判断零件是否合格。使用时，“通规”通、“止规”止，则零件合格</td><td>主要用来测量圆柱形、长方形、多边形等工件的尺寸，在工厂的大批量生产中使用广泛</td></tr>
<tr><td>塞规</td><td>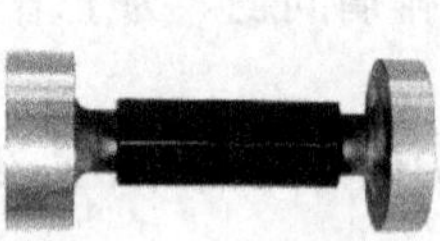</td><td>塞规是无刻度的孔用极限量规。它的通规是根据孔的下极限尺寸确定的，作用是防止孔的作用尺寸小于孔的下极限尺寸；止规是按照孔的上极限尺寸设计的，作用是防止孔的实际尺寸大于孔的上极限尺寸。使用时，“通规”通、“止规”止，则零件合格</td><td>在成批、大量生产中，用于检验某孔尺寸的专用量具</td></tr>
</table>

一、内径千分尺的使用

1. 内径千分尺的构造

内径千分尺除两个卡脚、刻线数字与外径千分尺相反外，其余结构及测量方法与外径千分尺基本相似。

2. 内径千分尺的测量范围及分度值

内径千分尺的测量范围为 5 ~ 30mm、25 ~ 50mm、50 ~ 250mm、50 ~ 600mm、150 ~ 2000mm 等，其分度值为 0. 01mm。

3. 内径千分尺的使用方法

测量前应校准零位。测量时，先将内径千分尺两测量爪间的距离调整到比孔径略小一些，再把两测量爪放在被测孔中，左手握住固定套管或接长杆套管，把固定测头轻轻地压在被测孔壁上不动，然后用右手慢慢转动微分筒，让活动测头在被测孔壁上的轴向和圆周方向上细微摆动，直到在轴向找到最小值和在径向找到最大值为止，即得到正确的结果。长孔应在不同轴向截面上进行测量，然后取其平均值。

4. 使用内径千分尺时的注意事项

1）接长杆按从长到短的顺序排列，使用数量越少越好，以便减少累积误差。

2）被测面的曲率半径不宜太小。

3）应防止温度的影响，因为温度过高或过低都能使被测件变形。

4）测量时，应避免用力过大而把内径千分尺压进孔内，以防止测量面磨损或接长杆变形。

5）大型内径千分尺在使用后应平放或垂直吊挂，以防止其变形。

二、内径百分表的使用

1. 内径百分表的构造

内径百分表由百分表和装有杠杆系统的测量装置组成，百分表是其主要部件，如图3-6所示。

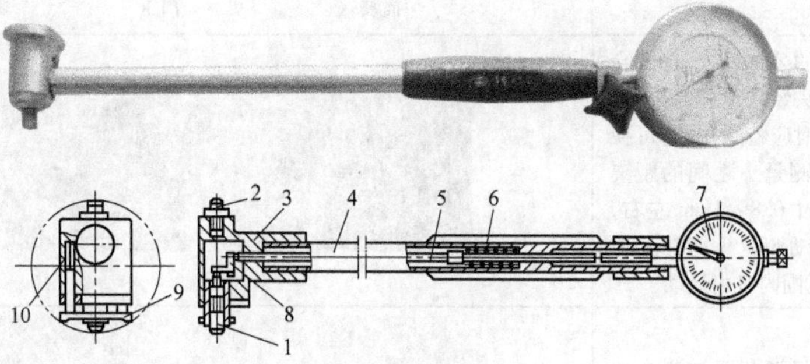

图3-6　内径百分表

1—活动测量头　2—可换测量头　3—表架头　4—表架套杆　5—传动杆　6—测力弹簧　7—百分表　8—杠杆　9—定位装置　10—定位弹簧

2. 内径百分表的测量范围与分度值

内径百分表的测量范围为6～10mm、10～18mm、18～35mm、35～50mm、50～160mm、160～250mm、250～400mm等。

内径百分表是借助齿轮齿条传动机构或杠杆齿轮传动机构将测杆的线位移转变为指针的回转运动的指示量仪。如图3-7所示，它由表体部分、传动部分和读数装置等组成。测量时，被测零件尺寸的变化引起测量头的微小位移，使装有齿条的测量杆2上下移动，经齿轮

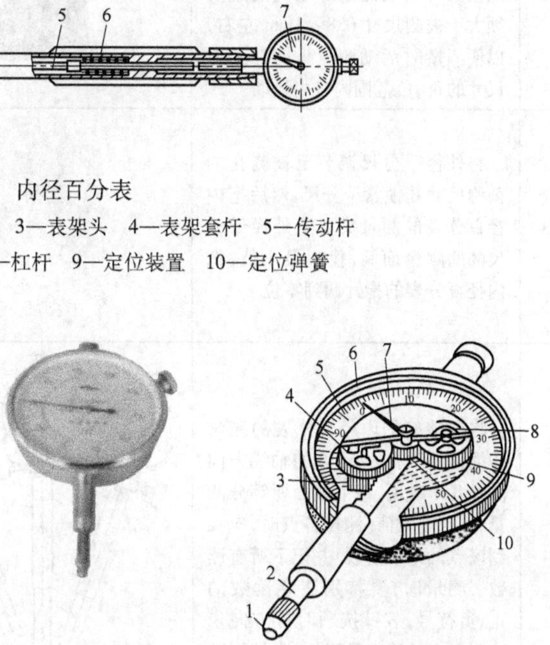

图3-7　内径百分表表头的结构

1—测量头　2—测量杆　3—小齿轮　4、9—大齿轮　5—表盘　6—表圈　7—大指针　8—小指针　10—中间齿轮

3、4 传给中间齿轮 10 及与齿轮 10 同轴的大指针 7，由大指针在刻度盘上指示出相应的示值。百分表的测量杆移动 1mm，指针转动一圈。刻度盘沿圆周刻有 100 条等分刻度，因此，当测量杆上下移动 0.01mm 时，指针转一格，即百分表的分度值为 0.01mm。这样就可以通过齿轮传动系统，将测量杆的微小位移经放大转变为指针的偏转。

3. 内径百分表的使用方法

内径百分表的测量步骤见表 3-7。

表 3-7　内径百分表的测量步骤

序号	步　骤	图　示
1	将内径百分表装入量杆内，预压缩 1mm 左右（内径百分表的小指针指在“1”的附近）后锁紧	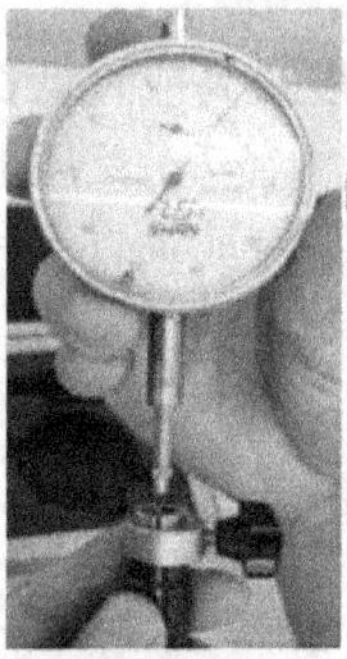 插装  预压 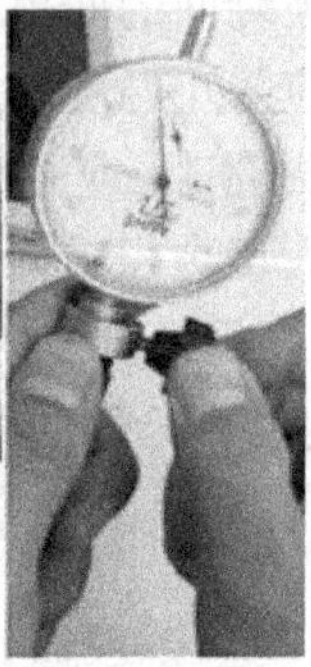 锁紧
2	根据被测孔的公称尺寸，选择合适的可换测量头装入量杆的头部，锁紧螺母。此时应特别注意，可换测量头与活动测量头之间的距离须大于被测尺寸 0.8～1mm 左右，以便测量时活动测量头能在公称尺寸的正、负范围内自由运动	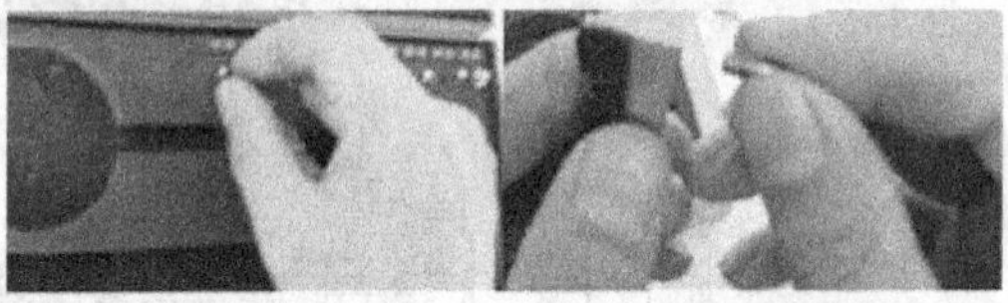
3	将外径千分尺调节至被测孔的公称尺寸并锁紧千分尺，然后把内径百分表的测量头置于外径千分尺的两测量面间，找到最小值，把内径百分表的指针调到零位	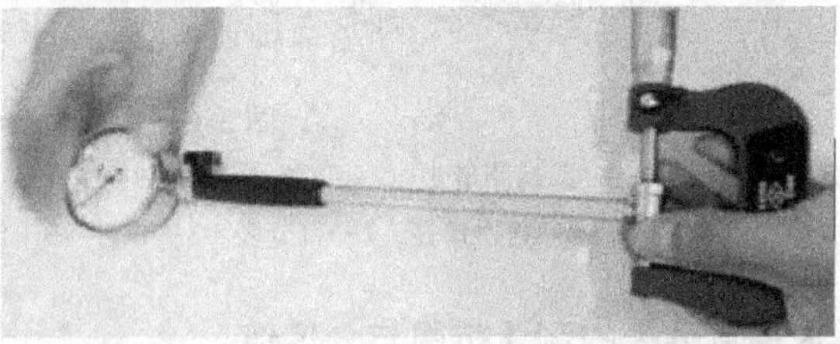
4	将调整好的内径百分表的测量头插入被测孔内，沿孔的轴线方向测量几个截面，每个截面要等分测量 3～4 个数值（测量各点时，应找到该点的最小读数）并记下所有读数。测量时，要特别注意读数的正、负符号，表针按顺时针方向未达到零点的读数是正值，表针按顺时针方向超过零点的读数是负值	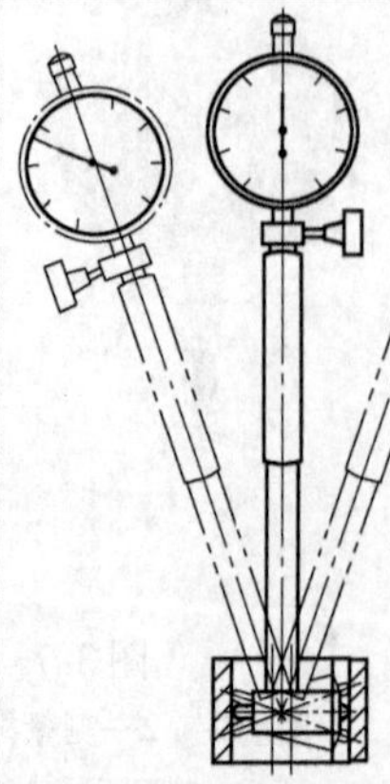 

4. 使用内径百分表时的注意事项

1）测量前，应检查测量杆活动的灵活性。轻轻推动测量杆时，测量杆在套筒内的移动要灵活，没有任何轧卡现象，每次手松开后，指针能回到原来的刻度位置。

2）测量时，不要使测量杆的行程超过其测量范围，不要使表头突然撞到工件上，不要用内径百分表测量表面粗糙或显著凹凸不平的工件。

3）调整及测量工作时，内径百分表的测量头应与环规及被测孔径垂直，即在径向找最大值，在轴向找最小值；测量槽宽时，应在径向及轴向找其最小值。用具有定心器的内径百分表测量内孔时，只需将仪器按孔的轴线方向来回摆动，其最小值即为孔的直径。

知识链接三　车削通孔时容易出现的问题及其原因

1. 尺寸不正确

1）测量方法不正确。

2）车刀安装不正确，刀柄与孔壁相碰。

3）产生积屑瘤，增加了刀头长度，使孔车大。

4）由工件的热胀冷缩引起的尺寸不正确。

2. 内孔有锥度

1）刀具磨损。

2）刀柄刚度低，产生“让刀”现象。

3）刀柄与孔壁相碰。

4）床身不水平，使床身导轨与主轴轴线不平行。

5）主轴轴线倾斜。

6）床身导轨磨损，由于磨损不均匀，使走刀轨迹与工件轴线不平行。

3. 内孔不圆

1）孔壁薄，装夹时产生变形。

2）轴承间隙太大，主轴颈成椭圆形。

3）工件加工余量和材料组织不均匀。

4. 内孔不光洁

1）车刀磨损。

2）车刀刃磨不良，表面粗糙度值大。

3）车刀的几何角度不合理，装刀低于中心。

4）切削用量选择不当。

5）刀柄细长，产生振动。

知识链接四　麻花钻

麻花钻是通过其相对于固定轴线的旋转切削来钻削工件上圆孔的工具，因其容屑槽成螺旋状形似麻花而得名，其结构如图 3-8 所示。

1. 麻花钻的选用

对于精度要求不高的内孔，可以使用钻头直接将其钻出，不再加工；而对于精度要求较高的内孔，还需要通过车削等加工手段来完成，在选用钻头时，应根据下一道工序的要求留出加工余量。选择麻花钻时，一般应使钻头的螺旋部分略长于孔深，钻头过长则刚性差，钻

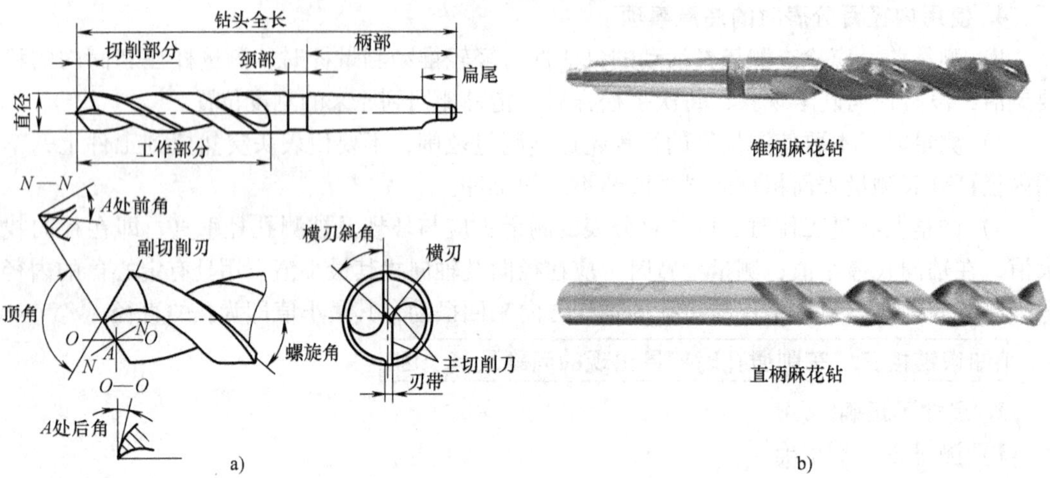

图 3-8　麻花钻

a）零件图　b）实物图

头过短则排屑困难。

2. 钻头的安装

直柄麻花钻用钻夹头装夹，然后将钻夹头的锥柄插入尾座锥孔；锥柄麻花钻可直接或用莫氏变径套过渡插入尾座锥孔。

3. 钻孔的方法

1）钻孔前，应先把工件端面车平，中心处不得留有凸台，以利于钻头的正确定心。

2）找正尾座，使钻头的中心对准工件的旋转中心，否则可能会扩大钻孔直径或折断钻头。

3）用细长麻花钻钻孔时，为了防止钻头晃动，可以在刀架上夹一挡铁，以支承钻头头部，帮助钻头定中心。其方法是：先用钻头钻入工件平面（少量），然后摇中滑板移动挡铁支顶，见钻头逐渐不晃动时，退出挡铁后继续钻削即可。但挡铁不能把钻头支过中心，以免折断钻头。

4）用小麻花钻钻孔时，一般先用中心钻定心，，再用钻头钻孔，这样操作的同轴度较好。

5）钻孔深度的控制。开车，摇动尾座手轮，当钻头开始钻入端面时，记下尾座套筒上的标尺读数（也可用钢直尺量出套筒的伸出长度）。钻孔时，将深度控制在原始读数加上孔深的尺寸即可，如图 3-9 所示。

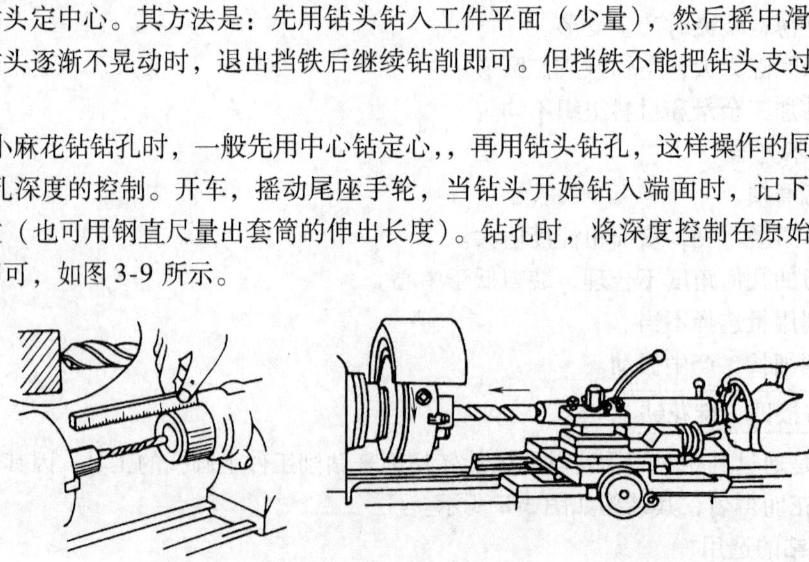

图 3-9　钻孔深度的控制

a）用钢直尺控制不通孔的深度　b）利用尾座套筒刻度控制不通孔的深度

4. 切削液

钻孔时切削液的选择见表3-8。

表3-8　切削液的选择

钻孔工件的材料	切　削　液
碳钢、铸钢、可锻铸铁	乳化液(3% ~5%)或全损耗系统用油
合金钢	硫化油
一般铸铁	不用切削液

知识链接五　通孔车刀的刃磨

车刀的刃磨步骤为：初磨→精磨→研磨，手工刃磨车刀的方法见表3-9。

表3-9　通孔车刀的手工刃磨

序号	刃磨方法	砂轮的选择	图　示
1	检查砂轮的运行情况，修整砂轮。注意：操作者应戴上防护眼镜		 
2	先磨去车刀前刀面、后刀面上的焊渣，并将车刀的底面磨平	粒度为F24 ~ F36的氧化铝砂轮	
3	粗磨主后刀面和副后刀面	粒度为F24 ~ F36、硬度为中软的氧化铝砂轮	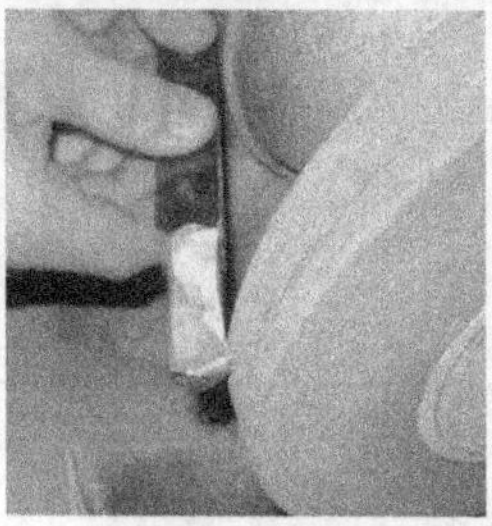 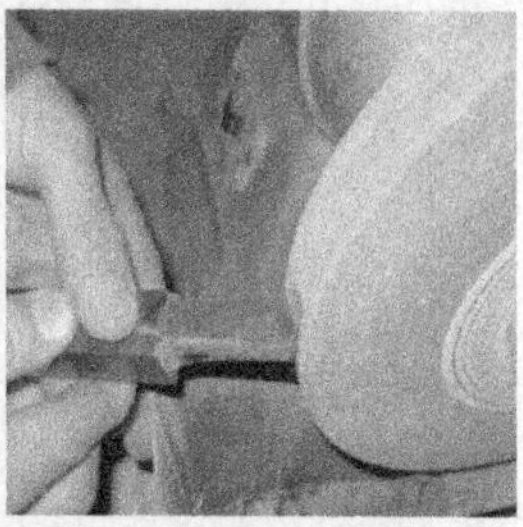
4	粗磨刀体上的主后刀面，磨出 $\kappa_r = 90°$ 的主偏角和主后角	选用粒度为F36 ~ F60的碳化硅砂轮	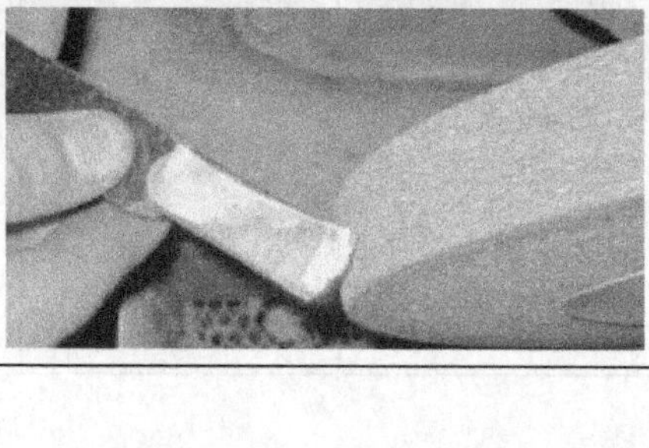

（续）

序号	刃磨方法	砂轮的选择	图　示
5	粗磨刀体上的副后刀面，同时磨出副偏角 κ_r'和副后角 α_o'	选用粒度为 F36 ~ F60 的碳化硅砂轮	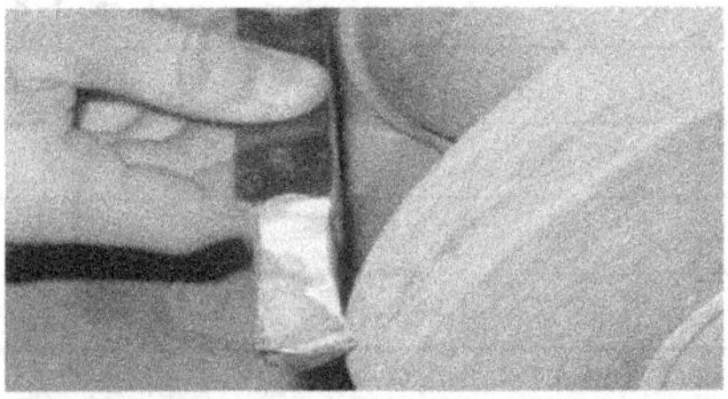
6	粗磨前刀面。用砂轮的端面粗磨出车刀的前刀面，同时磨出前角 γ_o	选用粒度为 F36 ~ F60 的碳化硅砂轮	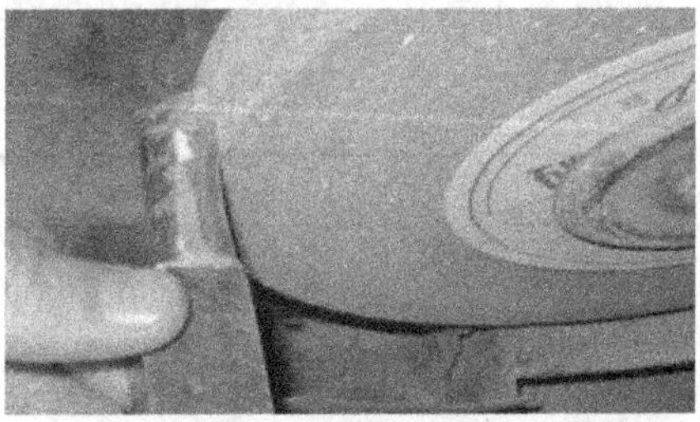
7	刃磨断屑槽	选用粒度为 F36 ~ F60 的碳化硅砂轮	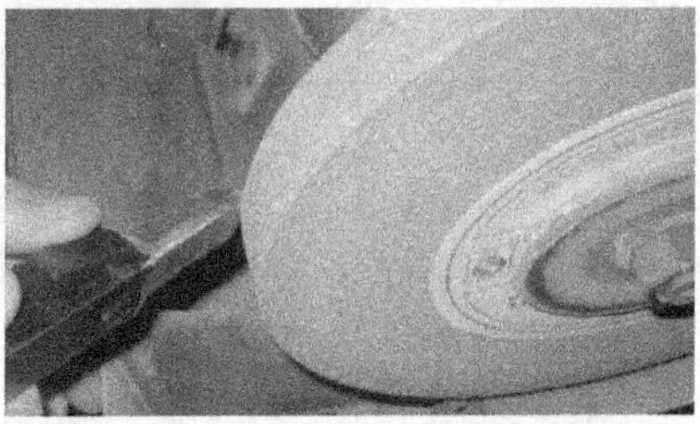
8	精磨主后刀面和副后刀面	选用粒度为 F80 ~ F120 的碳化硅砂轮	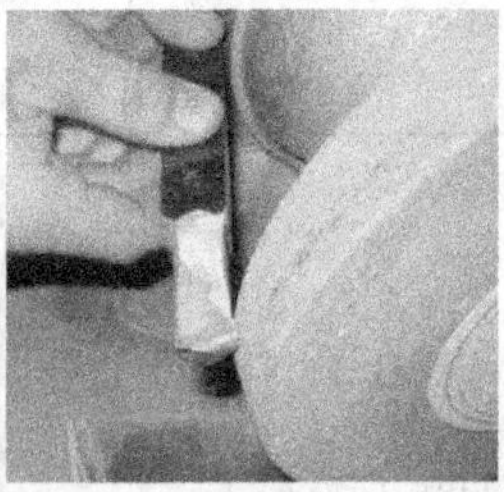 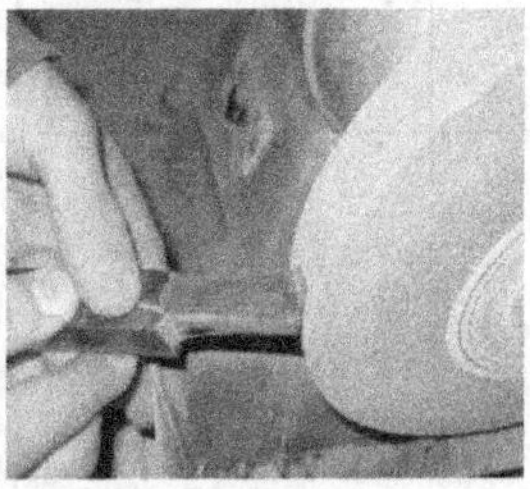
9	测量角度		

（续）

序号	刃磨方法	砂轮的选择	图　示
10	磨过渡刃	选用粒度为 F80 ~ F120 的碳化硅砂轮	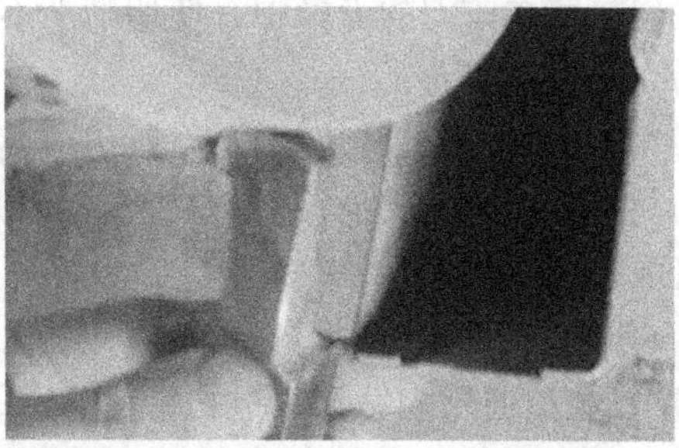

安全文明小贴士

1）刃磨车刀时，用力不能过大，以防打滑伤手。

2）刃磨结束后，应随手关闭砂轮机电源。

小提示

装好刀具后，应检查当车刀在工件的加工极限位置时，车床上有无相互干涉或碰撞的可能。

任务解析

（1）情景预演　操作者进行车削加工前需要安装工件。套类零件通常采用自定心卡盘装夹，开动机器时，如果零件的外伸端出现甩动现象，则需要找正套类零件的回转中心。

（2）任务分析　如果工件的毛坯足够长，则可以采用加工完外圆后切断的方式进行加工；如毛坯不够长，则需要掉头装夹车削外圆，此时需要接刀。加工套类零件时，如果夹紧力过大，则会导致工件变形；若夹紧力过小，则会使工件承受不了切削力。同时，毛坯钻孔时的切削力非常大，所以应先钻孔，以减少其对工件精度的影响。

使用内径百分表测量工件时，应多测量几遍，且每次应读取最小值。

（3）任务小结　套类零件的加工是车工工艺中的基本技能之一，通过本任务的学习，学生可以掌握车削套类零件所用的刀具、量具的使用方法，常用套类零件所需刀具的刃磨方法，套类零件的安装与找正方法以及套类零件的加工方法，为更深入、全面地学习车工技术打下扎实的基础。

知识拓展

1. 铰刀的种类

按使用方式的不同，铰刀可分为机用铰刀和手用铰刀，如图 3-10 所示。

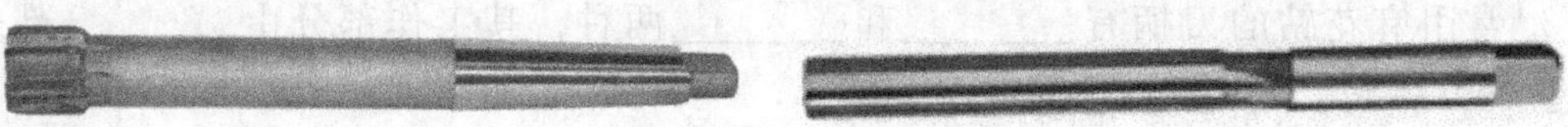

a)　　b)

图 3-10　铰刀的种类

a）机用铰刀　b）手用铰刀

2. 铰孔时的切削用量

1）铰孔前留的余量不能太大或太小，余量太小，则钻削痕迹不能铰去；余量太大，则会使铁屑挤塞在铰刀的齿槽中，使切削液不能进入切削区而影响加工质量。因此，铰削余量一般为 0.08 ~ 0.15mm。

2）铰削时机床的转速应在低速，这样容易获得小的表面粗糙度值。

3）由于铰刀的修光校正部分较长，因此进给量可以取得大一些，钢料取 0.2 ~ 1mm/r，铸铁可取得更大些。

3. 铰削方法

1）铰孔前通常先钻孔或镗孔，留一定的余量铰孔，但必须明确镗孔对加工质量的重要意义。镗孔不仅能控制铰削余量，更重要的是能降低零件的同轴度误差和孔的直线度误差。对 10mm 以下的小孔进行镗削加工较困难，为了保证铰孔质量，一般先用中心钻定位，然后钻孔和扩孔，最后铰孔。

2）铰孔时必须加切削液，以保证表面质量，如图 3-11 所示。

图 3-11　铰孔

4. 铰孔的特点

1）铰孔是使用多刃铰刀从工件孔壁上切除微量金属层的精加工方法。

2）铰孔操作简便，效率高，目前在批量生产中已得到了广泛应用。由于铰刀的尺寸精确且刚度高，因此，铰孔特别适合加工直径较小、长度较长的通孔。

3）铰孔的精度可达 IT9 ~ IT7，表面粗糙度值可达 *Ra*0.4μm。

安全文明小贴士

1）车床未停妥前，不能使用游标卡尺测量工件。

2）铰孔时，铰刀的轴线必须与车床的主轴轴线重合。

3）铰刀由孔内退出时，车床主轴应停止转动，以防损坏铰刀刃口和加工表面。

4）选用铰刀时，应检查刃口是否锋利、是否有崩刃和毛刺、柄部是否光滑。

想想练练

想一想

1. 内孔车刀的主偏角一般取______，副偏角一般取______。

2. 加工孔类零件的关键技术是解决__________和__________。

3. 常用麻花钻的刀柄有________和________两种，其工作部分由________部分和______部分组成。

4. 测量内孔尺寸的方法有________、________、________、________、________等，当精度要求高时，可采用________、________、________、________。

5. 铰孔的精度可达________，表面粗糙度值可达________。

练一练

加工如图3-12所示的通孔零件，其质量评价见表3-10。

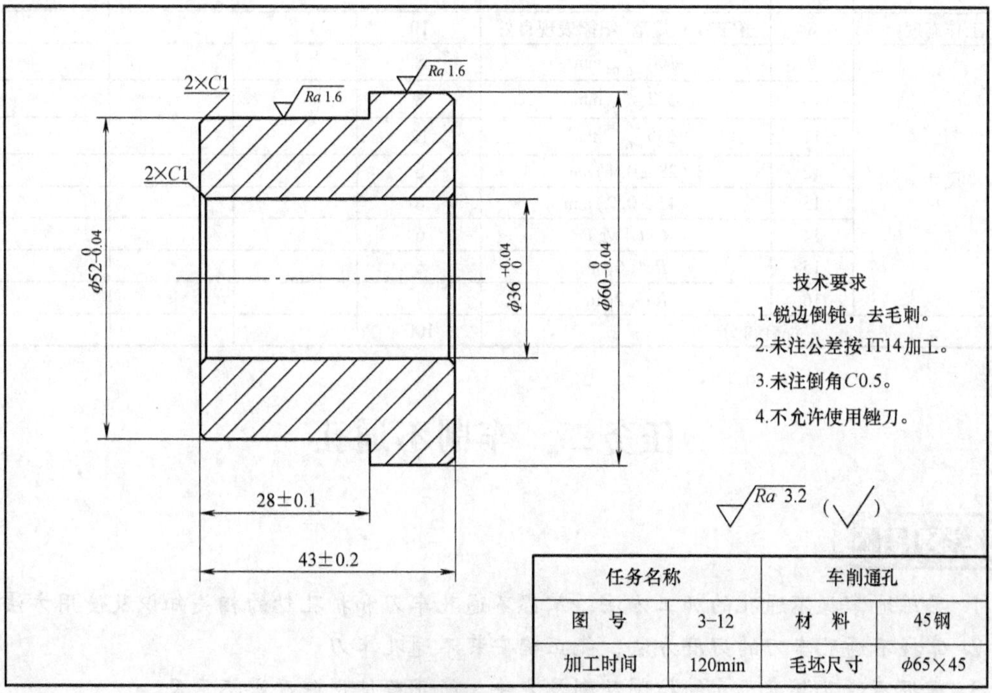

图3-12　通孔零件

表3-10　工件质量评分表

项目		序号	检测内容	配分	学生		教师评分
					自检	互检	
基本检查	准备	1	切削加工工艺制订正确	5			
		2	切削用量选择合理	5			
		3	刀具刃磨质量符合要求	5			
	操作	4	设备操作、维护保养正确	3			
		5	操作要领正确	5			
		6	刀具选择、安装正确、规范	3			
		7	工件找正、安装正确、规范	4			

（续）

项　目	序号	检测内容	配分	学生		教师评分
				自检	互检	
工作态度	8	遵守“7S”规范，纪律表现良好	10			
尺寸	9	$\phi60_{-0.04}^{0}$mm	8			
	10	$\phi52_{-0.04}^{0}$mm	8			
	11	$\phi36_{0}^{+0.04}$mm	12			
	12	(28 ±0.1)mm	8			
	13	(43 ±0.2)mm	8			
	14	C1(4 处)	6			
	15	Ra1.6μm	6			
	16	Ra3.2μm	4			
综合得分			100			

任务二　车削不通孔

学习目标

1. 熟练地掌握不通孔的加工方法，掌握不通孔车刀和扩孔钻的相关知识及使用方法。
2. 掌握不通孔车刀的刃磨方法，能正确安装不通孔车刀。
3. 掌握不通孔深度尺寸的控制及测量方法，能正确使用深度游标卡尺。
4. 了解并能选择扩孔的方法，能进行扩孔加工。

友情提示：建议用 10 学时完成本学习任务。

任务描述

不通孔的车削方法与通孔类似，也是扩大工件的孔或加工空心工件的内表面，只是所用刀具与车削通孔时有所不同，且对内孔的深度尺寸有要求。车削不通孔的加工精度一般可以达到 IT8 ~ IT7，表面粗糙度值可达 Ra3.2 ~ 1.6μm。

加工如图 3-13 所示的不通孔零件。

台阶孔件是一种比较常见的不通孔类零件。不通孔类零件常见于配合件中，如手电筒的外壳与前、后盖等。

任务实施

1. 工具、量具、刀具的选择

（1）量具的选择　当零件的加工精度要求不是很高时，可使用测量范围为 0 ~ 150mm 的游标卡尺和钢直尺；当零件的加工精度要求较高时，还需要使用外径千分尺、内径千分尺、内径百分表和深度游标卡尺等。

（2）刀具的选择　加工材料为 45 钢，主要刀具有粗、精车外圆车刀，中心钻，麻花钻，粗、精车不通孔车刀，内倒角车刀，控制工件内孔的精度和表面质量。

本任务所用的工具、量具、刀具见表 3-11，其摆放方法如图 3-14 所示。

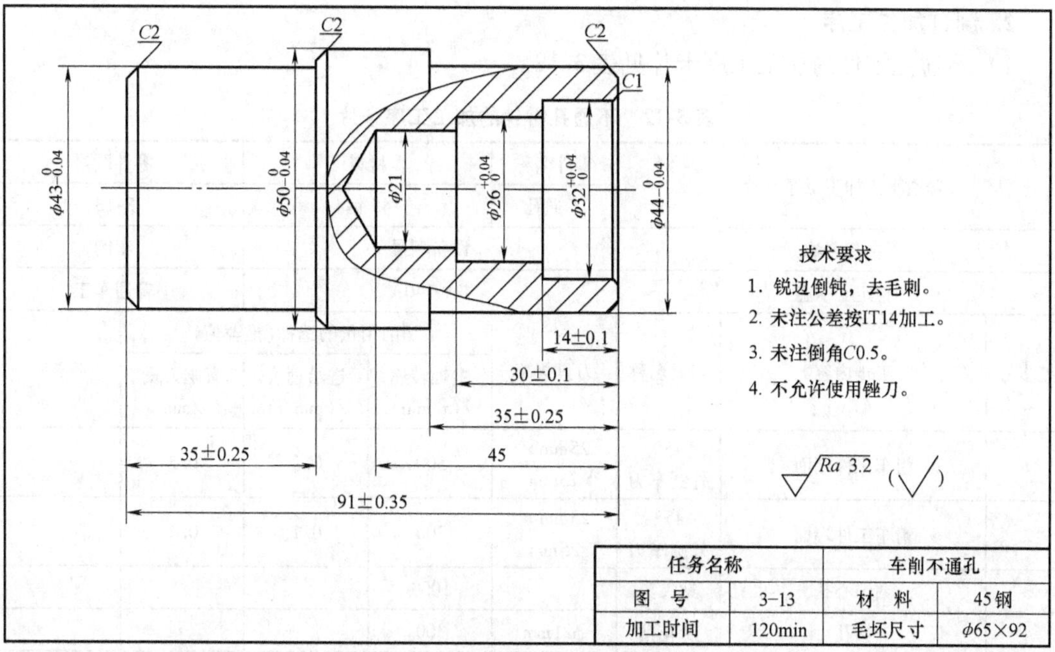

图 3-13　不通孔零件图

表 3-11　加工不通孔零件的工具、量具、刀具清单

种类	序号	名称	规格	精度/mm	单位	数量
工具	1	活扳手	250mm		把	1
	2	刀架钥匙	17mm×17mm		把	1
	3	卡盘钥匙	12mm×12mm		把	1
量具	4	钢直尺	0～150mm		支	1
	5	游标卡尺	0～150mm	0.02	支	1
	6	外径千分尺	0～25mm	0.01	支	1
	7	内径百分表	18～35mm	0.01	支	1
	8	深度游标卡尺	0～200mm	0.02	支	1
刀具	9	45°外圆刀	25mm×25mm		把	1
	10	90°外圆粗车刀	25mm×25mm		把	1
	11	90°外圆精车刀	25mm×25mm		把	1
	12	中心钻	A3		支	1
	13	麻花钻	ϕ21mm		支	1
	14	粗车不通孔车刀	16mm×16mm		把	1
	15	精车不通孔车刀	16mm×16mm		把	1
	16	内孔倒角车刀	12mm×12mm		把	1

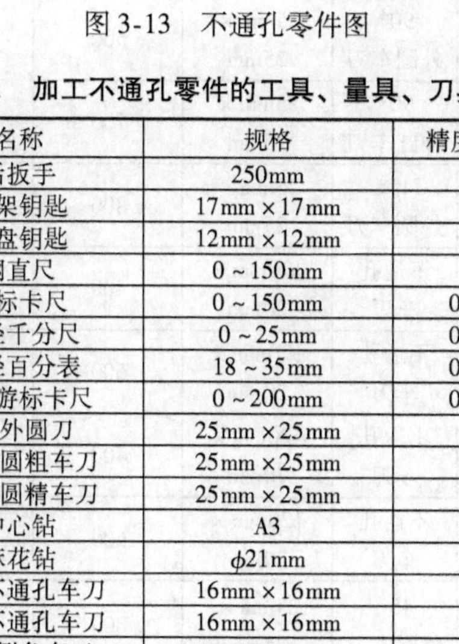

图 3-14　工具、量具、刀具的摆放方法

2. 制订加工工序

1）不通孔零件的加工工序卡片见表 3-12。

表 3-12　不通孔零件的加工工序卡片

普通车工加工工序卡片			零件名称	材料		零件图号	
			不通孔	45 钢		3-13	
夹具名称			设备型号			车间	
自定心卡盘			CA6140A			普通车工	
工步号	工步内容	刀具名称	刀具规格	切削用量的选择（推荐值）			备注
				主轴转速 /（r/min）	进给速度 /（mm/r）	背吃刀量 /mm	
1	粗车工件端面	45° 外圆车刀	25mm × 25mm	500	0.2	0.5	
2	精车工件端面	45° 外圆车刀	25mm × 25mm	700	0.1	0.2	
3	钻中心孔	钻夹头		1000			
4	钻孔	麻花钻	ϕ21mm	300			
5	粗车 ϕ50mm 及 ϕ44mm 外圆	90° 外圆车刀	25mm × 25mm	500	0.25	2	
6	精车 ϕ50mm 及 ϕ44mm 外圆	90° 外圆车刀	25mm × 25mm	700	0.12	1	
7	外圆倒角	45° 外圆车刀	25mm × 25mm	800	手动	0.2	
8	粗车 ϕ26mm 内孔	不通孔车刀	ϕ20mm × 20mm	400	0.15	0.5	
9	精车 ϕ26mm 内孔	不通孔车刀	ϕ20mm × 20mm	600	0.08	0.5	
10	粗车 ϕ32mm 内孔	不通孔车刀	ϕ20mm × 20mm	400	0.15	1.5	
11	精车 ϕ32mm 内孔	不通孔车刀	ϕ20mm × 20mm	600	0.08	0.5	
12	内孔倒角	45° 外圆车刀	25mm × 25mm	800	手动	0.2	
13	掉头装夹						
14	粗车工件端面	45° 外圆车刀	25mm × 25mm	500	0.2	0.5	
15	精车工件端面	45° 外圆车刀	25mm × 25mm	700	0.1	0.2	
16	粗车 ϕ43mm 外圆	90° 外圆车刀	25mm × 25mm	500	0.25	2	
17	精车 ϕ43mm 外圆	90° 外圆车刀	25mm × 25mm	700	0.12	1	
18	外圆倒角	45° 外圆车刀	25mm × 25mm	800	手动	0.2	
编制		审核		批准		共　页	第　页

根据工作任务做好加工准备工作，并操作机床加工不通孔。

① 清点生产要素。

毛坯尺寸：________；车削刀具：________；量具：________。

② 检查机床。

检查方法：____。

是否正常：□正常　　□不正常

处理意见：____。

③ 按照“7S”标准摆放生产要素。

□正确　　□不正确

④ 装夹毛坯。

伸出长度：________。

2）不通孔零件的加工过程见表 3-13，加工完成后的零件如图 3-15 所示。

表 3-13　不通孔零件的加工过程

工步	图　示	操作内容	刀具名称	检测方法
1	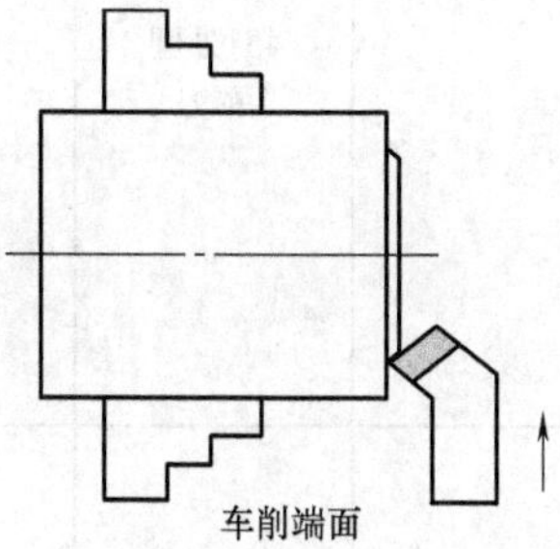 车削端面	1）检查毛坯 ϕ65mm × 92mm 是否符合图样要求 2）用自定心卡盘夹持毛坯，粗、精车端面	45°外圆车刀	游标卡尺
2	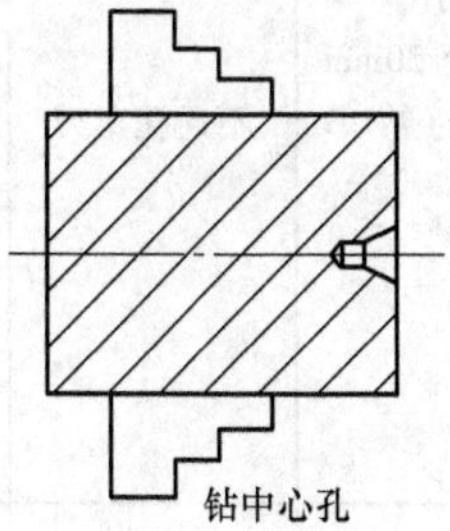 钻中心孔	装夹中心钻，钻中心孔	中心钻	
3	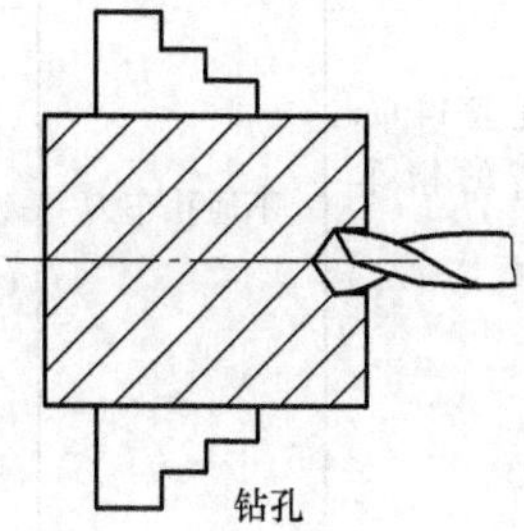 钻孔	换麻花钻，钻孔	麻花钻	

（续）

工步	图　　示	操作内容	刀具名称	检测方法
4	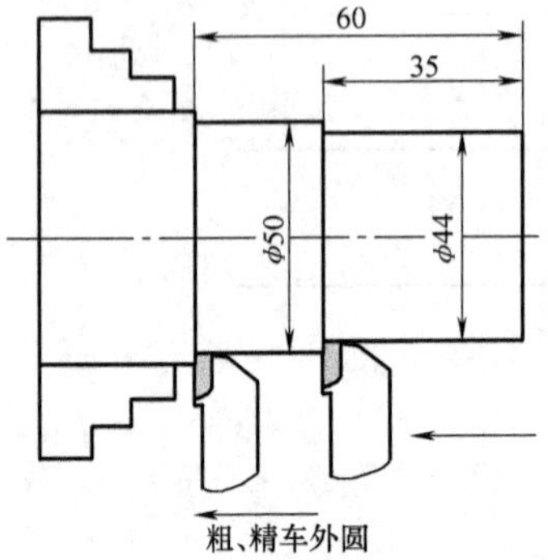 粗、精车外圆	1）换90°外圆车刀并对刀 2）粗、精车 ϕ50mm 外圆至60mm长 3）粗、精车 ϕ44mm 外圆至35mm长	90°外圆车刀	游标卡尺、千分尺
5	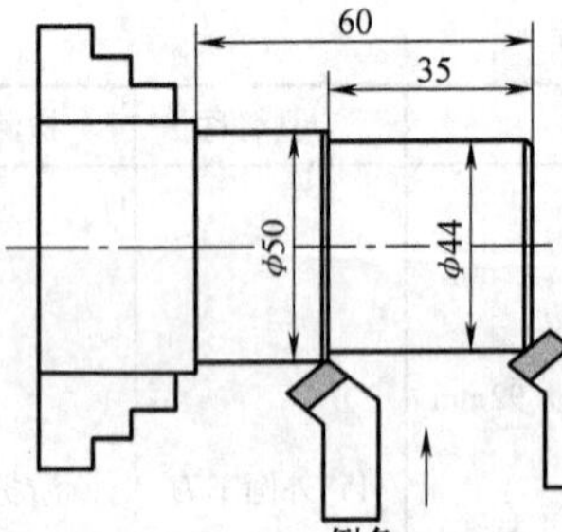 倒角	1）换45°外圆车刀 2）倒角 $C1$	45°外圆车刀	
6	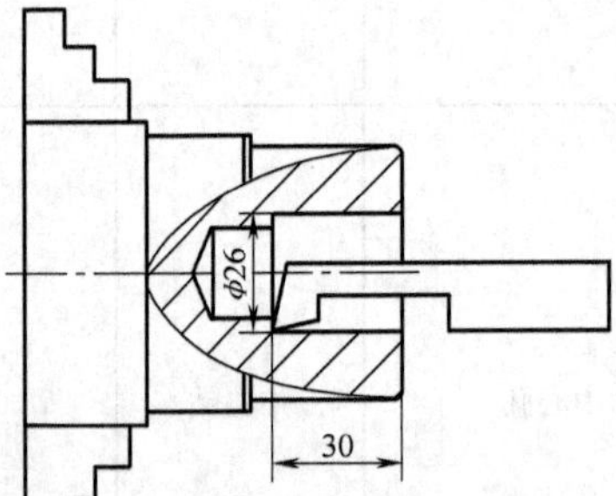 粗、精车 ϕ26mm内孔	1）换不通孔车刀并对刀 2）粗车 ϕ26mm 内孔至30mm长，并留0.5mm左右的精车余量 3）精车 ϕ26mm 内孔	不通孔车刀	深度游标卡尺、内径千分尺、内径百分表
7	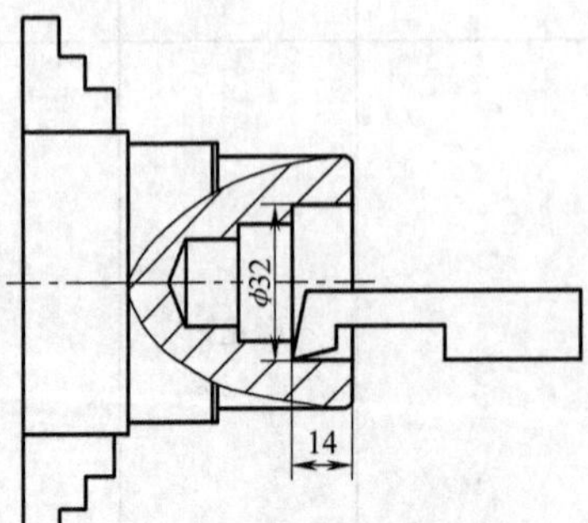 粗、精车 ϕ32mm内孔	1）粗车 ϕ32mm 内孔至14mm长，并留0.5mm左右的精车余量 2）精车 ϕ32mm 内孔	不通孔车刀	深度游标卡尺、内径千分尺、内径百分表

（续）

工步	图　示	操作内容	刀具名称	检测方法
8	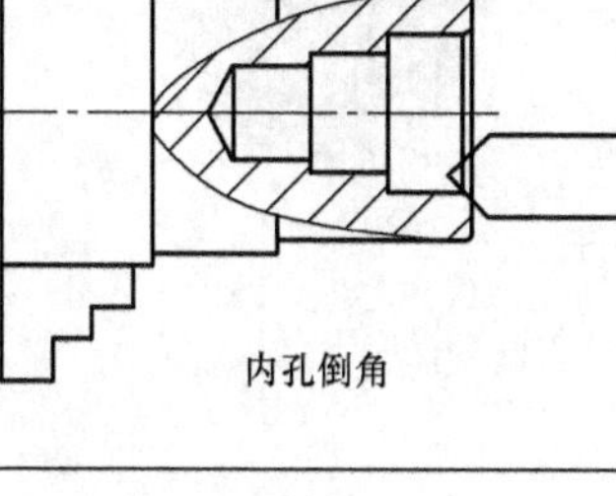 内孔倒角	1）换内孔倒角车刀并对刀 2）倒角 $C1$	内孔倒角刀	
9	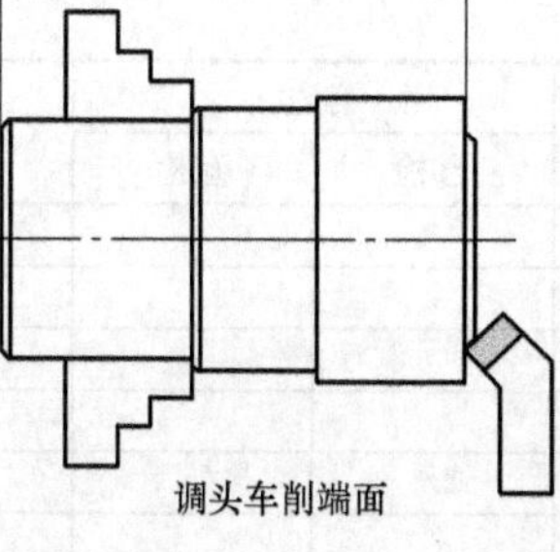 调头车削端面	1）掉头装夹工件 2）换45°外圆车刀并对刀 3）车削端面，保证91mm的总长	45°外圆车刀	游标卡尺、千分尺
10	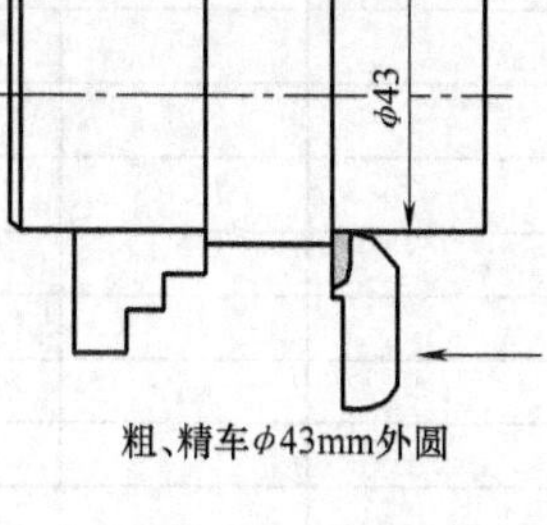 粗、精车ϕ43mm外圆	1）换90°外圆车刀并对刀 2）粗、精车ϕ43mm外圆至35mm长	90°外圆车刀	游标卡尺、千分尺
11	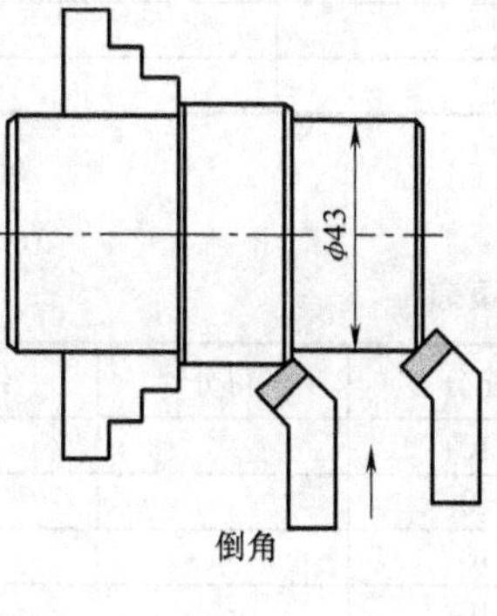 倒角	1）换45°外圆车刀并对刀 2）倒角 $C2$	45°外圆车刀	

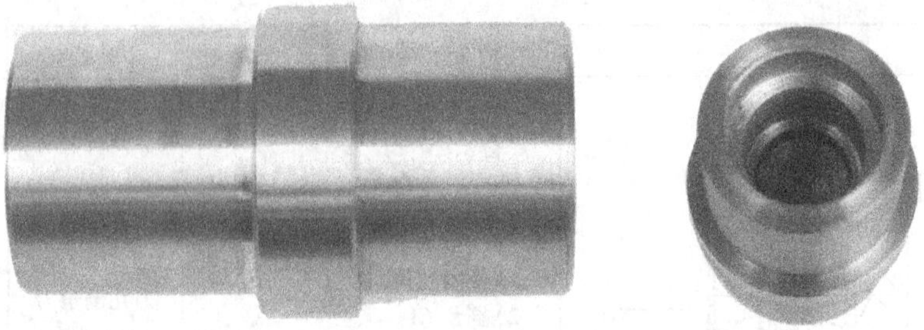

图 3-15　加工完成后的零件

任务评价

1）工件的质量评价见表 3-14。

表 3-14　工件质量评分表

项　目		序号	检 测 内 容	配分	学生		教师评分
					自检	互检	
基本检查	准备	1	切削加工工艺制订正确	5			
		2	切削用量选择合理	5			
		3	刀具刃磨质量符合要求	5			
	操作	4	设备操作、维护保养正确	3			
		5	操作要领正确	5			
		6	刀具选择、安装正确、规范	3			
		7	工件找正、安装正确、规范	4			
工作态度		8	遵守“7S”规范，纪律表现良好	10			
尺寸		9	$\phi43_{-0.04}^{0}$ mm	6			
		10	$\phi44_{-0.04}^{0}$ mm	6			
		11	$\phi50_{-0.04}^{0}$ mm	6			
		12	$\phi26_{0}^{+0.04}$ mm	6			
		13	$\phi32_{0}^{+0.04}$ mm	6			
		14	(14 ±0.1) mm	3			
		15	(30 ±0.1) mm	3			
		16	(35 ±0.25) mm(2 处)	6			
		17	(91 ±0.35) mm	3			
		18	45mm	1			
		19	倒角(4 处)	4			
		20	*Ra*3.2μm	10			
综合得分				100			

2）机床的清洁与保养记录见表 3-15。

表 3-15　机床的清洁与保养记录表

序号	内　　容	要　　求	配分	得分	结果记录
1	刀具	拆卸、整理、归位	10		
2	量具	清洁、保养、归位	10		
3	工具	整理、归位	10		
4	工作台	清洁、保养 、归位	10		

（续）

序号	内　容	要　求	配分	得分	结果记录
5	导轨、润滑部位	清洁、保养、加油润滑	10		
6	主轴	清洁、保养	5		
7	刀架	清洁、保养	10		
8	机床外观	清洁	10		
9	电源	切断	5		
10	切屑	清扫	10		
11	工作区域	清扫	10		
	总分				

学生签名＿＿＿＿＿　　教师签名＿＿＿＿＿　　日期＿＿＿＿＿

安全文明小贴士

1）注意中滑板的进、退刀方向（内孔应与外圆相反）。

2）钻孔时应加注切削液，排屑困难时应先退出再进去。

知识链接

知识链接一　不通孔的加工方法

1. 不通孔车刀的安装

不通孔车刀主要用于车削不通孔，也可以车削通孔，其主偏角通常大于90°，刀尖在刀杆的最前端。用不通孔车刀车平底孔时，从刀尖到刀杆背面的距离只能小于孔径的一半，否则将无法车平不通孔的底平面。装夹不通孔车刀时，其主切削刃应与孔底平面成3°~5°的角度，如图3-16a所示。

不通孔车刀的刀尖应与工件中心等高。由于车削工作位置的背吃刀方向与车削外圆相反，所以粗车时可略装得低些，使前角增大以便于切削；精车时可略装得高些，使其后角增大以避免产生扎刀现象。

不通孔车刀的伸出长度应尽可能短一些，但不得小于工件孔深3~5mm的距离；刀杆轴线应与主轴中心线平行。车削不通孔前，应先在毛坯孔内试走一遍（手动，不进给），确认不妨碍车刀工作后，才能开车进行车削。当车刀的刀杆过长时，可在刀杆下面与方刀架之间垫一块方形垫铁，这样可以增加刀杆的强度，减少切削时的振动，如图3-16b所示。

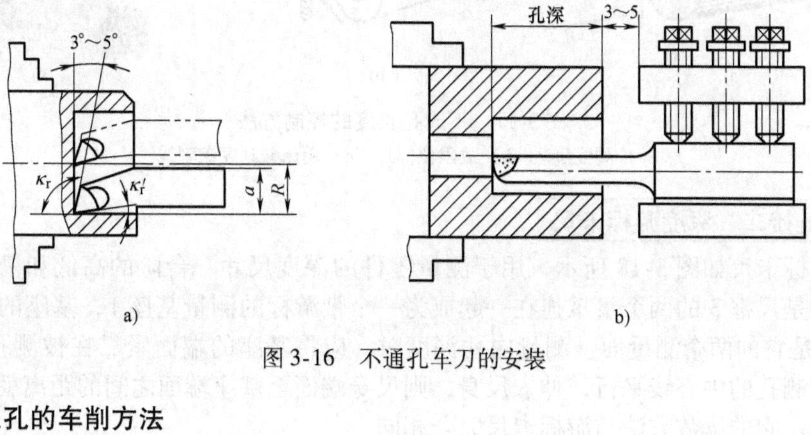

图3-16　不通孔车刀的安装

2. 不通孔的车削方法

（1）粗车不通孔　先将端面车出，以端面为基准测量被加工孔深，留0.2~0.3mm的精车余量进行粗加工，操作机床使刀尖接触端面，床鞍刻度调零。将刀具伸入孔内，径向使刀尖与孔壁接触，将中滑板刻度调零后退出（此时中滑板和床鞍的刻度都为零）。由中滑板刻度盘调整背吃刀量，机动纵向进给，当进给到离不通孔底 2 ~ 3mm 时，由机动改为手动，直至加工到孔底。

（2）精车不通孔　先用试切法控制孔径尺寸，测量正确后，机动进给到离孔底 2 ~ 3mm 处，改机动进给为手动进给。当刀尖接触到孔底后，改用小滑板进给，直至切除精加工余量。

（3）不通孔的测量　不通孔的孔径用不通孔塞规测量，底部用目测或手感判断。

3. 台阶孔的车削

当台阶孔之间的差距不大或深度很浅时，一般用车刀将台阶孔车出。

（1）粗车小孔、大孔　留 0. 3 ~ 0. 5mm 的精车余量，车小孔的方法与车通孔相同，车大孔的方法与车不通孔相同。

（2）精车台阶孔　精车小孔时，先试切，用卡钳、塞规检测合格后，再纵向机动进给精车内孔；精车大孔时，先试切，尺寸合格后，纵向机动进给到快接近孔深时，改机动为手动，继续切削至刀尖接触台阶面，然后停车退出。车完后倒去锐边。

（3）台阶孔的测量　台阶孔和不通孔的检测方法相同，孔径用不通孔塞规测量，台肩处用目测或手感判断。

4. 车削不通孔的注意事项

1）车削孔的操作与车削外圆基本相同，但进刀或退刀的方向是相反的。

2）孔加工的排屑困难，因此比外圆车削要困难一些。车削时应当加注切削液，当排屑困难时，应先将刀退出排完屑后再进刀。

3）因测量孔的尺寸不方便，所以车削有台阶的内孔时，必须按先小孔后大孔的顺序加工。

4）对于深孔加工，还必须注意控制孔的长度，如图 3-17 所示为车削不通孔时控制长度的方法。

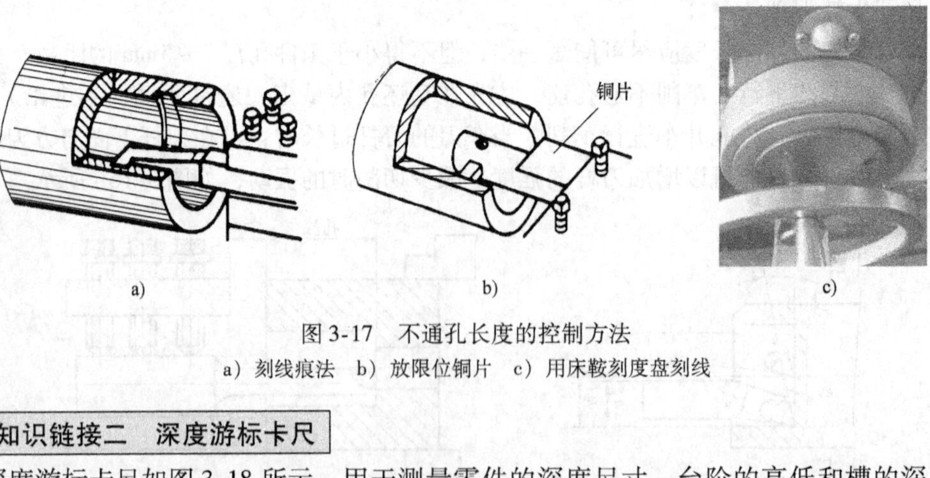

图 3-17　不通孔长度的控制方法

a）刻线痕法　b）放限位铜片　c）用床鞍刻度盘刻线

知识链接二　深度游标卡尺

深度游标卡尺如图 3-18 所示，用于测量零件的深度尺寸、台阶的高低和槽的深度。它的结构特点是尺框 3 的两个量爪连在一起成为一个带游标的测量基座 1，基座的端面和尺身 4 的端面就是它的两个测量面。测量内孔深度时，应将基座的端面紧靠在被测孔的端面上，使尺身与被测孔的中心线平行，伸入尺身，则尺身端面至基座端面之间的距离就是被测零件的深度尺寸。它的读数方法与游标卡尺完全相同。

测量时，先把测量基座轻轻地压在工件的基准面上，两个端面必须接触工件的基准面，

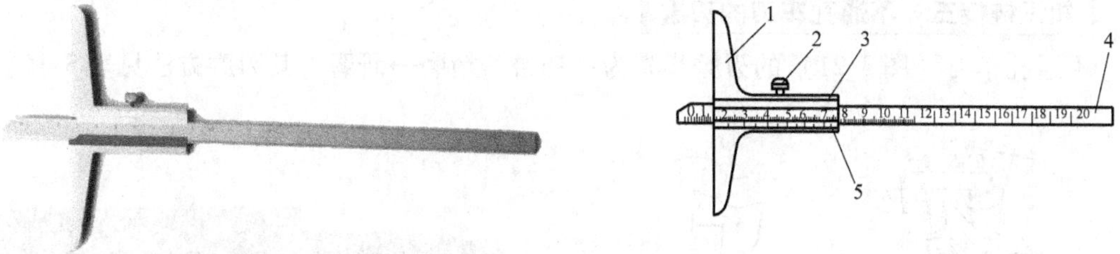

图 3-18　深度游标卡尺

1—测量基座　2—紧固螺钉　3—尺框　4—尺身　5—游标

如图 3-19a 所示。测量轴类等台阶时，测量基座的端面一定要压紧在基准面，如图 3-19b、c 所示；移动尺身，直到尺身的端面接触到工件的测量面（台阶面）；用紧固螺钉固定尺框，提起卡尺，读出深度尺寸。测量多台阶、小直径内孔的深度时，应注意尺身的端面是否在要测量的台阶上，如图 3-19d 所示。当基准面是曲线时，测量基座的端面必须放在曲线的最高点上，如图 3-19e 所示，这样测量出的深度尺寸才是工件的实际尺寸，否则会出现测量误差。

深度游标卡尺的实际使用如图 3-20 所示。

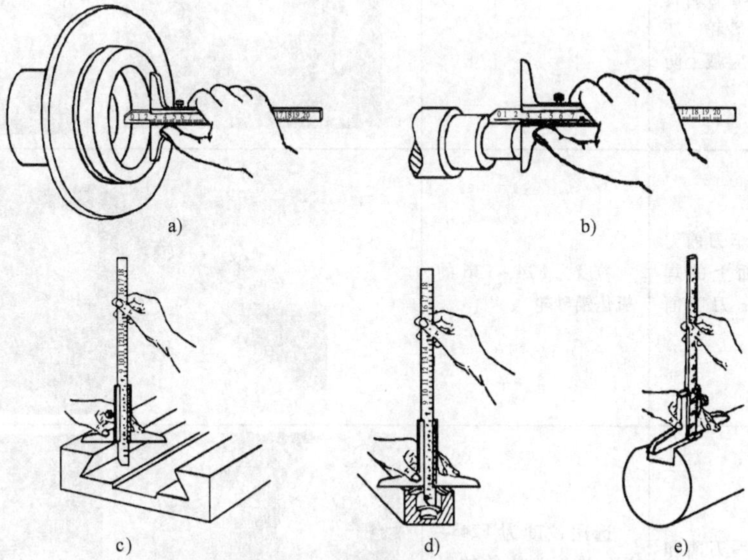

图 3-19　深度游标卡尺的使用方法

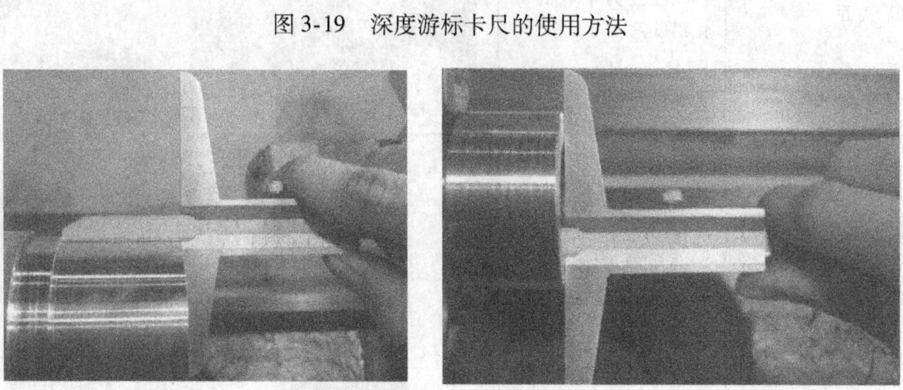

图 3-20　深度游标卡尺的实际使用

知识链接三　不通孔车刀的刃磨

不通孔车刀（图 3-21）的刃磨步骤为：初磨→精磨→研磨，其刃磨方法见表 3-16。

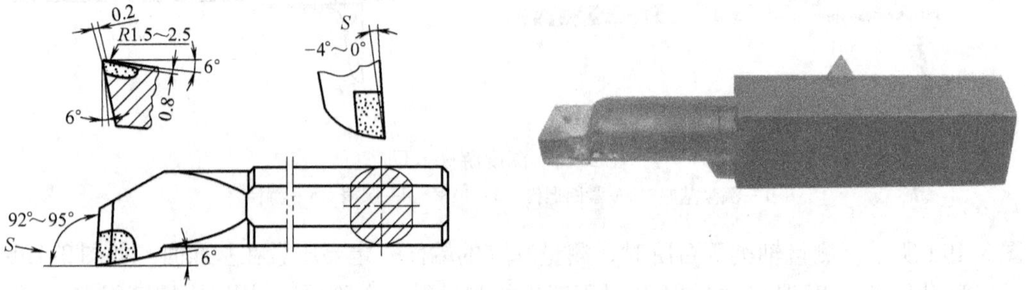

图 3-21　不通孔车刀

表 3-16　不通孔车刀的刃磨方法

序号	刃 磨 方 法	砂轮的选择	图　示
1	检查砂轮的运行情况，修整砂轮。注意：操作者应戴上防护眼镜		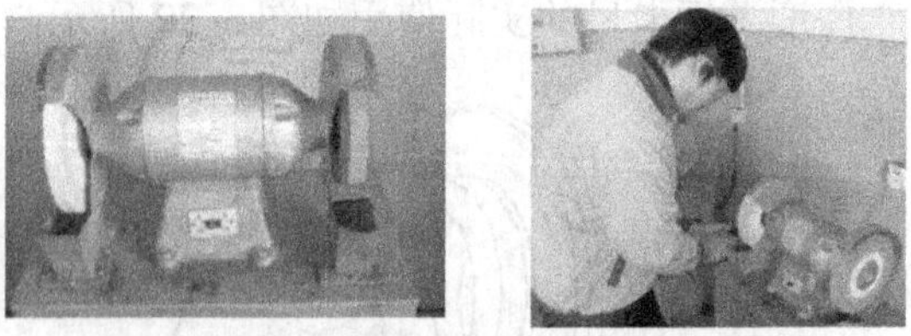
2	先磨去车刀前刀面、后刀面上的焊渣，并将车刀底面磨平	粒度为 F24 ~ F36 的氧化铝砂轮	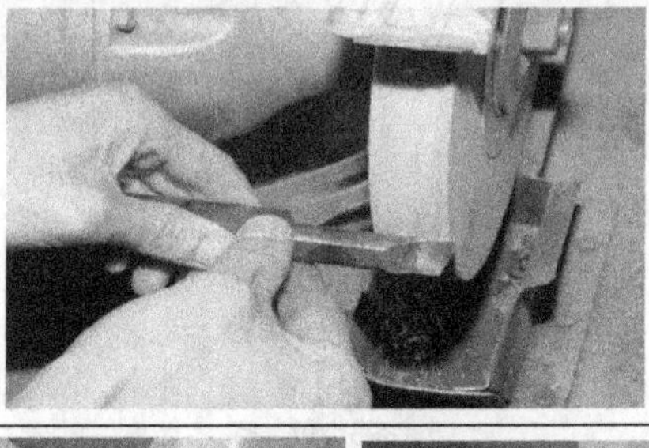
3	粗磨主后刀面和副后刀面	选用粒度为 F24 ~ F36、硬度为中软的氧化铝砂轮	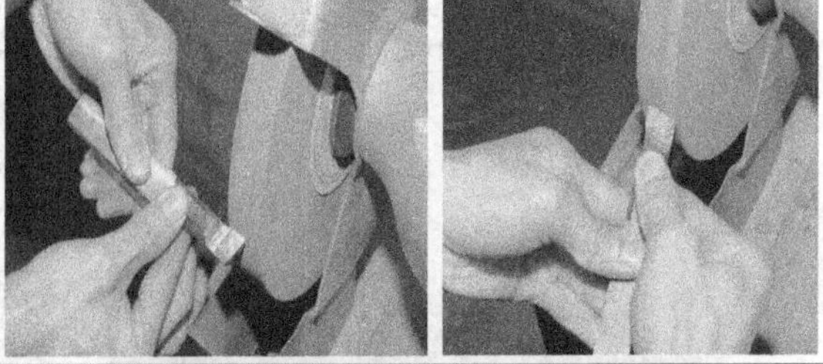
4	粗磨刀体上的主后刀面，同时磨出 $\kappa_r=90°$ 的主偏角和主后角	选用粒度为 F36 ~ F60 的碳化硅砂轮	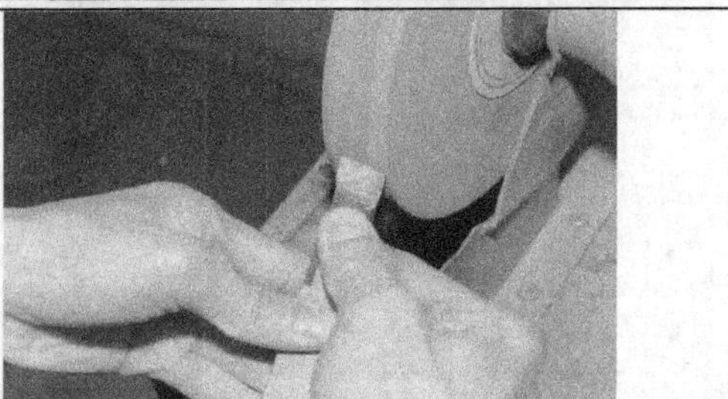

（续）

序号	刃 磨 方 法	砂轮的选择	图　示
5	粗磨刀体上的副后刀面，同时磨出副偏角 κ_r'和副后角 α_o'	选用粒度为 F36 ~ F60 的碳化硅砂轮	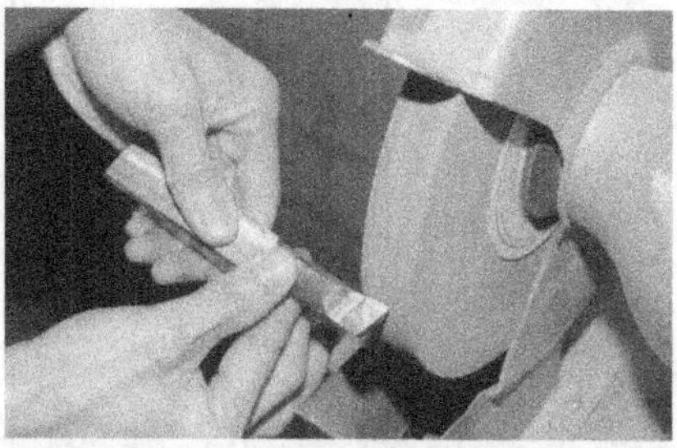
6	用砂轮的端面粗磨出车刀的前刀面，同时磨出前角 γ_o	选用粒度为 F36 ~ F60 的碳化硅砂轮	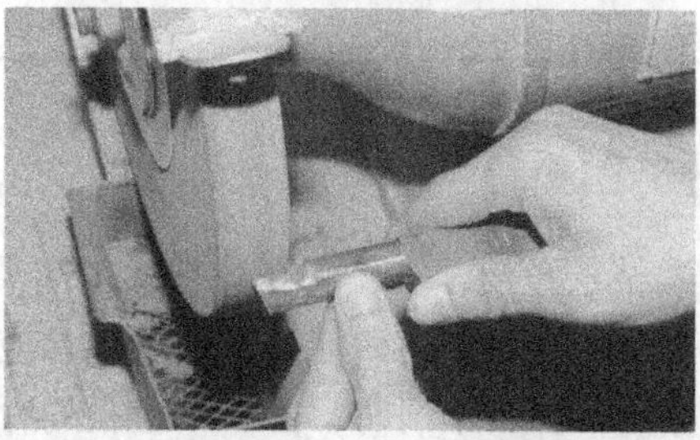
7	刃磨断屑槽	选用粒度为 F36 ~ F60 的碳化硅砂轮	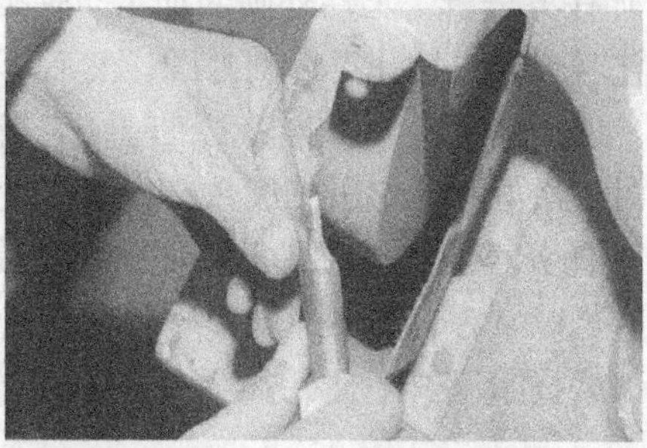
8	精磨主后刀面和副后刀面	选用粒度为 F80 ~ F120 的碳化硅砂轮	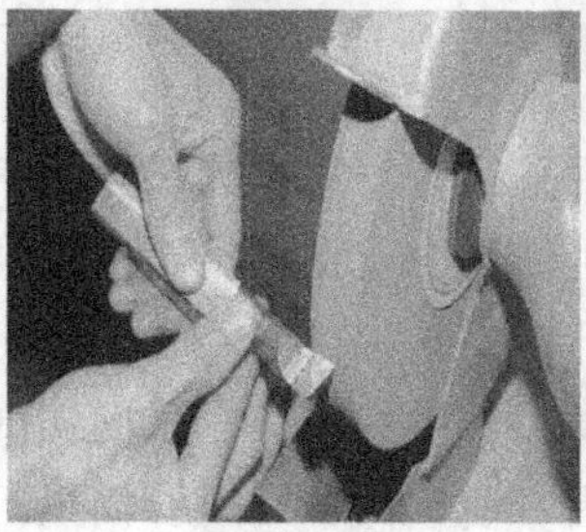 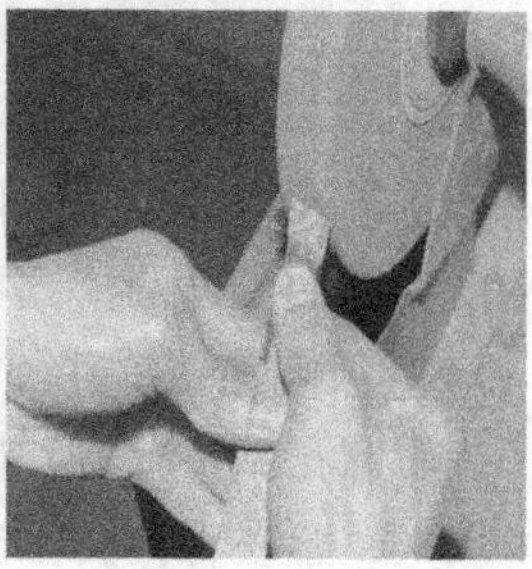
9	测量角度		

（续）

序号	刃磨方法	砂轮的选择	图　示
10	磨过渡刃	选用粒度为 F80 ~ F120 的碳化硅砂轮	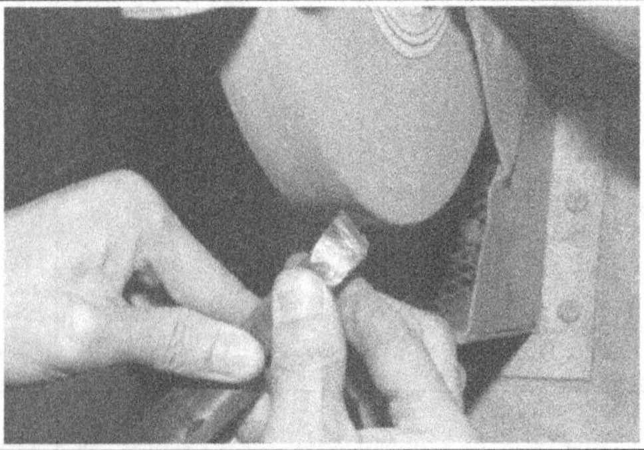

任务解析

（1）情景预演　操作者在进行加工前需要安装工件，本任务中的零件与轴类零件相似，都采用自定心卡盘装夹。加工第一端时，应将毛坯夹到最紧，以防止钻孔时因切削力过大引起工件振动；掉头车削时，由于不通孔的存在，夹紧力不应太大。

（2）任务分析　工件外圆的加工与轴类零件一样，掉头加工时应注意避免出现接刀痕。安排工艺时，应先钻孔再车削外圆，然后车削不通孔，以防止因切削力过大而使已加工面产生变形。使用内径百分表测量工件时，应当多测量几遍，且每次应读取最小值。使用深度游标卡尺时，最好不要拿出来读数，应多测量几遍。

（3）任务小结　不通孔类零件的加工是车工工艺中的基本技能之一，通过本任务的学习，学生可以掌握车削不通孔类零件所用的刀具、量具的使用方法，常用不通孔类零件所用刀具的刃磨技术以及不通孔类零件的加工方法，从而为配合件、综合件的加工打下扎实的基础。

知识拓展

用扩孔刀具扩大工件孔径的方法称为扩孔。常用的扩孔刀具有麻花钻和扩孔钻等。一般精度要求的工件的扩孔可使用麻花钻，精度要求高的孔的半精加工可使用扩孔钻。

1. 用麻花钻扩孔

用麻花钻扩孔时，横刃不参加工作，轴向切削力小，进给省力；但由于钻头外缘处的前角较大，容易将钻头拉出，使钻头在尾座套筒里打滑。因此，扩孔时应将钻头的顶角磨得大些，将钻头外缘处的前角修磨得小些，并对进给量进行适当的控制，决不能因为钻削轻松而盲目地加大进给量。扩孔时的切削速度应比钻孔时小些。

2. 用扩孔钻扩孔

扩孔钻有高速工具钢扩孔钻和硬质合金扩孔钻两种，如图 3-21 所示。扩孔钻的主要特点是：齿数较多（一般有 3 ~4 齿），导向性好，切削平稳；切削刃不必自外缘一直到中心，没有横刃，可避免横刃对切削的不利影响；钻心粗，刚性好，可选择较大的切削用量。

扩孔的生产效率高，精度可达 IT10 ~ IT11，表面粗糙度值可达 $Ra3.2 \sim 12.5\mu m$，可用于孔的半精加工。

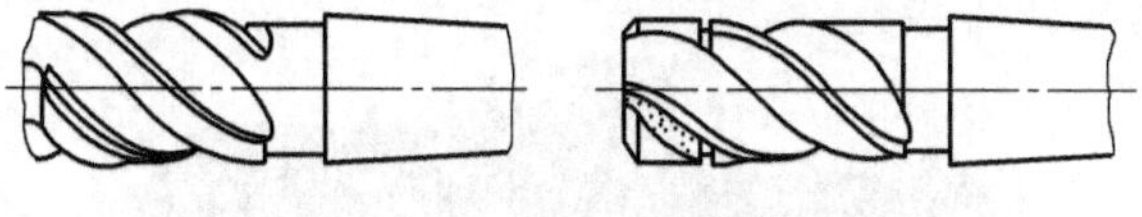

a)　　b)

图 3-22　扩孔钻

a）高速工具钢扩孔钻　b）硬质合金扩孔钻

安全文明小贴士

1）扩孔时，由于麻花钻的横刃不参加切削，进给力减小，进给省力，故可采用比麻花钻钻孔时大一倍的进给量。

2）扩孔时，应适当控制手动进给量，不要因为钻削轻松而盲目地加大进给量。

想想练练

想一想

1. 测量不通孔的方法有______、______、______等。

2. 深度游标卡尺由________、________、________、________和________组成，其读数方法与________相同。

3. 扩孔有________和________两种方法。

4. 加工不通孔时应注意哪几点？

练一练

加工如图 3-23 所示的不通孔零件，其质量评价见表 3-17。

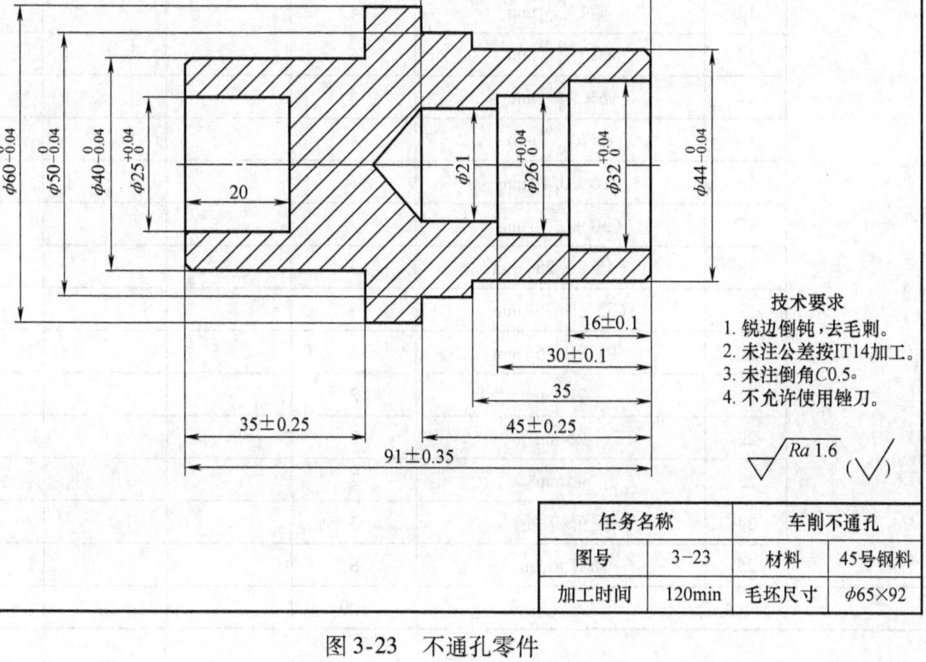

任务名称		车削不通孔	
图号	3-23	材料	45号钢料
加工时间	120min	毛坯尺寸	φ65×92

图 3-23　不通孔零件

图 3-23　不通孔零件（续）

表 3-17　工件质量评分表

项　目		序号	检 测 内 容	配分	学生		教师评分
					自检	互检	
基本检查	准备	1	切削加工工艺制订正确	5			
		2	切削用量选择合理	5			
		3	刀具刃磨质量符合要求	5			
	操作	4	设备操作、维护保养正确	3			
		5	操作要领正确	5			
		6	刀具选择、安装正确、规范	3			
		7	工件找正、安装正确、规范	4			
工作态度		8	遵守“7S”规范，纪律表现良好	10			
尺寸		9	$\phi60_{-0.04}^{0}$mm	4			
		10	$\phi50_{-0.04}^{0}$mm	4			
		11	$\phi40_{-0.04}^{0}$mm	4			
		12	$\phi44_{-0.04}^{0}$mm	4			
		13	$\phi25_{0}^{+0.04}$mm	4			
		14	$\phi26_{0}^{+0.04}$mm	4			
		15	$\phi32_{0}^{+0.04}$mm	4			
		16	(16 ± 0.1)mm	3			
		17	(30 ± 0.1)mm	3			
		18	(45 ± 0.25)mm	3			
		19	(35 ± 0.25)mm	3			
		20	(91 ± 0.35)mm	3			
		21	20mm	2			
		22	35mm	2			
		23	45mm	2			
		24	倒角(7 处)	3			
		25	$Ra1.6\mu m$	8			
综合得分				100			

项目四　车削沟槽

任务一　车削窄沟槽

学习目标

1. 了解切断刀和车槽刀的种类和用途。
2. 了解切断刀和车槽刀的组成部分及角度要求。
3. 掌握切断刀和车槽刀的刃磨方法。
4. 了解沟槽的种类和作用。
5. 掌握窄沟槽的车削方法。
6. 掌握切断的方法。
7. 了解宽沟槽和内沟槽的车削方法。

友情提示：建议用10学时完成本学习任务。

任务描述

在切削加工中，车削外圆及轴肩部分的沟槽的过程称为车削外沟槽。图4-1所示为外沟槽中的窄沟槽。

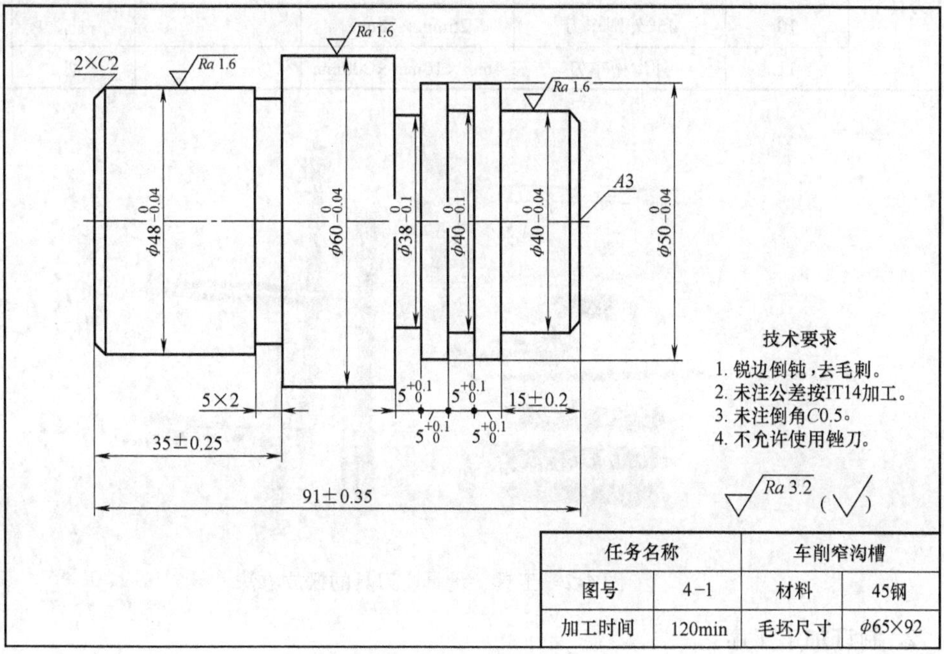

图4-1　窄沟槽零件图

窄沟槽是典型的外沟槽零件，其外形简单，槽宽及底径的尺寸精度要求相对外圆较低，一般用做退刀槽、砂轮越程槽、储油槽、轴向定位槽和密封槽等。

任务实施

1. 工具、量具、刀具的选择

（1）量具的选择　外圆的加工精度要求较高，需要使用测量范围为 25～50mm 和 50～75mm 的千分尺。窄沟槽加工精度的要求不是很高，使用 0～150mm 的游标卡尺即可满足要求，长度的控制需要使用 0～150mm 的深度游标卡尺。

（2）刀具的选择　加工材料为 45 钢，用 90°外圆车刀、45°外圆车刀、外沟槽车刀加工工件表面，控制工件的精度和表面质量。

本任务所用的工具、量具、刀具见表 4-1，其摆放方法如图 4-2 所示。

表 4-1　加工窄沟槽零件的工具、量具、刀具清单

种类	序号	名称	规格	精度/mm	单位	数量
工具	1	活扳手	250mm		把	1
	2	刀架钥匙	17mm×17mm		把	1
	3	卡盘钥匙	12mm×12mm		把	1
量具	4	游标卡尺	0～150mm	0.02	支	1
	5	深度游标卡尺	0～150mm	0.02	支	1
	6	千分尺	25～50mm	0.01	支	1
	7	千分尺	50～75mm	0.01	支	1
刀具	8	90°外圆粗车刀	25mm×25mm		把	1
	9	90°外圆精车刀	25mm×25mm		把	1
	10	45°外圆车刀	25mm×25mm		把	1
	11	外沟槽车刀	4mm×16mm×200mm		把	1

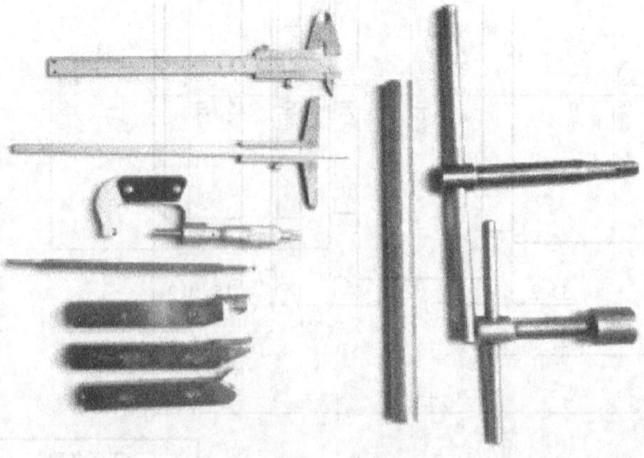

图 4-2　工具、量具、刀具的摆放方法

2. 制订加工工序

1）窄沟槽零件的加工工序卡片见表 4-2。

表 4-2 窄沟槽零件的加工工序卡片

普通车工加工工序卡片			零件名称		材料		零件图号
			窄沟槽		45 钢		4-1
夹具名称			设备型号				车间
自定心卡盘			CA6140A				普通车工
工步号	工步内容	刀具名称	刀具规格	切削用量的选择(推荐值)			备注
				主轴转速/(r/min)	进给速度/(mm/r)	背吃刀量/mm	
1	粗车工件端面	45°外圆车刀	25mm×25mm	500	0.2	0.5	
2	精车工件端面	45°外圆车刀	25mm×25mm	700	0.1	0.2	
3	粗车 ϕ60mm 外圆	90°外圆车刀	25mm×25mm	500	0.25	2	
4	精车 ϕ60mm 外圆	90°外圆车刀	25mm×25mm	700	0.12	1	
5	粗车 ϕ48mm 外圆	90°外圆车刀	25mm×25mm	500	0.25	2	
6	精车 ϕ48mm 外圆	90°外圆车刀	25mm×25mm	700	0.12	1	
7	工件倒角	45°外圆车刀	25mm×25mm	800	手动	0.2	
8	粗车 5mm×2mm 外沟槽	外沟槽刀	4mm×16mm×200mm	280	手动	手动	
9	精车 5mm×2mm 外沟槽	外沟槽刀	4mm×16mm×200mm	180	0.05	0.2	
10	掉头装夹						
11	粗车端面	45°外圆车刀	25mm×25mm	500	0.2	0.5	
12	精车端面,保证总长	45°外圆车刀	25mm×25mm	700	0.1	0.2	
13	粗车 ϕ50mm 外圆	90°外圆车刀	25mm×25mm	500	0.25	2	
14	精车 ϕ50mm 外圆	90°外圆车刀	25mm×25mm	700	0.12	1	
15	粗车 ϕ40mm 外圆	90°外圆车刀	25mm×25mm	500	0.25	2	
16	精车 ϕ40mm 外圆	90°外圆车刀	25mm×25mm	700	0.12	1	
17	工件倒角	45°外圆车刀	25mm×25mm	800	手动	0.2	
18	粗车 5mm×ϕ38mm 外沟槽	外沟槽车刀	4mm×16mm×200mm	280	手动	手动	
19	精车 5mm×ϕ38mm 外沟槽	外沟槽车刀	4mm×16mm×200mm	180	0.05	0.2	
20	粗车 5mm×ϕ40mm 外沟槽	外沟槽车刀	4mm×16mm×200mm	280	手动	手动	
21	精车 5mm×ϕ40mm 外沟槽	外沟槽车刀	4mm×16mm×200mm	180	0.05	0.2	
编制		审核		批准		共 页	第 页

根据工作任务做好加工准备工作，并操作机床加工窄沟槽。

① 清点生产要素。

毛坯尺寸：________；车削刀具：________；量具：________。

② 检查机床。

检查方法：____。

是否正常：□正常　　□不正常

处理意见：____。

③ 按照“7S”标准摆放生产要素。

□正确　　□不正确

④ 装夹毛坯。

伸出长度：________。

2）窄沟槽零件的加工过程见表4-3，加工完成后的零件如图4-3所示。

表4-3　窄沟槽零件的加工过程

工步	图　示	操作内容	刀具名称	检测方法
1	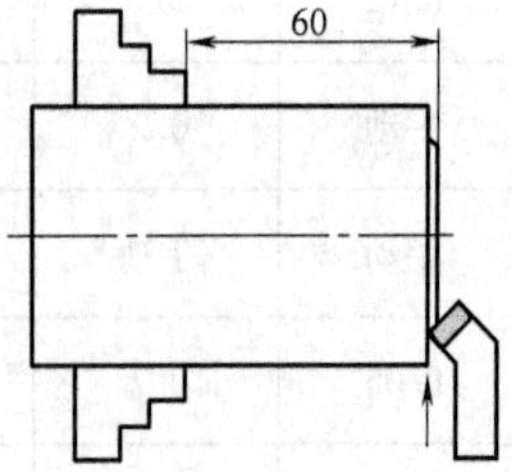 车削端面	1）检查毛坯 ϕ65mm×92mm是否符合图样要求 2）用自定心卡盘夹持毛坯，伸出长度约为60mm，粗、精车端面	45°外圆车刀	
2	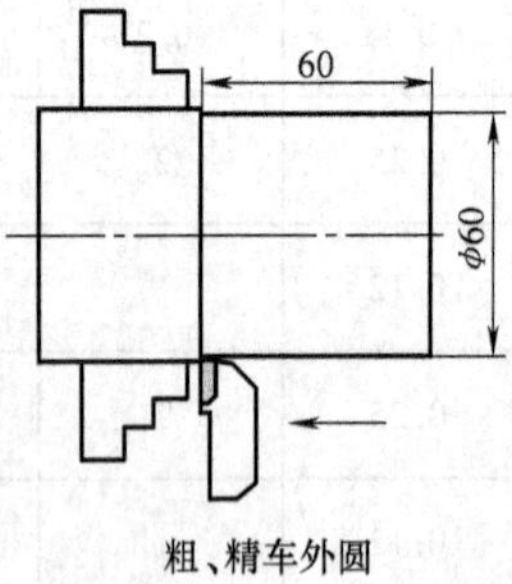 粗、精车外圆	1）换90°外圆车刀并对刀 2）粗车 ϕ60mm 外圆 3）精车 ϕ60mm 外圆	90°外圆车刀	游标卡尺、千分尺
3	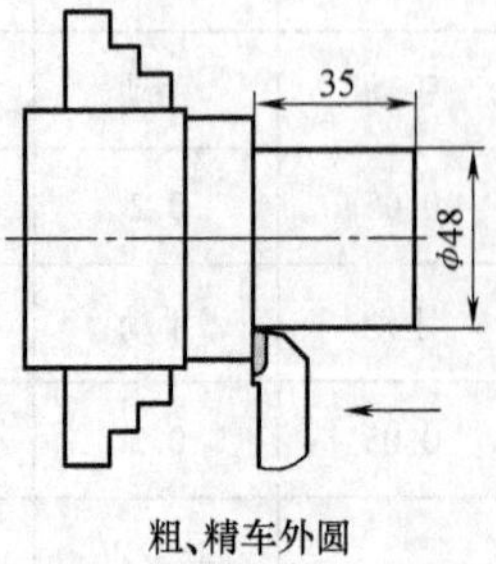 粗、精车外圆	1）外圆车刀对刀 2）粗车 ϕ48mm 外圆 3）精车 ϕ48mm 外圆	90°外圆车刀	游标卡尺、千分尺

（续）

工步	图　示	操作内容	刀具名称	检测方法
4	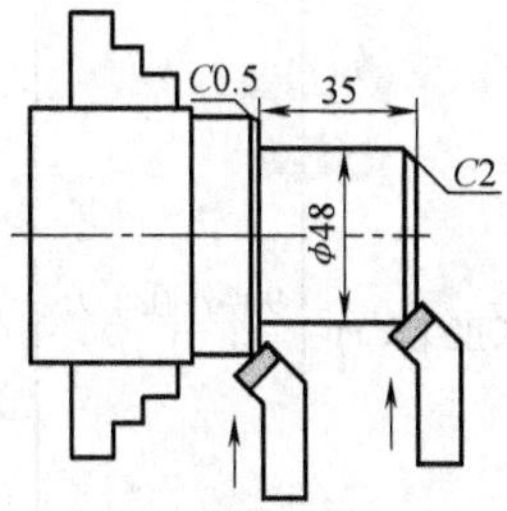 倒角	1）换45°外圆车刀 2）倒角 C0.5 和 C2	45°外圆车刀	
5	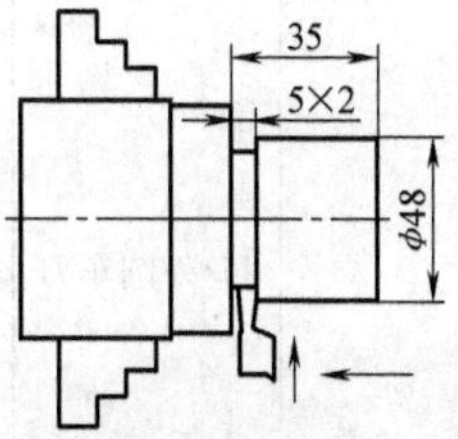 粗、精车5mm×2mm 外沟槽	1）换外沟槽车刀并对刀 2）粗车 5mm×2mm 外沟槽 3）精车 5mm×2mm 外沟槽	外沟槽车刀	游标卡尺
6	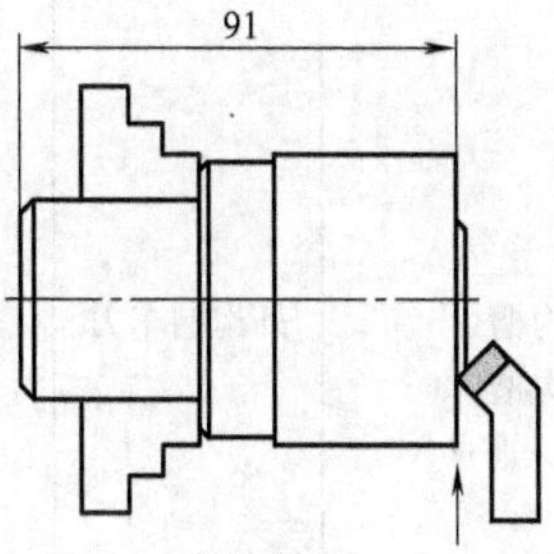 车削端面	1）换45°外圆车刀 2）夹持 φ48mm 外圆并靠紧 φ60mm 外圆的端面 3）粗车右端面 4）精车右端面，保证总长 91mm	45°外圆车刀	游标卡尺
7	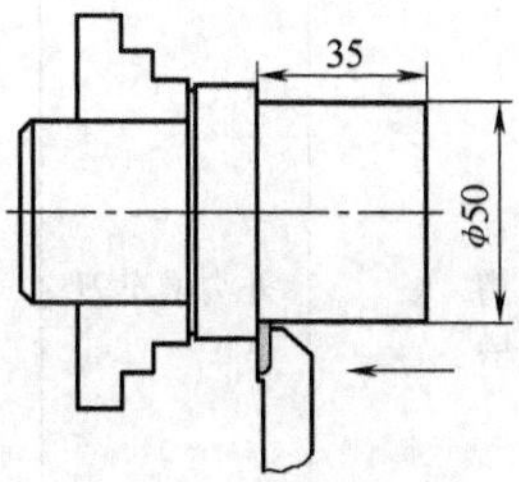 粗、精车φ50mm外圆	1）换90°外圆车刀并对刀 2）粗车 φ50mm 外圆 3）精车 φ50mm 外圆，保证长度35mm	90°外圆车刀	游标卡尺、千分尺

（续）

工步	图　示	操 作 内 容	刀具名称	检测方法
8	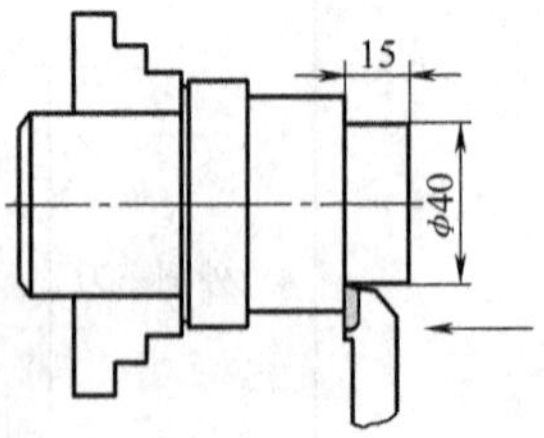 粗、精车φ40mm外圆	1）粗车 φ40mm 外圆 2）精车 φ40mm 外圆，保证长度 15mm	90°外圆车刀	游标卡尺、千分尺
9	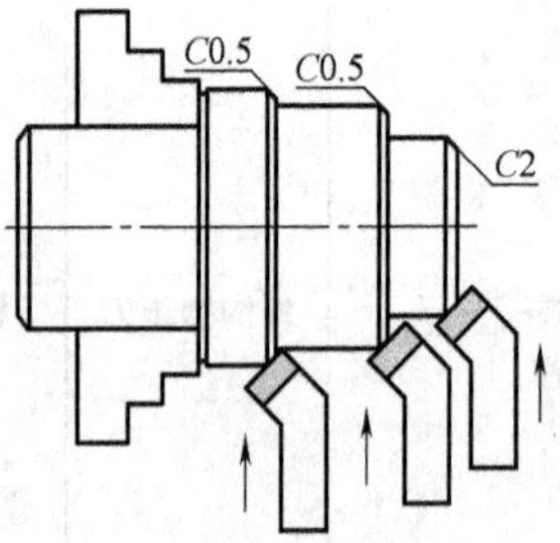 倒角	1）换 45°外圆车刀 2）倒角 C2 和两个 C0.5	45°外圆车刀	
10	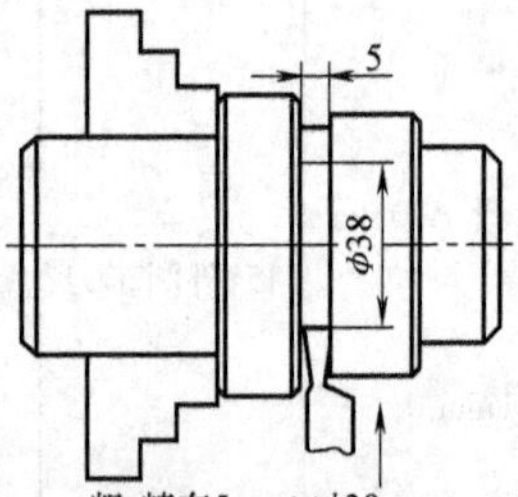 粗、精车5mm×φ38mm外沟槽	1）换外沟槽车刀并对刀 2）粗车 5mm×φ38mm 外沟槽 3）精车 5mm×φ38mm 外沟槽	外沟槽车刀	游标卡尺
11	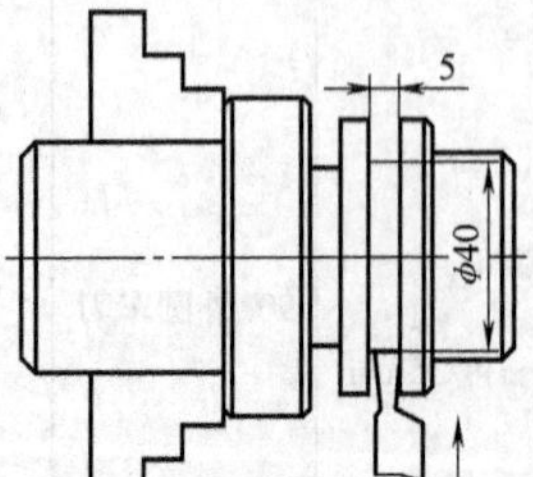 粗、精车5mm×φ40mm外沟槽	1）车槽刀对刀 2）粗车 5mm×φ40mm 外沟槽 3）精车 5mm×φ40mm 外沟槽	外沟槽车刀	游标卡尺

图4-3 加工完成后的零件

任务评价

1）工件的质量评价见表4-4。

表4-4 工件质量评分表

项目		序号	检测内容	配分	学生		教师评分
					自检	互检	
基本检查	准备	1	切削加工工艺制订正确	5			
		2	切削用量选择合理	5			
		3	刀具刃磨质量符合要求	5			
	操作	4	设备操作、维护保养正确	3			
		5	操作要领正确	5			
		6	刀具选择、安装正确、规范	3			
		7	工件找正、安装正确、规范	4			
工作态度		8	遵守"7S"规范，纪律表现良好	10			
尺寸		9	$\phi48_{-0.04}^{0}$mm	4			
		10	$\phi60_{-0.04}^{0}$mm	4			
		11	5mm×2mm	5			
		12	(35±0.25)mm	2			
		13	$\phi50_{-0.04}^{0}$mm	4			
		14	$\phi40_{-0.04}^{0}$mm	4			
		15	(15±0.2)mm	2			
		16	$\phi38_{-0.1}^{0}$mm	5			
		17	$\phi40_{-0.1}^{0}$mm	5			
		18	$\phi5_{0}^{+0.1}$mm(4处)	16			
		19	(91±0.35)mm	4			
		20	A3	1			
		21	倒角	4			
综合得分				100			

2）机床的清洁与保养记录见表4-5。

表4-5　机床的清洁与保养记录

序号	内　容	要　求	配分	得分	结果记录
1	刀具	拆卸、整理、归位	10		
2	量具	清洁、保养、归位	10		
3	工具	整理、归位	10		
4	工作台	清洁、保养 、归位	10		
5	导轨、润滑部位	清洁、保养、加油润滑	10		
6	主轴	清洁、保养	5		
7	刀架	清洁、保养	10		
8	机床外观	清洁	10		
9	电源	切断	5		
10	切屑	清扫	10		
11	工作区域	清扫	10		
总分					

学生签名＿＿＿＿＿＿＿　　教师签名＿＿＿＿＿＿＿　　日期＿＿＿＿＿＿＿

安全文明小贴士

切削过程中容易出现的问题及其原因如下：

1. 平面凹凸不平

1）切断刀两侧的刀尖刃磨或磨损得不一致。

2）窄切断刀的主切削刃与轴线不平行，且有较大的夹角，而左侧刀尖又有磨损现象。

3）车床主轴有轴向窜动。

4）切断刀安装歪斜或副切削刃没有磨直。

2. 切削时产生振动

1）主轴与轴承之间的间隙太大。

2）切断时转速过高，进给量过小。

3）切断的棒料太长，在离心力的作用下产生振动。

4）切断刀远离工件支承点或切断伸出过长。

5）工件细长，切断刀刃口太宽。

3. 外沟槽车刀折断

1）工件装夹不牢靠，切割点远离卡盘，工件在切削力作用下被抬起。

2）车削时排屑不畅，切屑堵塞切削处。

3）车槽刀的副偏角、副后角磨得太大，削弱了切削部分的强度。

4）车槽刀装夹得与工件轴线不垂直，主切削刃与工件的回转中心不等高。

5）车槽刀的前角和进给量过大。

6）床鞍、中滑板、小滑板松动，切削时产生“扎刀”现象。

小提示：切削用量的选择一定要合理，磨刀、装刀要规范，否则容易引发事故。

知识链接

知识链接一　外沟槽的形状

常见的外沟槽有外圆沟槽、45°外斜沟槽和平面沟槽，分别如图 4-4a 和图 4-4b 和图 4-4c 所示；沟槽的形状一般为矩形、圆弧形或梯形，如图 4-4d、图 4-4e、图 4-4f 所示。

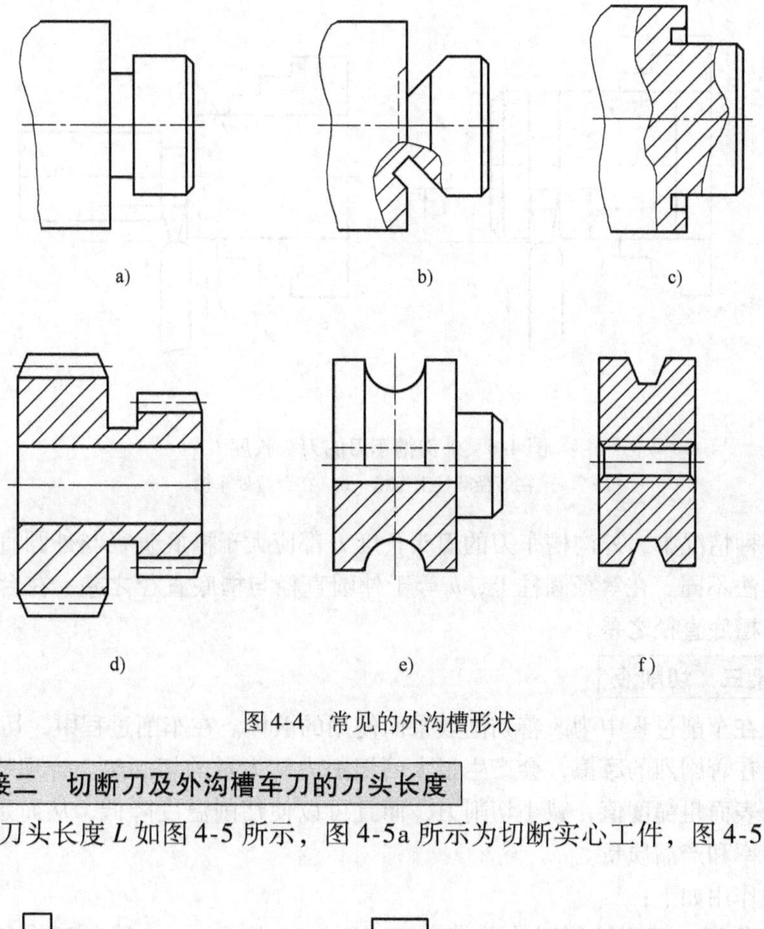

图 4-4　常见的外沟槽形状

知识链接二　切断刀及外沟槽车刀的刀头长度

切断刀的刀头长度 L 如图 4-5 所示，图 4-5a 所示为切断实心工件，图 4-5b 所示为切断空心工件。

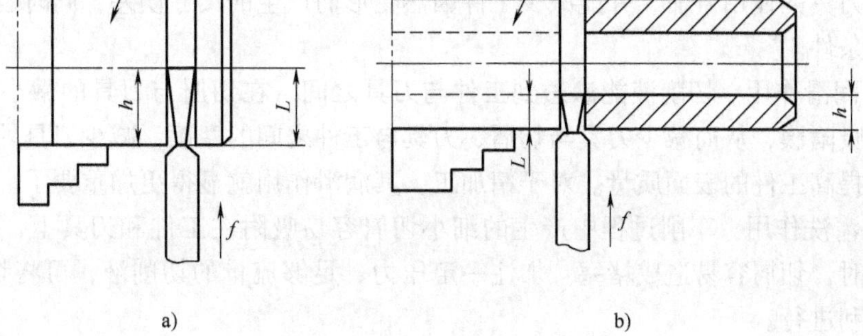

图 4-5　切断刀的刀头长度 L

a）切断实心工件　b）切断空心工件

切断刀刀头长度 L 的计算公式为

$$L = h + (2 \sim 3)$$

式中　L——切断刀的刀头长度，单位为 mm；

h——切入工件的深度，单位为 mm。

外沟槽车刀的刀头长度 L 如图 4-6 所示，图 4-6a 所示为在等径圆柱上车槽，图 4-6b 所示为在台阶处车槽。

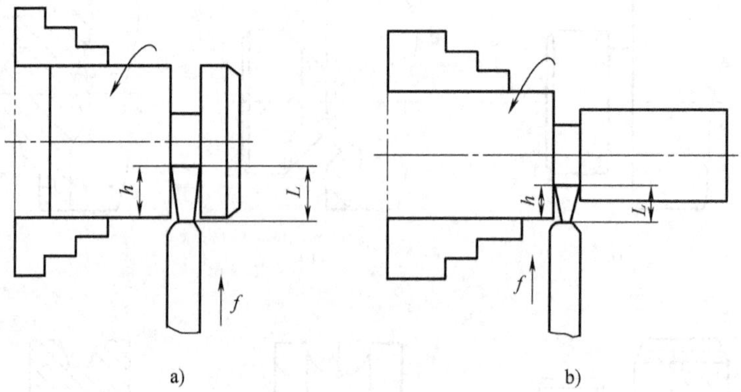

图 4-6　外沟槽车刀的刀头长度 L

a）在等径圆柱上车槽　b）在台阶处车槽

在上述两种情况中，外沟槽车刀的刀头长度 L 都应大于槽底直径与外圆直径之差 h，只是 h 的计算方法不同。在等径圆柱上，h 等于外圆直径与槽底直径之差；在台阶处，h 等于大外圆直径与槽底直径之差。

知识链接三　切削液

切削液是在车削过程中为改善切削效果而使用的液体。在车削过程中，切屑、刀具与加工表面之间存在着剧烈的摩擦，会产生很大的切削力和大量的切削热。合理地使用切削液，不仅可以降低表面粗糙度值，减小切削力，而且可以使切削温度降低，从而延长刀具寿命，提高劳动生产率和产品质量。

切削液的作用如下：

（1）冷却作用　切削液能吸收并带走切削区域的大量热量，降低刀具和工件的温度，从而延长刀具的使用寿命，并能减少工件因热变形而产生的尺寸误差，同时也为提高生产效率创造了条件。

（2）润滑作用　切削液能渗透到工件与刀具之间，在切屑与刀具的微小间隙中形成一层很薄的吸附膜，从而减少刀具与切屑、刀具与工件之间的摩擦，减少刀具的磨损，使排屑流畅，并提高工件的表面质量。对于精加工，其润滑作用就显得更加重要了。

（3）清洗作用　车削过程中产生的细小切屑容易吸附在工件和刀具上，尤其是在铰孔和钻深孔时，切屑容易造成堵塞。加注一定压力、足够流量的切削液，可将切屑迅速冲走，使切削顺利进行。

知识链接四　车刀外沟槽刃磨

外沟槽车刀（图 4-7）的刃磨步骤见表 4-6。

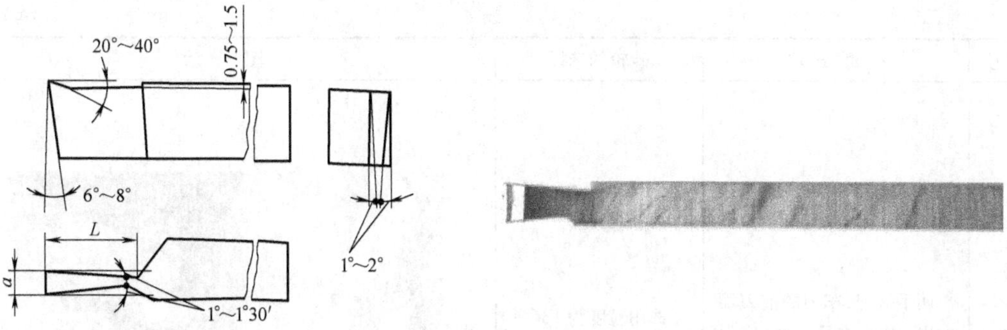

图 4-7 外沟槽车刀

表 4-6 外沟槽车刀的刃磨步骤

序号	刃磨方法	砂轮的选择	图示
1	检查砂轮的运行情况，修整砂轮		 
2	两手握刀，车刀的前刀面向上，刃磨左侧副后刀面，同时磨出左侧副后角和副偏角	选用粒度为 F24 ~ F36 的氧化铝砂轮	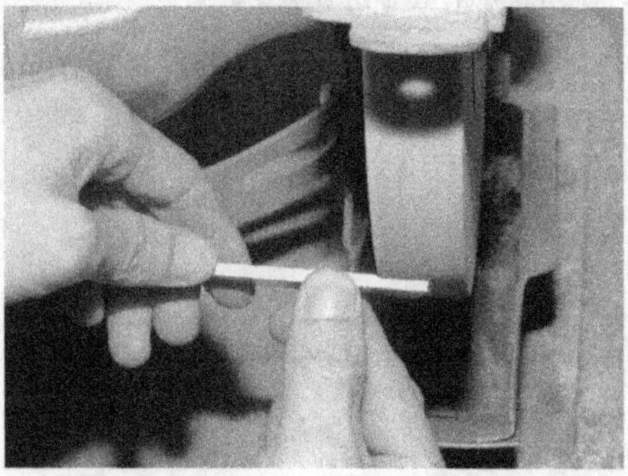
3	两手握刀，车刀的前刀面向上，刃磨右侧副后刀面，同时磨出右侧副后角和副偏角（两副后角对称，两副偏角对称）		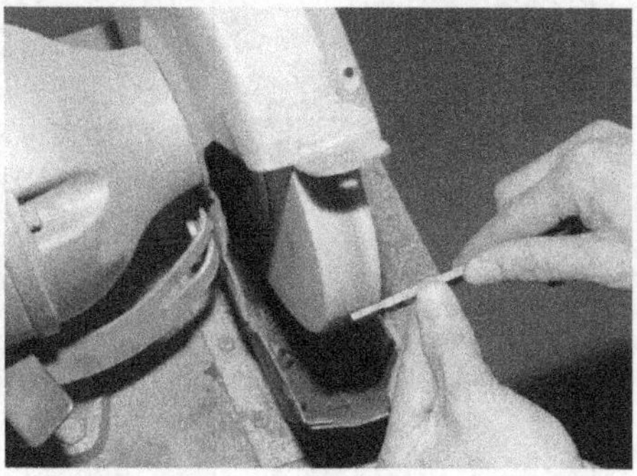

（续）

序号	刃磨方法	砂轮的选择	图示
4	两手握刀，车刀的前刀面向上，刃磨主后刀面，应保证主切削刃平直	选用粒度为 F36 ~ F60 的氧化铝砂轮	
5	用游标卡尺测量主切削刃的刃宽，保证刃宽为 4 ~ 5mm 左右		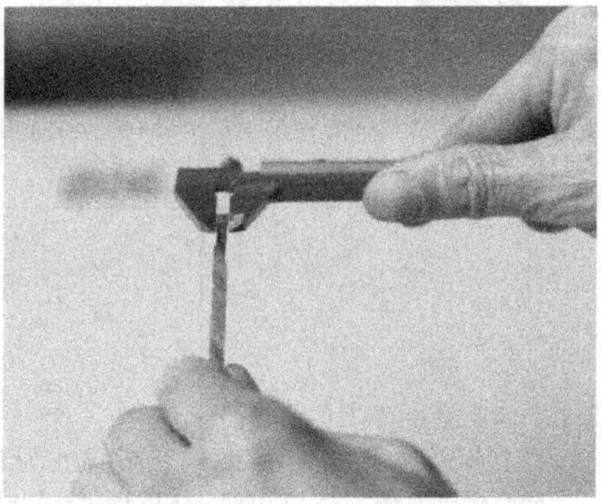
6	两手握刀，使车刀的前刀面对着砂轮磨削表面，刃磨前刀面和前角、卷屑槽	选用粒度为 F36 ~ F60 的氧化铝砂轮	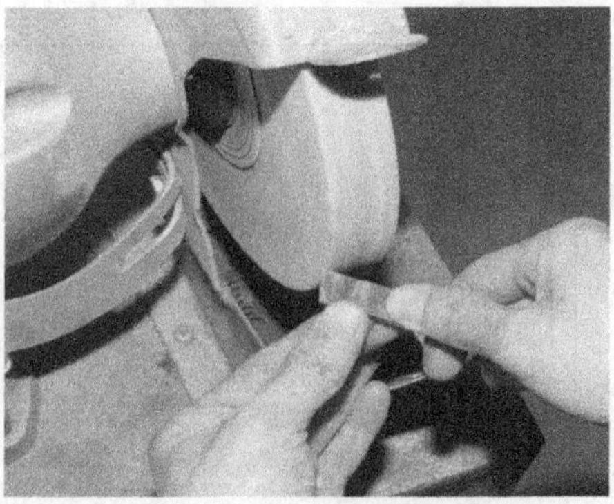

（续）

序号	刃磨方法	砂轮的选择	图　示
7	精磨主后刀面和副后刀面	选用粒度为 F80 ~ F120 的氧化铝砂轮	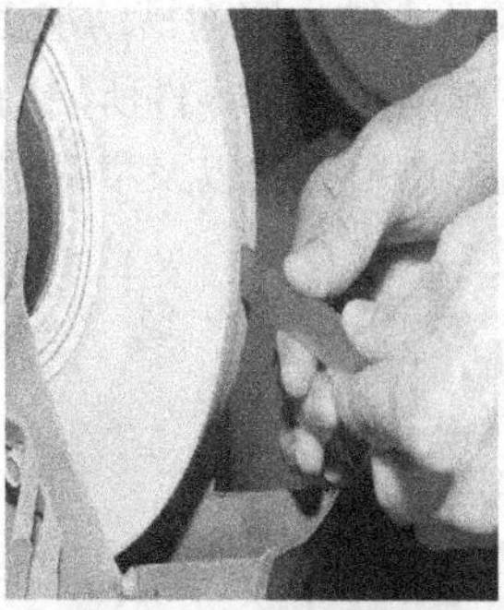 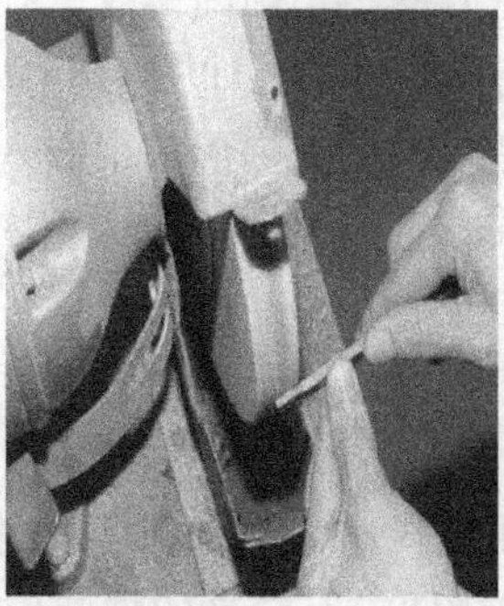
8	测量角度		

任务解析

（1）情景预演　加工窄沟槽时往往会产生振纹，同时外沟槽车刀会出现切削刃破损或刀杆长度不够等问题。

（2）任务分析　工件安装时的长度不足或夹持部分的长度不足，会使加工出来的零件的刚性不能得到保证。刀具安装时的伸出长度不足，则会导致加工无法进行，严重的甚至会引发“撞刀”；伸出得太长，则会导致刀具刚性不足，使加工质量难以得到保证，严重的会导致崩刀。

使用游标卡尺测量工件时，若松紧程度不合适，会产生测量误差。

（3）任务小结　窄沟槽的加工是车工工艺中的基本技能之一，通过本任务的学习，学生可以掌握车削窄沟槽零件所用的刀具、量具的使用方法，外沟槽车刀的刃磨方法，外沟槽车刀的安装与调整方法以及窄沟槽类零件的加工方法，为更深入、全面地学习车工技术打下扎实的基础。

知识拓展

一、内沟槽

1. 内沟槽的种类与作用

（1）退刀槽　车削内螺纹、孔和磨孔时用来退刀，如图 4-8a 所示；或者为了拉油槽方便，在两端开退刀槽，如图 4-8b 所示。

（2）密封槽　在梯形槽中嵌入油毛毡，防止轴上的润滑剂溢出。

（3）轴向定位槽　在轴承座内孔中的适当位置开槽放入孔用弹性挡圈，以实现滚动轴承的轴向定位。

（4）储油槽　用于通过和储存润滑油（图 4-8b），这种较长的内沟槽有利于内孔的加工和定位。

（5）油、气通道槽　在各种液压和气压滑阀中开内沟槽以通油或通气，如图 4-8c 所示。这类沟槽要求有较高的轴向位置精度。

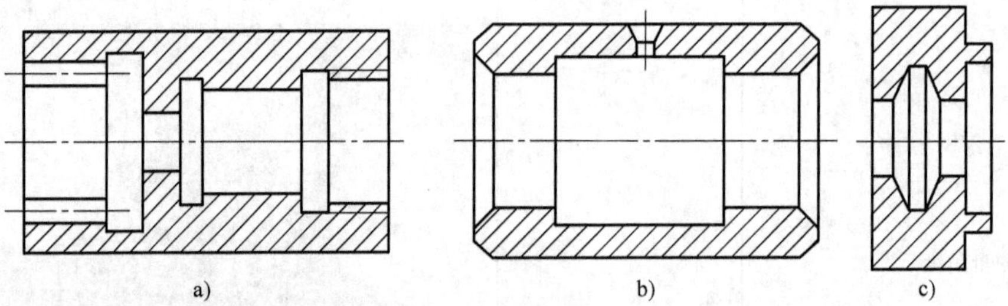

图 4-8　内沟槽的种类

2. 车削窄内沟槽

如图 4-9 所示，将内沟槽成形车刀置于孔内，对准切削沟槽的位置，使切削刃与孔壁接触，将中滑板刻度置零位，根据沟槽深度计算出中滑板的进刀格数。开动机床，均匀地摇动中滑板手柄至背吃刀量尺寸时，车刀稍作停留，修光槽底，然后横向退出车刀，注意刀杆外侧勿碰孔壁，最后用床鞍纵向退出车刀。

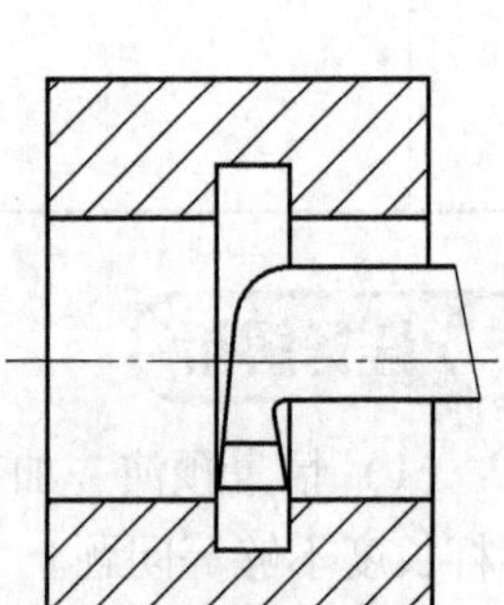

图 4-9　车削窄内沟槽

3. 车削宽内沟槽

先用通孔车刀车出凹槽，如图 4-10a 所示。车削凹槽时，要留出足够的精车余量。对于矩形内沟槽，需要使用矩形内沟槽车刀将两侧斜面车成直角，如图 4-10b 所示；对于梯形沟槽，需要使用梯形沟槽车刀将两侧斜面车成斜角，如图 4-10c 所示。

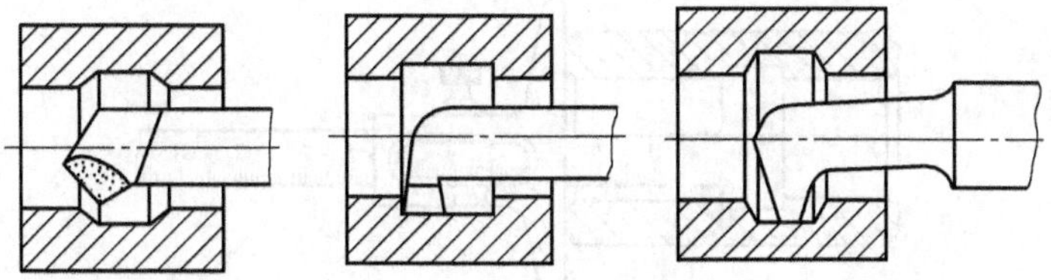

a)　　b)　　c)

图 4-10　车削宽内沟槽

4. 内沟槽的测量

（1）内沟槽深度（或内沟槽直径）的测量　一般用弹簧内卡钳配合游标卡尺或外径千分尺测量内沟槽的深度，如图 4-11a 所示。测量时，先将弹簧内卡钳收缩并放入内沟槽，然后调节卡钳螺母，使卡脚与槽底径表面接触，松紧要适度；然后将内卡钳收缩取出，恢复到原来的尺寸；最后用游标卡尺或外径千分尺测出内卡钳张开的距离。对于直径较大的内沟槽，可用弯脚的游标卡尺进行测量，如图 4-11b 所示。

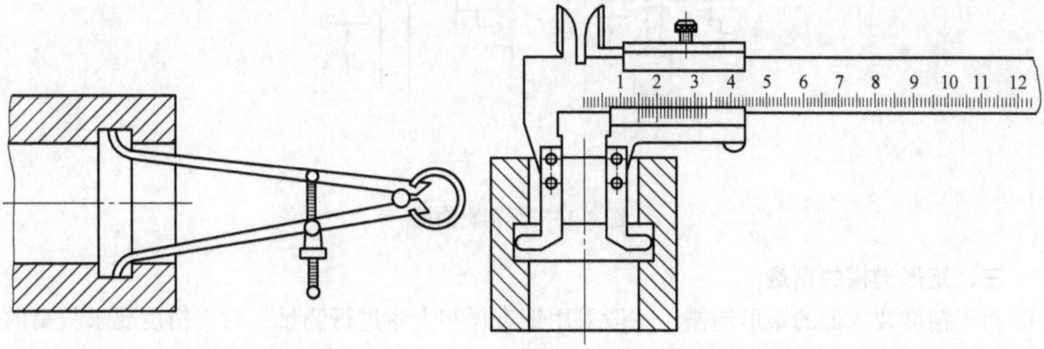

a)　　b)

图 4-11　内沟槽深度的测量

（2）内沟槽宽度的测量　可用样板检测内沟槽的宽度，如图 4-12a 所示。当孔径较大时，可用游标卡尺测量内沟槽的宽度，如图 4-12b 所示。

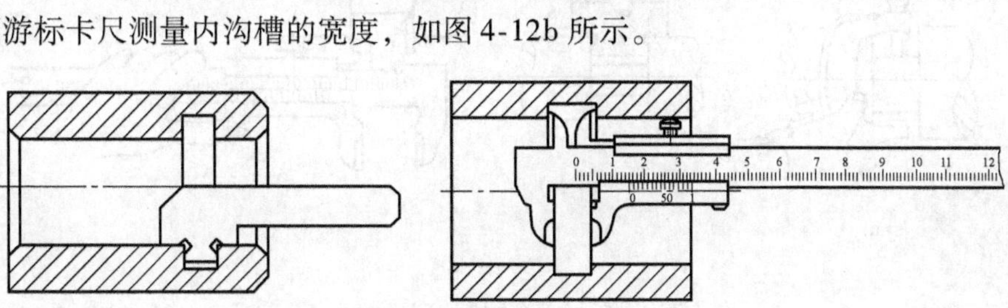

a)　　b)

图 4-12　内沟槽宽度的测量

（3）内沟槽轴向位置的测量　内沟槽的轴向位置可用钩形深度游标卡尺进行测量，如图 4-13 所示。

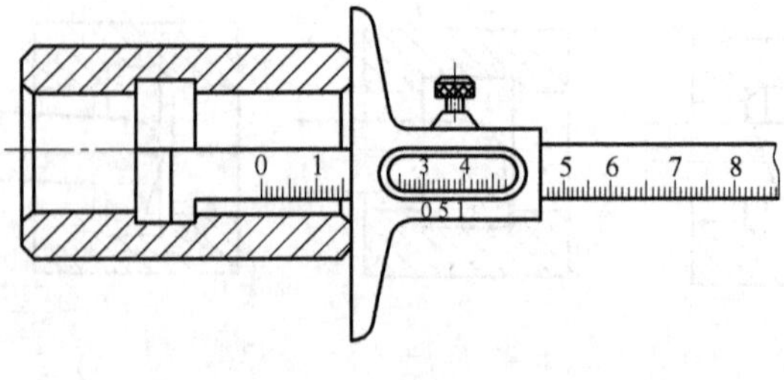

图 4-13　内沟槽轴向位置的测量

二、宽沟槽

切削宽度在 5 mm 以上的宽沟槽时，一般采用先分段横向粗车（图 4-14a），在最后一次横向切削后，再纵向精车（图 4-14b）的加工方法。

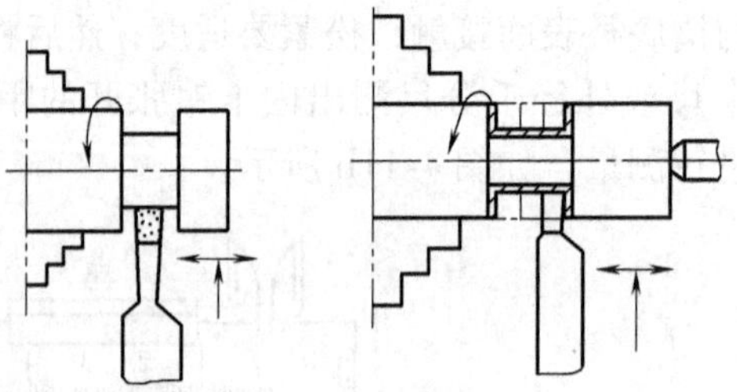

a)　　b)

图 4-14　车削宽沟槽

三、矩形沟槽的测量

对于精度要求低的矩形沟槽，一般采用钢直尺和卡钳进行测量；对于精度要求较高的矩形沟槽，可使用千分尺、样板、塞规和游标卡尺等进行测量，如图 4-15 所示。

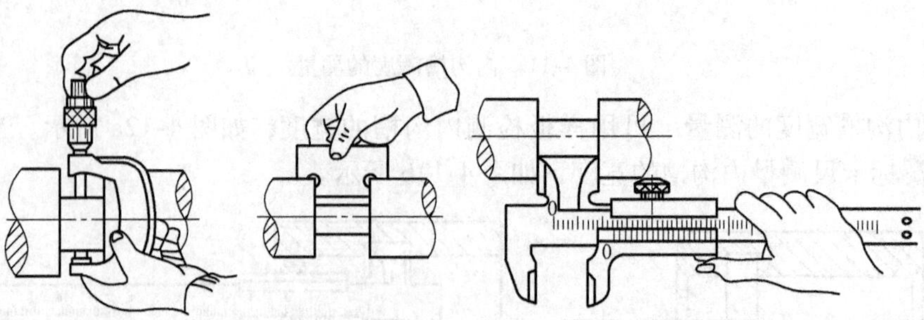

a)　　b)　　c)

图 4-15　矩形沟槽的测量方法

四、切断的方法

切断的方法主要有两种，见表 4-7。

表 4-7　切断的方法

方　法	图　示	定　义
直进法	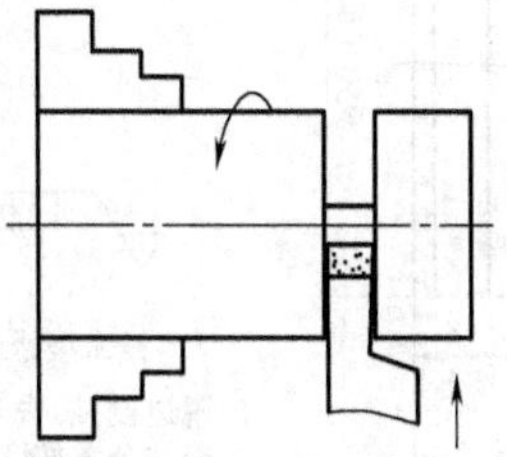	直进法是指沿垂直于工件轴线方向进行车断。这种车断方法的效率高，但对车床、刀具的刃磨和装夹的要求较高，进给要缓慢均匀，在即将车断时，须放慢进给速度，否则容易造成车断刀的折断
左右借刀法	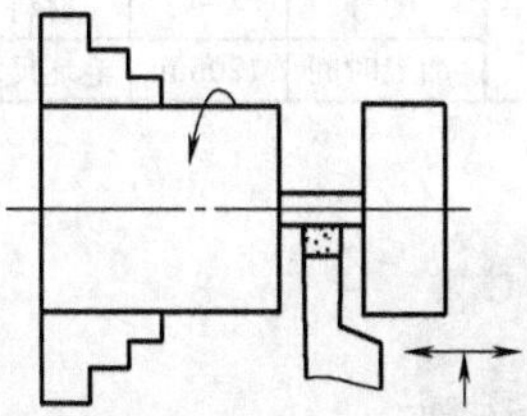	在车削系统刚性不足的情况下，可采用左右借刀法车断工件。这种方法是指车断刀在径向进给的同时在轴线方向反复地往返移动，直至工件被车断

安全文明小贴士

1）车床未停妥前，不能使用游标卡尺测量工件。

2）用高速工具钢切断刀切断工件时，应浇注切削液；用硬质合金刀切断工件时，中途不允许停车，以免切削刃碎裂。

3）切断刀的刀尖必须严格对准工件轴线。

小提示：用一夹一顶的方式装夹工件进行切断时，在工件即将切断前，应卸下工件后再敲断。不允许用两顶尖装夹工件进行切断，以防切断瞬间工件飞出伤人，造成事故。

想想练练

想一想

1. 内沟槽车刀的装夹与工件的轴线不垂直，主切削刃与工件的回转中心不等高会导致________。

2. 常见的外沟槽有________、________、________。

3. 切削液的作用有________、________、________。

练一练

加工如图 4-16 所示的窄沟槽零件，其质量评价见表 4-8。

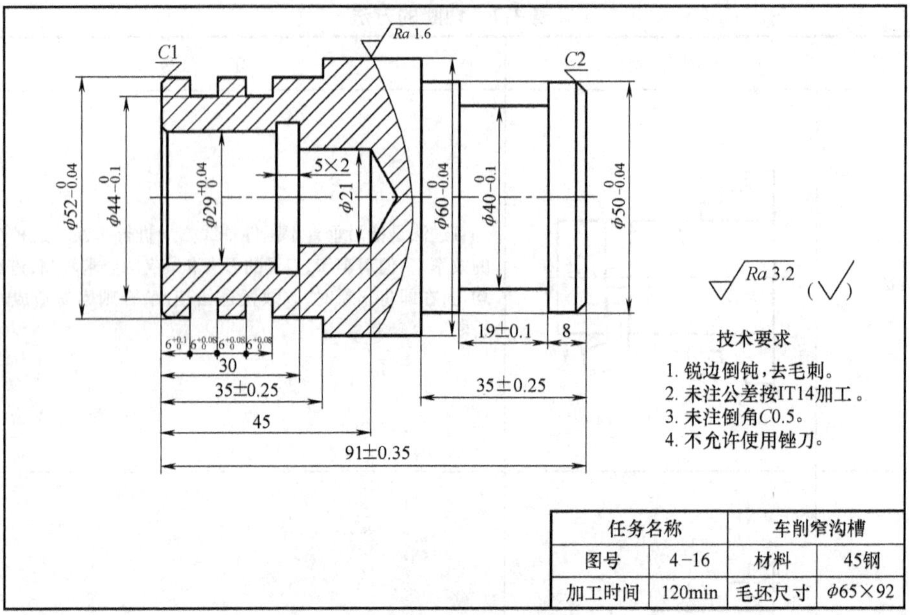

图 4-16 窄沟槽零件

表 4-8 工件质量评分表

项目		序号	检测内容	配分	学生 自检	学生 互检	教师评分
基本检查	准备	1	切削加工工艺制订正确	5			
		2	切削用量选择合理	5			
		3	刀具刃磨质量符合要求	5			
	操作	4	设备操作、维护保养正确	3			
		5	操作要领正确	5			
		6	刀具选择、安装正确、规范	3			
		7	工件找正、安装正确、规范	4			
工作态度		8	遵守“7S”规范，纪律表现良好	10			
尺寸		9	$\phi60_{-0.04}^{\ 0}$ mm	4			
		10	$\phi50_{-0.04}^{\ 0}$ mm	4			
		11	$\phi40_{-0.1}^{\ 0}$ mm	4			
		12	(19 ± 0.1) mm	2			
		13	(35 ± 0.25) mm(2 处)	4			

续表

项 目	序号	检测内容	配分	学生		教师评分
				自检	互检	
尺寸	14	8mm	2			
	15	$\phi 52_{-0.04}^{0}$mm	4			
	16	$\phi 44_{-0.1}^{0}$mm	4			
	17	$\phi 29_{0}^{+0.04}$mm	4			
	18	$6_{0}^{+0.1}$mm	3			
	19	$6_{0}^{+0.08}$mm(3 处)	9			
	20	5mm × 2mm	4			
	21	30mm	2			
	22	45mm	2			
	23	(91 ± 0.35) mm	4			
	24	C1、C2	4			
综合得分			100			

任务二 车削梯形槽

学习目标

1. 了解梯形槽的用途和技术要求。
2. 掌握车削梯形槽的方法。
3. 掌握梯形槽车刀的刃磨方法和要求。
4. 掌握梯形槽的测量方法。

友情提示：建议用 10 学时完成本学习任务。

任务描述

分析如图 4-17 所示的梯形槽零件图，制订合理的加工工艺，选择合适的加工刀具，并按要求操作卧式车床，完成梯形槽的加工及测量。

梯形槽是典型的沟槽类零件，其外形较简单，常用于 V 带轮、加工中心刀柄等。

任务实施

1. 工具、量具、刀具的选择

（1）量具的选择 该零件加工精度的要求不是很高，使用测量范围为 0 ~ 150mm 的游标卡尺和外径千分尺即可满足要求，梯形槽可用样板或圆柱销进行检测。

（2）刀具的选择 加工材料为 45 钢，用 90°外圆车刀、45°外圆车刀加工工件表面和倒角，控制工件的精度和表面质量。用车槽刀粗加工梯形槽，用 34°梯形槽车刀进行修整。

本任务所用的工具、量具、刀具见表 4-9，其摆放方法如图 4-18 所示。

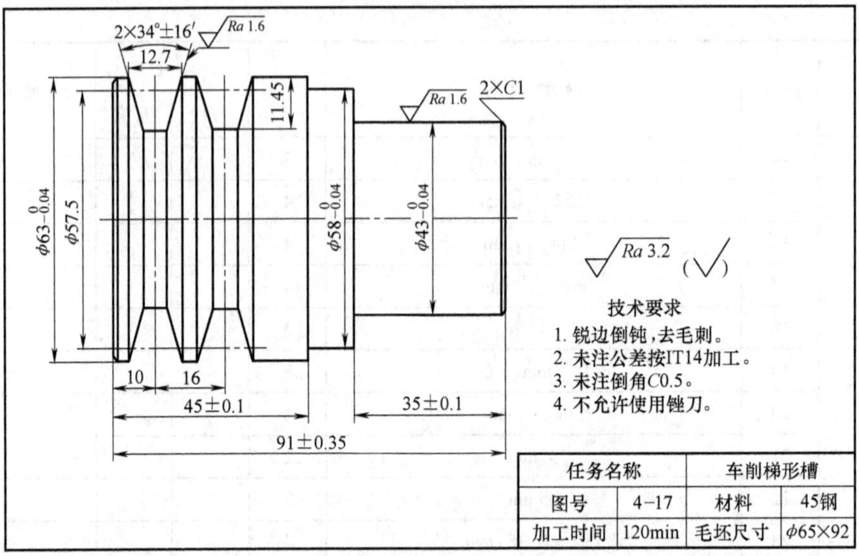

图 4-17　梯形槽零件图

表 4-9　加工梯形槽工具、量具、刀具清单

种类	序号	名称	规格	精度/mm	单位	数量
工具	1	加力杆			把	1
	2	刀架钥匙	17mm×17mm		把	1
	3	卡盘钥匙	12mm×12mm		把	1
量具	4	自制样板	34°		支	1
	5	游标卡尺	0~150mm	0.02	把	1
	6	外径千分尺	50mm~75mm	0.01	把	1
	7	深度游标卡尺	0~200mm	0.02	把	1
刀具	8	90°外圆车刀	25mm×25mm		把	1
	9	45°外圆车刀	25mm×25mm		支	1
	10	车槽刀	4mm×25mm		把	1
	11	34°梯形槽车刀	16mm×16mm×200mm		把	1

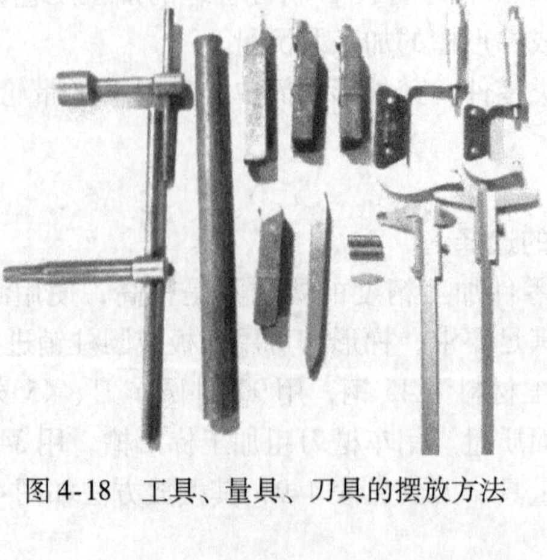

图 4-18　工具、量具、刀具的摆放方法

2. 制订加工工序

1）梯形槽零件的加工工序卡片见表4-10。

表4-10　梯形槽零件的加工工序卡片

普通车工加工工序卡片			零件名称		材料		零件图号
			梯形槽		45钢		4-17
夹具名称			设备型号				车间
自定心卡盘			CA6140A				普通车工
工步号	工步内容	刀具名称	刀具规格	切削用量的选择(推荐值)			备注
				主轴转速/(r/min)	进给速度/(mm/r)	背吃刀量/mm	
1	粗车工件端面	45°外圆车刀	25mm×25mm	500	0.2	0.5	
2	精车工件端面	45°外圆车刀	25mm×25mm	700	0.1	0.2	
3	粗车工件外圆 ϕ43mm和ϕ58mm	90°外圆车刀	25mm×25mm	500	0.25	2	
4	精车工件外圆台阶	90°外圆车刀	25mm×25mm	800	0.12	1	
5	倒角 *C*1	45°外圆车刀	25mm×25mm	800		0.2	
6	掉头装夹						
7	车平端面，保证总长91mm	45°外圆车刀	5mm×25mm	700	0.2		
8	粗车梯形槽外圆 ϕ63mm，长45mm	90°外圆车刀	5mm×25mm	500	0.25		
9	精车梯形槽外圆	90°外圆车刀	5mm×25mm	800			
10	倒角 *C*1	45°外圆车刀	5mm×25mm	800			
11	粗车梯形槽	车槽刀	4mm×25mm	300			
12	用34°梯形槽车刀进行修整	34°梯形槽车刀	16mm×16mm×200mm	800			
编制		审核		批准		共　页	第　页

根据工作任务做好加工准备工作，并操作机床加工梯形槽零件。

① 清点生产要素。

毛坯尺寸：________；车削刀具：________；量具：________。

② 检查机床。

检查方法：____。

是否正常：□正常　　□不正常

处理意见：________。

③ 按照“7S”标准摆放生产要素。

□正确　　□不正确

④ 装夹毛坯。

伸出长度：________。

2）梯形槽零件的加工过程见表 4-11，加工完成后的零件如图 4-19 所示。

表 4-11　梯形槽零件的加工过程

工步	图　示	操 作 内 容	刀具名称	检测方法
1	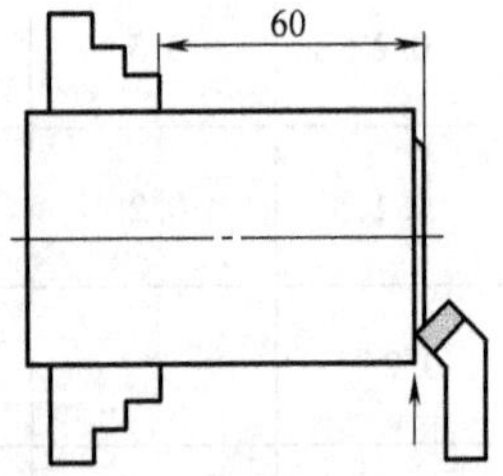 车削端面	1) 检查毛坯 ϕ65mm × 92mm 是否符合图样要求 2) 用自定心卡盘夹持毛坯，伸出长度约为 60mm，粗、精车端面	45°外圆车刀	游标卡尺
2	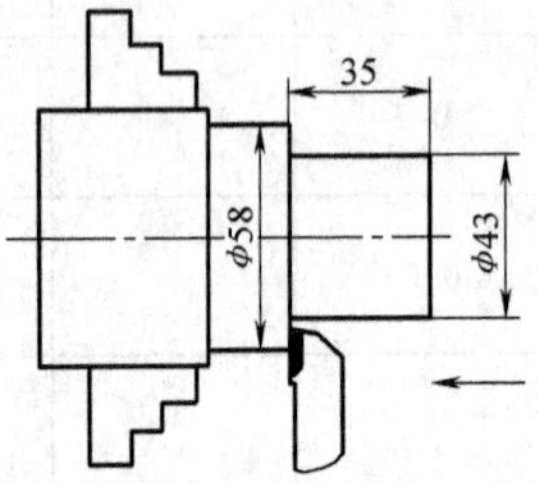 车削外圆	1) 粗、精车外圆，保证其尺寸为 ϕ58mm、ϕ43mm 2) 保证长度为 35mm	90°外圆车刀	游标卡尺、50 ~ 75mm 千分尺
3	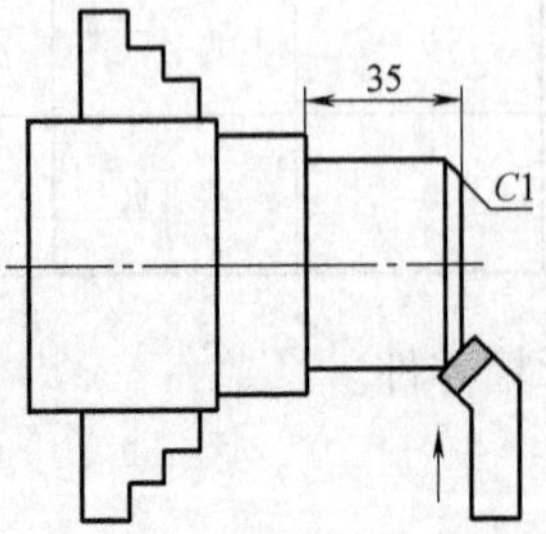 倒角	倒角 C1	45°外圆车刀	

（续）

工步	图　示	操 作 内 容	刀具名称	检测方法
4	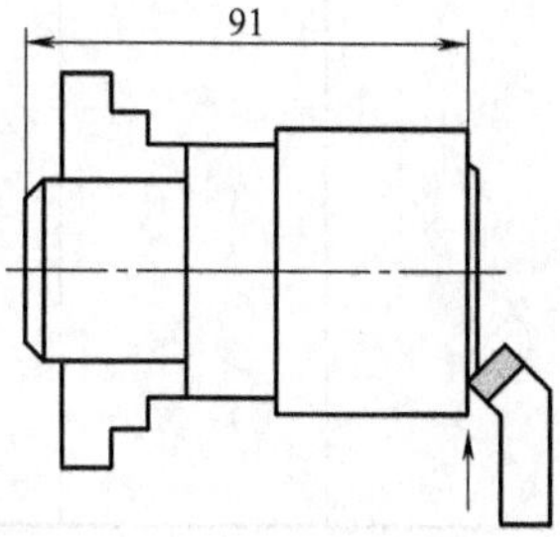 车削端面	1）掉头装夹 2）粗、精车端面，保证总长91mm	45°外圆车刀	游标卡尺
5	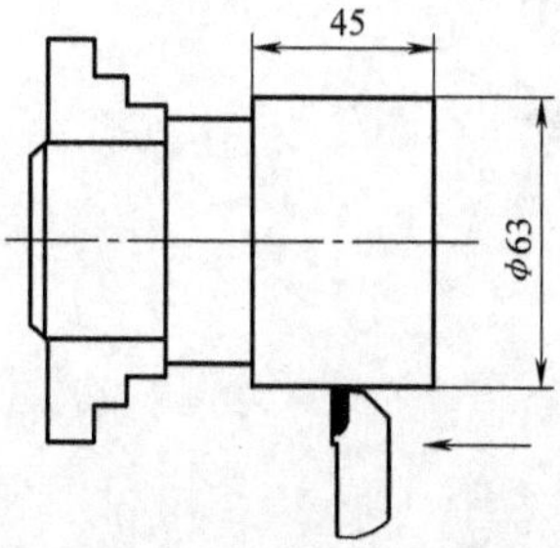 车削外圆	1）粗、精车外圆，保证其尺寸为ϕ63mm 2）保证长度为45mm	90°外圆车刀	游标卡尺、50～75mm千分尺
6	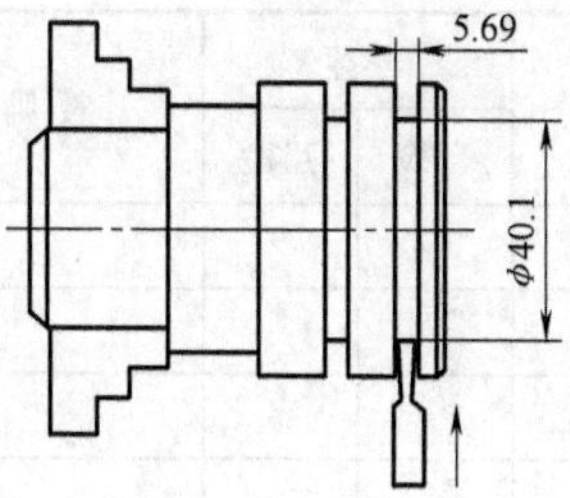 车槽	1）用车槽刀粗车梯形槽，车至梯形槽槽底尺寸，保证尺寸为ϕ40.1mm，槽宽为5.69mm 2）倒角$C1$	车槽刀、45°外圆车刀	游标卡尺
7	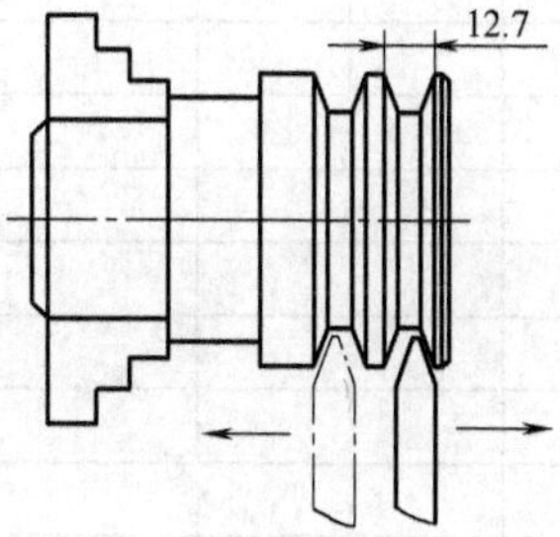 车削梯形槽	用34°梯形槽车刀修整槽的两侧，保证槽顶宽度为12.7mm，梯形槽角度为34°	34°梯形槽车刀	游标卡尺

（续）

工步	图　示	操 作 内 容	刀具名称	检测方法
8	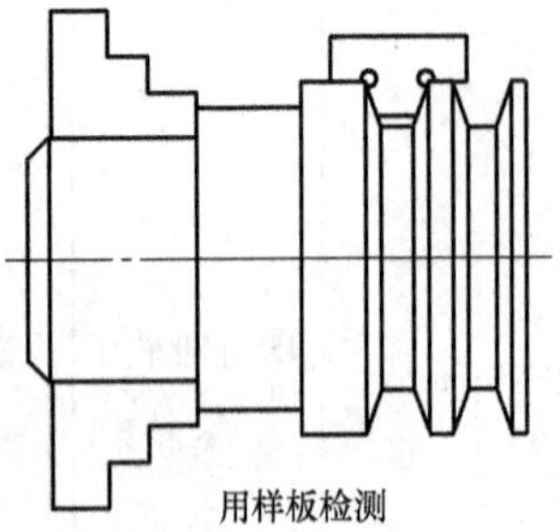	用自制样板检测梯形槽		自制样板

图 4-19　加工完成后的零件

任务评价

1）工件的质量评价见表 4-12。

表 4-12　工件质量评分表

项　目		序号	检 测 内 容	配分	学生		教 师 评 分
					自检	互检	
基本检查	准备	1	切削加工工艺制订正确	5			
		2	切削用量选择合理	5			
		3	刀具刃磨质量符合要求	5			
	操作	4	设备操作、维护保养正确	3			
		5	操作要领正确	5			
		6	刀具选择、安装正确、规范	3			
		7	工件找正、安装正确、规范	4			
工作态度		8	遵守“7S”规范，纪律表现良好	10			
尺寸		9	$\phi43_{-0.04}^{0}$ mm、$\phi58_{-0.04}^{0}$ mm	10			
		10	$C1$（2 处）	5			
		11	$Ra3.2\mu m$	5			
		12	(35 ±0.1) mm、(45 ±0.1) mm	5			
		13	34°	10			
		14	12.7mm、11.45mm	20			
		15	(91 ±0.35) mm	5			
综合得分				100			

2）机床的清洁与保养记录见表 4-13。

表 4-13　机床的清洁与保养记录

序号	内　　容	要　　求	配分	得分	结果记录
1	刀具	拆卸、整理、归位	10		
2	量具	清洁、保养、归位	10		
3	工具	整理、归位	10		
4	工作台	清洁、保养 、归位	10		
5	导轨、润滑部位	清洁、保养、加油润滑	10		
6	主轴	清洁、保养	5		
7	刀架	清洁、保养	10		
8	机床外观	清洁	10		
9	电源	切断	5		
10	切屑	清扫	10		
11	工作区域	清扫	10		
总分					

学生签名________　　教师签名________　　日期________

安全文明小贴士

1）用左右借刀法车削梯形槽时，应注意槽距的位置偏差。

2）装夹梯形槽车刀时，刀尖角应垂直于轴心线。

3）用样板测量梯形槽时必须通过工件中心。

知识链接

知识链接一　梯形槽的应用

梯形槽常用在 V 带轮及加工中心刀柄上。

1. V 带轮

V 带的尺寸及 V 带轮的外形如图 4-20 所示。V 带轮是通过 V 带传递动力的，其摩擦因

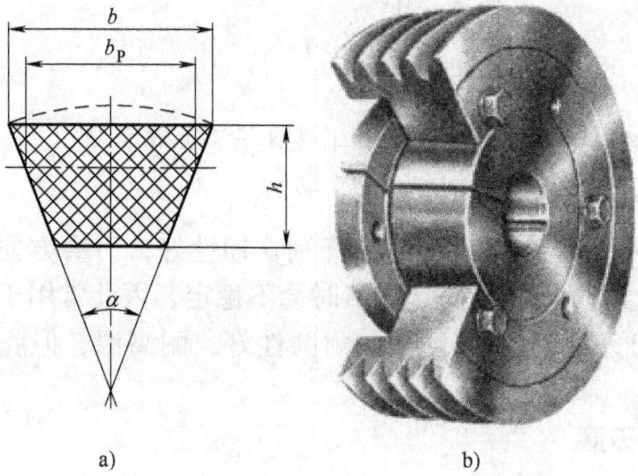

图 4-20　V 带轮

数大，是目前带传动中使用最广泛的一种。

2. 加工中心刀柄

加工中心刀柄如图 4-21 所示。

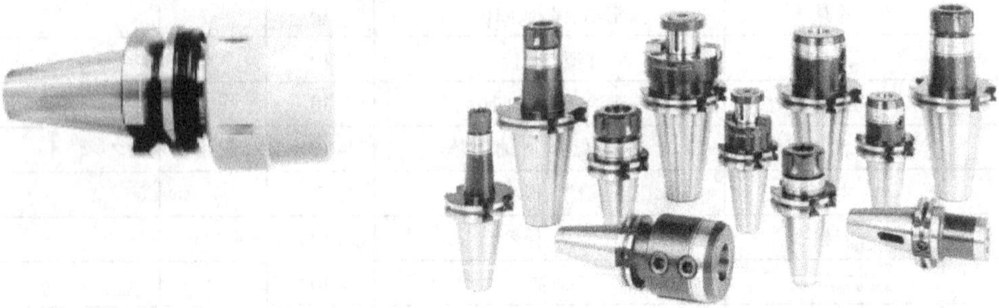

图 4-21　加工中心刀柄

3. 加工梯形槽的技术要求

1）梯形槽应与孔径同心。

2）如果同一零件有多条相同的梯形槽，则要求各梯形槽的宽度一致。

知识链接二　梯形槽车刀的刃磨

高速工具钢 34°梯形槽车刀如图 4-22 所示。

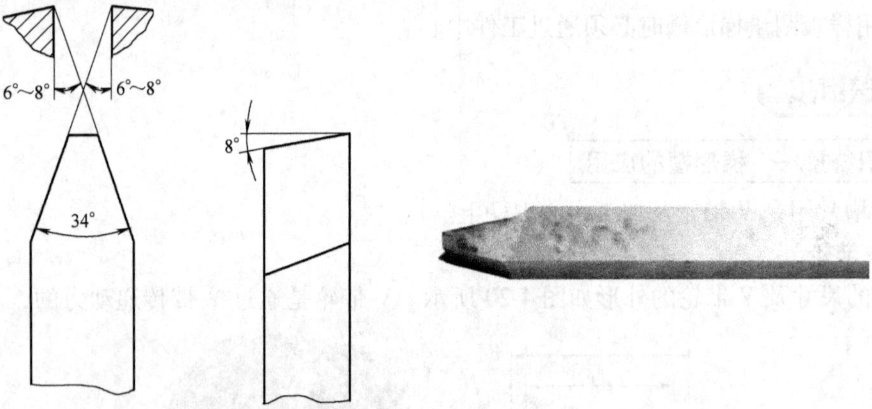

图 4-22　高速工具钢 34°梯形槽车刀

1. 梯形槽车刀的常用材料及特性

（1）高速工具钢梯形槽车刀　切削刃锋利，韧性好，刃磨方便，不易崩刃，加工表面质量好。但是其热硬性差，温度超过 600℃时会不稳定，因此常用于低速车削。

（2）硬质合金梯形槽车刀　硬度高，耐磨性好，耐高温，但脆性较大，易崩刃，常用于高速车削。

2. 梯形槽车刀的刃磨

（1）刃磨要求

1）根据梯形槽的不同尺寸要求，磨出不同角度的梯形槽车刀。

2）车刀的两侧刃必须平直，无崩刃。

3）刀头不能歪斜。

4）车刀刀尖角的平分线必须与刀杆平行，刀头半角应相等（34°）。

5）车刀应磨有两个后角，且应具有较小的表面粗糙度值。

（2）刃磨方法　梯形槽车刀的刃磨方法见表4-14。

表4-14　梯形槽车刀的刃磨方法

序号	步　骤	砂轮的选择	图　示
1	检查砂轮的运行情况，并修整砂轮		 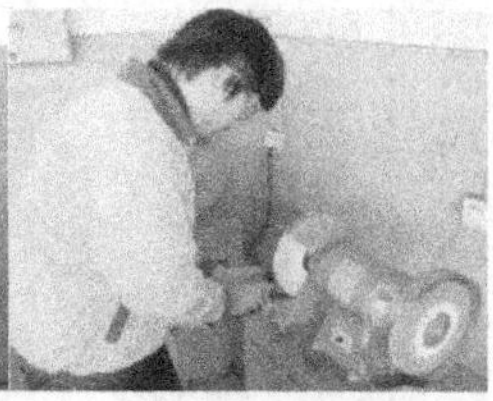
2	粗、精磨一侧的主后刀面，控制刀尖半角和后角的值	选用粒度为F24～F36的氧化铝砂轮	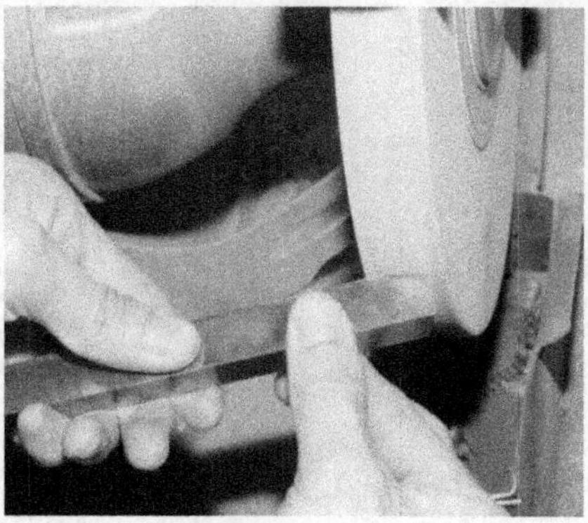
3	用游标万能角度尺测量磨好一侧的后刀面，保证刀尖夹角对称		

（续）

序号	步　骤	砂轮的选择	图　示
4	粗、精磨梯形槽车刀另一侧的后刀面，保证后角和刀尖夹角的值	选用粒度为 F24 ~ F36 的氧化铝砂轮	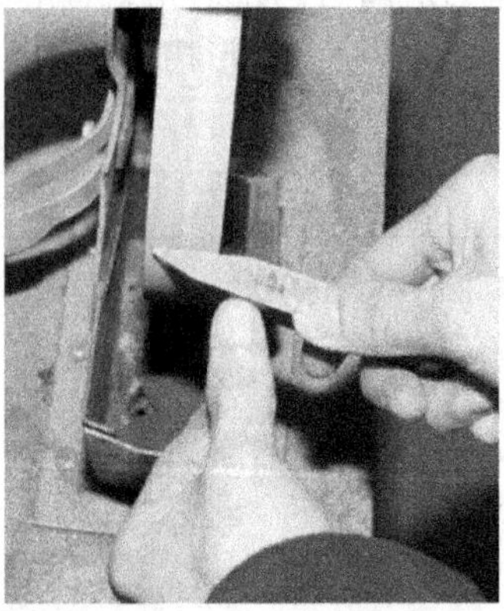
5	使用游标万能角度尺进行测量		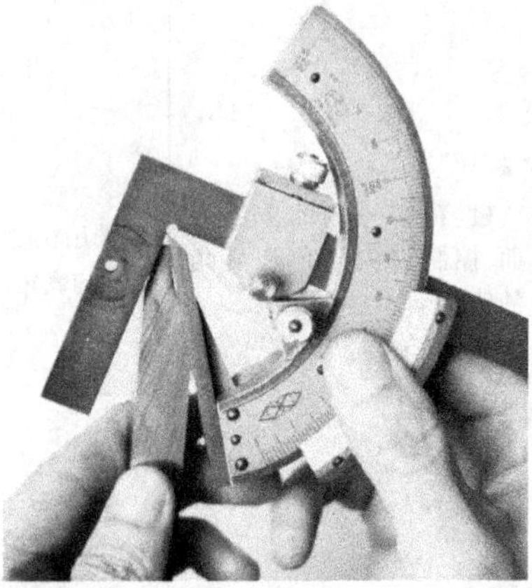
6	测量后角		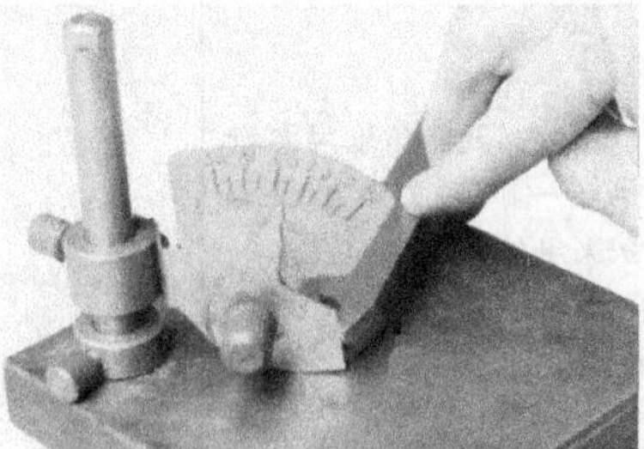

（续）

序号	步　骤	砂轮的选择	图　示
7	精磨完两侧主后刀面后，需要修磨刀头宽度，使其略小于槽底宽度（车削窄沟槽时，刀头宽度应等于槽底宽度）	选用粒度为 F24 ~ F36 的氧化铝砂轮	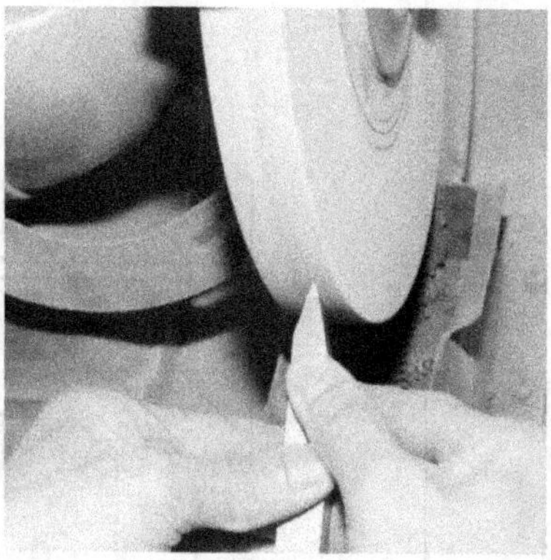
8	用油石对车刀进行研磨		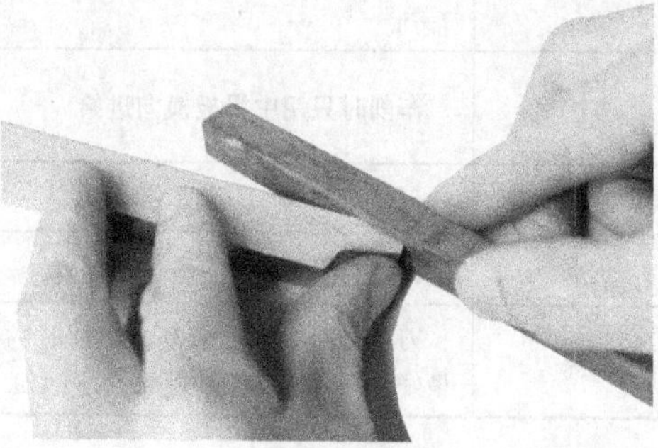

安全文明小贴士

1）使用砂轮刃磨刀具时，首先要选好砂轮。高速工具钢车刀使用 F80 氧化铝砂轮，磨刀时压力应小于一般车刀并及时蘸水冷却，以免因过热而引发退火现象。

2）刃磨时要注意安全，操作者的站立位置要侧对砂轮，避免面部正对砂轮。每台砂轮限一人使用，其他人应站到安全位置。

3）姿势要正确，双手握刀要平稳，否则刀具的角度及切削刃将很难达到要求。

4）在磨削过程中，一定要遵循先粗磨后精磨的过程，粗磨时也要用游标万能角度尺测量刀头夹角。

5）刃磨梯形车槽刀的切削刃时，要均匀移动，使切削刃平直。

知识链接三　梯形槽的车削方法

梯形槽的车削方法见表 4-15。

表 4-15　梯形槽的车削方法

应用场合	较小的梯形槽	较大的梯形槽
图示	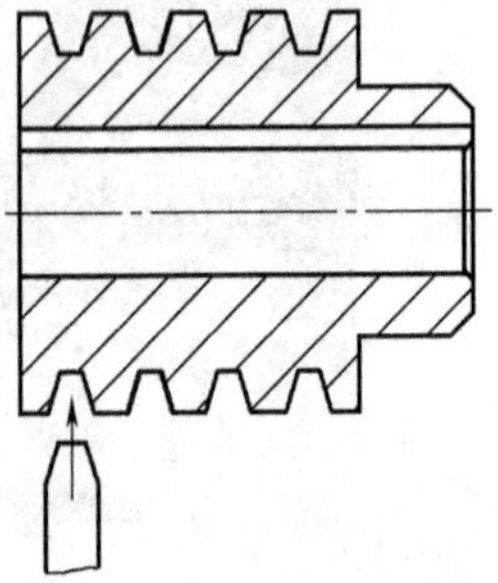	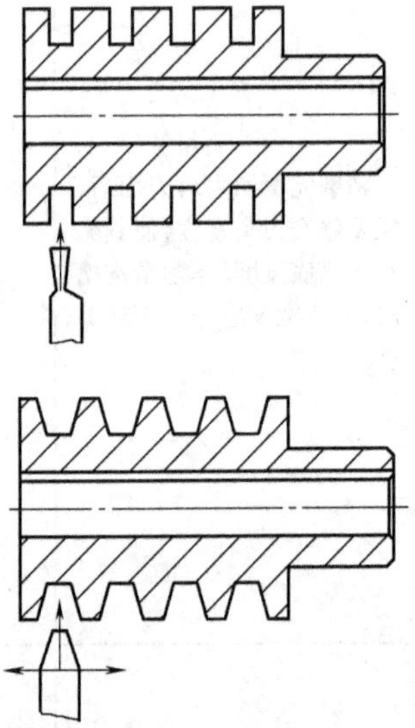
方法	车削时只用中滑板横向进给	车削时，先用直槽车刀车至槽底尺寸，然后改用成形梯形车槽刀进行修整
加工性质	三面切削	单面切削
优点	操作简单	刀具的刃磨要求较低
缺点	刀具的刃磨要求较高。车削时的切削力较大；最好使用回转顶尖进行加工，避免工件移位	操作较复杂，车削时需要使用两把刀具分次加工

知识链接四　梯形槽的检测方法

常用的梯形槽的检测方法有三种，见表 4-16。

表 4-16　梯形槽的检测方法

检 测 方 法	检 测 步 骤	图　示
样板检测	将自制样板插入梯形槽中，用透光法进行检测	

（续）

检测方法	检测步骤	图　示
游标万能角度尺检测	使用游标万能角度尺测量梯形槽的半角角度，检测其半角是否关于轴线对称	
圆柱销检测	根据梯形槽的尺寸，选取尺寸合适的圆柱销，将其放在梯形槽内，用公法线千分尺进行测量	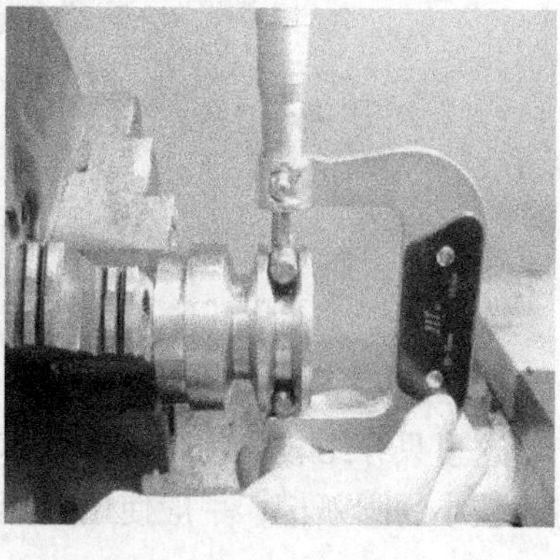

任务解析

（1）情景预演　操作者根据梯形槽的尺寸选择合适的加工方法，刃磨好刀具，检查各种手柄的使用情况，起动车床空车运行，检查无误后开始加工零件。

（2）任务分析　车削梯形槽时，沟槽应与孔径同心，沟槽夹角应垂直于轴线。采用直进法车削梯形槽时，一般应先车削沟槽，然后精车其他部分，以保证工件的同轴度。

（3）任务小结　梯形槽的加工是车工工艺的基本技能之一。通过本任务的学习，学生可以掌握车削梯形槽所需的刀具、量具的使用方法和刃磨技术以及梯形槽的加工方法，从而为更深入、全面地学习车工技术打下扎实的基础。

知识拓展

1. 圆弧槽

工件表面的槽除了矩形槽和梯形槽之外，还有一种圆弧形槽。如图 4-23 所示的滑轮常开有圆弧形槽，可以组成滑轮组来提升重物或作为滚轮搬移重物。

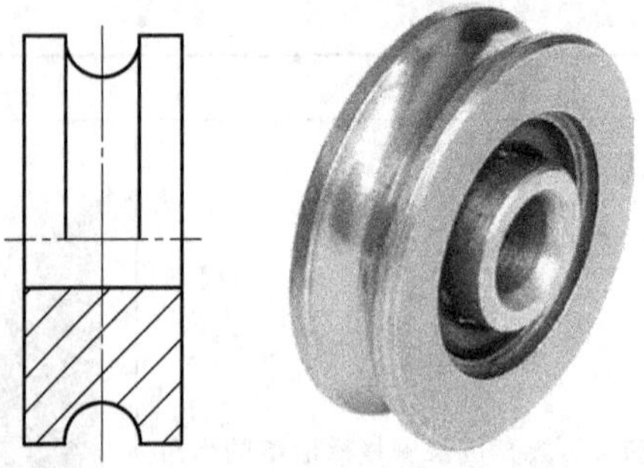

图 4-23　滑轮

2. 圆弧车刀

圆弧车刀可以车削与刀具形状一致的成形面，也可以使用双手控制法车削一些较大的成形面。圆弧车刀的几何角度与切断刀或车槽刀类似，如图 4-24 所示；不同之处在于，其主切削刃的形状为圆弧形。

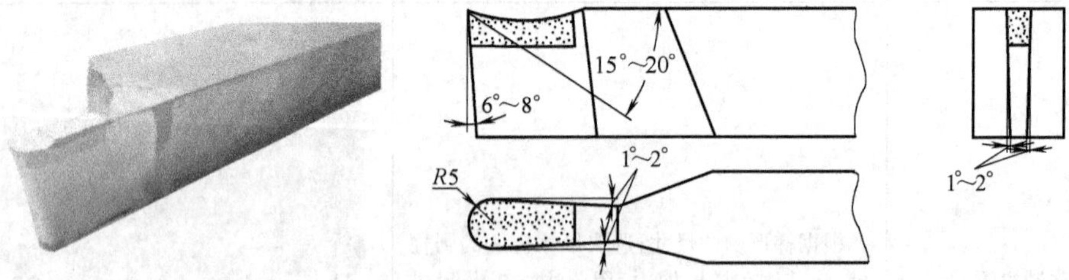

图 4-24　圆弧车刀

3. 圆弧槽的车削方法

这里只介绍较小的圆弧槽的车削方法，较大圆弧槽的车削方法将在之后的项目中介绍。对于较小的圆弧槽，一般使用成形圆弧车刀采用直进法进行车削，如图 4-25 所示。

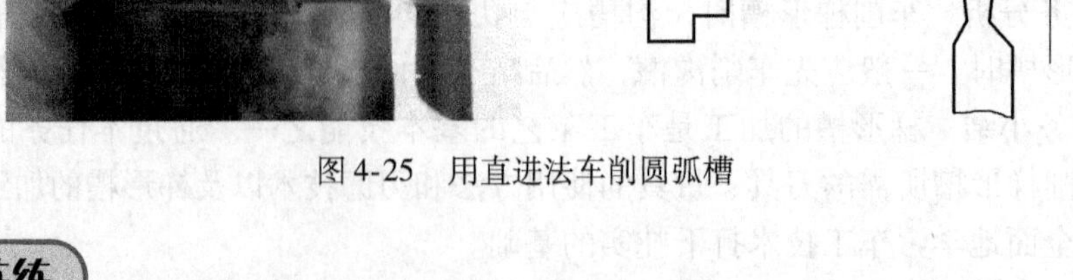

图 4-25　用直进法车削圆弧槽

想想练练

想一想

一、填空题

1. 梯形槽常用于＿＿＿＿＿和＿＿＿＿＿。

2. 较小的梯形槽采用________加工方法。

二、选择题

1. 较大梯形槽的加工至少需要（　　）把刀具。

A. 1　　　　B. 2　　　　C. 3　　　　D. 4

2. 在梯形槽的检测中，（　　）属于综合测量方法。

A. 圆柱销测量　　B. 游标万能角度尺测量　　C. 自制样板　　D. 三针测量

三、简答题

简述梯形槽的加工方法及其应用场合和优缺点。

练一练

加工如图 4-26 所示的梯形槽零件，其质量评价见表 4-17。

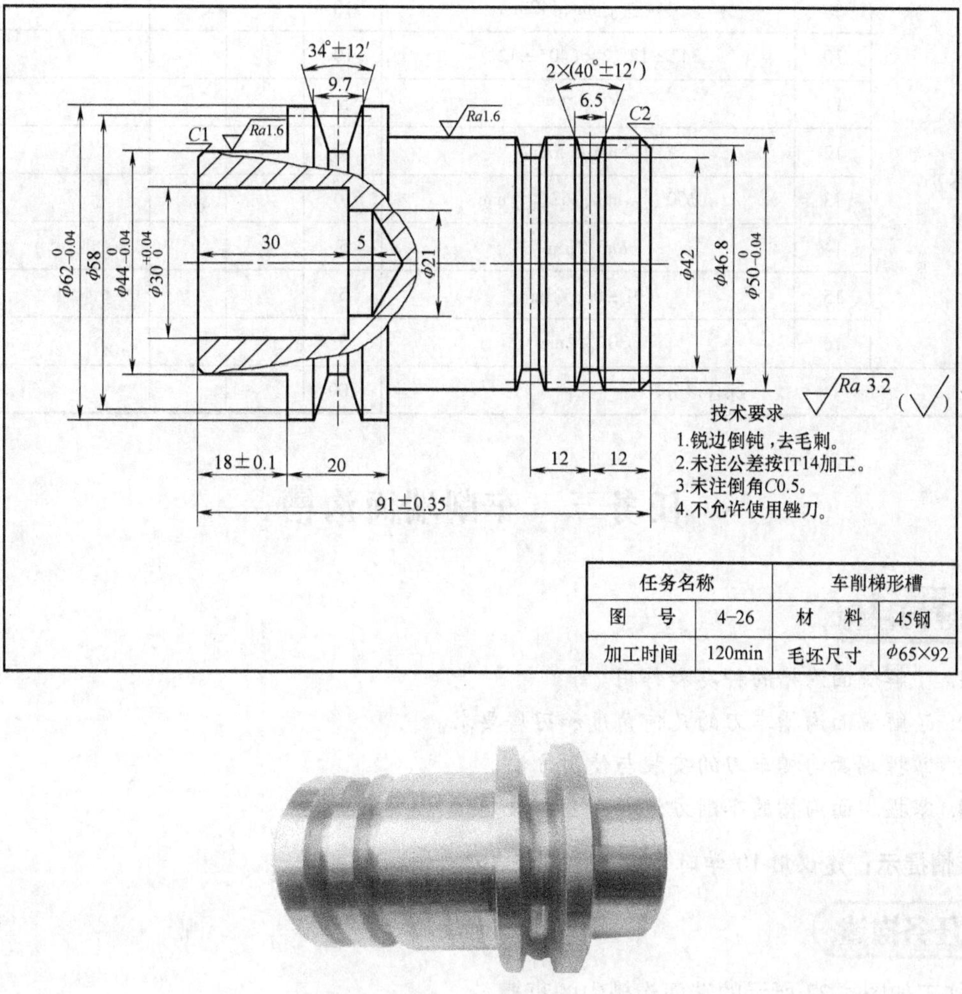

图 4-26　梯形槽零件图

表 4-17　工件质量评分表

项目		序号	检测内容	配分	学生		教师评分
					自检	互检	
基本检查	准备	1	切削加工工艺制订正确	5			
		2	切削用量选择合理	5			
		3	刀具刃磨质量符合要求	5			
	操作	4	设备操作、维护保养正确	3			
		5	操作要领正确	5			
		6	刀具选择、安装正确、规范	3			
		7	工件找正、安装正确、规范	4			
工作态度		8	遵守“7S”规范，纪律表现良好	10			
尺寸		9	$\phi44_{-0.04}^{0}$ mm、$\phi42$mm	10			
		10	34°±12′、2×(40°±12′)	10			
		11	$C1$、$C2$	5			
		12	9.7mm、6.5mm	10			
		13	$\phi50_{-0.04}^{0}$ mm、$\phi62_{-0.04}^{0}$ mm	10			
		14	$Ra3.2\mu m$	5			
		15	(91±0.35)mm	5			
		16	$\phi30_{0}^{+0.04}$ mm	5			
综合得分				100			

任务三　车削端面沟槽

学习目标

1. 了解端面沟槽的种类和作用。
2. 了解端面沟槽车刀的几何角度和刃磨要求。
3. 掌握端面沟槽车刀的安装与使用方法。
4. 掌握端面沟槽的车削方法和测量方法。

友情提示： 建议用 10 学时完成本学习任务。

任务描述

加工如图 4-27 所示的端面沟槽中的直槽。

端面沟槽一般出现在轴类零件上，其外形相对简单，一般应用于密封件或零件间的相互配合处等。

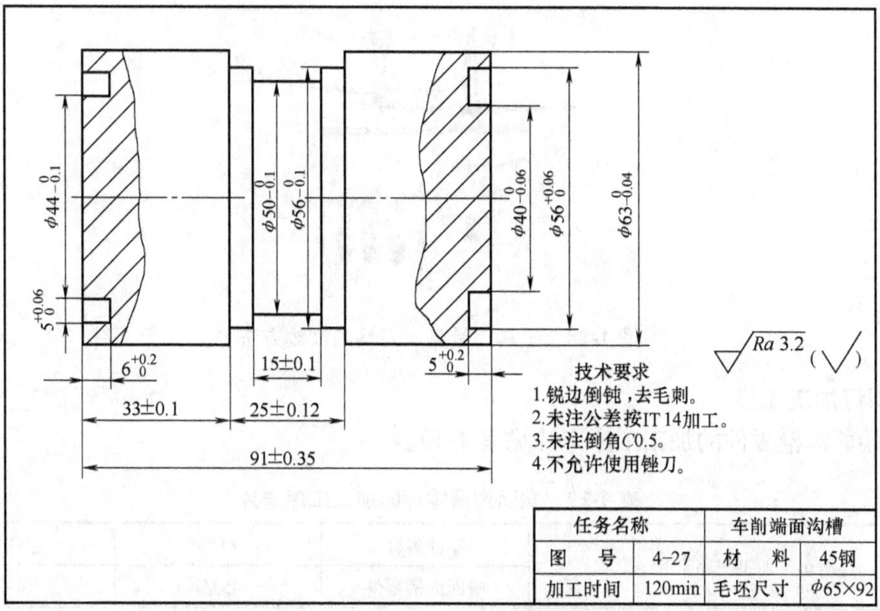

图 4-27　端面沟槽零件图

任务实施

1. 工具、量具、刀具的选择

（1）量具的选择　根据零件加工精度的要求，应使用游标卡尺（0 ~ 150mm）、钢直尺、外径千分尺、内径千分尺和深度游标卡尺。

（2）刀具的选择　加工材料为 45 钢，应使用 90°外圆车刀、45°外圆车刀、外沟槽车刀及端面沟槽车刀加工工件表面，控制工件的精度和表面质量。

本任务所用的工具、量具、刀具见表 4-18，其摆放方法如图 4-28 所示。

表 4-18　加工端面沟槽零件的工具、量具、刀具清单

种类	序号	名称	规格	精度/mm	单位	数量
工具	1	活扳手	250mm		把	1
	2	刀架钥匙	17mm × 17mm		把	1
	3	卡盘钥匙	12mm × 12mm		把	1
量具	4	钢直尺	0 ~ 150mm		支	1
	5	游标卡尺	0 ~ 150mm	0.02	支	1
	6	外径千分尺	50 ~ 75mm	0.01	支	1
	7	内径千分尺	5 ~ 30mm	0.01	支	1
	8	深度游标卡尺	0 ~ 200mm	0.02	支	1
刀具	9	90°外圆车刀	25mm × 25mm		把	1
	10	45°外圆车刀	25mm × 25mm		把	1
	11	外沟槽车刀	4mm × 16mm × 200mm		把	1
	12	端面沟槽车刀	4mm × 16mm × 200mm		把	1

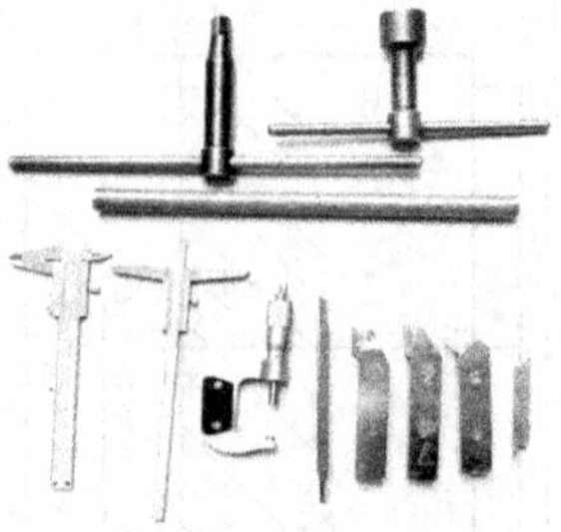

图 4-28　工具、量具、刀具的摆放方法

2. 制订加工工序

1）端面沟槽零件的加工工序卡片见表 4-19。

表 4-19　端面沟槽零件的加工工序卡片

普通车工加工工序卡片			零件名称		材料		零件图号
			端面沟槽零件		45 钢		4-27
夹具名称			设备型号				车间
自定心卡盘			CA6140A				普通车工
工步号	工步内容	刀具名称	刀具规格	切削用量的选择（推荐值）			备注
				主轴转速 /(r/min)	进给速度 /(mm/r)	背吃刀量 /mm	
1	粗车工件端面	45°外圆车刀	25mm×25mm	500	0.2	0.5	
2	精车工件端面	45°外圆车刀	25mm×25mm	700	0.1	0.2	
3	粗车 ϕ63mm 外圆	90°外圆车刀	25mm×25mm	500	0.25	2	
4	精车 ϕ63mm 外圆	90°外圆车刀	25mm×25mm	700	0.12	1	
5	粗车端面沟槽	端面沟槽车刀	4mm×16mm×200mm	280	手动	手动	
6	精车端面沟槽	端面沟槽车刀	4mm×16mm×200mm	180	0.05	0.2	
7	粗车 ϕ50mm×15mm 外沟槽	外沟槽车刀	4mm×16mm×200mm	280	手动	手动	
8	精车 ϕ50mm×15mm 外沟槽	外沟槽车刀	4mm×16mm×200mm	180	0.05	0.2	
9	粗车 ϕ56mm×25mm 外沟槽	外沟槽车刀	4mm×16mm×200mm	280	手动	手动	
10	精车 ϕ56mm×25mm 外沟槽	外沟槽车刀	4mm×16mm×200mm	180	0.05	0.2	
11	工件倒角	45°外圆车刀	25mm×25mm	800	手动	0.2	

（续）

<table>
<tr><td colspan="3" rowspan="2">普通车工加工工序卡片</td><td colspan="2">零件名称</td><td colspan="2">材料</td><td>零件图号</td></tr>
<tr><td colspan="2">端面沟槽零件</td><td colspan="2">45 钢</td><td>4-27</td></tr>
<tr><td colspan="3">夹具名称</td><td colspan="4">设备型号</td><td>车间</td></tr>
<tr><td colspan="3">自定心卡盘</td><td colspan="4">CA6140A</td><td>普通车工</td></tr>
<tr><td rowspan="2">工步号</td><td rowspan="2">工步内容</td><td rowspan="2">刀具名称</td><td rowspan="2">刀具规格</td><td colspan="3">切削用量的选择（推荐值）</td><td rowspan="2">备注</td></tr>
<tr><td>主轴转速/(r/min)</td><td>进给速度/(mm/r)</td><td>背吃刀量/mm</td></tr>
<tr><td>12</td><td>掉头装夹</td><td></td><td></td><td></td><td></td><td></td><td></td></tr>
<tr><td>13</td><td>粗车工件端面</td><td>45°外圆车刀</td><td>25mm×25mm</td><td>500</td><td>0.2</td><td>0.5</td><td></td></tr>
<tr><td>14</td><td>精车工件端面</td><td>45°外圆车刀</td><td>25mm×25mm</td><td>700</td><td>0.1</td><td>0.2</td><td></td></tr>
<tr><td>15</td><td>粗车工件 ϕ63mm 外圆</td><td>90°外圆车刀</td><td>25mm×25mm</td><td>500</td><td>0.25</td><td>2</td><td></td></tr>
<tr><td>16</td><td>精车工件 ϕ63mm 外圆</td><td>90°外圆车刀</td><td>25mm×25mm</td><td>700</td><td>0.12</td><td>1</td><td></td></tr>
<tr><td>17</td><td>工件倒角</td><td>45°外圆车刀</td><td>25mm×25mm</td><td>800</td><td>手动</td><td>0.2</td><td></td></tr>
<tr><td>18</td><td>粗车端面沟槽</td><td>端面沟槽车刀</td><td>4mm×16mm×200mm</td><td>280</td><td>手动</td><td>手动</td><td></td></tr>
<tr><td>19</td><td>精车端面沟槽</td><td>端面沟槽车刀</td><td>4mm×16mm×200mm</td><td>180</td><td>0.05</td><td>0.2</td><td></td></tr>
<tr><td>编制</td><td></td><td>审核</td><td></td><td>批准</td><td></td><td>共　页</td><td>第　页</td></tr>
</table>

根据工作任务做好加工准备工作，并操作机床加工端面沟槽。

① 清点生产要素。

毛坯尺寸：________；车削刀具：________；量具：________。

② 检查机床。

检查方法：____。

是否正常：☐正常　　☐不正常

处理意见：________。

③ 按照“7S”标准摆放生产要素。

☐正确　　☐不正确

④ 装夹毛坯。

伸出长度：________。

2）端面沟槽零件的加工过程见表 4-20，加工完成后的零件如图 4-29 所示。

表 4-20　端面沟槽零件的加工过程

工步	图　示	操 作 内 容	刀具名称	检测方法
1	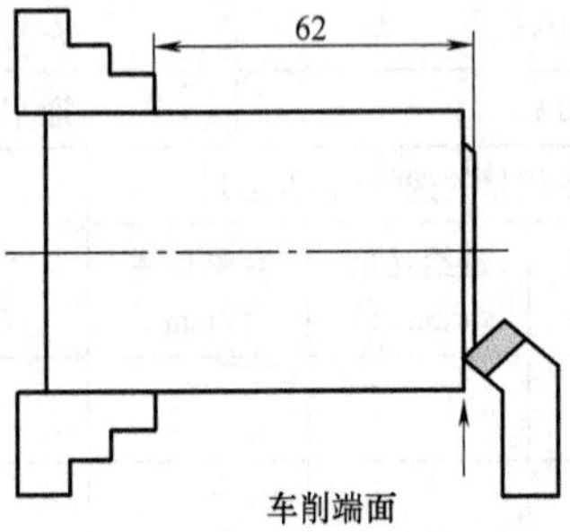 车削端面	1）检查毛坯 ϕ65mm × 92mm 是否符合图样要求 2）用自定心卡盘夹持毛坯，伸出长度约为 62mm，粗、精车端面	45°外圆车刀	
2	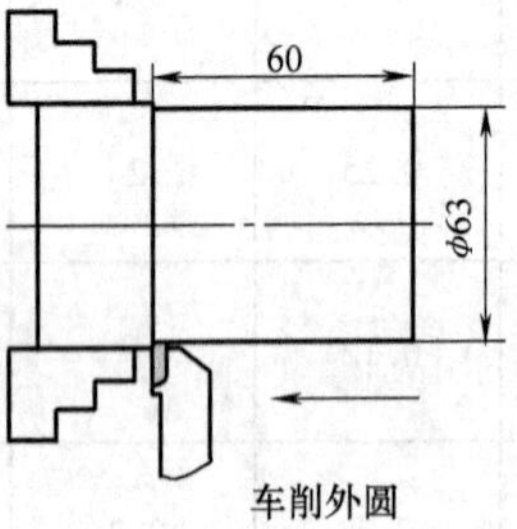 车削外圆	1）换 90°外圆车刀并对刀 2）粗车外圆 3）精车 ϕ63mm 外圆至 60mm 长	90°外圆车刀	游标卡尺、千分尺
3	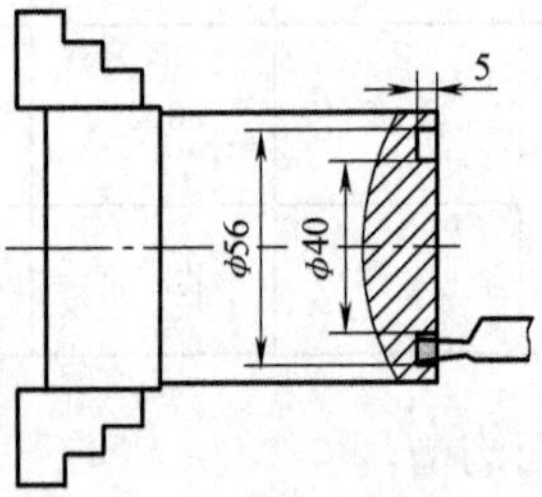 粗车端面沟槽	1）换端面沟槽车刀并对刀 2）粗车端面沟槽 3）尺寸为 ϕ40 ~ ϕ56mm，两边及底面都留出 0.5mm 左右的精车余量	端面沟槽车刀	游标卡尺
4	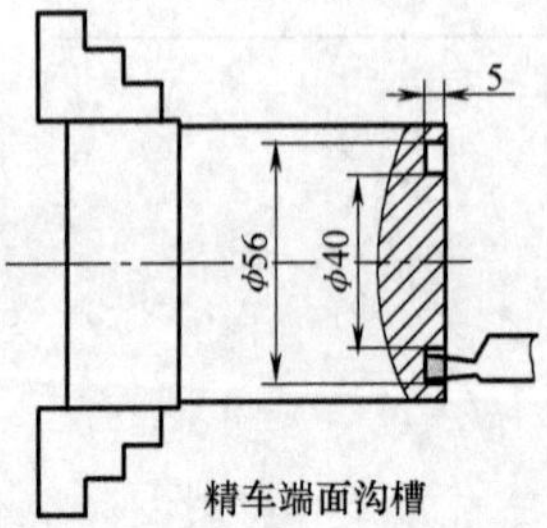 精车端面沟槽	1）精车端面沟槽，并保证尺寸 ϕ40mm 和 ϕ56mm 2）精车槽底，并保证槽深 5mm	端面沟槽车刀	游标卡尺、内径千分尺、深度游标卡尺

（续）

工步	图示	操作内容	刀具名称	检测方法
5	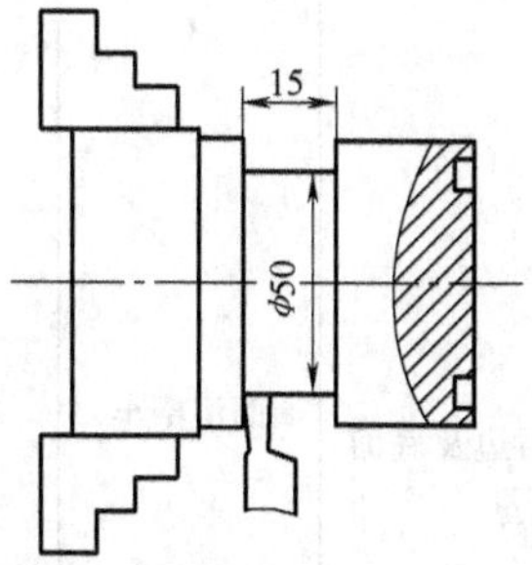 粗、精车φ50mm外沟槽	1）换外沟槽车刀并对刀 2）粗、精车 ϕ50mm、宽 15mm 的外沟槽	外沟槽车刀	外径千分尺、游标卡尺
6	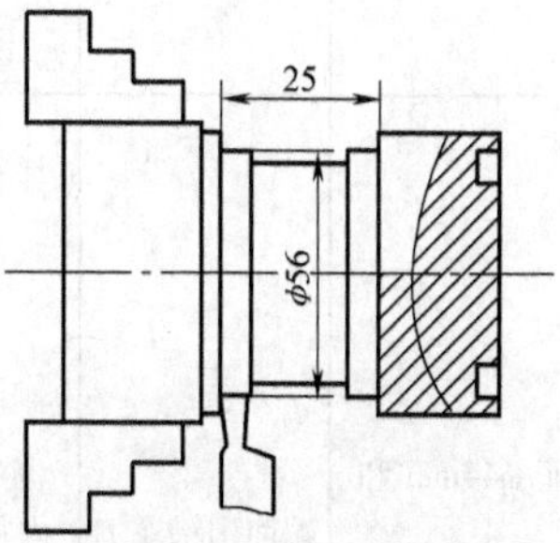 粗、精车φ56mm外沟槽	1）外沟槽刀对刀 2）粗、精车 ϕ56mm、宽 25mm 的外沟槽	外沟槽车刀	外径千分尺、游标卡尺
7	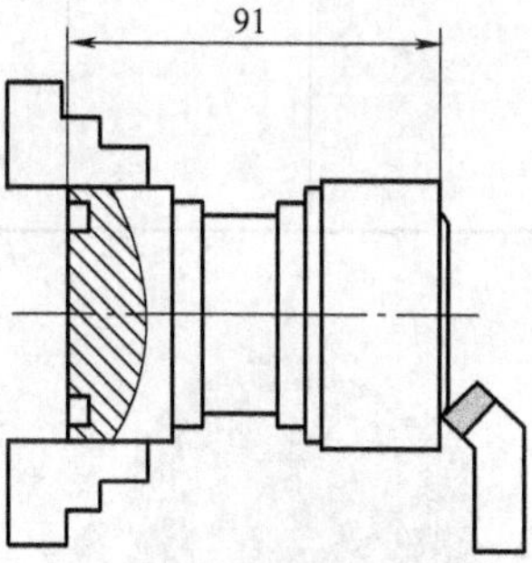 车削端面	1）换45°外圆车刀并对刀 2）粗、精车端面，保证总长91mm	45°外圆车刀	游标卡尺
8	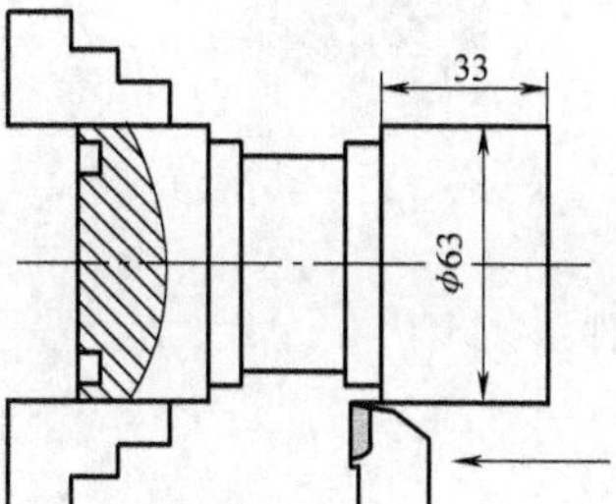 车削外圆	1）换90°外圆车刀并对刀 2）粗车外圆 3）精车 ϕ63mm 外圆，比33mm 长一段距离	90°外圆车刀	游标卡尺、千分尺

（续）

工步	图　示	操 作 内 容	刀具名称	检测方法
9	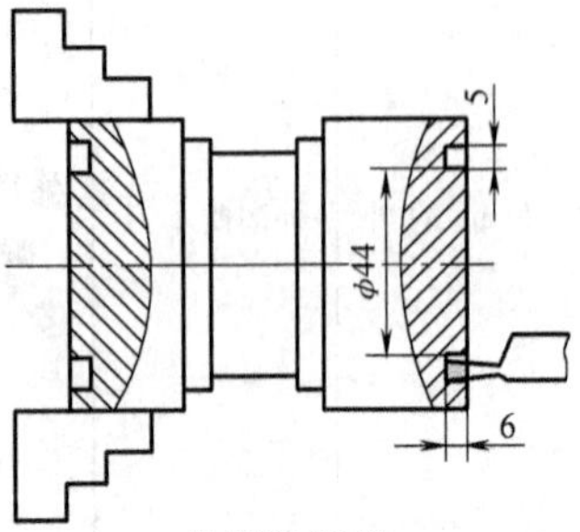 粗车端面沟槽	1）换端面沟槽车刀并对刀 2）粗车端面沟槽 3）尺寸为 $\phi44 \sim \phi54$mm，两边及底面都留出 0.5mm 左右的精车余量	端面沟槽车刀	游标卡尺
10	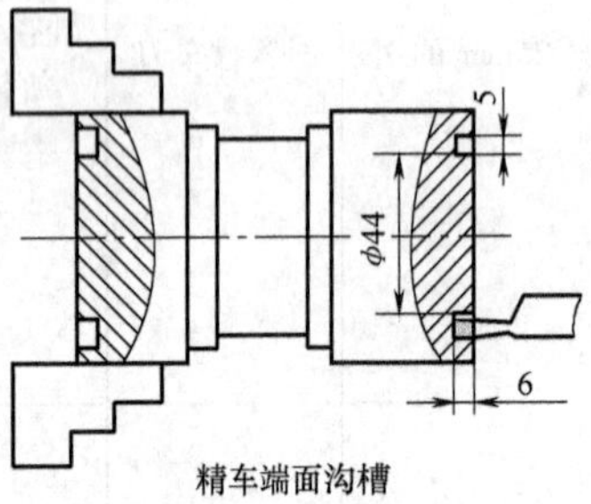 精车端面沟槽	1）精车端面沟槽，并保证 $\phi44$mm 和宽 5mm 的尺寸 2）精车槽底并保证槽深 6mm	端面沟槽车刀	游标卡尺、内径千分尺、深度游标卡尺

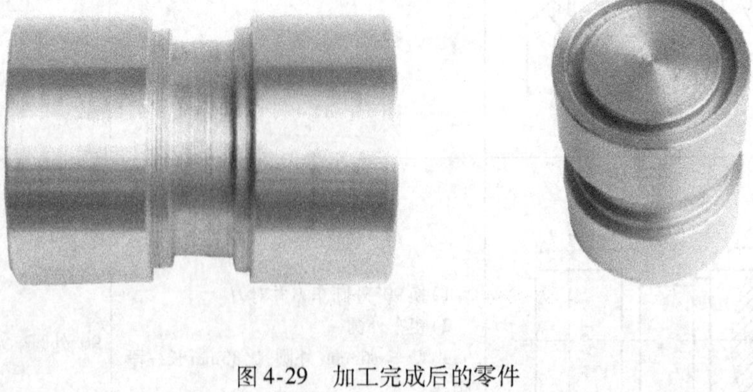

图 4-29　加工完成后的零件

任务评价

1）工件的质量评价见表 4-21。

表 4-21　工件质量评分表

项目		序号	检测内容	配分	学生		教师评分
					自检	互检	
基本检查	准备	1	切削加工工艺制订正确	5			
		2	切削用量选择合理	5			
		3	刀具刃磨质量符合要求	5			
	操作	4	设备操作、维护保养正确	3			
		5	操作要领正确	5			
		6	刀具选择、安装正确、规范	3			
		7	工件找正、安装正确、规范	4			
工作态度		8	遵守“7S”规范、纪律表现良好	10			
尺寸		9	$\phi63_{-0.04}^{0}$ mm	4			
		10	$\phi40_{-0.06}^{0}$ mm	6			
		11	$\phi56_{0}^{+0.06}$ mm	6			
		12	$5_{0}^{+0.2}$ mm	6			
		13	$\phi56_{-0.1}^{0}$ mm	3			
		14	$\phi50_{-0.1}^{0}$ mm	3			
		15	(15 ± 0.1) mm	2			
		16	(25 ± 0.12) mm	2			
		17	(33 ± 0.1) mm	2			
		18	$\phi44_{-0.1}^{0}$ mm	6			
		19	$5_{0}^{+0.06}$ mm	6			
		20	$6_{0}^{+0.2}$ mm	4			
		21	(91 ± 0.35) mm	6			
		22	倒角	4			
综合得分				100			

2）机床的清洁与保养记录见表 4-22。

表 4-22　机床的清洁与保养记录

序号	内容	要求	配分	得分	结果记录
1	刀具	拆卸、整理、归位	10		
2	量具	清洁、保养、归位	10		
3	工具	整理、归位	10		
4	工作台	清洁、保养、归位	10		
5	导轨、润滑部位	清洁、保养、加油润滑	10		
6	主轴	清洁、保养	5		
7	刀架	清洁、保养	10		
8	机床外观	清洁	10		

（续）

序号	内　容	要　求	配分	得分	结果记录
9	电源	切断	5		
10	切屑	清扫	10		
11	工作区域	清扫	10		
总分					

学生签名________　教师签名________　日期________

安全文明小贴士

1）槽侧、槽底要求平直、清角。

2）若转速过高，则在切削过程中车刀易磨损。

3）掉头装夹工件时，最好垫铜皮，以防夹坏工件。

4）车削前应检查滑板的位置是否正确，工件的装夹是否牢靠以及卡盘扳手是否取下。

知识链接

知识链接一　端面沟槽车刀的安装

在端面上车槽时，车槽刀左侧的刀尖相当于在车内孔，右侧的刀尖相当于在车外圆，如图 4-30 所示。

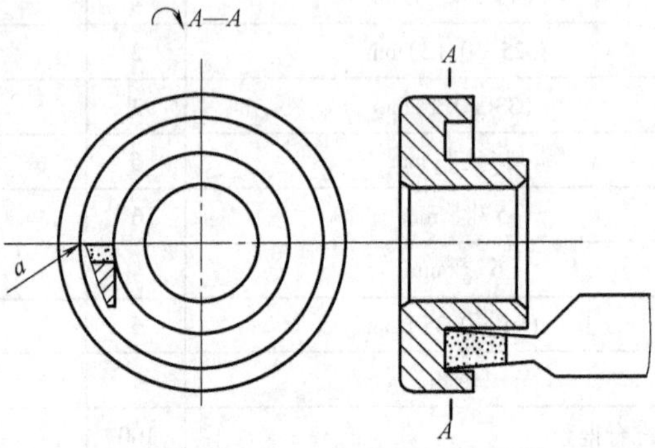

图 4-30　车削端面沟槽示意图

为了防止车刀的副后刀面与槽壁相碰，端面沟槽车刀的左侧副后刀面必须按端面槽圆弧的大小刃磨成圆弧形，并带有一定的后角，这样才能完成切削。

端面沟槽车刀的装夹，除切削刃应与工件中心等高外，其中心线还必须与工件的轴线平行。

知识链接二　端面槽的车削和测量方法

1. 控制端面沟槽车刀位置的方法

在端面上车槽前，通常应先测量工件外径，得出实际尺寸，然后减去沟槽外圈的直径尺寸，再除以 2，就是端面沟槽车刀外侧与工件外径之间的距离 L。例如，图 4-31 所示工件的直径 D 为 ϕ63mm，d 为 ϕ58mm，求端面沟槽车刀外侧与工件外径之间的距离。

$$L=\frac{D-d}{2}=\frac{63\text{mm}-58\text{mm}}{2}=2.5\text{mm}$$

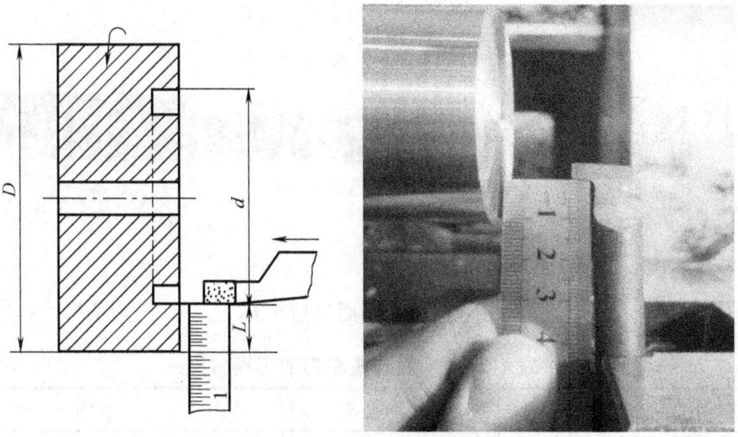

图 4-31　控制端面沟槽车刀位置

2. 车削矩形端面槽的方法

1）在平面上车削精度不高的端面沟槽或宽度较窄、较浅的端面沟槽时，通常使用刀宽等于槽宽的端面沟槽车刀，采用直进法一次车出。

2）对于精度要求较高的较窄端面沟槽，一般采用两次进给。第一次进给车削沟槽时，槽壁两侧留精车余量，第二次进给用等宽车刀进行修整。

3）车较宽的端面沟槽时，可采用多次进给车削，并在槽壁两侧留一定的精车余量，然后根据槽宽、槽深精车至尺寸，如图 4-32a 所示。

4）车削宽度更大的平面沟槽时，一般采用小弯头车刀或尖头刀横向进给车削，然后用端面沟槽车刀或正、反偏刀精车至尺寸，如图 4-32b 所示。

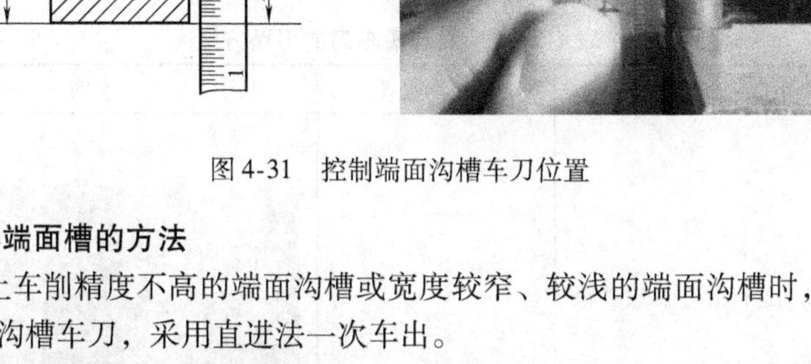

a)　　b)

图 4-32　车削矩形端面槽的方法

3. 端面槽的检查和测量

精度要求低的平面沟槽，一般采用钢直尺和卡钳进行测量；精度要求较高的沟槽，可使用公法线千分尺、样板、卡板、游标卡尺等进行测量。

知识链接三　端面沟槽车刀的刃磨

端面沟槽车刀（图 4-33）的刃磨方法见表 4-23。

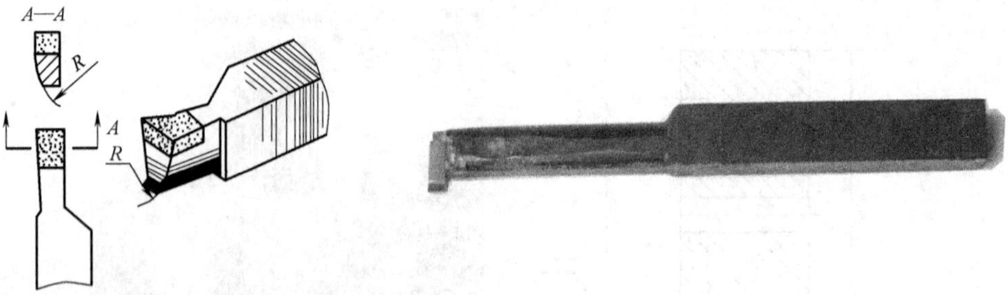

图 4-33　端面沟槽车刀

表 4-23　端面沟槽车刀的刃磨方法

序号	刃 磨 方 法	砂轮的选择	图　　示
1	检查砂轮的运行情况，修整砂轮		 
2	先磨去车刀前刀面、后刀面上的焊渣，并将车刀底面磨平	选用粒度为 F24 ~ F36 的氧化铝砂轮	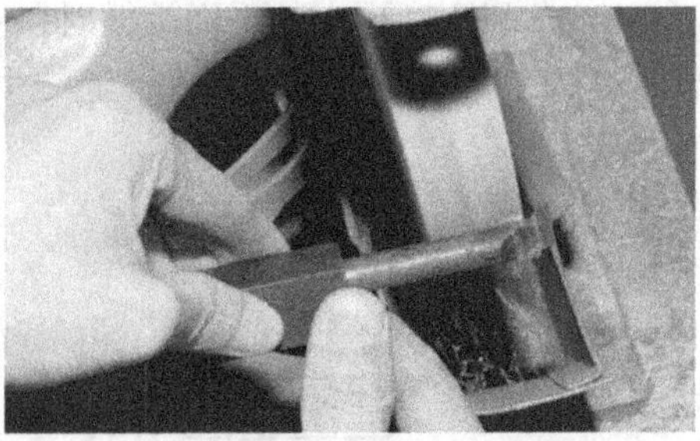
3	两手握刀，车刀的前刀面向上，刃磨左侧副后刀面，同时磨出左侧副后角和副偏角	选用粒度为 F24 ~ F36 的氧化铝砂轮	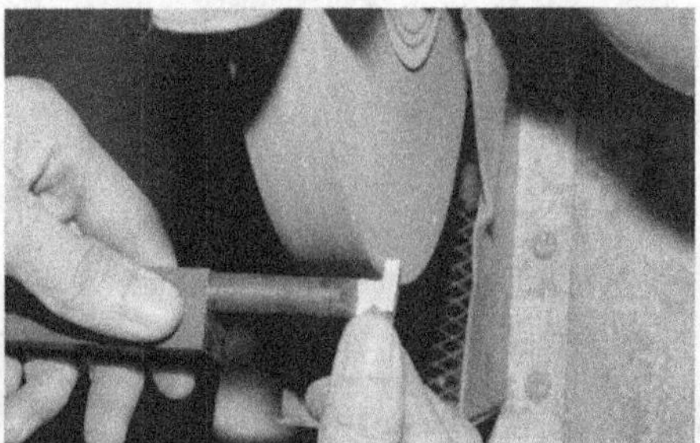

（续）

序号	刃磨方法	砂轮的选择	图　示
4	两手握刀，车刀的前刀面向上，刃磨右侧副后刀面，同时磨出右侧副后角和副偏角两副后角对称，两副偏角对称	选用粒度号为F24～F36的氧化铝砂轮	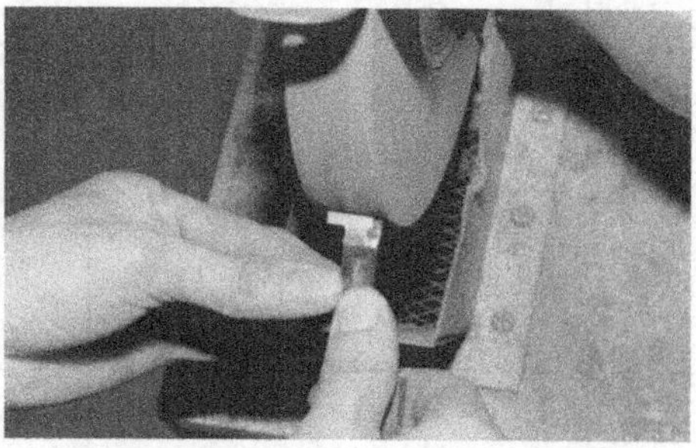
5	两手握刀，车刀的前刀面向上，刃磨主后刀面，同时磨出主后刀面，应保证主切削刃平直	选用粒度号为F36～F60的碳化硅砂轮	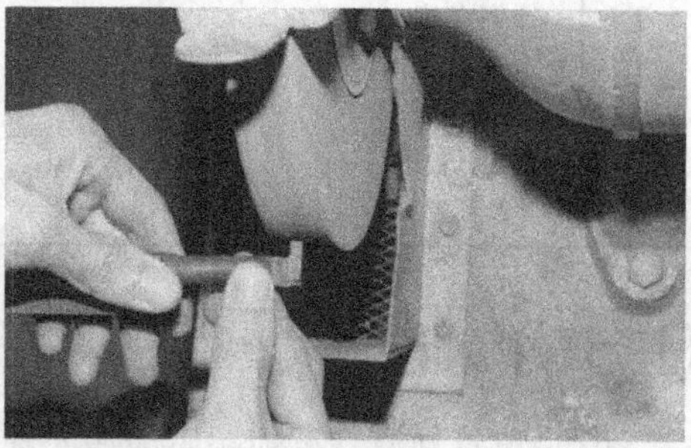
6	两手握刀，车刀的前刀面对着砂轮的磨削表面，刃磨前刀面和前角、卷屑槽。为了保护刀尖，可在两刀尖上磨出一个小圆弧过渡刃	选用粒度为F36～F60的碳化硅砂轮	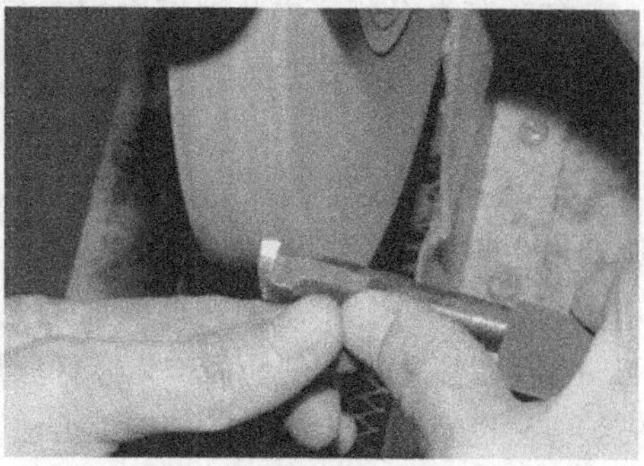
7	精磨主后刀面和副后刀面	选用粒度为F80～F120的碳化硅砂轮	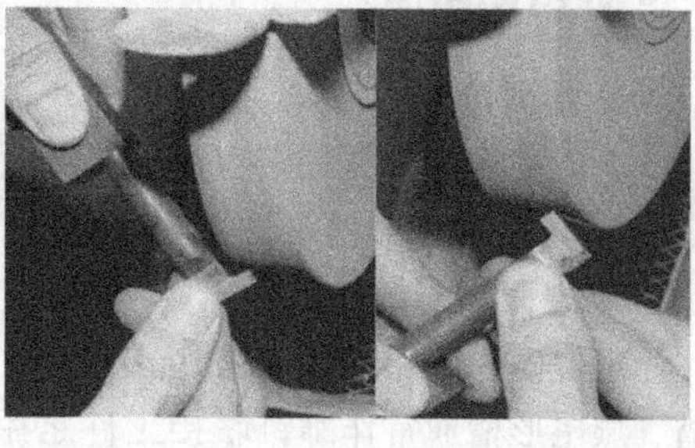

（续）

序号	刃 磨 方 法	砂轮的选择	图　示
8	测量并保证刃宽		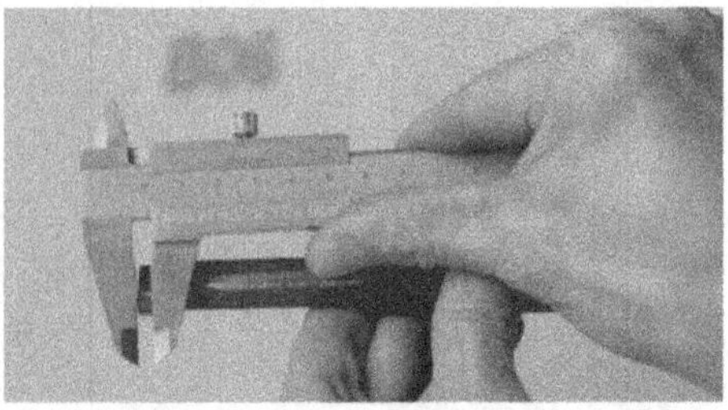
9	测量角度		 

任务解析

（1）情景预演　车削端面沟槽时易出现刀具与已加工面干涉的现象，这时需要检查刀具角度及装刀正确与否。

（2）任务分析　安装端面沟槽车刀时，主切削刃应与工件端面平行，同时应检查在极限加工位置时，刀及刀架会不会与工件及自定心卡盘发生干涉，特别是刀头的伸出长度是否合适。

根据工件的精度要求选用合适的量具，使用游标卡尺测量工件时，松紧程度要适当，否则会产生测量误差。

（3）任务小结　端面沟槽的加工是车工工艺中比较常用的技术之一，通过本任务的学习，学生可以掌握车削端面沟槽零件所用的刀具、量具的用法，端面沟槽车刀的刃磨技术及安装方法以及端面沟槽零件的加工方法，从而使操作卧式车床的水平得到显著的提高，也为今后加工综合件、配合件打下扎实的基础。

知识拓展

1. 端面沟槽的种类

端面沟槽的种类较多，一般有矩形槽（图 4-34a）、圆弧形槽（图 4-34b）、燕尾形槽（图 4-34c）和 T 形槽（图 4-34d）等。

2. 端面沟槽的作用

矩形槽和圆弧形槽一般用于减轻工件重量、减小工件接触面积，或者用作油槽；T 形槽、燕尾形槽通常作螺钉联接工件之用，如车床中滑板的 T 形槽、磨床砂轮连接盘上的燕尾形槽等。

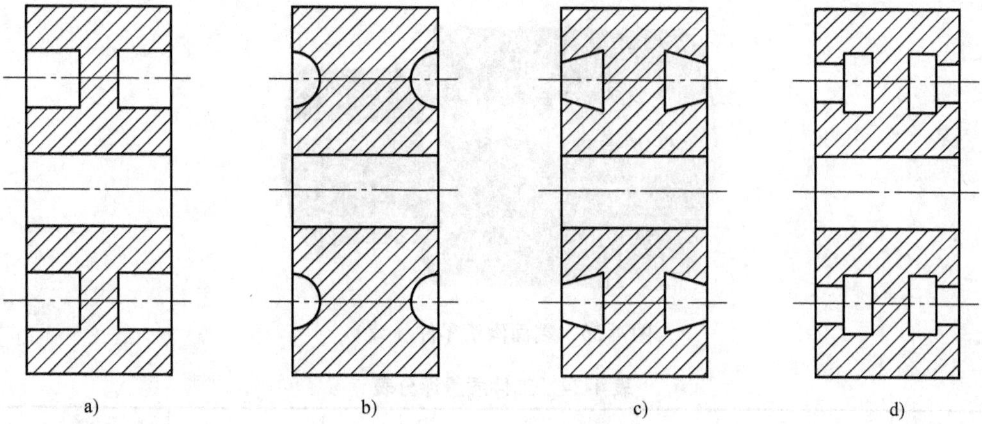

图 4-34 端面沟槽的种类

想想练练

想一想

1. 端面沟槽车刀的安装必须使________________和________________。
2. 端面沟槽的测量一般使用________和________即可，精度要求高的应使用________、________、________、________。
3. 端面沟槽的种类有________、________和________。
4. 简述端面沟槽的切削方法和步骤。

练一练

加工如图 4-35 所示的端面沟槽零件，其质量评价见表 4-24。

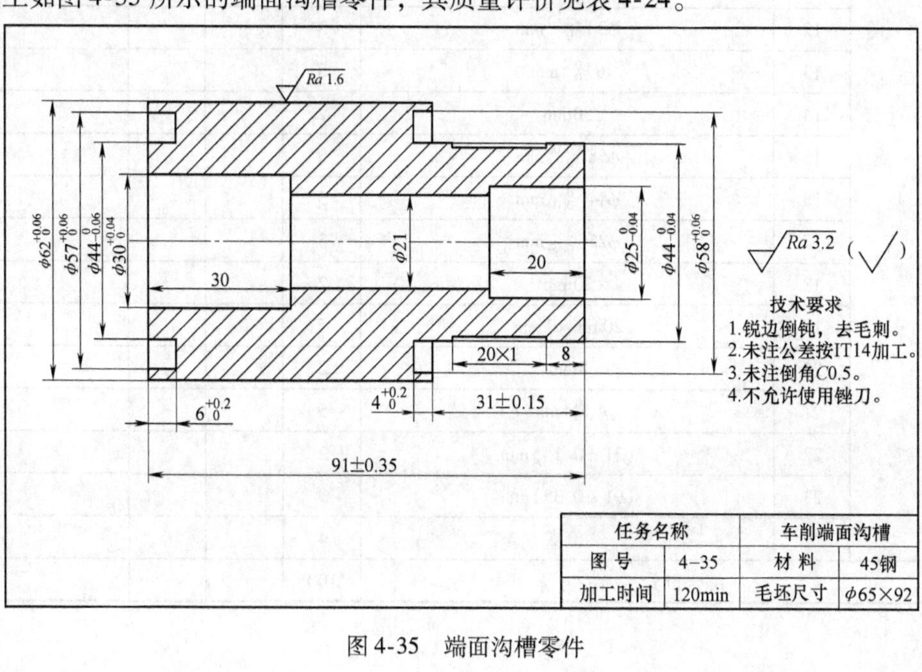

图 4-35 端面沟槽零件

图 4-35　端面沟槽零件（续）

表 4-24　工件质量评分表

项　目		序号	检 测 内 容	配分	学生		教 师 评 分
					自检	互检	
基本检查	准备	1	切削加工工艺制订正确	5			
		2	切削用量选择合理	5			
		3	刀具刃磨质量符合要求	5			
	操作	4	设备操作、维护保养正确	3			
		5	操作要领正确	5			
		6	刀具选择、安装正确、规范	3			
		7	工件找正、安装正确、规范	4			
工作态度		8	遵守“7S”规范，纪律表现良好	10			
尺寸		9	$\phi62^{+0.06}_{0}$mm	3			
		10	$\phi57^{+0.06}_{0}$mm	5			
		11	$\phi44^{0}_{-0.06}$mm	5			
		12	$\phi30^{+0.04}_{0}$mm	3			
		13	$6^{+0.2}_{0}$mm	5			
		14	30mm	2			
		15	$\phi58^{+0.06}_{0}$mm	5			
		16	$\phi44^{0}_{-0.04}$mm	5			
		17	$\phi25^{0}_{-0.04}$mm	3			
		18	20mm	2			
		19	20mm × 1mm	5			
		20	8mm	2			
		21	$4^{+0.2}_{0}$mm	5			
		22	(31 ± 0.15) mm	2			
		23	(91 ± 0.35) mm	3			
		24	C0.5	4			
综合得分				100			

项目五　车削圆锥面

任务一　车削短圆锥面

学习目标

1. 能正确调节小滑板的角度。
2. 能根据零件图的要求正确选择刀具，刃磨刀具，并正确安装刀具。
3. 能正确操纵操作手柄进行切削，最终获得符合零件图要求的零件。

友情提示：建议用10学时完成本学习任务。

任务描述

分析如图5-1所示的短圆锥面零件图，制订合理的加工工艺，选择合适的加工刀具，并按要求操作卧式车床，完成圆锥的加工及检测。

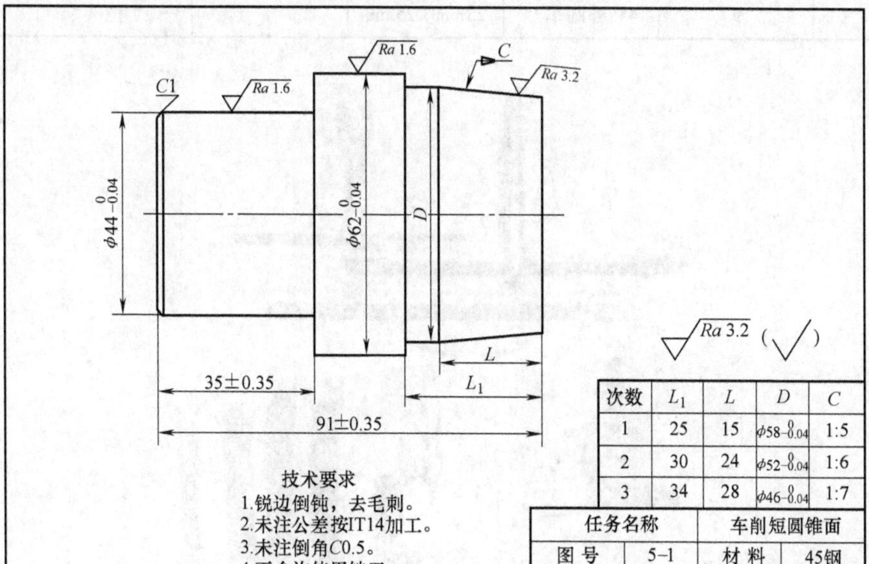

图5-1　短圆锥面零件

外圆锥面是典型的轴类零件，其外形简单，主要用来与内圆锥配合，起紧固作用。在机床和工具的应用中，车床主轴锥孔与前顶尖锥柄的配合、车床尾座锥孔与麻花钻锥柄的配合等都属于内、外圆锥面的配合。

任务实施

1. 工具、量具、刀具的选择

（1）量具的选择　该零件的加工精度要求较高，应使用游标卡尺（0～150mm）、钢直尺、角度样板或游标万能角度尺等进行测量。

（2）刀具的选择　加工材料为45钢，用90°外圆车刀、45°外圆车刀加工工件表面，控制工件的精度和表面质量。本任务所用的工具、量具、刀具见表5-1，其摆放方法如图5-2所示。

表5-1　加工短圆锥面零件的工具、量具、刀具清单

种类	序号	名称	规格	精度/mm	单位	数量
工具	1	活扳手	250mm		把	1
	2	刀架钥匙	17mm×17mm		把	1
	3	卡盘钥匙	12mm×12mm		把	1
量具	4	钢直尺	0～150mm		支	1
	5	游标卡尺	0～150mm	0.02	支	1
	6	游标万能角度尺	0°～320°		把	1
	7	角度样板	5.7°		把	1
刀具	8	90°外圆车刀	25mm×25mm		把	1
	9	45°外圆车刀	25mm×25mm		把	1

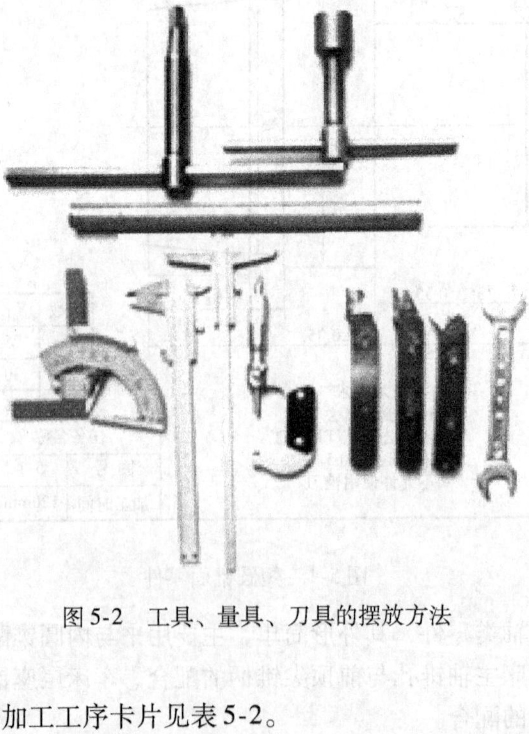

图5-2　工具、量具、刀具的摆放方法

2. 制订加工工序

1）短圆锥面零件的加工工序卡片见表5-2。

表 5-2　短圆锥面零件的加工工序卡片

<table>
<tr><td colspan="3" rowspan="2">普通车工加工工序卡片</td><td colspan="2">零件名称</td><td colspan="2">材料</td><td>零件图号</td></tr>
<tr><td colspan="2">外圆锥</td><td colspan="2">45 钢</td><td>5-1</td></tr>
<tr><td colspan="3">夹具名称</td><td colspan="4">设备型号</td><td>车间</td></tr>
<tr><td colspan="3">自定心卡盘</td><td colspan="4">CA6140A</td><td>普通车工</td></tr>
<tr><td rowspan="2">工步号</td><td rowspan="2">工步内容</td><td rowspan="2">刀具名称</td><td rowspan="2">刀具规格 /mm × mm</td><td colspan="3">切削用量的选择(推荐值)</td><td rowspan="2">备注</td></tr>
<tr><td>主轴转速 /(r/min)</td><td>进给速度 /(mm/r)</td><td>背吃刀量 /mm</td></tr>
<tr><td>1</td><td>粗车工件端面</td><td>45°外圆车刀</td><td>25 × 25</td><td>500</td><td>0.2</td><td>0.5</td><td></td></tr>
<tr><td>2</td><td>精车工件端面</td><td>45°外圆车刀</td><td>25 × 25</td><td>700</td><td>0.1</td><td>0.2</td><td></td></tr>
<tr><td>3</td><td>粗车工件外圆台阶</td><td>90°外圆车刀</td><td>25 × 25</td><td>500</td><td>0.25</td><td>2</td><td></td></tr>
<tr><td>4</td><td>精车工件外圆台阶</td><td>90°外圆车刀</td><td>25 × 25</td><td>700</td><td>0.12</td><td>1</td><td></td></tr>
<tr><td>5</td><td>掉头装夹</td><td></td><td></td><td></td><td></td><td></td><td></td></tr>
<tr><td>6</td><td>粗车工件外圆</td><td>90°外圆车刀</td><td>25 × 25</td><td>500</td><td>0.2</td><td>1.5</td><td></td></tr>
<tr><td>7</td><td>精车工件外圆</td><td>90°外圆车刀</td><td>25 × 25</td><td>700</td><td>0.1</td><td>0.5</td><td></td></tr>
<tr><td>8</td><td>粗车外圆锥</td><td>90°外圆车刀</td><td>25 × 25</td><td>500</td><td>手动</td><td>1.5</td><td></td></tr>
<tr><td>9</td><td>精车外圆锥</td><td>90°外圆车刀</td><td>25 × 25</td><td>1000</td><td>手动</td><td>0.5</td><td></td></tr>
<tr><td>10</td><td>倒角</td><td>45°外圆车刀</td><td>25 × 25</td><td>600</td><td>手动</td><td></td><td></td></tr>
<tr><td>编制</td><td></td><td>审核</td><td></td><td>批准</td><td></td><td>共　页</td><td>第　页</td></tr>
</table>

根据工作任务做好加工准备工作，并操作机床加工外圆锥。

① 清点生产要素。

毛坯尺寸：____________；车削刀具：____________；量具：____________。

② 检查机床。

检查方法：____。

是否正常：☐正常　　☐不正常

处理意见：____。

③ 按照“7S”标准摆放生产要素。

☐正确　　☐不正确

④ 装夹毛坯。

伸出长度：____________。

2）短圆锥面零件的加工过程见表 5-3，加工完成后的零件如图 5-3 所示。

表 5-3　短圆锥面零件的加工过程

工步	图　示	操作内容	刀具名称	检测方法
1	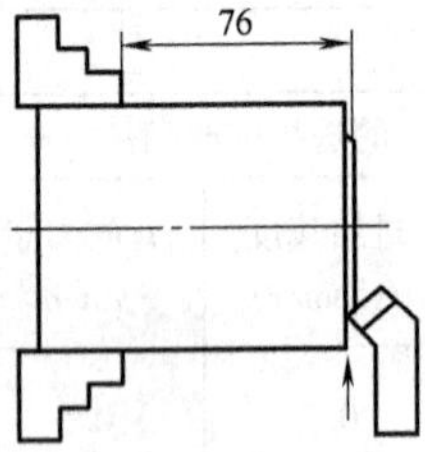车削端面	1）检查毛坯 ϕ65mm × 92mm 是否符合图样要求 2）用自定心卡盘夹持毛坯，伸出长度约为 76mm，粗、精车端面	45°外圆车刀	游标卡尺
2	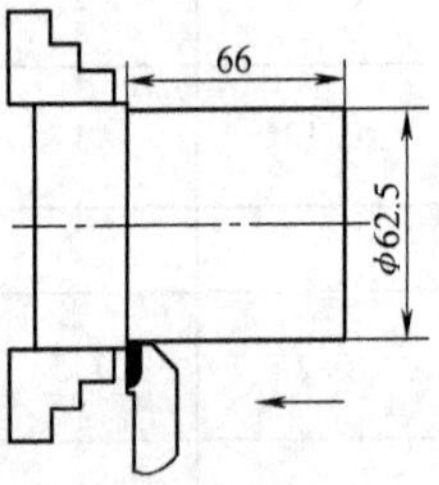粗车外圆	粗车 ϕ62.5mm 外圆，长度为 66mm	90°外圆车刀	游标卡尺
3	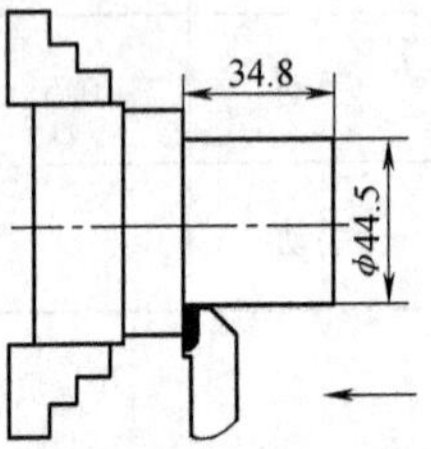粗车外圆台阶	粗车 ϕ44.5mm 外圆，长度为 34.8mm	90°外圆车刀	游标卡尺
4	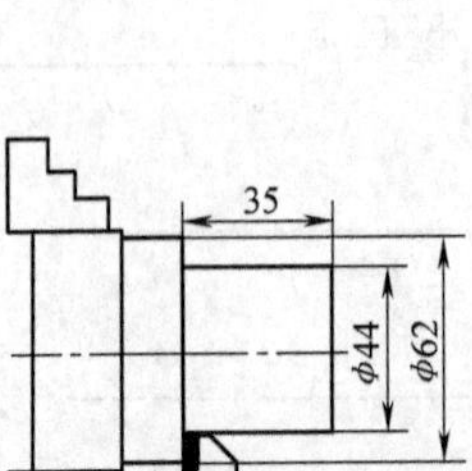精车外圆台阶	精车 ϕ44mm 和 ϕ62mm 外圆，长度为 35mm	90°外圆车刀	千分尺

（续）

工步	图　示	操作内容	刀具名称	检测方法
5	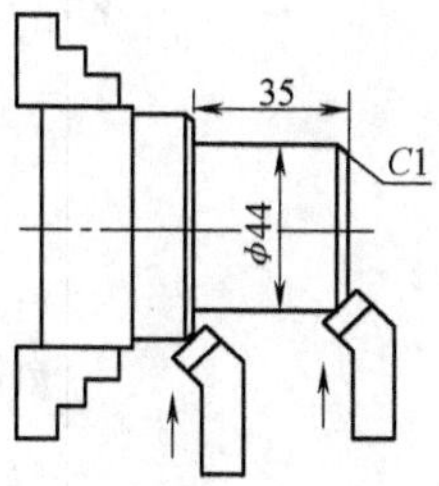倒角	倒角，去毛刺	45°外圆车刀	
6	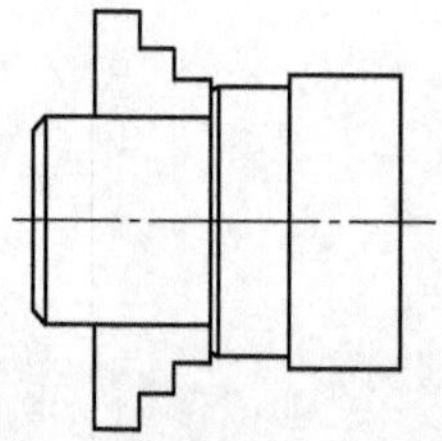掉头装夹	掉头装夹工件		
7	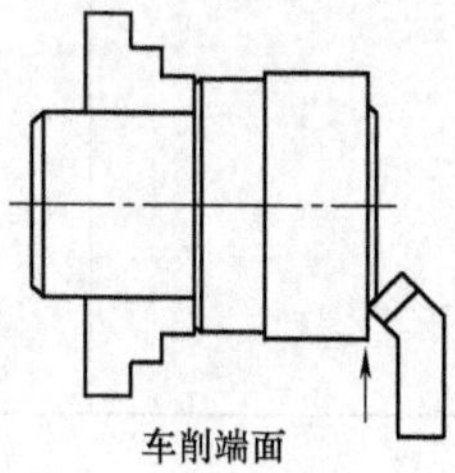车削端面	1）粗车端面 2）精车端面，保证总长	45°外圆车刀	游标卡尺
8	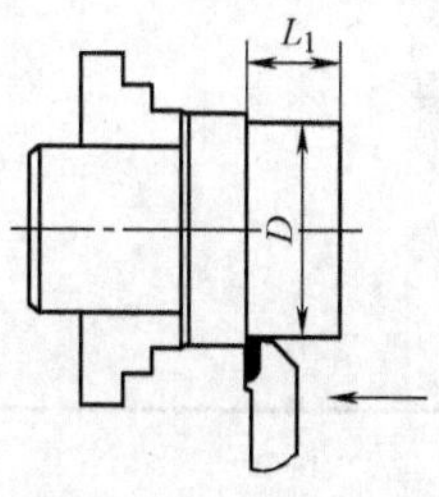粗、精车外圆	粗、精车外圆，车削长度为 L_1	90°外圆车刀	游标卡尺

（续）

工步	图　示	操作内容	刀具名称	检测方法
9	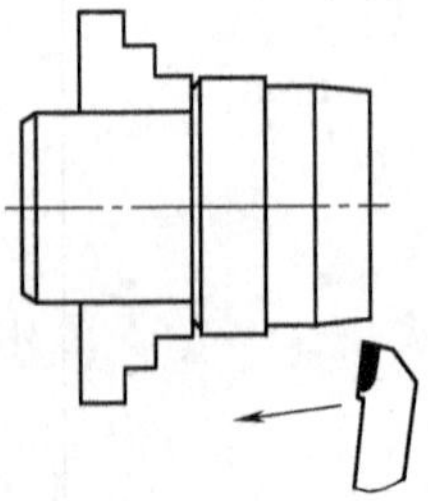 粗车外圆锥	粗车外圆锥	90°外圆车刀	游标万能角度尺
10	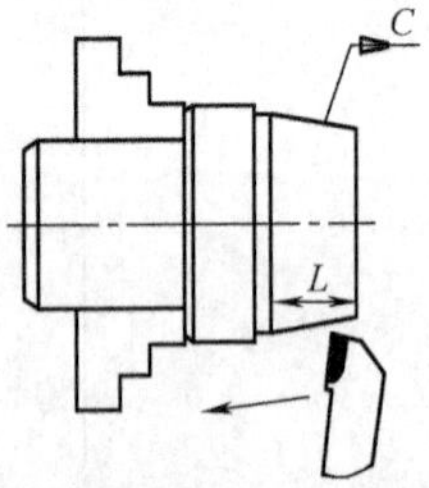  倒角	精车外圆锥	90°外圆车刀	游标万能角度尺

图 5-3　加工完成后的零件

任务评价

1）工件的质量评价见表 5-4 所示。

表 5-4 工件质量评分表

项目		序号	检测内容	配分	学生		教师评分
					自检	互检	
基本检查	准备	1	切削加工工艺制订正确	5			
		2	切削用量选择合理	5			
		3	刀具刃磨质量符合要求	5			
	操作	4	设备操作、维护保养正确	3			
		5	操作要领正确	5			
		6	刀具选择、安装正确、规范	3			
		7	工件找正、安装正确、规范	4			
工作态度		8	遵守“7S”规范，纪律表现良好	10			
尺寸		9	$\phi 62_{-0.04}^{0}$ mm	8			
		10	$\phi 44_{-0.04}^{0}$ mm	8			
		11	$C1$	5			
		12	(35 ±0.35)mm	5			
		13	(91 ±0.35)mm	6			
		14	L_1	6			
		15	L	6			
		16	D	8			
		17	C	8			
综合得分				100			

2）机床的清洁与保养记录见表 5-5。

表 5-5 机床的清洁与保养记录

序号	内 容	要 求	配分	得分	结果记录
1	刀具	拆卸、整理、归位	10		
2	量具	清洁、保养、归位	10		
3	工具	整理、归位	10		
4	工作台	清洁、保养、归位	10		
5	导轨、润滑部位	清洁、保养、加油润滑	10		
6	主轴	清洁、保养	5		
7	刀架	清洁、保养	10		
8	机床外观	清洁	10		
9	电源	切断	5		
10	切屑	清扫	10		
11	工作区域	清扫	10		
总分					

学生签名__________ 教师签名__________ 日期__________

安全文明小贴士

转动小滑板时，可以使小滑板的转角略大于圆锥半角，但不能小于圆锥半角。因为转角偏小会使圆锥素线车长而难以修正圆锥的长度尺寸。

小提示：车削外圆锥前，应调整小滑板的松紧程度，以便在车削圆锥的过程中控制表面质量。

知识链接

知识链接一　转动小滑板法车削外圆锥面

转动小滑板法是指将小滑板沿顺时针或逆时针方向按工件的圆锥半角转动一个角度，采取用小滑板进给的方式，使车刀的运动轨迹与所要车削的圆锥素线平行，然后双手配合，均匀不间断地转动小滑板手柄，手动进给车削圆锥面的方法，如图 5-4 所示。

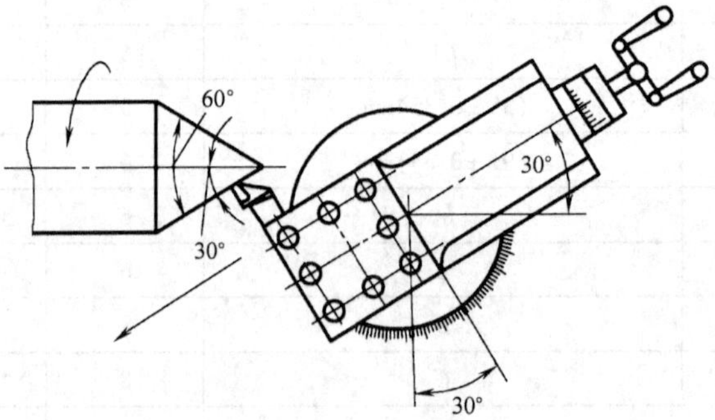

图 5-4　转动小滑板法

用转动小滑板法车削外圆锥面的特点如下：

1）能车削圆锥角较大的圆锥面。

2）能车削整个圆锥表面和圆锥孔，应用范围广，操作简单，在同一工件上车削不同圆锥角的圆锥面时，调整角度方便。

3）只能手动进给，劳动强度大，工件的表面粗糙度值较难控制，只适用于单件、小批量生产。

4）受小滑板行程的限制，只能加工素线长度不长的圆锥面。

知识链接二　圆锥各部分的名称、代号及计算公式

圆锥体和圆锥孔各部分的名称、代号及计算公式均相同，圆锥体的主要尺寸如图 5-5 所示。

（1）锥度　$$C=\frac{D-d}{L}=2\tan(\alpha/2)$$

（2）圆锥半角　$$\tan(\alpha/2)=\frac{D-d}{2L}=\frac{C}{2}$$

式中　α——圆锥角，$\alpha/2$ 为圆锥半角；

L——圆锥面的轴向长度，单位为 mm；

D——圆锥面的大端直径，单位为 mm；

d——圆锥面的小端直径，单位为 mm。

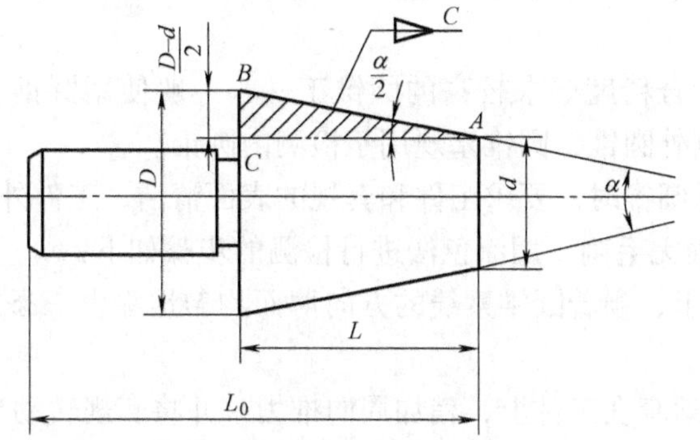

图 5-5　圆锥体的主要尺寸

知识链接三　圆锥的检测

对于相互配合的锥度或角度工件，根据其用途不同，规定了不同的锥度公差和角度公差，圆锥的检测主要是指对圆锥角度和尺寸精度的检测。常用的检测圆锥角度和锥度的方法有：用游标万能角度尺检测、用角度样板检测和用正弦规检测等；对于精度要求较高的圆锥面，常用圆锥量规涂色法进行检测，其精度以接触面积的大小来评定。

1. 用游标万能角度尺测量

（1）结构　游标万能角度尺（图 5-6）可以测量 0° ~ 320°范围内的任意角度。测量时，基尺带着尺身沿游标转动，当转到所需的角度时，可以用制动器锁紧，卡块可将角尺和直尺固定在所需的位置上。转动背面的旋钮，通过小齿轮带动扇形齿轮，可改变基尺的角度。

（2）读数方法　游标万能角度尺的读数方法与游标卡尺相似，其分度值有 2′和 5′两种。下面以常用的分度值 2′的游标万能角度尺为例，介绍其读数方法，如图 5-7 所示。

图 5-6　游标万能角度尺

图 5-7　游标万能角度尺的读数方法

1）从尺身上读出游标零线左边角度的整度数（°），尺身上每格为 1°。在图 5-7 中，整度数为 2°。

2）用与尺身刻线对齐的游标上的刻线格数，乘以游标万能角度尺的分度值，得到角度中的“′”值，即 8 × 2′ = 16′。

3）将两者相加就是被测圆锥的角度值，即 2° + 16′ = 2°16′。

2. 用角度样板检测

角度样板属于专用量具，常用于批量生产的检测，以减少辅助时间。

3. 用涂色法检测

对于标准圆锥或配合精度要求较高的圆锥工件，一般使用圆锥套规和圆锥塞规进行检测。圆锥套规用于检测外圆锥，圆锥塞规用于检测内圆锥。

用圆锥套规检测外圆锥时，要求工件和套规的表面清洁，工件外圆锥面的表面粗糙度值小于 $Ra3.2\mu m$，且表面无毛刺。用涂色法进行检测的步骤如下：

1）在工件的圆周上，顺着圆锥素线的方向薄而均匀地涂上三条显示剂（印油、红丹粉和机械油等的调和物）。

2）手握套规轻轻地套在工件上，稍加周向推力，并将套规转动半圈。

3）取下套规，观察工件表面显示剂被擦去的情况。若三条显示剂全长擦痕均匀，则说明圆锥表面接触良好，锥度正确。

检测内圆锥的角度时，可以使用圆锥塞规，其检测方法与用圆锥套规检测外圆锥基本相同，只是显示剂应涂在圆锥塞规上。

圆锥检测方法的图示见表 5-6。

表 5-6　圆锥的检测方法

检测方法	图　示	锥 度 判 定
游标万能角度尺、角度样板法检测	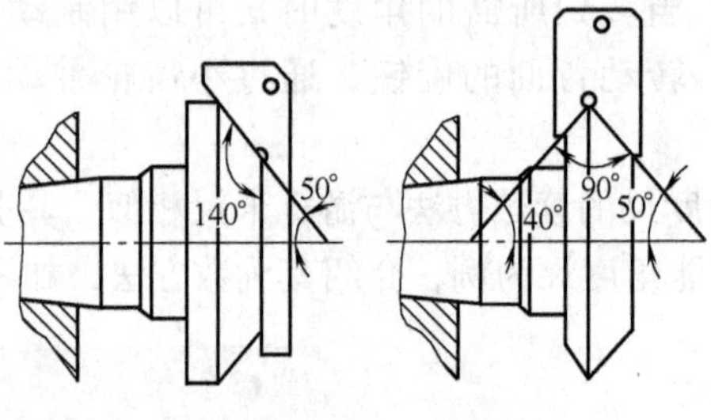 用角度样板检测圆锥体 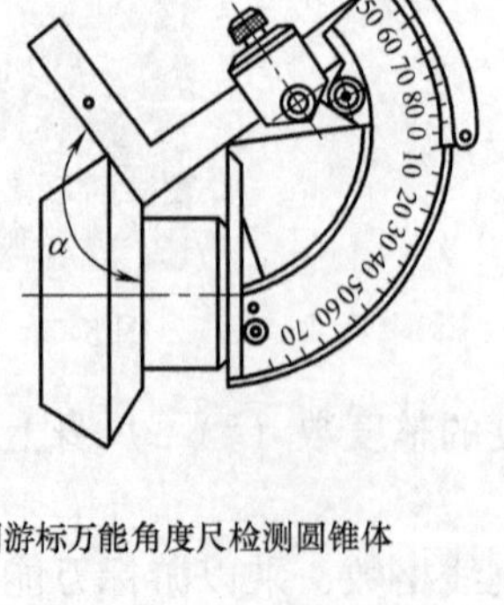 用游标万能角度尺检测圆锥体	测量时，若大端有间隙，则说明圆锥角小了，小滑板应朝圆锥角较大的方向转动；若小端有间隙，则说明圆锥角大了，小滑板应朝圆锥角较小的方向转动

（续）

检测方法	图　示	锥 度 判 定
涂色法检测	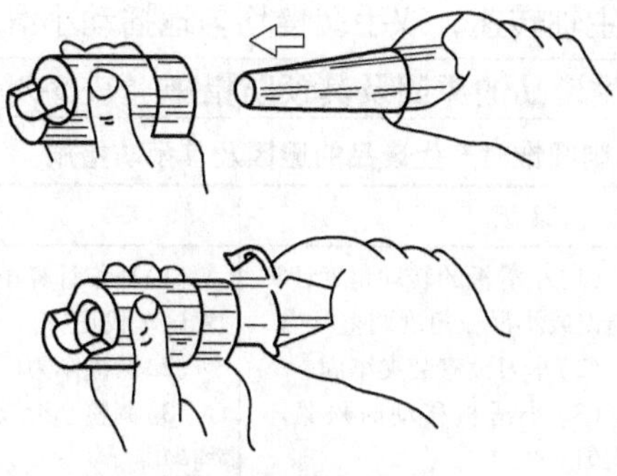 用套规检测圆锥体	测量外圆锥时，若小端擦着，大端未擦着，说明圆锥角小了，小滑板应朝圆锥角较大的方向转动；若大端擦着，小端未擦着，说明圆锥角大了，小滑板应朝圆锥角较小的方向转动

知识链接四　控制锥度的方法

控制锥度的方法见表 5-7。

表 5-7　控制锥度的方法

移动中滑板控制锥度	当角度调整合格后，可以用计算法算出精确的锥面余量来确定最后一刀的背吃刀量，其公式为 $$a_p = a\tan\frac{\alpha}{2} = a\frac{C}{2}$$ 式中　a_p——最后一刀的背吃刀量； α——圆锥角 C——锥度	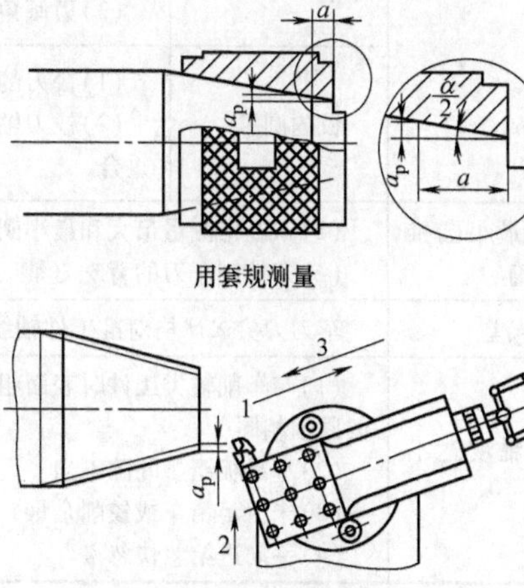 用套规测量 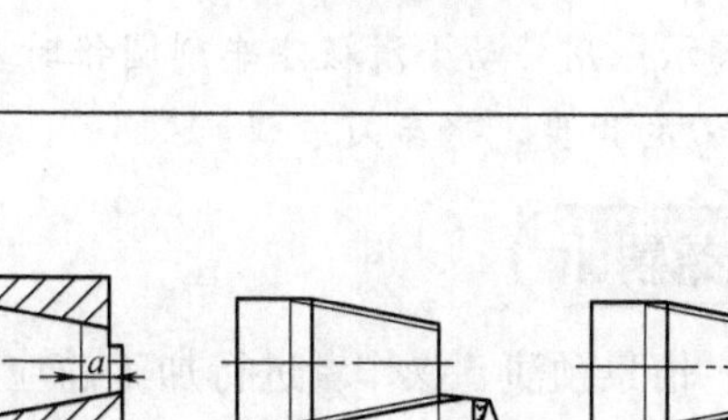 用中滑板调整背吃刀量 a_p
移动床鞍控制锥度	用锥度量规测量和控制锥面尺寸时，可以使用游标万能角度尺测量工件的角度，用移动床鞍法确定背吃刀量 a_p。使车刀接触工件小端，移动小滑板，使车刀沿轴向离开工件端面一个 a 值距离。然后移动床鞍，使车刀与工件小端的端面接触，此时虽然没有移动中滑板，但车刀已经切入了一个所需的背吃刀量	 a)　　b)　　c)

安全文明小贴士

1）车削圆锥面时，一定要使车刀的刀尖严格对准工件中心，否则会造成圆锥素线不直而形成双曲线误差。

2）精车圆锥时应提高机床的主轴转速，双手缓慢均匀地摇动小滑板手柄精车圆锥体。

知识链接五　车削圆锥时产生废品的原因及其预防措施（表5-8）

表5-8　车削圆锥时产生废品的原因及其预防措施

废品种类	产生原因		预防措施
角度（锥度）不正确	用转动小滑板法车削	(1)小滑板的转动角度计算错误或小滑板角度调整不当 (2)车刀没有装夹牢固 (3)小滑板移动时松紧不均匀	(1)仔细计算小滑板的转动角度和方向，反复试车找正 (2)紧固车刀 (3)调整小滑板的镶条间隙，使小滑板移动均匀
	用偏移尾座法车削	(1)尾座偏移位置不正确 (2)工件长度不一致	(1)重新计算和调整尾座偏移量 (2)若工件数量较多，其长度必须一致，且两端中心孔的深度应一致
	用仿形法车削	(1)靠模角度调整不正确 (2)滑块与靠模板配合不良	(1)重新调整靠模板角度 (2)调整滑块和靠模板之间的间隙
	用宽刃刀法车削	(1)装刀不正确 (2)切削刃不直 (3)刃倾角不等于0°	(1)调整切削刃的角度，对准工件轴线 (2)修磨切削刃，保证其直线度 (3)重磨刃倾角，使刃倾角等于0°
	铰内圆锥	(1)铰刀的角度不正确 (2)铰刀轴线与主轴轴线不重合	(1)更换、修磨铰刀 (2)用百分表和试棒调整尾座套筒轴线，使其与主轴轴线重合
最大和最小圆锥直径不正确	(1)未经常测量最大和最小圆锥直径 (2)未控制车刀的背吃刀量		(1)经常测量最大和最小圆锥直径 (2)及时测量，控制背吃刀量
双曲线误差	车刀刀尖未严格对准工件轴线		车刀刀尖必须严格对准工件轴线
表面粗糙度达不到要求	(1)与车削轴类工件时表面粗糙度达不到要求的原因相同 (2)小滑板镶条间隙不当 (3)未留足精车或铰削余量 (4)手动进给忽快忽慢		(1)参见车削轴类零件时的预防措施 (2)调整小滑板镶条间隙 (3)要留有适当的精车或铰削余量 (4)手动进给要均匀，快慢一致

小提示： 用转动小滑板法车削圆锥时应注意，当小滑板转过相应的角度后，需要及时调节车刀的角度，将车刀装正。

任务解析

（1）情景预演　操作者进行加工前应检查小滑板的角度是否正确，还应检查固定螺母是否拧紧，否则容易出现加工过程中刀架转动的情况。

（2）任务分析　工件的回转中心必须与车床主轴的回转中心重合，车刀的刀尖必须严格对准工件的回转中心，否则车出的圆锥素线将不是直线，而是双曲线。车刀的装夹方法和刀尖对准工件回转中心的方法与车削端面时的装刀方法相同。

（3）任务小结　短外圆锥的加工是车工工艺中最基本的技能之一，通过本任务的学习，学生可以掌握测量外圆锥锥度的方法以及外圆锥零件的加工方法，为更深入、全面地学习车工技术打下扎实的基础。

知识拓展

车削外圆锥的方法

在车床上车削外圆锥面的方法主要有转动小滑板法、尾座偏移法、仿形法和宽刀法四种，见表5-9。

表5-9　常用的车削外圆锥的方法

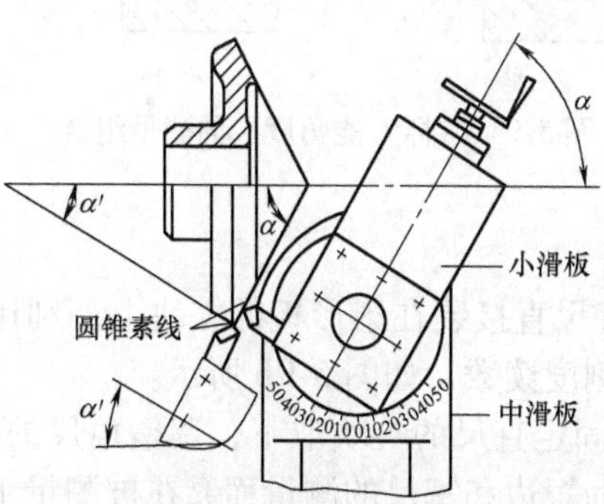	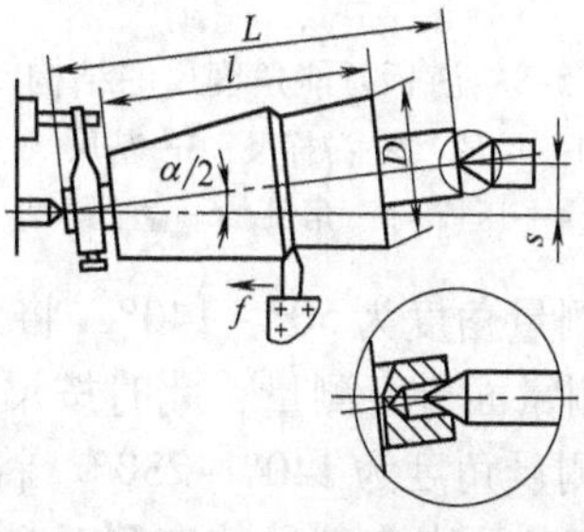
转动小滑板法	尾座偏移法
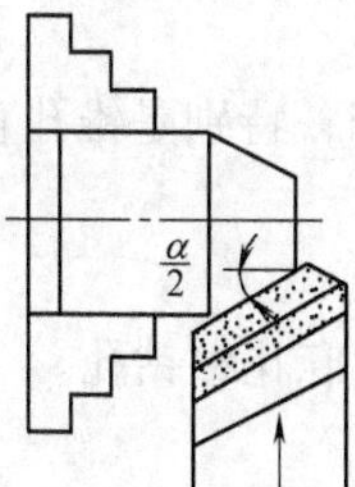	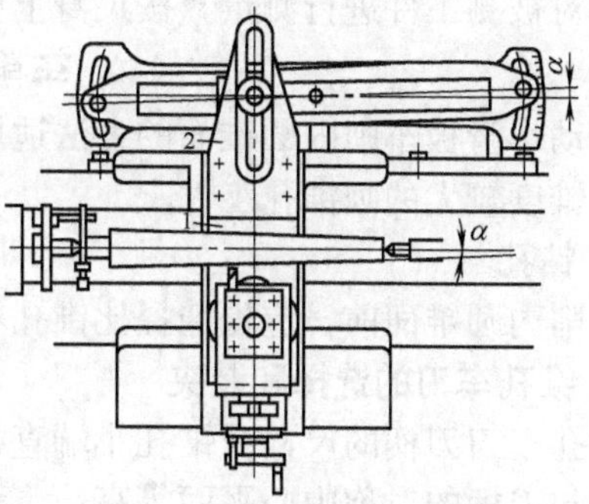
宽刀法	仿形法

游标万能角度尺

游标万能角度尺是一种结构简单的通用角度量具，可用来测量精密零件的内、外角度或进行角度划线，按其游标读数值（分度值）可分为2′和5′两种。游标万能角度尺由尺身1、游标尺2、基尺3、压板4、角尺5和直尺6组成，如图5-8所示。

利用基尺、角尺、直尺的不同组合，游标万能角度尺可对0°～320°范围内的角度进行测量，如图5-9所示。

（1）测量角度为0°～50°　将被测工件放在基尺和直尺的测量面之间，此时按尺身上的第一排刻度读数，如图5-9a所示。

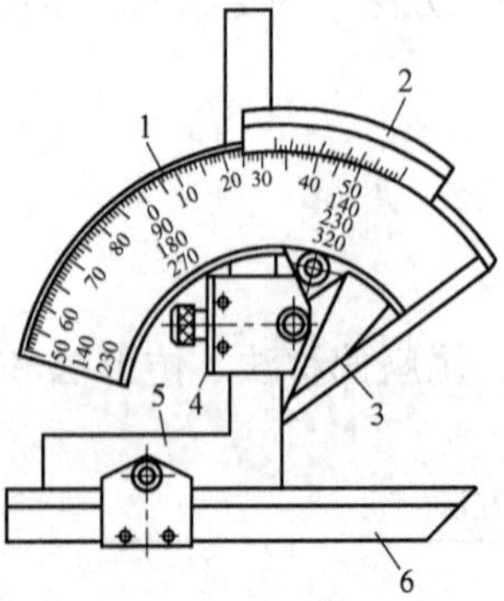

图 5-8　游标万能角度尺的结构

1—尺身　2—游标尺　3—基尺

4—压板　5—角尺　6—直尺

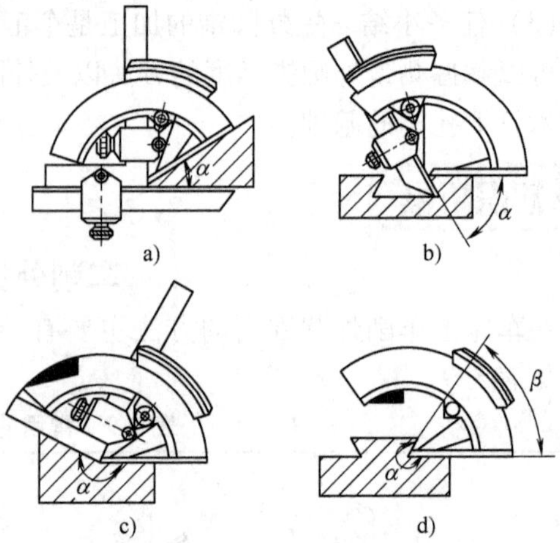

图 5-9　游标万能角度尺的测量组合

(2) 测量角度为 50°~140°　将角尺取下，将直尺直接装在扇形板的夹块上，利用基尺和直尺的测量面进行测量，此时按尺身上的第二排刻度读数，如图 5-9b 所示。

(3) 测量角度为 140°~230°　将直尺和角尺上固定直尺的夹块取下，调整角尺的位置，使角尺的直角顶点与基尺的尖端对齐；然后将角尺的短边和基尺的测量面靠在被测量工件的被测量面上进行测量，按尺身上第三排刻度所示的数值读数，如图 5-9c 所示。

(4) 测量角度为 230°~320°　将角尺、直尺和夹块全部取下，直接用基尺和扇形板的测量面对被测工件进行测量，按尺身上第四排刻度所示的数值读数，如图 5-9d 所示。

车削内圆锥的方法

转动小滑板车削内圆锥面的方法适用于单件、小批量生产，特别是锥孔直径较大、长度较短、锥度较大的圆锥孔工件。

1. 钻孔

车削内圆锥面前，应先选择比锥孔小端直径小 1~2mm 的麻花钻钻孔。

2. 锥孔车刀的选择和装夹

锥孔车刀刀柄的尺寸受锥孔小端直径的限制，为增大刀柄刚度，宜选用圆锥形刀柄，且刀尖应与刀柄的对称中心平面等高。

装夹车刀时，应使刀尖严格对准工件回转中心，刀柄伸出的长度应保证其切削行程，刀柄与工件锥孔间应留有一定空隙。车刀装夹好后，应在停车状态下全程检查其是否会产生碰撞。

安全文明小贴士

1) 车床未停妥前，不能使用游标卡尺测量工件。

2) 车削前，应调整好小滑板镶条的松紧。

想想练练

想一想

一、选择题

车削外圆时，若车刀刀尖高于工件轴线，则会使(　　)。

A. 加工面素线不直　　B. 圆度产生误差　　C. 车刀后角增大，前角减小

二、判断题

1. 车削圆锥角为 60°的圆锥表面时，应将小滑板转过 60°。（　　）

2. 工件的表面粗糙度是切削过程中的振动、切削刃或磨粒摩擦留下的加工痕迹。（　　）

3. 偏移尾座法既能车削外圆锥面又能车削内圆锥面。（　　）

三、简答题

1. 什么叫锥度？写出其计算公式。

2. 根据已知条件，用查三角函数表的方法计算下列圆锥半角。

（1）$D=23\text{mm}$，$d=20\text{mm}$，$L=46\text{mm}$。

（2）$D=63\text{mm}$，$d=48\text{mm}$，$L=108\text{mm}$。

（3）$D=48\text{mm}$，$d=32\text{mm}$，$L=82\text{mm}$。

练一练

加工如图 5-10 所示的短圆锥面零件，其质量评价见表 5-10。

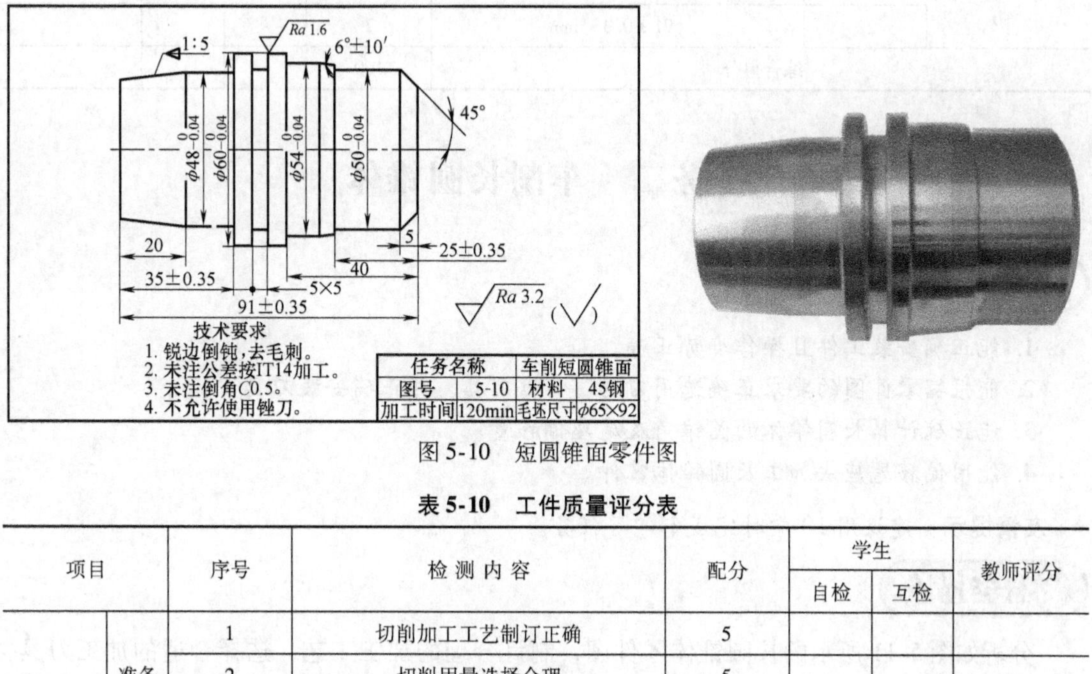

图 5-10　短圆锥面零件图

表 5-10　工件质量评分表

项目		序号	检测内容	配分	学生		教师评分
					自检	互检	
基本检查	准备	1	切削加工工艺制订正确	5			
		2	切削用量选择合理	5			
		3	刀具刃磨质量符合要求	5			
	操作	4	设备操作、维护保养正确	3			
		5	操作要领正确	5			
		6	刀具选择、安装正确、规范	3			
		7	工件找正、安装正确、规范	4			
工作态度		8	遵守“7S”规范，纪律表现良好	10			
尺寸		9	$\phi48_{-0.04}^{\ 0}$ mm	5			
		10	$\phi50_{-0.04}^{\ 0}$ mm	5			

（续）

项目	序号	检 测 内 容	配分	学生		教师评分
				自检	互检	
尺寸	11	$\phi54_{-0.04}^{\ 0}$mm	5			
	12	$\phi60_{-0.04}^{\ 0}$mm	5			
	13	5mm	2			
	14	(25 ±0.35)mm	2			
	15	40mm	2			
	16	5mm ×5mm	4			
	17	(35 ±0.35)mm	4			
	18	20mm	4			
	19	锥度 1:5	5			
	20	6° ±10′	5			
	21	45°	5			
	22	(91 ±0.35)mm	7			
综合得分			100			

任务二　车削长圆锥体

学习目标

1. 能正确安装工件且操作姿势正确。
2. 能根据零件图的要求正确选用刀具，刃磨刀具，并正确安装刀具。
3. 能正确计算长圆锥体的圆锥角及尾座偏移量。
4. 能用偏移尾座法加工长圆锥体零件。

友情提示： 建议用 10 学时完成本学习任务。

任务描述

分析如图 5-11 所示的长圆锥体零件图，制订合理的加工工艺，选择合适的加工刀具，并按要求操作卧式车床，完成长圆锥体的加工及检测。

长圆锥体是典型的轴类零件，其外形简单，主要用来与内圆锥配合，起紧固作用，在机床和工具中应用广泛，如圆锥心轴、圆锥检验棒等。

任务实施

1. 工具、量具、刀具的选择

（1）量具的选择　该零件的加工精度要求较高，量具应使用游标卡尺（0 ~150mm）、钢直尺、角度样板或游标万能角度尺等。

（2）刀具的选择　加工材料为 45 钢，用 90°外圆车刀、45°外圆车刀加工工件表面，控

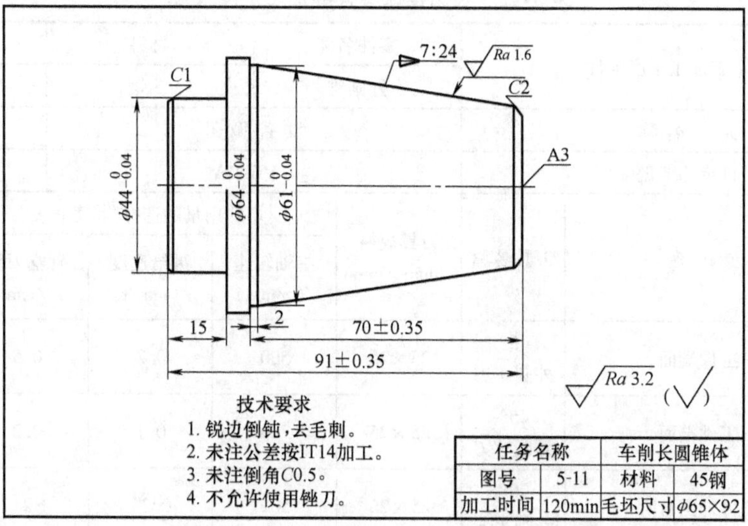

图 5-11　长圆锥体零件图

制工件的精度和表面质量。

本任务所用的工具、量具、刀具见表 5-11，其摆放方法如图 5-12 所示。

表 5-11　加工外圆锥体零件的工具、量具、刀具清单

种类	序号	名称	规格	精度/mm	单位	数量
工具	1	活扳手	250mm		把	1
	2	刀架钥匙	17mm × 17mm		把	1
	3	卡盘钥匙	12mm × 12mm		把	1
量具	4	钢直尺	0 ~ 150mm		支	1
	5	游标卡尺	0 ~ 150mm	0. 02	支	1
	6	游标万能角度尺	0° ~ 320°		把	1
	7	角度样板	8. 3°		把	1
刀具	8	90°外圆车刀	25mm × 25mm		把	1
	9	45°外圆车刀	25mm × 25mm		把	1

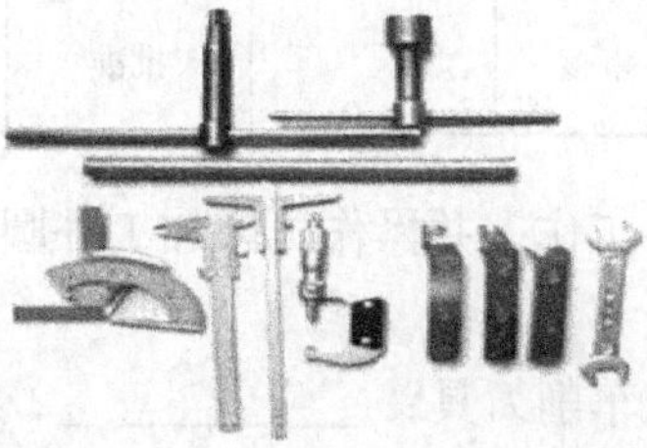

图 5-12　工具、量具、刀具的摆放方法

2. 制订加工工序

1）长圆锥体零件的加工工序卡片见表 5-12。

表 5-12　长圆锥体零件的加工工序卡片

普通车工加工工序卡片		零件名称		材料	零件图号	
		外圆锥		45 钢	5-11	
夹具名称		设备型号			车间	
自定心卡盘		CA6140A			普通车工	

工步号	工步内容	刀具名称	刀具规格 /mm×mm	切削用量的选择(推荐值)			备注
				主轴转速 /(r/min)	进给速度 /(mm/r)	背吃刀量 /mm	
1	粗车工件端面	45°外圆车刀	25×25	500	0.2	0.5	
2	精车工件端面	45°外圆车刀	25×25	700	0.1	0.2	
3	粗车工件外圆台阶	90°外圆车刀	25×25	500	0.25	2	
4	精车工件外圆台阶	90°外圆车刀	25×25	700	0.12	1	
5	倒角	45°外圆车刀	25×25	600			
6	粗车工件端面	90°外圆车刀	25×25	500	0.2	0.5	
7	精车工件端面	90°外圆车刀	25×25	700	0.1	0.2	
8	粗车外圆	90°外圆车刀	25×25	500	0.25	2	
9	精车外圆	90°外圆车刀	25×25	700	0.12	1	
10	粗车外圆锥	90°外圆车刀	25×25	500	手动	1.5	
11	精车外圆锥	90°外圆车刀	25×25	1000	手动	0.5	
12	倒角	45°外圆车刀	25×25	600	手动		
编制		审核		批准		共　页	第　页

根据工作任务做好加工准备工作，并操作机床加工外圆锥。

① 清点生产要素。

毛坯尺寸：＿＿＿＿＿＿；车削刀具：＿＿＿＿＿＿；量具：＿＿＿＿＿＿。

② 检查机床。

检查方法：＿＿＿＿＿＿＿＿＿＿＿＿＿＿＿＿＿＿＿＿＿＿＿＿＿＿。

是否正常：□正常　　□不正常

处理意见：＿＿＿＿＿＿＿＿＿＿＿＿＿＿＿＿＿＿＿＿＿＿＿＿＿＿。

③ 按照“7S”标准摆放生产要素。

□正确　　□不正确

④ 装夹毛坯。

伸出长度：__________。

2）长圆锥体零件的加工过程见表 5-13，加工完成后的零件如图 5-13 所示。

表 5-13　长圆锥体零件的加工过程

工步	图　示	操作内容	刀具名称	检测方法
1	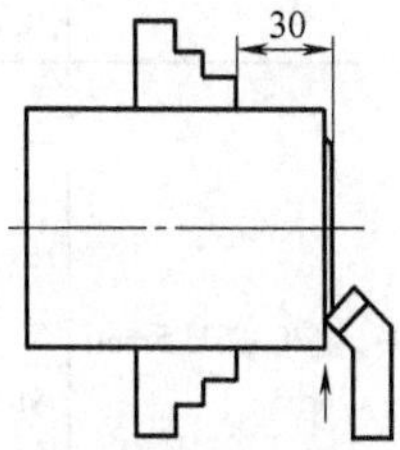 车削端面	1）检查毛坯 ϕ65mm×92mm 是否符合图样要求 2）用自定心卡盘夹持毛坯，伸出长度约为 30mm，粗、精车端面	45°外圆车刀	游标卡尺
2	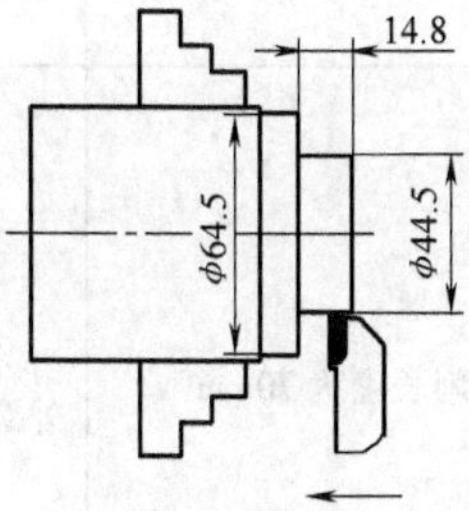 粗车外圆台阶	粗车 ϕ44.5mm、ϕ64.5mm 外圆，长度分别为 14.8mm、5mm	90°外圆车刀	游标卡尺
3	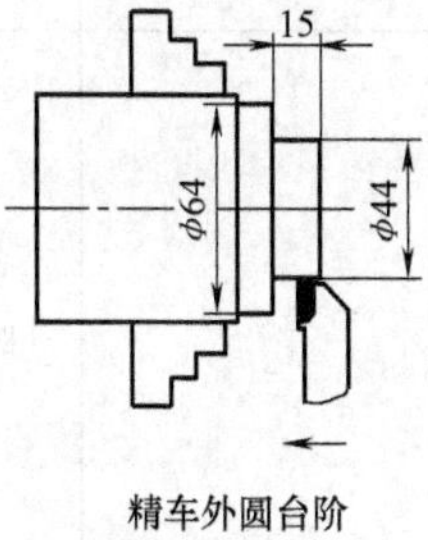 精车外圆台阶	精车 ϕ44mm、ϕ64mm 外圆，长度分别为 15mm、6mm	90°外圆车刀	千分尺
4	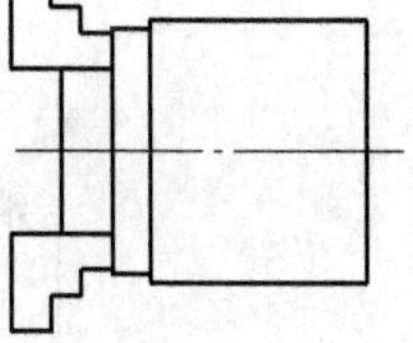 掉头装夹	工件掉头装夹，夹住 ϕ44mm 外圆，顶住台阶装夹		

（续）

工步	图　　示	操作内容	刀具名称	检测方法
5	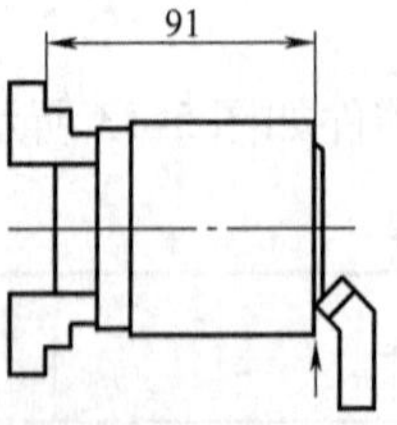 车端面保总长	粗、精加工端面，保证工件总长91mm，钻中心孔	45°外圆车刀	游标卡尺
6	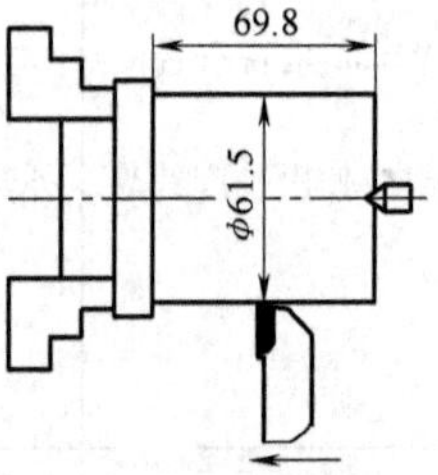 粗车外圆	采用一夹一顶的方式装夹，粗车ϕ61.5mm外圆，车削长度为69.8mm	90°外圆车刀	游标卡尺
7	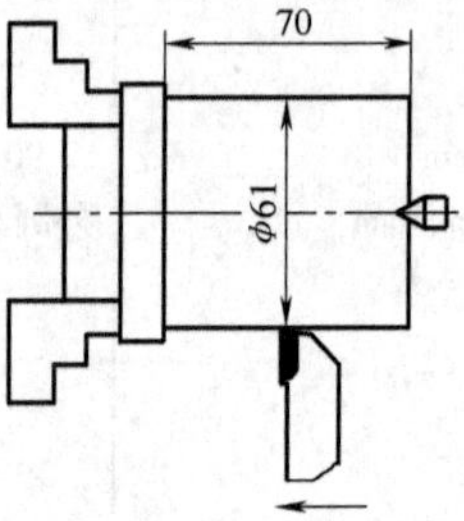 精车 外圆	精车ϕ61mm外圆，车削长度为70mm	90°外圆车刀	千分尺
8	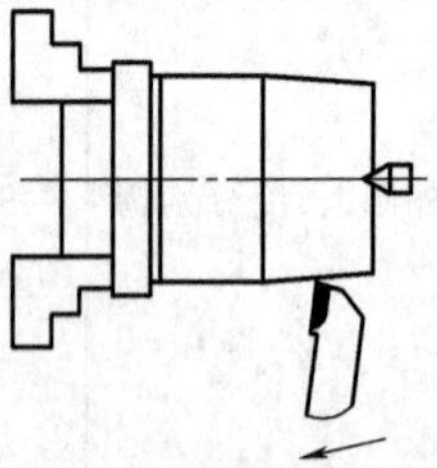 粗车外圆锥	粗车外圆锥	90°外圆车刀	游标万能角度尺
9	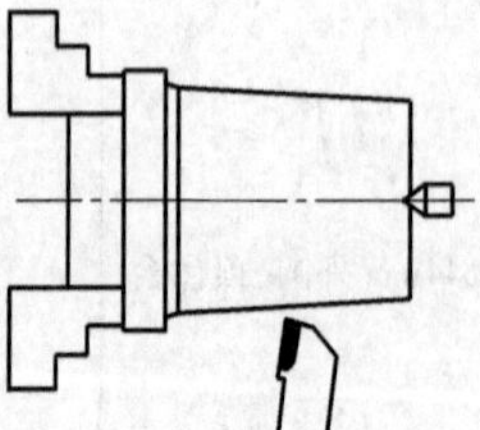 精车外圆锥	精车外圆锥	90°外圆车刀	游标万能角度尺

（续）

工步	图　示	操作内容	刀具名称	检测方法
10	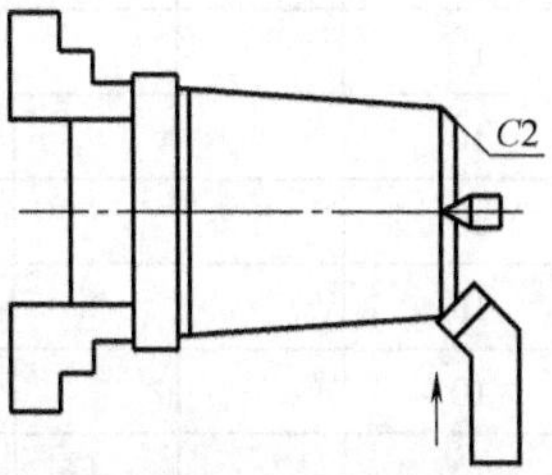  倒角	倒角	45° 外圆车刀	

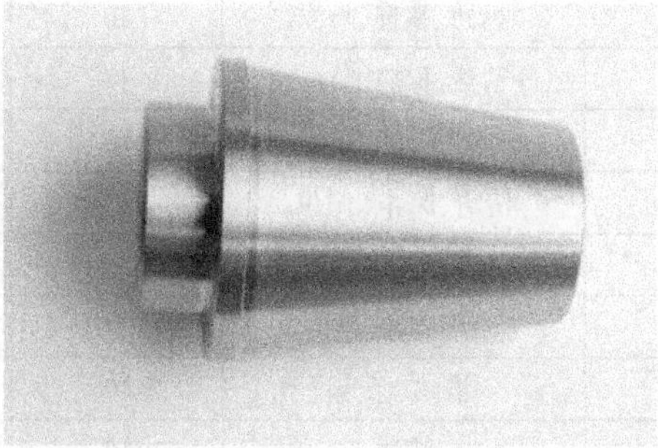

图 5-13　加工完成后的零件

任务评价

1）工件的质量评价见表 5-14。

表 5-14　工件质量评分表

项目		序号	检 测 内 容	配分	学生		教师评分
					自检	互检	
基本检查	准备	1	切削加工工艺制订正确	5			
		2	切削用量选择合理	5			
		3	刀具刃磨质量符合要求	5			
	操作	4	设备操作、维护保养正确	3			
		5	操作要领正确	5			
		6	刀具选择、安装正确、规范	3			
		7	工件找正、安装正确、规范	4			

（续）

项目	序号	检测内容	配分	学生		教师评分
				自检	互检	
工作态度	8	遵守“7S”规范，纪律表现良好	10			
尺寸	9	$\phi64_{-0.04}^{0}$ mm	10			
	10	$\phi44_{-0.04}^{0}$ mm	10			
	11	15mm	10			
	12	(70 ± 0.35) mm	10			
	13	(91 ± 0.35) mm	10			
	14	$C2$	5			
	15	$Ra1.6\mu m$	5			
综合得分			100			

2）机床的清洁与保养记录见表 5-15。

表 5-15　机床的清洁与保养记录

序号	内　容	要　求	配分	得分	结果记录
1	刀具	拆卸、整理、归位	10		
2	量具	清洁、保养、归位	10		
3	工具	整理、归位	10		
4	工作台	清洁、保养、归位	10		
5	导轨、润滑部位	清洁、保养、加油润滑	10		
6	主轴	清洁、保养	5		
7	刀架	清洁、保养	10		
8	机床外观	清洁	10		
9	电源	切断	5		
10	切屑	清扫	10		
11	工作区域	清扫	10		
总分					

学生签名＿＿＿＿＿　　教师签名＿＿＿＿＿　　日期＿＿＿＿＿

小提示：批量生产时，工件的总长和中心孔的大小、深度必须保持一致，否则，加工出工件的锥度将不一致。

知识链接一　尾座偏移量的计算及偏移尾座法的特点

用偏移尾座法车削外圆锥面，就是将尾座上层滑板横向偏移一个距离 S，使尾座偏移后，前、后两顶尖的连线与车床的主轴轴线相交成一个等于圆锥半角的角度，当床鞍带着车刀沿平行于主轴轴线的方向移动时，工件就被车削成一个圆锥体。

根据工件的锥度 C 或圆锥半角 $\alpha/2$，将尾座顶尖偏移一个距离，使工件的回转轴线与车床主轴轴线的交角等于圆锥半角 $\alpha/2$，然后使车刀沿纵向机动进给，即可车出所需的圆锥面，如图 5-14 所示。

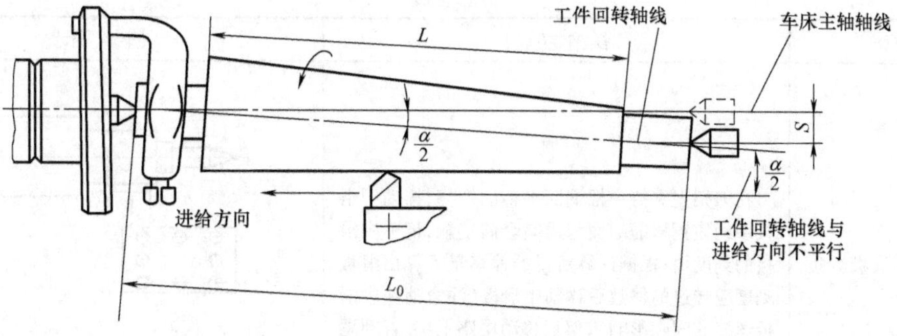

图 5-14　用偏移尾座法车削圆锥

尾座偏移量的公式为

$$S = L_0 \frac{C}{2} = L_0 \frac{D-d}{2L} = L_0 \tan \frac{\alpha}{2}$$

式中　D——最大圆锥直径，单位为 mm；

d——最小圆锥直径，单位为 mm；

L_0——工件全长，单位为 mm；

L——圆锥长度，单位为 mm；

C——锥度。

偏移尾座法能加工较长工件上的锥面，并能机动纵向进给切削，但不能加工锥孔，一般圆锥半角不能太大，即 $\alpha/2 < 8°$。

偏移尾座法车削外圆锥面的特点如下：

1）适宜加工锥度小、精度不高、锥度较长的工件；受尾座偏移量的限制，不能加工锥度较大的工件。

2）可以采用纵向机动进给车削，使加工表面的刀纹均匀，表面粗糙度值小，表面质量较好。

3）由于工件需要两顶尖装夹，因此不能车削整锥体，也不能车削圆锥孔。

知识链接二　偏移尾座的方法（表 5-16）

表 5-16　偏移尾座的方法

类型	操作方法	图示
利用尾座刻度偏移	先松开尾座上的紧固螺母，然后用六角扳手转动尾座上层两侧的螺钉 1、2 进行调整。车削正锥时，松螺钉 1，紧螺钉 2，使尾座上层根据刻度值向里（向操作者）移动距离 S，车削倒锥时则相反，然后拧紧尾座紧固螺母 这种方法操作方便，一般尾座上有刻度的车床都可以采用	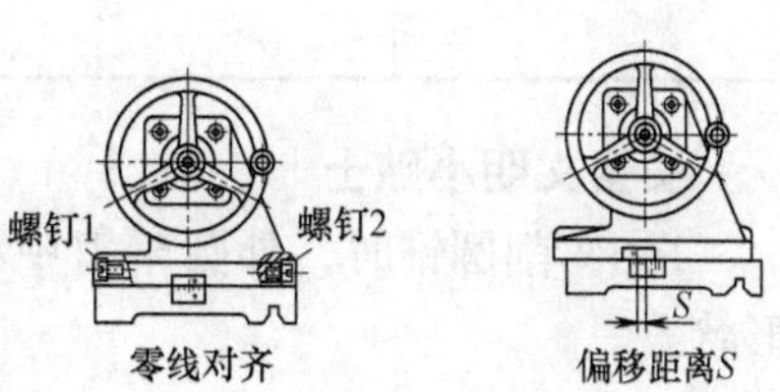

（续）

类型	操作方法	图　示
利用中滑板刻度偏移	在刀架上夹持一根端面平整的铜棒，摇动中滑板手柄使铜棒的端面与尾座套筒接触，记下中滑板的刻度值；根据计算所得的偏移量 S 算出滑板刻度应转过的格数后移动中滑板（注意消除中滑板丝杠的间隙影响）；然后移动尾座上层，直到尾座套筒与铜棒端面接触为止	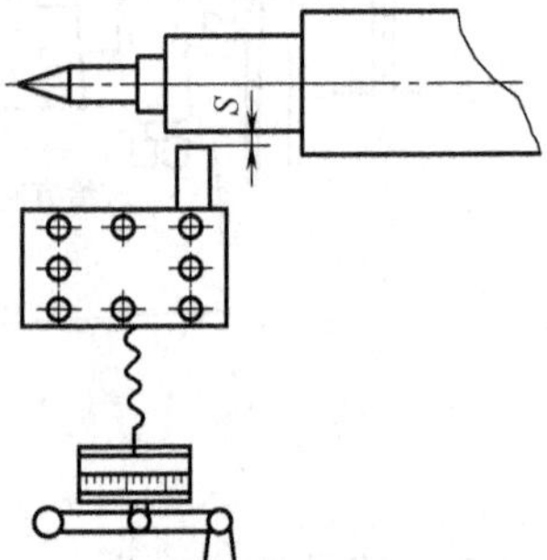
利用百分表刻度偏移	将百分表固定在刀架上，使百分表的测量头与尾座套筒接触（百分表测量杆的轴线应在尾座套筒的水平轴平面内，并垂直于尾座套筒的轴线），调整百分表使指针处于零位；然后按偏移量调整尾座，当百分表转动至 S 值时，将尾座固定 利用百分表能准确地调整尾座偏移量	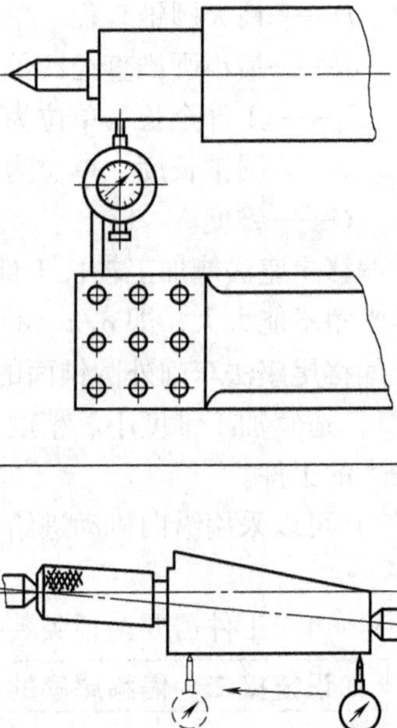
利用锥度量棒或样板刻度偏移	先将锥度量棒（或标准样件）安装在两顶尖之间，在刀架上固定一百分表，使百分表的测量头与锥度量棒的素线接触（百分表测量杆应位于锥度量棒的水平轴平面内，并垂直于主轴轴线）；然后偏移尾座，纵向移动床鞍，使百分表在锥度量棒圆锥面两端的读数一致后，固定尾座 使用这种方法偏移尾座时，必须选用与加工工件等长的锥度量棒或标准样件，否则加工出的锥度是不正确的	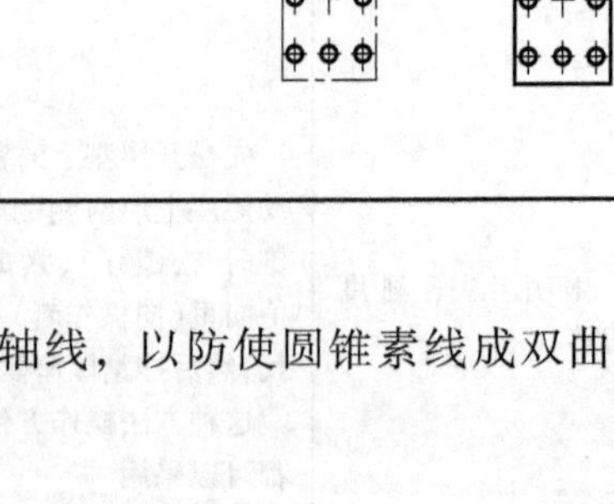

安全文明小贴士

1）车削圆锥时，外圆车刀中心的高度必须对准工件轴线，以防使圆锥素线成双曲线形状。

2）偏移尾座时，应仔细、耐心，熟练掌握偏移方向。

3）如果是批量生产，应严格控制工件总长和中心孔的大小。中心孔的大小须保持一致，否则会产生角度误差。

4）检测外圆锥时，表面粗糙度值应小于 $Ra3.2\mu m$，且无毛刺，工件与套规表面应清洁。

5）用圆锥套规检查时，只可沿一个方向转动半圈以内，否则易造成判断错误。

任务解析

（1）情景预演　车削圆锥时，如果多次调整小滑板的转角，但仍不能校正；用圆锥套规检测外圆锥时，如果两端的显示剂被擦去，而中间未被擦去；用圆锥塞规检测内圆锥时，如果中间部位的显示剂被擦去，而两端未被擦去，其原因可能是车刀的刀尖没有对准工件的回转轴线而产生了双曲线误差。

（2）任务分析　加工长的圆锥工件时，若长度过长或夹持部分不足，则零件在加工过程中的刚性将不能得到保证，从而产生甩动现象，使车刀的切削力不均衡。此时，需要在零件的端面上钻一个中心孔，采用一夹一顶的方式装夹来加工。

（3）任务小结　通过本任务的学习，学生可以掌握测量外圆锥锥度的方法以及长圆锥体零件的加工方法，为更深入、全面地学习车工技术打下扎实的基础。

想想练练

想一想

一、选择题

1. 圆锥面的公称尺寸是指（　　）。

A. 母线　　B. 大端直径　　C. 小端直径

2. 圆锥的尺寸精度一般是指锥体（　　）的尺寸精度。

A. 母线长度　　B. 大端或小端直径　　C. 锥度

3. 公制工具圆锥的锥度为（　　）。

A. 1∶20　　B. 1∶16　　C. 1∶5

二、判断题

1. 车削60°圆锥面可采用靠模法。（　　）

2. 用转动小滑板法车削圆锥面时，车床小滑板应转过的角度为圆锥角。（　　）

3. 角度大的圆锥孔可用偏移尾座法车削。（　　）

三、计算题

已知一圆锥体的 $D=40\text{mm}$、$d=35\text{mm}$、$L=120\text{mm}$，$L_0=200\text{mm}$，用偏移尾座法加工此圆锥体时，尾座的偏移量 S 为多少？

四、简答题

1. 用尾座偏移法车削圆锥有哪些优缺点？偏移尾座主要有哪几种测量方法？

2. 车削圆锥时，若车刀刀尖没有对准工件轴线，对工件质量将有什么影响？

3. 试述车削圆锥体时锥体不正确的原因及其预防方法。

练一练

加工如图5-15所示的长圆锥体零件，其质量评价见表5-17。

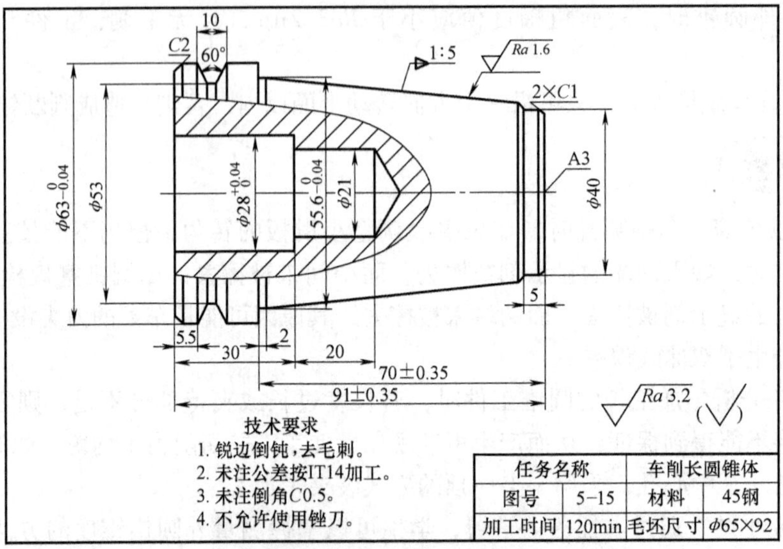

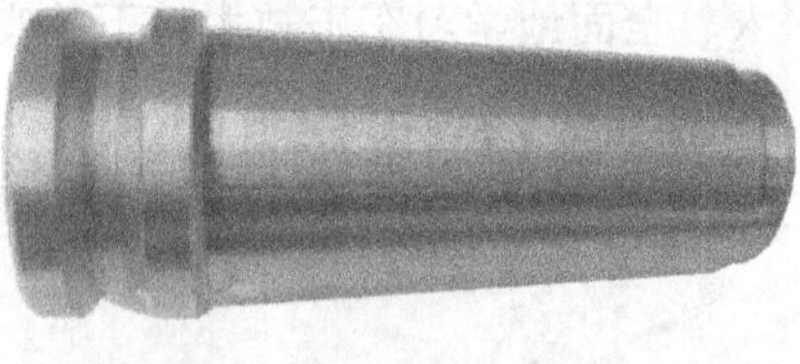

图 5-15　长圆锥体零件图

表 5-17　工件质量评分表

项目		序号	检测内容	配分	学生		教师评分
					自检	互检	
基本检查	准备	1	切削加工工艺制订正确	5			
		2	切削用量选择合理	5			
		3	刀具刃磨质量符合要求	5			
	操作	4	设备操作、维护保养正确	3			
		5	操作要领正确	5			
		6	刀具选择、安装正确、规范	3			
		7	工件找正、安装正确、规范	4			
工作态度		8	遵守“7S”规范，纪律表现良好	10			
尺寸		9	$\phi63_{-0.04}^{\ 0}$ mm	8			
		10	$\phi55.6_{-0.04}^{\ 0}$ mm	16			
		11	锥度 1:5	10			
		12	$\phi40$mm	8			
		13	5mm	4			
		14	(70 ±0.35) mm	6			
		15	$C1$	4			
		16	$Ra1.6\mu m$	4			
		综合得分		100			

项目六　加工成形面

任务一　加 工 滚 花

学习目标

1. 了解滚花的种类及作用。
2. 掌握滚花前的车削尺寸。
3. 掌握滚花刀在工件上的挤压方法及挤压要求。
4. 能分析滚花时产生乱纹的原因及其预防方法。
5. 能用各类滚花刀进行滚花的加工。

友情提示：建议用 8 学时完成本学习任务。

任务描述

分析如图 6-1 所示的滚花零件图，制订合理的加工工艺，选择合适的加工刀具，并按要求操作卧式车床，完成滚花的加工及检测。

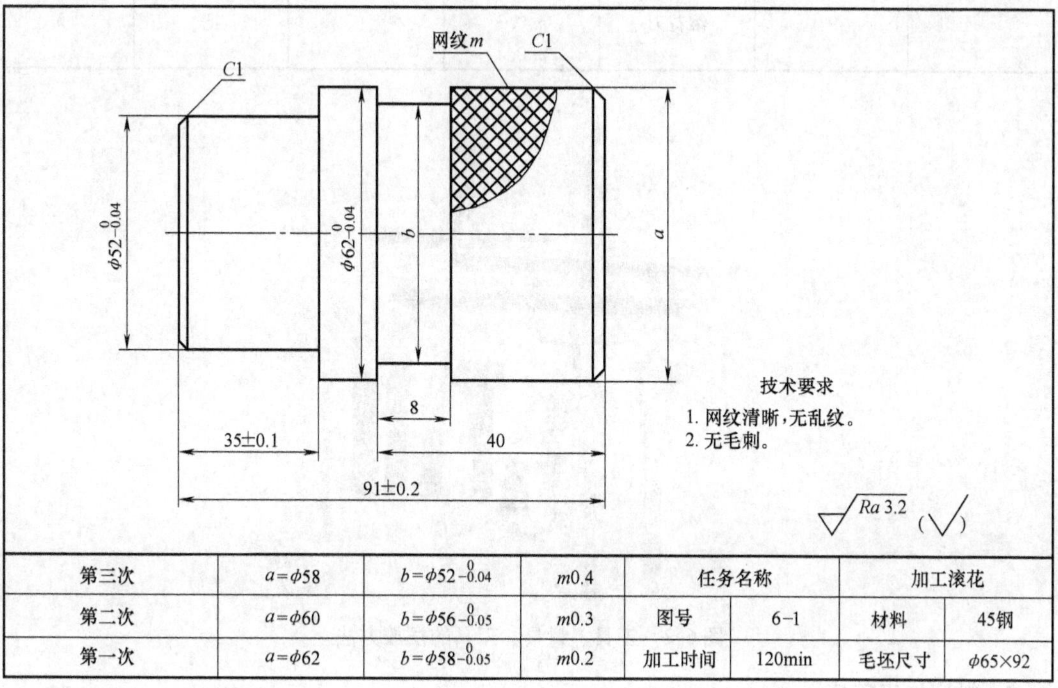

第三次	$a=\phi58$	$b=\phi52_{-0.04}^{\ 0}$	$m0.4$	任务名称		加工滚花	
第二次	$a=\phi60$	$b=\phi56_{-0.05}^{\ 0}$	$m0.3$	图号	6−1	材料	45钢
第一次	$a=\phi62$	$b=\phi58_{-0.05}^{\ 0}$	$m0.2$	加工时间	120min	毛坯尺寸	$\phi65\times92$

图 6-1　滚花零件图

在机械加工中，有很多带有滚花的零件，其作用是增加摩擦力和使零件美观。滚花的应用有卡尺上的锁紧螺母、螺纹环规的外表面、千分尺微分筒的表面等。

任务实施

1. 工具、量具、刀具的选择

（1）量具的选择　使用 0 ~ 150mm 的游标卡尺、150mm 的钢直尺、50 ~ 75mm 的千分尺。

（2）刀具的选择　加工材料为 45 钢，用 90°外圆车刀、45°外圆车刀加工工件表面，控制工件的精度和表面质量，用滚花刀进行滚花。

本任务所用的工具、量具、刀具见表 6-1，其摆放方法如图 6-2 所示。

表 6-1　加工滚花零件的工具、量具、刀具清单

种类	序号	名称	规格	精度/mm	单位	数量
工具	1	活扳手	250mm		把	1
	2	刀架钥匙	17mm × 17mm		把	1
	3	卡盘钥匙	12mm × 12mm		把	1
量具	4	钢直尺	0 ~ 150mm		支	1
	5	游标卡尺	0 ~ 150mm	0.02	支	1
	6	千分尺	50 ~ 75mm	0.01	支	1
刀具	7	90°外圆车刀	25mm × 25mm		把	1
	8	45°外圆车刀	25mm × 25mm		把	1
	9	滚花刀	m 0.2 m 0.3 m 0.4		把	3

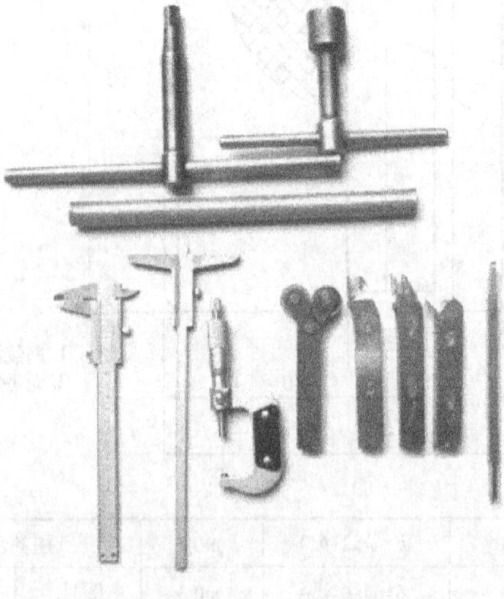

图 6-2　工具、量具、刀具的摆放方法

2. 制订加工工序

1）滚花零件的加工工序卡片见表 6-2。

表 6-2　滚花零件的加工工序卡片

普通车工加工工序卡片			零件名称		材料		零件图号
			滚花零件		45 钢		6-1
夹具名称			设备型号				车间
自定心卡盘			CA6140A				普通车工
工步号	工步内容	刀具名称	刀具规格 /mm×mm	切削用量的选择(推荐值)			备注
				主轴转速 /(r/min)	进给速度 /(mm/r)	背吃刀量 /mm	
1	车削工件端面	45°外圆车刀	25×25	500	0.1	0.2	
2	粗车工件外圆	90°外圆车刀	25×25	500	0.25	2	
3	掉头,车削端面	45°外圆车刀	25×25	500	0.1	0.2	
4	车削工件外圆	90°外圆车刀	25×25	500	0.25	2	
5	滚压网纹	滚花车刀	25×25	180	0.12	0.3	
6	工件倒角	45°外圆车刀	25×25	800	手动	1	
7	掉头,车削端面	45°外圆车刀	25×25	500	0.1	0.2	
8	精车工件外圆	90°外圆车刀	25×25	700	0.12	1	
编制		审核	批准		共　页	第　页	

根据工作任务做好加工准备工作，并操作机床加工滚花。

① 清点生产要素。

毛坯尺寸：__________；车削刀具：__________；量具：__________。

② 检查机床。

检查方法：______________________________。

是否正常：□正常　　□不正常

处理意见：______________________________。

③ 按照“7S”标准摆放生产要素。

□正确　　□不正确

④ 装夹毛坯。

伸出长度：__________。

2）滚花零件的加工过程见表 6-3，加工完成后的零件如图 6-3 所示。

表 6-3　滚花零件的加工过程

工步	图　示	操作内容	刀具名称	检测方法
1	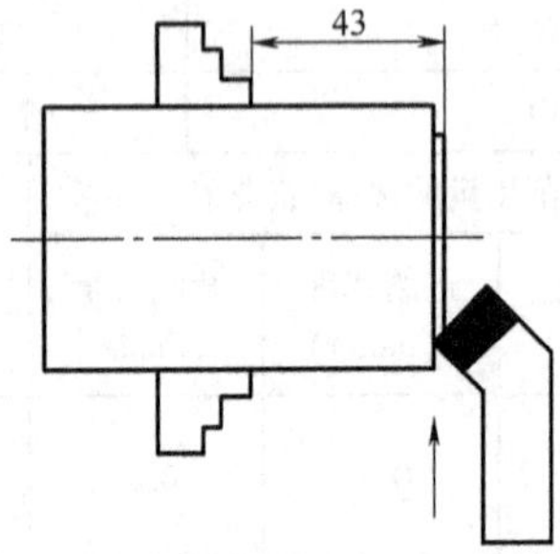 车削端面	1)检查毛坯是否符合图样要求 2)用自定心卡盘夹持毛坯,伸出长度约为43mm,粗、精车端面	45° 外圆车刀	游标卡尺
2	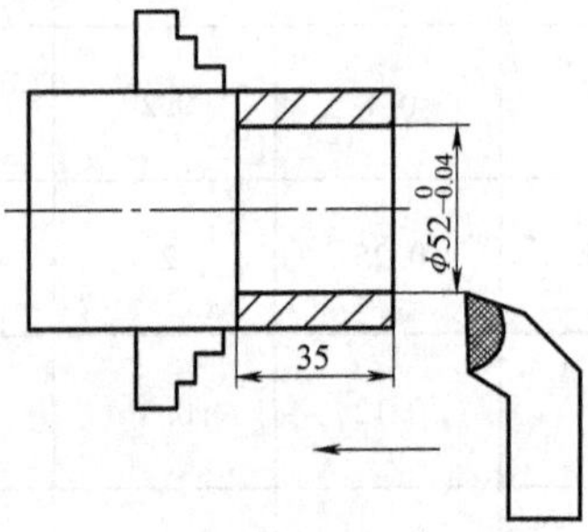 车削外圆	粗、精车外圆至要求,长为35mm	90° 外圆车刀	游标卡尺、千分尺
3	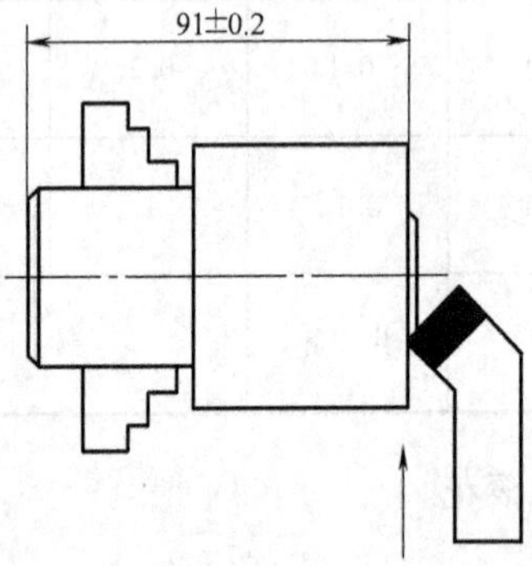 车削端面	1)找正工件右端外圆并夹紧 2)粗、精车端面,保证工件的长度尺寸	45° 外圆车刀	游标卡尺
4	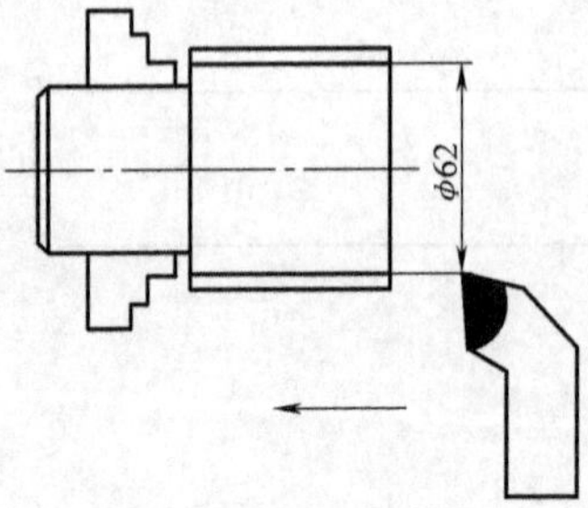 车削外圆	粗、精车外圆至滚花加工要求	90° 外圆车刀	游标卡尺、千分尺

（续）

工步	图　示	操作内容	刀具名称	检测方法
5	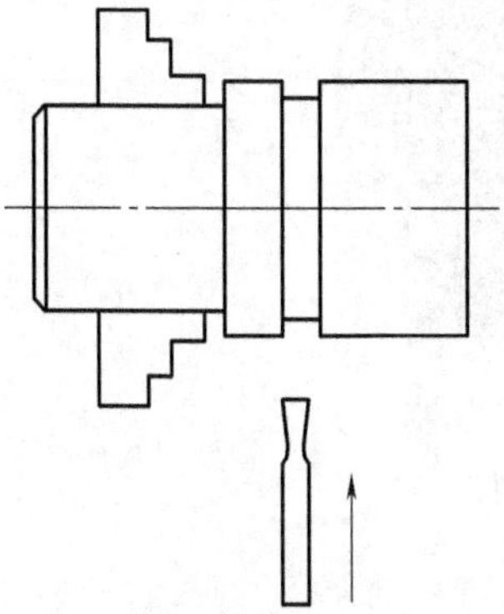 车槽	用槽刀车槽	车槽刀	游标卡尺
6	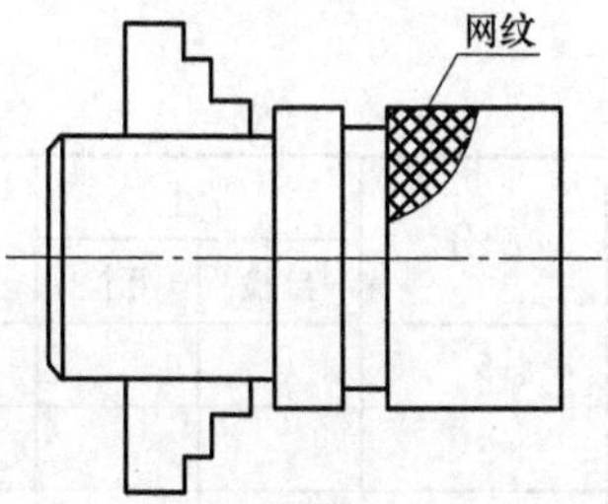 滚花	换滚花刀滚压网纹	滚花刀（m0.2）	
7	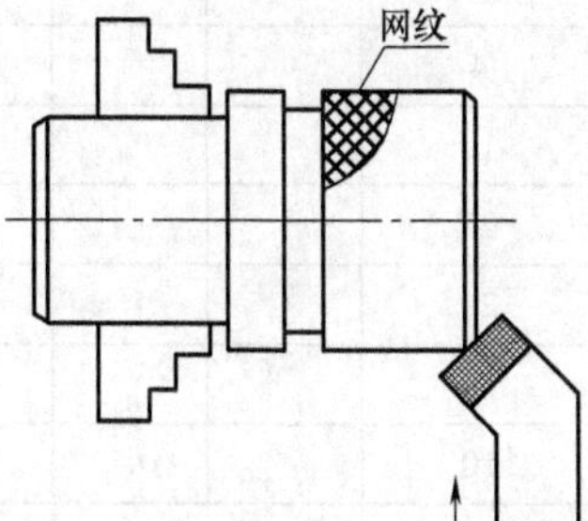 倒角	换45°外圆车刀并对刀，倒角	45°外圆车刀	
8	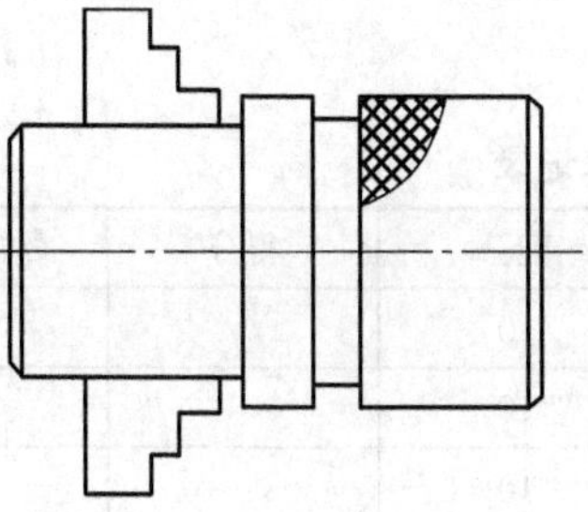 测量	1）测量 2）打扫机床，保养机床		游标卡尺、千分尺

图 6-3　加工完成后的零件

任务评价

1）工件的质量评价见表 6-4 所示。

表 6-4　工件质量评分表

项目		序号	检测内容	配分	学生		教师评分
					自检	互检	
基本检查	准备	1	切削加工工艺制订正确	5			
		2	切削用量选择合理	5			
	操作	3	设备操作、维护保养正确	3			
		4	操作要领正确	5			
		5	刀具选择、安装正确、规范	3			
		6	工件找正、安装正确、规范	4			
工作态度		7	遵守“7S”规范，纪律表现良好	10			
尺寸		8	$\phi52_{-0.04}^{0}$ mm	20			
		9	$m0.2$	20			
		10	C1（2 处）	10			
		11	$Ra3.2\mu m$	10			
		12	（91 ±0.2）mm	5			
综合得分				100			

2）机床的清洁与保养记录见表 6-5。

表 6-5　机床的清洁与保养记录

序号	内　容	要　求	配分	得分	结 果 记 录
1	刀具	拆卸、整理、归位	10		
2	量具	清洁、保养、归位	10		
3	工具	整理、归位	10		
4	工作台	清洁、保养 、归位	10		

（续）

序号	内 容	要 求	配分	得分	结果记录
5	导轨、润滑部位	清洁、保养、加油润滑	10		
6	主轴	清洁、保养	5		
7	刀架	清洁、保养	10		
8	机床外观	清洁	10		
9	电源	切断	5		
10	切屑	清扫	10		
11	工作区域	清扫	10		
总分					

学生签名____________ 教师签名____________ 日期____________

安全文明小贴士

1）滚花时，应选低的切削速度，一般为5～10m/min；纵向进给量应选得大些，一般为0.3～0.6mm/r。

2）滚花时，应充分浇注切削液以润滑滚轮并防止滚轮发热损坏，并应经常清除滚压产生的碎屑。

3）滚花时的背向力很大，所用车床的刚度应较高，工件必须装夹牢靠。

4）在滚花过程中，不能用手或棉纱接触工件的滚花表面，以防伤人。

5）在细长工件上滚花时，要防止顶弯工件；薄壁工件要防止其变形。

6）滚花时若压力过大，进给速度过慢，则滚花表面往往会出现台阶形凹坑。

小提示：加工滚花之前一定要先调好转速，选择合适的自动进给参数。

知识链接

知识链接一 滚花的相关知识

机械中常见的带有滚花的零件如图6-4所示。

1. 滚花花纹的种类

滚花的花纹形式有直纹和网纹两种，如图6-5所示。花纹有粗细之分，并用模数 m 进行区分，模数越大，花纹越粗。

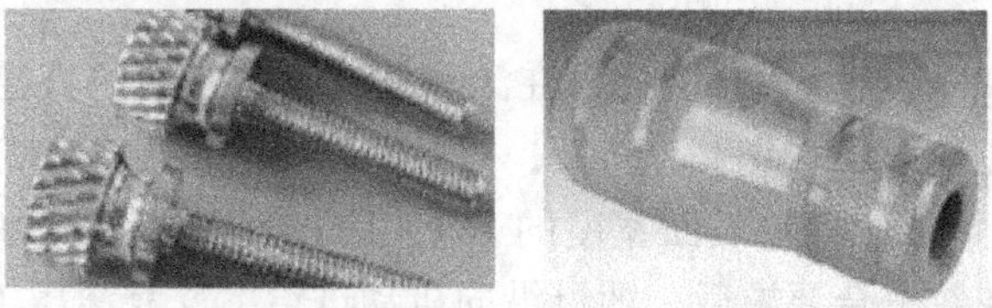

图6-4 滚花零件

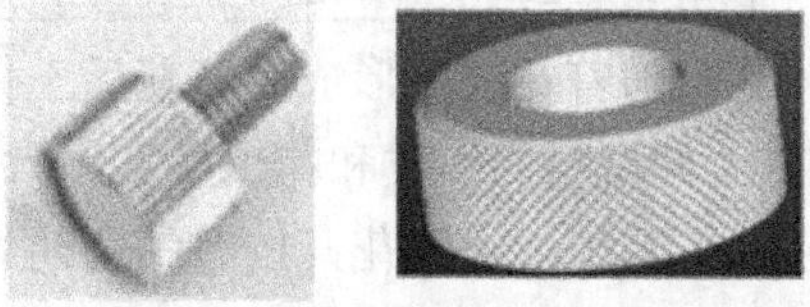

a) b)

图6-5 花纹的种类

a）直纹 b）网纹

2. 滚花刀

滚花刀一般有单轮、双轮和六轮三种，如图6-6所示。单轮滚花刀通常用于压直花纹和斜花纹，双轮滚花刀和六轮滚花刀用于滚压网纹。

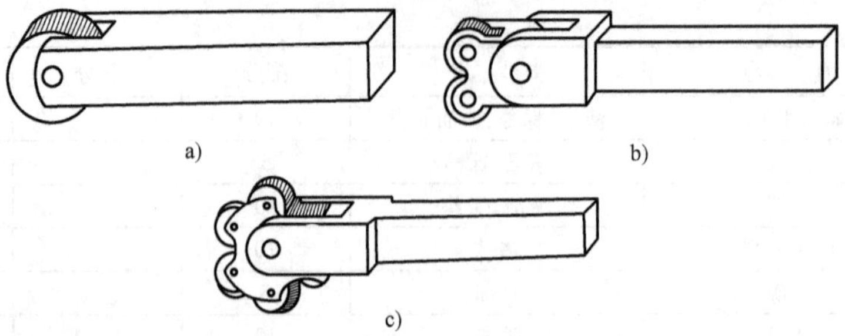

图 6-6　滚花刀

a）单轮　b）双轮　c）六轮

3. 滚花的尺寸规格

滚花的尺寸规格如图 6-7 所示，各部分的尺寸见表 6-6。

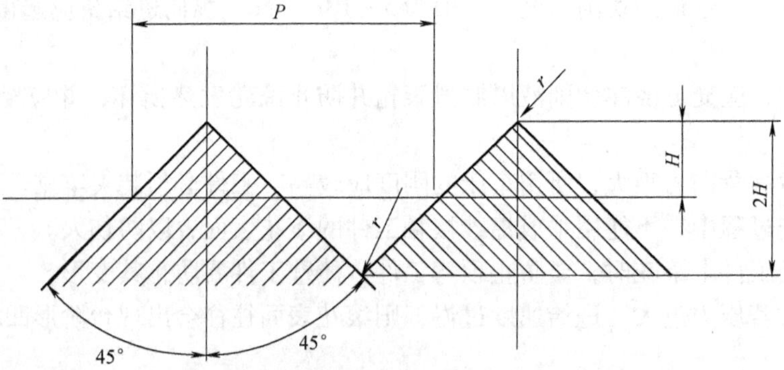

图 6-7　滚花的尺寸规格

P—节距　r—圆角半径　H—花纹深度

表 6-6　滚花花纹各部分的尺寸　　（单位：mm）

m	r	H	节距 $P=\pi m$
0. 2	0. 06	0. 132	0. 628
0. 3	0. 09	0. 198	0. 942
0. 4	0. 12	0. 264	1. 257
0. 5	0. 16	0. 326	1. 571

注：$H=0.785m-0.414r$。

知识链接二　滚花的技术要求

1）随着花纹的形成，滚花后工件的直径会增大。因此，在滚花前，滚花表面的直径应根据工件材料的性质和花纹模数的大小相应车小 0. 8 ~ 1. 6mm。

2）为了减小滚花开始时的背向力，可以使滚轮表面宽度的 1/3 ~ 1/2 与工件表面接触，使滚花刀容易切入工件表面。停车检查花纹符合要求后，即可纵向机动进给。反复滚压 1 ~ 3 次，直至花纹凸出达到要求为止。

3）开始滚压时的挤压力应大且猛些，使工件圆周上一开始就形成较深的花纹，这样不易产生乱纹。

知识链接三　滚花刀的安装

安装滚花刀的方法见表 6-7。

表 6-7　安装滚花刀的方法

序号	安装步骤	安装要求	正确图示	错误图示
1	垫片应平整，并与刀架对齐，一般不超过 2～3 片	垫片应与刀架边缘对齐		
2	放置滚花刀	滚花刀的刀杆不宜伸出过长，一般伸出滚轮部分即可		
		滚花刀刀杆的中心线应与进给方向垂直或平行		
3	找正滚花刀	滚花刀的滚轮部分和刀杆的连接中心应与车床的主轴轴线等高		
4	拧紧滚花刀	两个螺钉交替拧紧	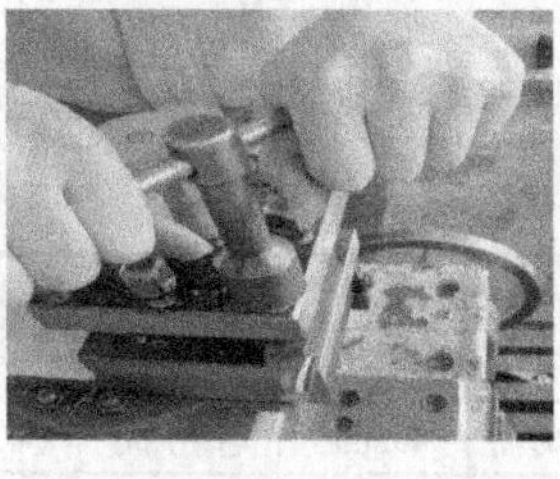	

任务解析

（1）情景预演　操作过程中易出现乱纹现象。

（2）任务分析　在开始滚压时，挤压力要大且猛些，使工件圆周上一开始就形成较深的花纹，这样不易产生乱纹。

（3）任务小结　通过本任务的学习，学生可以掌握车削滚花零件所用的刀具、量具的使用方法，滚花类零件的安装与找正方法以及滚花类零件的加工方法，为更深入、全面地学习车工技术打下扎实的基础。

想想练练

想一想

一、填空题

1. 滚花刀一般分为____________、____________和____________三种。

2. 为了减小滚花开始时的背向力，可以使滚轮表面宽度的____________与工件表面接触，使滚花刀容易切入工件表面。

3. 滚花时，应选低的切削速度，一般为____________。

二、判断题

1. 单轮滚花刀可以加工出网纹。　（　）

2. 装滚花刀时，相对于端面可以适当偏斜一点。　（　）

3. 滚花时的背向力很大，所用车床的刚度应较高，工件必须装夹牢靠。　（　）

练一练

加工如图 6-8 所示的滚花零件，其质量评价见表 6-8。

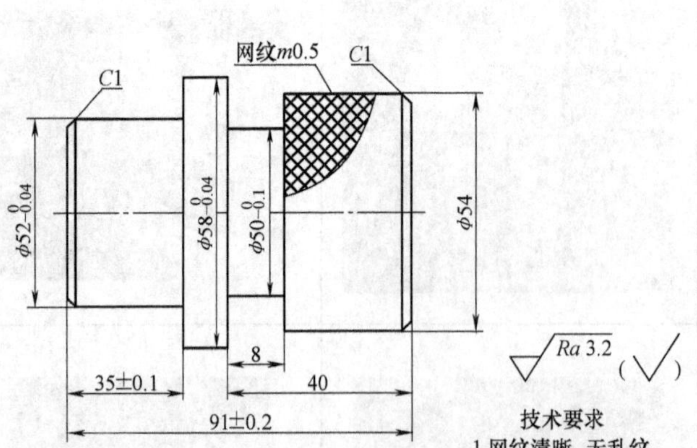

任务名称		加工滚花	
图　号	6-8	材料	45钢
加工时间	40min	毛坯尺寸	φ65×92

图 6-8　滚花零件图

表 6-8　工件质量评分表

项目		序号	检测内容	配分	学生		教师评分
					自检	互检	
基本检查	准备	1	切削加工工艺制订正确	5			
		2	切削用量选择合理	5			
	操作	3	设备操作、维护保养正确	3			
		4	操作要领正确	5			
		5	刀具选择、安装正确、规范	3			
		6	工件找正、安装正确、规范	4			
工作态度		7	遵守“7S”规范，纪律表现良好	10			
尺寸		8	$\Phi 52_{-0.04}^{0}$ mm、$\phi 58_{-0.04}^{0}$ mm	20			
		9	$m0.5$	20			
		10	$C1$（2 处）	10			
		11	$Ra3.2\mu m$	10			
		12	(91 ±0.2)mm	5			
综合得分				100			

任务二　加工球形面

学习目标

1. 了解球形面的应用。
2. 掌握车削球形面的步骤和方法。
3. 能够根据图样要求，用千分尺、圆弧规、样板对球形面进行测量。
4. 了解圆球长度 L 的计算方法。

友情提示：建议用 8 学时完成本学习任务。

任务描述

分析如图 6-9 所示的球形面零件图，制订合理的加工工艺，选择合适的加工刀具，并按要求操作卧式车床，完成球形面的加工及检测。

在机器中，有些零件的轴向剖面呈曲线形，这些面为球形面。球形面的应用场合有手柄、圆球等。

任务实施

1. 工具、量具、刀具的选择

（1）量具的选择　量具选用 0 ~ 150mm 的游标卡尺（分度值为 0.02mm）、150mm 的钢直尺、测量范围为 50 ~ 75mm 的千分尺、球形样板。

（2）刀具的选择　加工材料为 45 钢，用 90°外圆车刀、45°外圆车刀加工工件表面，控

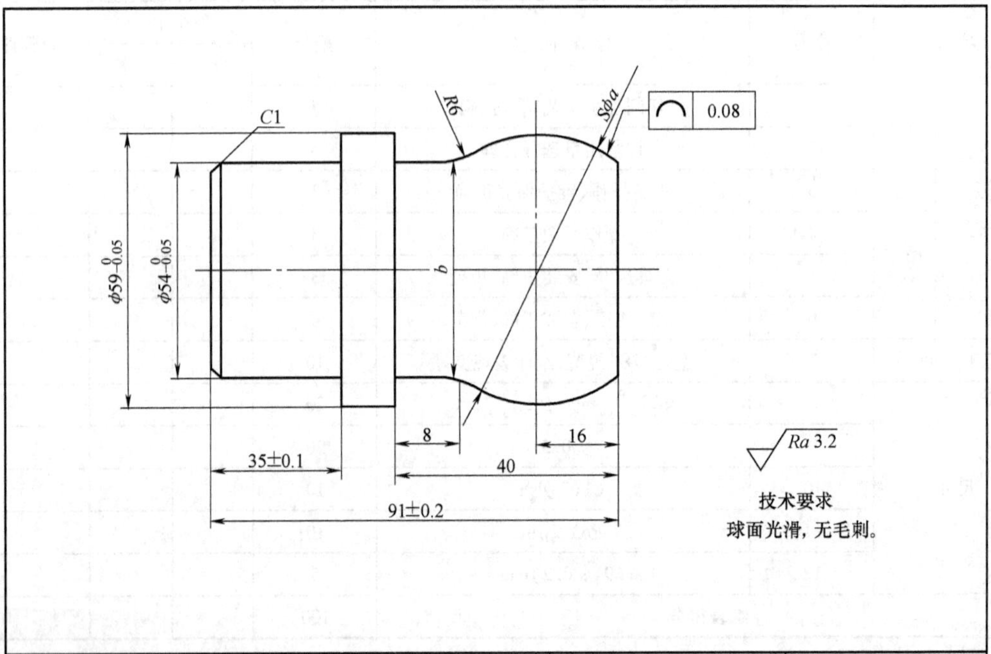

第三次	$a=\phi56\pm0.1$	$b=\phi50_{-0.04}^{\ 0}$	任务名称		球面	
第二次	$a=\phi58\pm0.1$	$b=\phi52_{-0.05}^{\ 0}$	图　号	6-9	材料	45钢
第一次	$a=\phi60\pm0.1$	$b=\phi54_{-0.05}^{\ 0}$	加工时间	120min	毛坯尺寸	$\phi65\times92$

图 6-9　球形面零件图

制工件的精度和表面质量；用车槽刀车槽；用球头刀加工球形面。

本任务所用的工具、量具、刀具见表 6-9，其摆放方法如图 6-10 所示。

表 6-9　加工球形面零件的工具、量具、刀具清单

种类	序号	名称	规格	精度/mm	单位	数量
工具	1	活扳手	250mm		把	1
	2	刀架钥匙	17mm × 17mm		把	1
	3	卡盘钥匙	12mm × 12mm		把	1
量具	4	钢直尺	0 ~ 150mm		支	1
	5	游标卡尺	0 ~ 150mm	0.02	支	1
	6	半径样板	R1 ~ R6.5mm		支	1
	7	半径样板	R26 ~ R80mm		支	1
刀具	8	90°外圆车刀	25mm × 25mm		把	1
	9	45°外圆车刀	25mm × 25mm		把	1
	10	车槽刀	4mm × 30mm		把	1
	11	球头刀	R2mm		把	1

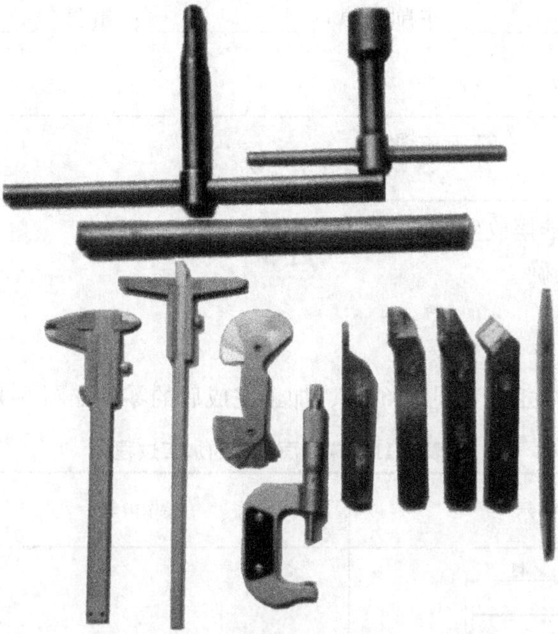

图6-10　工具、量具、刀具的摆放方法

2. 制订加工工序

1）球形面零件的加工工序卡片见表6-10。

表6-10　球形面零件的加工工序卡片

普通车工加工工序卡片				零件名称		材料	零件图号
				球形面		45钢	6-9
夹具名称			设备型号				车间
自定心卡盘			CA6140A				普通车工
工步号	工步内容	刀具名称	刀具规格/mm×mm	切削用量的选择(推荐值)			备注
				主轴转速/(r/min)	进给速度/(mm/r)	背吃刀量/mm	
1	车削工件端面	45°外圆车刀	25×25	500	0.1	0.2	
2	车削工件外圆、车槽	90°外圆车刀、车槽刀	25×25	500	0.25	2	
3	倒角	45°外圆车刀	25×25	500	手动	0.2	
4	粗、精车球面	*R*2mm球头刀		200			
5	修整抛光	锉刀、砂布		500			
6	检验						
编制		审核		批准		共　页	第　页

根据工作任务，做好加工准备工作，并操作机床加工球形面。

① 清点生产要素。

毛坯尺寸：__________；车削刀具：__________；量具：__________。

② 检查机床。

检查方法：______________________________。

是否正常：□正常　□不正常

处理意见：______________________________。

③ 按照“7S”标准摆放生产要素。

□正确　□不正确

④ 装夹毛坯。

伸出长度：__________。

2）球形面零件的加工过程见表6-11，加工完成后的零件如图6-11所示。

表6-11　球形面零件的加工过程

工步	图　示	操作内容	刀具名称	检测方法
1	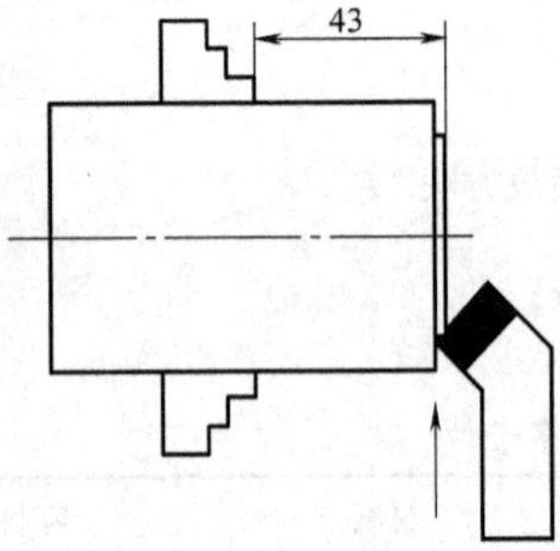 车削端面	1）工件的伸出长度为43mm 2）找正工件右端外圆的中心，夹紧工件 3）车削端面	45°外圆车刀	游标卡尺
2	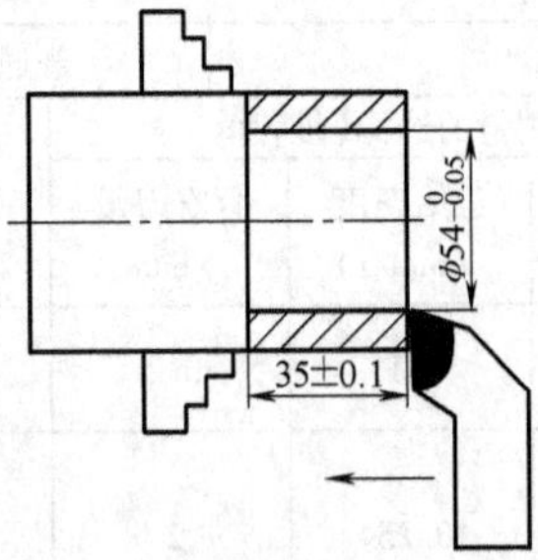 车削外圆	车削外圆至要求	90°外圆刀	游标卡尺、千分尺
3	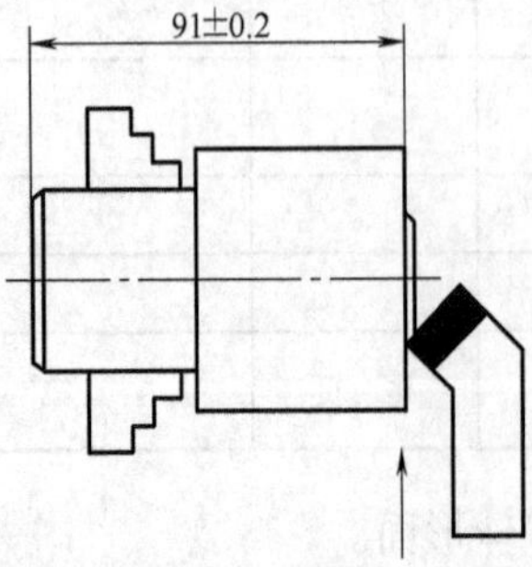 掉头装夹，车削端面	掉头装夹，用45°外圆车刀车削外圆端面，保证零件总长	45°外圆车刀	游标卡尺

（续）

工步	图示	操作内容	刀具名称	检测方法
4	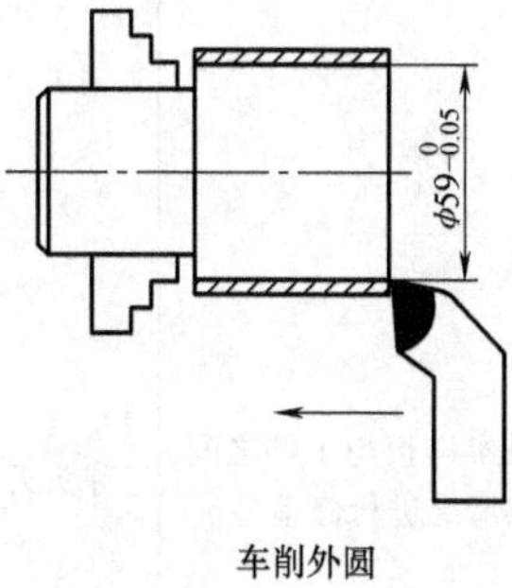车削外圆	车削外圆至尺寸要求	90° 外圆车刀	游标卡尺、千分尺
5	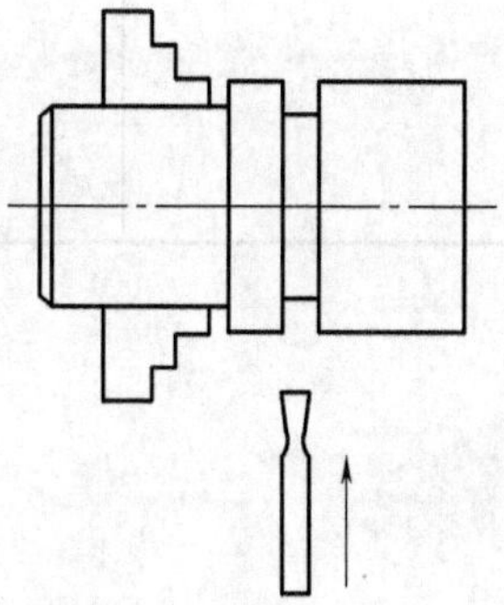车槽	车槽至尺寸要求	车槽刀	游标卡尺
6	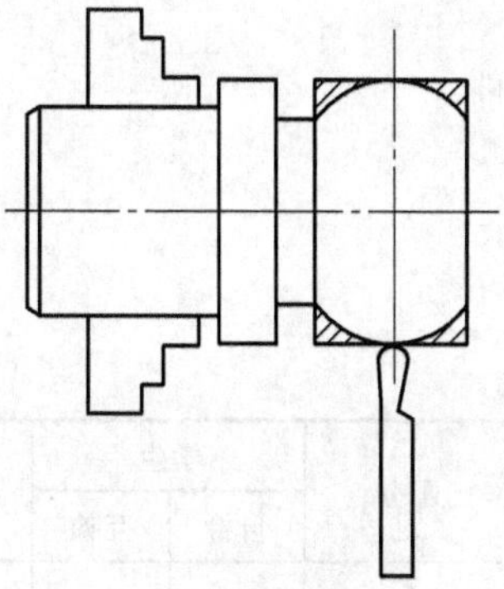车削球形面	1）双手操作，用球头刀粗车球面 2）双手配合应协调、熟练，车刀切入的深度应控制准确，防止将工件局部车小	球头刀	半径样板、千分尺

（续）

工步	图　　示	操作内容	刀具名称	检测方法
7	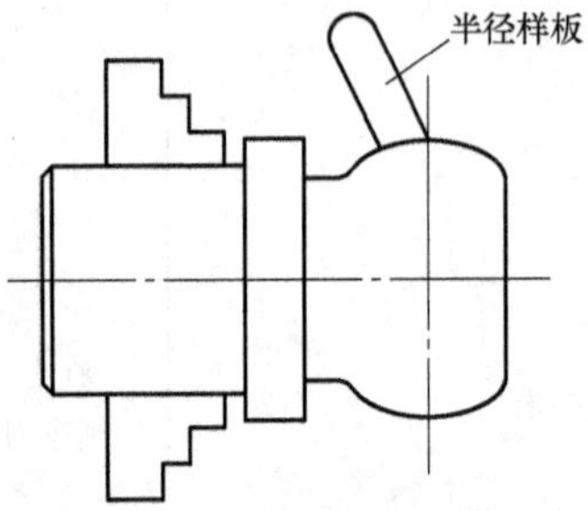  测量	用样板检查球形面，观察样板与工件之间间隙的大小，并根据间隙情况进行修整	球头刀	半径样板、千分尺

图 6-11　加工完成后的零件

任务评价

1）工件的质量评价见表 6-12。

表 6-12　工件质量评分表

项目		序号	检 测 内 容	配分	学生		教师评分
					自检	互检	
基本检查	准备	1	切削加工工艺制订正确	5			
		2	切削用量选择合理	5			
		3	刀具刃磨质量符合要求	5			

（续）

项目		序号	检 测 内 容	配分	学生		教师评分
					自检	互检	
基本检查	操作	4	设备操作、维护保养正确	3			
		5	操作要领正确	5			
		6	刀具选择、安装正确、规范	3			
		7	工件找正、安装正确、规范	4			
工作态度		8	遵守“7S”规范，纪律表现良好	10			
尺寸		9	$\phi54^{\ 0}_{-0.05}$mm、$\phi59^{\ 0}_{-0.05}$mm	10			
		10	$S\phi a$	15			
		11	(91 ±0.2)mm	20			
		12	$C1$	5			
		13	$Ra3.2\mu m$	10			
综合得分				100			

2）机床的清洁与保养记录见表6-13。

表6-13　机床的清洁与保养记录

序号	内　　容	要　　求	配分	得分	结 果 记 录
1	刀具	拆卸、整理、归位	10		
2	量具	清洁、保养、归位	10		
3	工具	整理、归位	10		
4	工作台	清洁、保养、归位	10		
5	导轨、润滑部位	清洁、保养、加油润滑	10		
6	主轴	清洁、保养	5		
7	刀架	清洁、保养	10		
8	机床外观	清洁	10		
9	电源	切断	5		
10	切屑	清扫	10		
11	工作区域	清扫	10		
总分					

学生签名＿＿＿＿＿＿　　教师签名＿＿＿＿＿＿　　日期＿＿＿＿＿＿

安全文明小贴士

1）注意培养目测球形的能力和协调双手控制进给动作的技能，否则往往会把球面车成橄榄形和算盘珠形。

2）用锉刀锉削弧形工件时，锉刀的运动要绕弧面进行。

3）锉削时，宜用左手捏锉刀柄进行锉削，这样比较安全。

小提示：正式车削圆弧之前，应进行一段时间的双手空练习。

知识链接

知识链接一　成形面及其车削方法

1. 成形面

在机器中，有些零件的轴向剖面呈曲线形，如手柄、圆球等，具有这些特征的表面称为成形面（也称特形面）。

2. 成形面的车削方法

在车床上加工成形面时，应根据零件的表面特征、精度要求和批量大小采取不同的加工方法，主要有双手控制法、成形法和仿形法等。

（1）双手控制法　用双手分别控制中、小滑板，使刀具作合成运动，使车刀的运动轨迹与零件表面的素线重合，即可车出成形面，如图 6-12 所示。其特点是灵活、方便，不需要其他辅助工具，但要求操作者具备较高的操作水平。双手控制法主要用于单件或数量较少的成形面的加工。

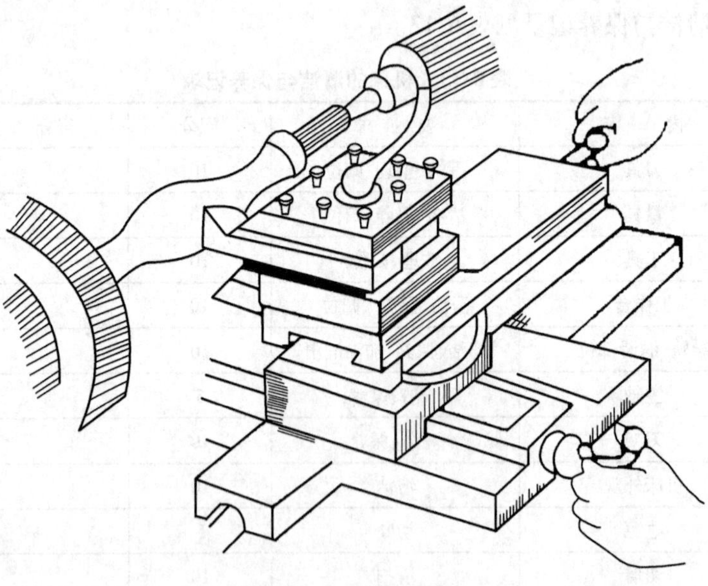

图 6-12　双手控制法

（2）成形法　切削刃的形状与工件成形表面轮廓形状相同的车刀称为成形车刀，用成形刀具加工成形面的方法称为成形法，如图 6-13 所示。用成形法车削成形面时的切削力较大，容易产生振动。成形法主要用于车削较大的内、外圆弧槽，或者数量较多、轴向尺寸较短的成形面工件。

知识链接二　球头刀的刃磨

球头刀（图 6-14）的刃磨方法见表 6-14。

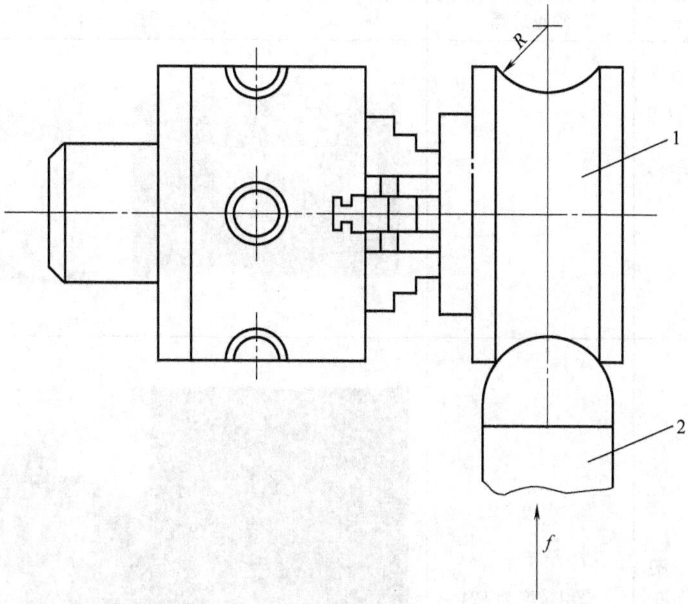

图 6-13　成形法

1—成形面；2—整体式成形车刀

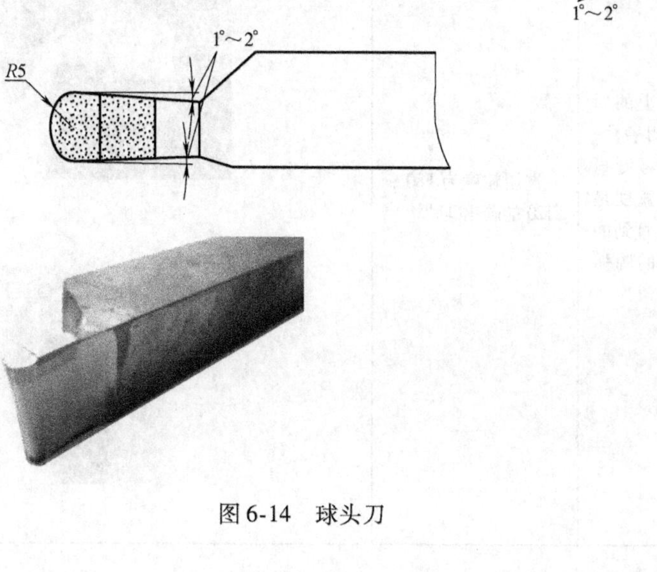

图 6-14　球头刀

表 6-14　球头刀的刃磨方法

序号	刃磨方法	砂轮选择	图　　示
1	检查砂轮的运行情况，修整砂轮		 
2	粗磨后刀面。刃磨时，刀柄应略低于刀头，连续转动，使刀头形成圆弧形状	选用粒度为 F24 ~ F36 的碳化硅砂轮	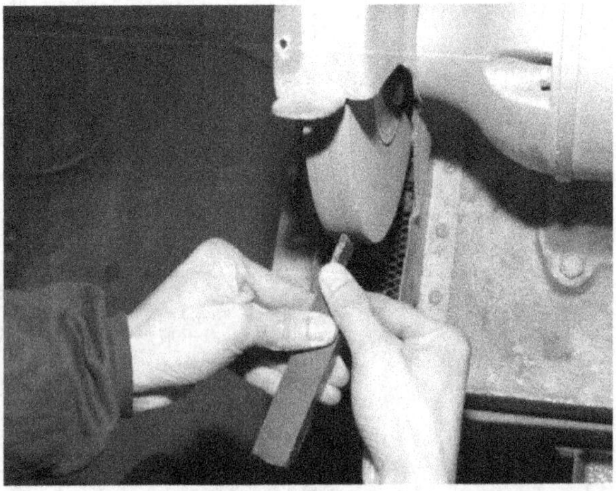
3	精磨刀体上的后刀面。一边刃磨，一边用半径样板测量球头刀的圆弧度是否符合要求，直到磨出符合要求的圆弧刃为止	选用粒度为 F80 ~ F120 的碳化硅砂轮	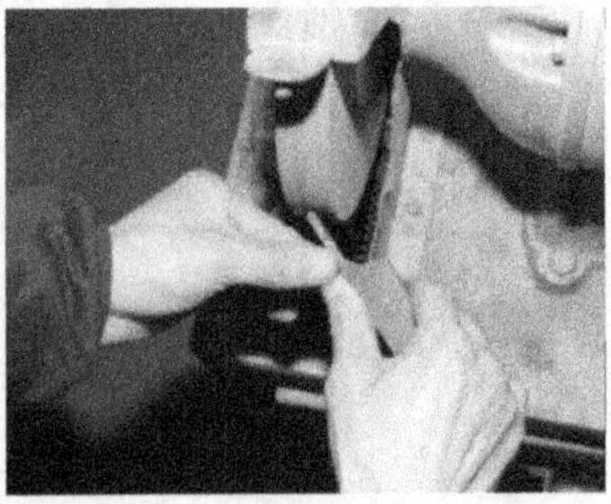 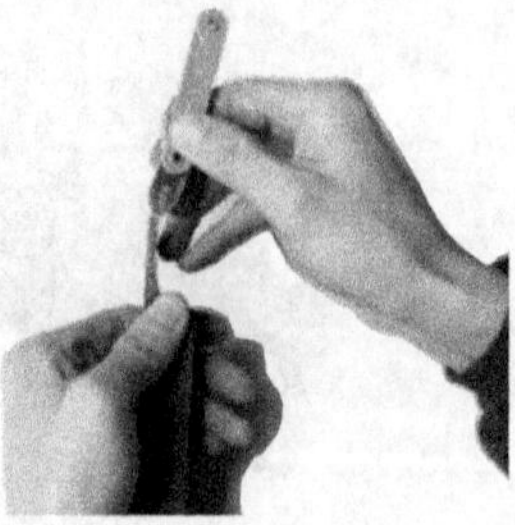

（续）

序号	刃磨方法	砂轮选择	图　示
4	刃磨断屑槽。刃磨时刀头向上，车刀的前刀面与砂轮外圆成一夹角，即前角；刃磨时的起点位置距主切削刃2~3mm，沿主切削刃方向上下缓慢移动进行刃磨	选用粒度为F80~F120的碳化硅砂轮	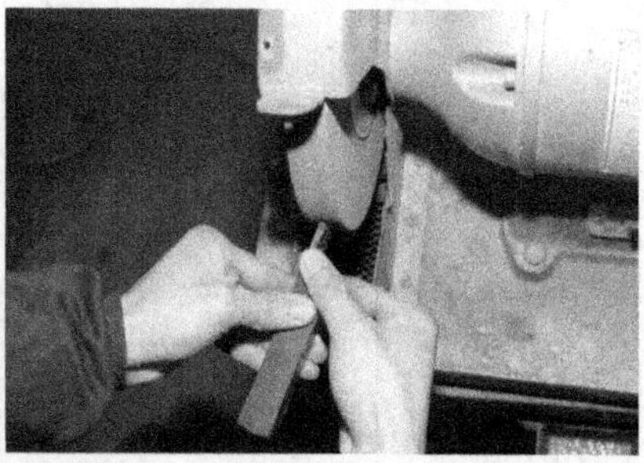
5	测量圆弧	半径样板	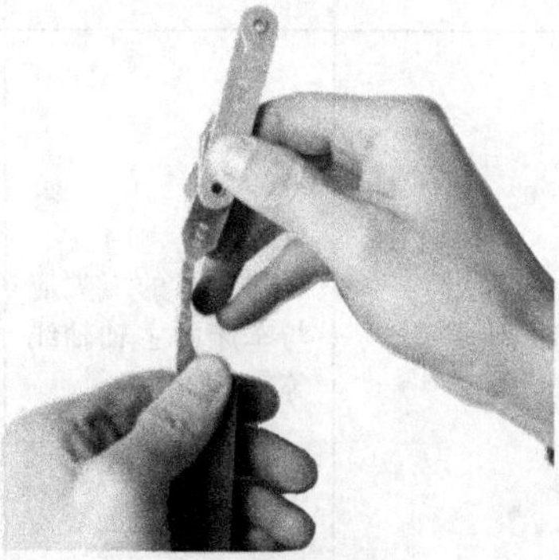
6	车刀的手工研磨。手工刃磨的车刀还应用细油石研磨其切削刃。研磨时，手持油石在切削刃上来回移动，要求动作平稳、用力均匀	油石	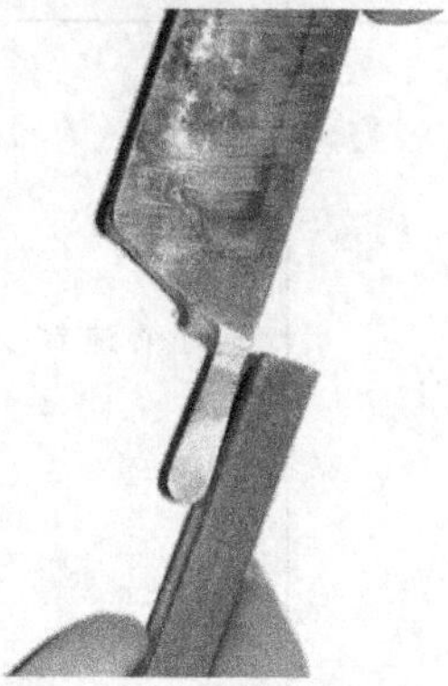

知识链接三　球头刀的安装（表6-15）

表6-15　球头刀的安装

序号	安装步骤	安装要求	正确图示	错误图示
1	垫片应平整，并与刀架对齐，一般不超过2~3片	垫片应与刀架边缘对齐		

（续）

序号	安装步骤	安装要求	正 确 图 示	错 误 图 示
2	放置球头刀	球头刀的刀杆不宜伸出过长，伸出长度一般不超过刀杆厚度的两倍 球头刀刀杆的中心线应与进给方向垂直或平行		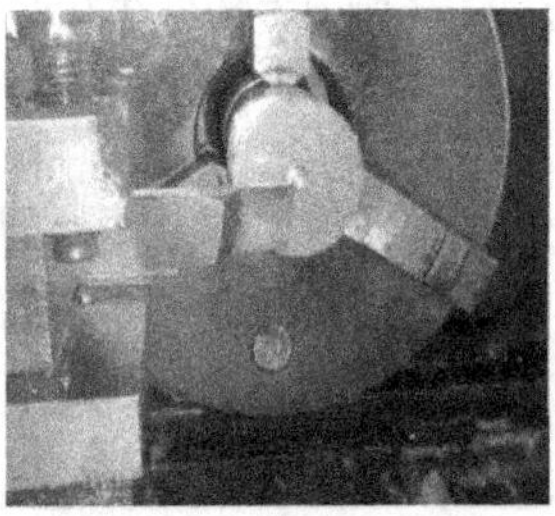
3	找正球头刀	球头刀的刀尖应与车床的主轴轴线等高		
4	紧固球头刀	两个螺钉交替拧紧	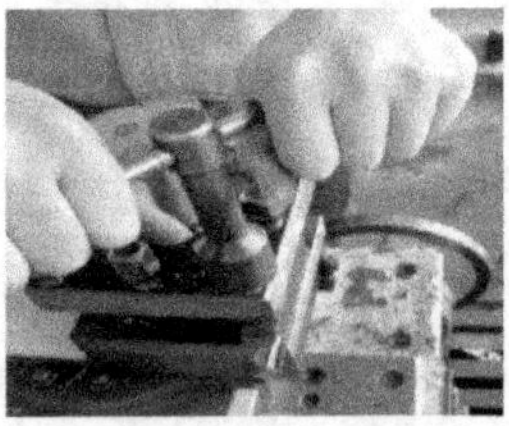	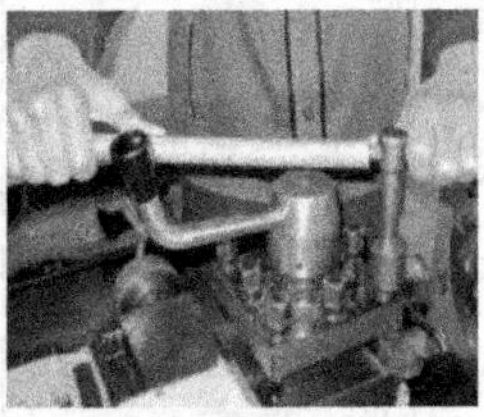

任务解析

（1）情景预演　用双手控制法车削球形面时，容易把球形面车成橄榄形。

（2）任务分析　车削球形面时，纵、横向进给的移动速度应遵循以下规律：纵向进给的速度是快→中→慢，横向进给的速度是慢→中→快。即纵向进给是减速度，横向进给是加速度。按照这样的规律进行双手控制就会车出精度很高的球形面。

（3）任务小结　球形面的加工是车工工艺中最基本的技能之一，通过本任务的学习，学生可以掌握车削球形面零件所用的刀具、量具的使用方法，切削球形面零件所需刀具的刃磨方法，球形面零件的安装与找正方法以及球形面零件的加工方法，为更深入、全面地学习车工技术打下扎实的基础。

知识拓展

如图 6-15 所示圆球长度 L 的计算公式为

$$L=\frac{1}{2}(D+\sqrt{D^2-d^2})$$

式中　L——圆球部分的长度，单位为 mm；

　　D——圆球的直径，单位为 mm；

　　d——柄部直径，单位为 mm。

车削球形面时，纵、横向进给移动速度的对比分析如图 6-16 所示。当车刀从 a 点出发，经过 b 点至 c 点时，纵向进给速度的变化是快→中→慢，横向进给速度的变化是慢→中→快。即纵向进给是减速度，横向进给是加速度。

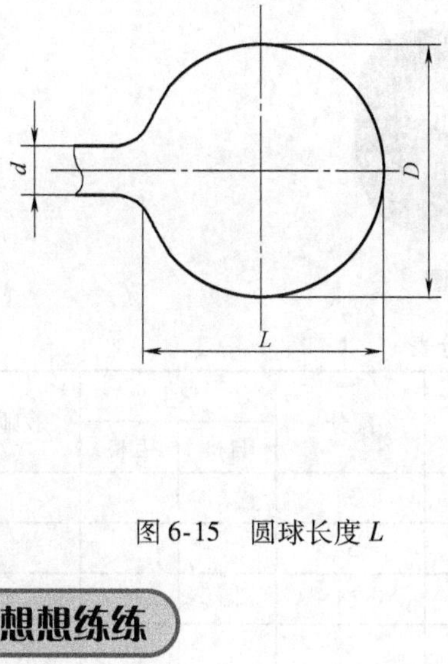

图 6-15　圆球长度 L

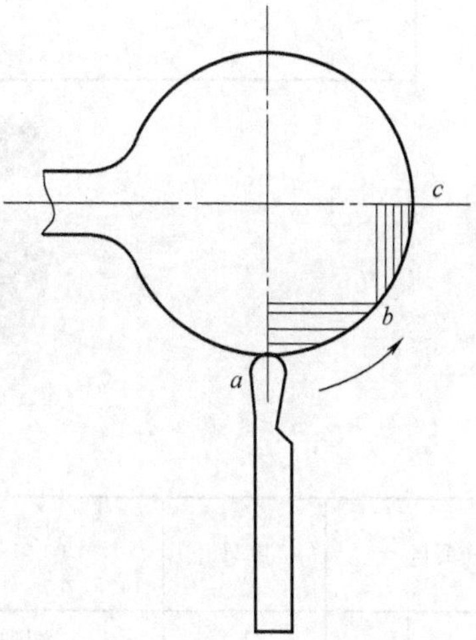

图 6-16　车削圆球时纵、横进给速度的变化

想想练练

想一想

一、填空题

1. 成形面的车削方法有__________、__________和__________。
2. 圆弧刃车刀可以由__________改磨而成。
3. 粗磨前刀面和卷屑槽时，应该保证前角为__________。

二、判断题

1. 切削刃的形状与工件成形表面轮廓形状相同的车刀称为成形刀。　（　　）
2. 双手控制法的特点是灵活、方便，需要其他辅助工具。　（　　）

练一练

加工如图 6-17 所示的球形面零件，其质量评价见表 6-16。

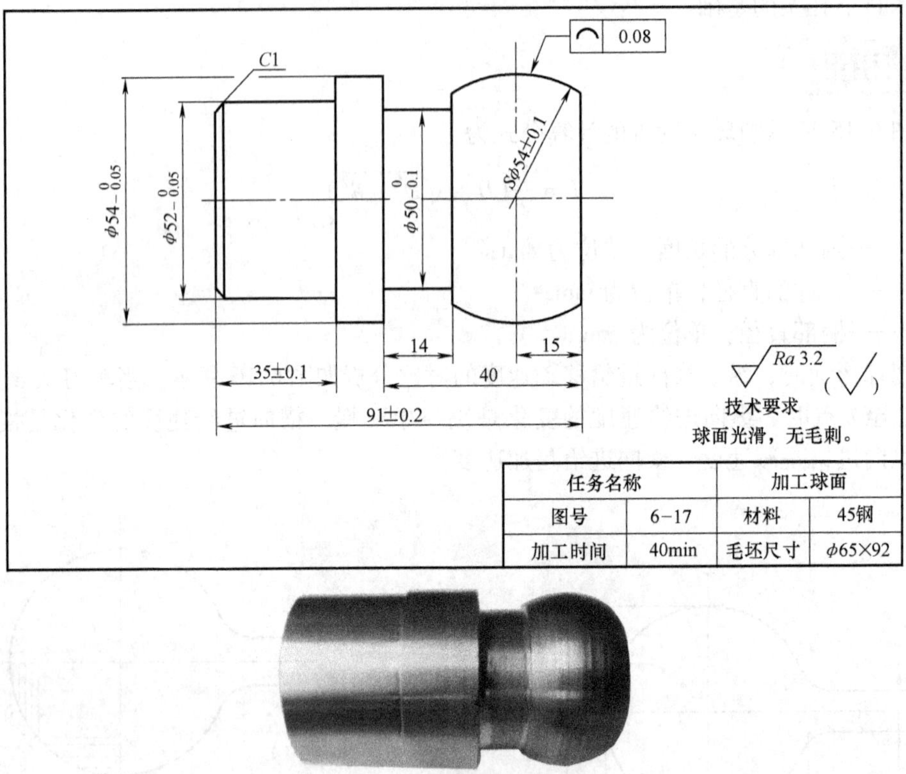

图 6-17　球形面零件图

表 6-16　工件质量评分表

项目		序号	检测内容	配分	学生		教师评分
					自检	互检	
基本检查	准备	1	切削加工工艺制订正确	5			
		2	切削用量选择合理	5			
		3	刀具刃磨质量符合要求	5			
	操作	4	设备操作、维护保养正确	3			
		5	操作要领正确	5			
		6	刀具选择、安装正确、规范	3			
		7	工件找正、安装正确、规范	4			
工作态度		8	遵守“7S”规范，纪律表现良好	10			
尺寸		9	$\phi52_{-0.05}^{\ 0}$ mm、$\phi54_{-0.05}^{\ 0}$ mm	10			
		10	$S\phi54\pm0.1$mm	15			
		11	(91 ± 0.2)mm	20			
		12	$C1$	5			
		13	$Ra3.2\mu m$	10			
综合得分				100			

项目七　车削螺纹

任务一　空车普通螺纹练习

学习目标

1. 能按照不同螺纹的参数调整手柄位置。
2. 能熟练地用倒顺车法车削螺纹。
3. 了解用提开合螺母法车削螺纹的操作方法。

友情提示：建议用2学时完成本学习任务。

任务描述

加工螺纹时动作不熟练容易发生碰撞，低速空车螺纹的练习分为两个阶段。第一阶段是完全模拟阶段，无刀具、无工件，刀架在导轨中间附近的位置，主要掌握用倒顺车法加工螺纹的基本动作；第二阶段是真实环境下的模拟加工，加工材料为45钢，按实际的长度位置练习，但刀具离开工件不进行车削。请根据表7-1中所列的常用螺距，调整卧式车床的手柄挡位，按要求选择合适的工具量具，完成螺纹的空车练习。

表7-1　常用粗牙螺距　　（单位：mm）

公称直径	16	20	24	27	30	36	42	48	56
粗牙螺距	2	2.5	3	3	3.5	4	4.5	5	5.5

卧式车床铭牌和手柄位置分布如图7-1所示。

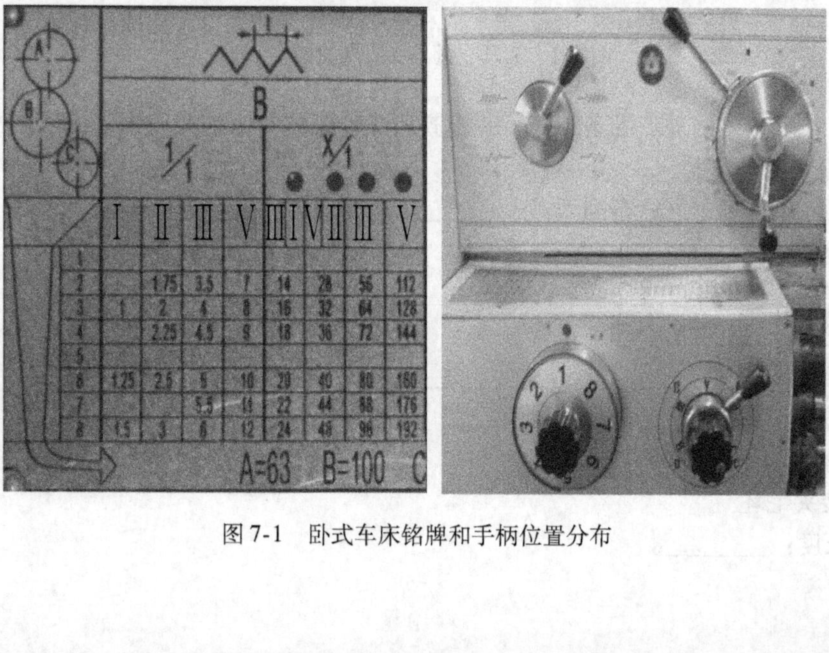

图7-1　卧式车床铭牌和手柄位置分布

任务实施

1. 工具、量具、刀具选择

本任务第一阶段是空车螺纹的完全模拟阶段，因此无需任何工具、量具；第二阶段是真实环境下的模拟阶段，毛坯为 ϕ65mm × 92mm 的 45 钢棒料，所用的工具、量具、刀具见表 7-2，其摆放方法如图 7-2 所示。

表 7-2　空车练习的工具、具量、刀具清单

种类	序号	名　称	规格	精度/mm	单位	数量
工具	1	活扳手	250mm		把	1
	2	刀架钥匙	17mm × 17mm		把	1
	3	卡盘钥匙	12mm × 12mm		把	1
	4	对刀样板	60°		块	1
刀具	5	90°外圆车刀	25mm × 25mm		把	1
	6	45°外圆车刀	25mm × 25mm		把	1
	7	60°外螺纹车刀	8mm × 16mm		把	1

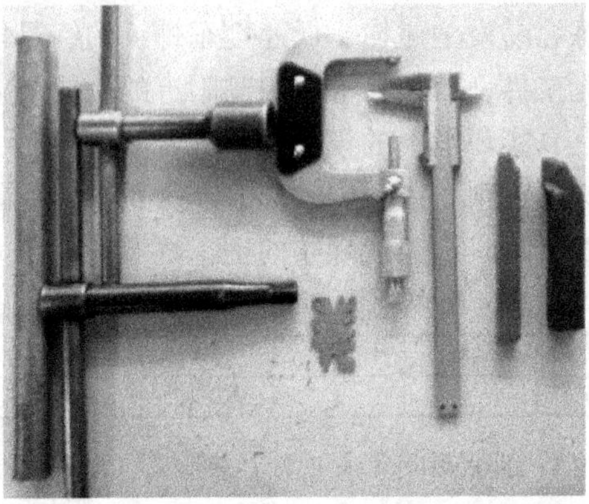

图 7-2　工具、量具、刀具的摆放方法

根据工作任务做好加工准备工作，并检查所操作卧式车床的完整性和可使用性。

(1) 清点生产要素

毛坯尺寸：________；车削刀具：________；量具：________。

(2) 检查机床

检查方法：________________________________。

是否正常：□正常　　□不正常

处理意见：________________________________。

(3) 按照“7S”标准摆放生产要素

□正确　　□不正确

(4) 装夹毛坯

伸出长度：________。

2. 操作过程

现以表 7-1 中的螺纹 M16 × 2mm 为例，说明低速倒顺车法车削螺纹空车练习的操作步骤。

（1）完全模拟阶段

1）根据图 7-1 调整手柄挡位，具体操作步骤如下：

① 根据螺距 $P=2$mm，查铭牌表上米制螺纹所在的区域，可知横坐标为（B，Ⅱ），纵坐标为数字“3”。

② 在卧式车床上找到进给手柄所在的位置，将内手柄放在位置“B”上，将外手柄对应在“Ⅱ”上。手柄的具体位置如图 7-3 所示。

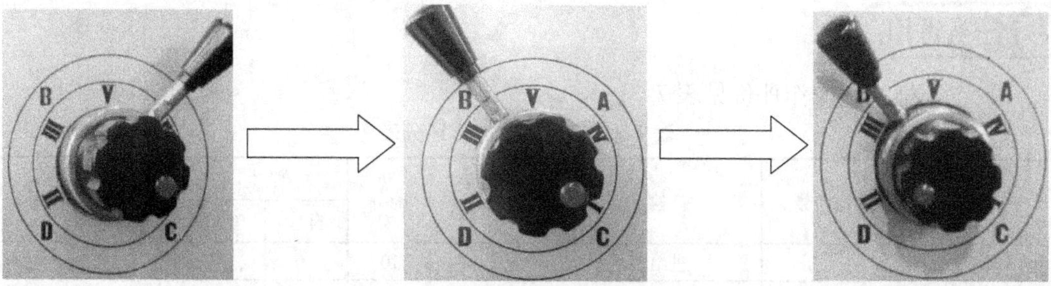

图 7-3　进给手柄的位置

③ 找到圆盘式手轮所在的位置（见图 7-1，在进给手柄的左侧），将手轮拉出并转到位置“3”与“●”相对的位置后合上。手轮的具体位置如图 7-4 所示。

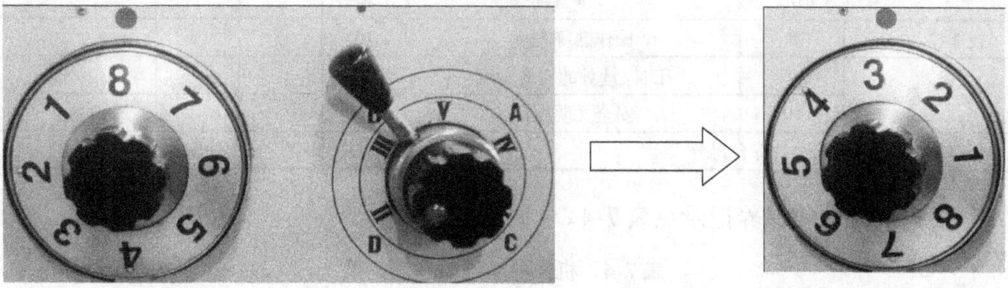

图 7-4　圆盘式手轮的操作位置

2）转动转速手柄，将主轴转速调整为 40r/min 左右。

3）调整床鞍和刀架的位置，使其在导轨的中间。

4）起动电动机主轴正转，向上提起进给箱右下侧的操纵杆手柄，实现主轴正转。

5）观察丝杠是否正常旋转，如果不转，说明手柄的位置不到位，应停车重新调整；如果正常旋转，则用右手按下开合螺母，床鞍和刀架将按照一定的螺距或导程作纵向移动。

6）当刀架移动到指定的退刀位置时，右手快速退出中滑板，左手同时压下操纵杆，使主轴反转，床鞍纵向退回。

7）当刀架回到起点位置时，向上提起操纵手柄，使主轴停转。

8）重复步骤 5）、6）、7），进行空车螺纹的练习，即用倒顺车法车削螺纹。

9）练习结束后，提起开合螺母并将丝杠旋转状态变为光杠旋转状态。

（2）真实环境下的模拟阶段

1）装夹工件，伸出长度为55mm，并车削端面。

2）粗车外圆至ϕ60mm，长度为50mm，并在40mm长度处车出浅线作为退刀标记。

3）安装螺纹车刀。

4）根据铭牌表中的螺距标准调节手柄挡位，加工螺纹螺距为2.5mm。

5）调整转速手柄，转速在40r/min左右。

6）调整刀架位置，使刀尖离开工件横向和纵向各20mm。

7）按照完全模拟阶段的5）、6）、7）步骤进行练习。

任务评价

1）空车螺纹的操作评价见表7-3。

表7-3　空车螺纹操作评分表

项目		序号	检测内容	配分	学生		教师评分
					自检	互检	
基本检查	准备	1	进给箱外手柄的位置	10			
		2	进给箱内手柄的位置	10			
		3	圆盘式手轮的位置	10			
		4	转速手柄的位置(40r/min)	10			
	操作	5	车刀高度	10			
		6	车刀伸出长度	10			
		7	车刀垂直轴线	10			
技能技巧		8	操作熟练程度	10			
职业素养		9	工具、量具的定置管理	10			
		10	安全文明生产	10			
综合得分				100			

2）机床的清洁与保养记录见表7-4。

表7-4　机床的清洁与保养记录

序号	内容	要求	配分	得分	结果记录
1	刀具	拆卸、整理、归位	10		
2	量具	清洁、保养、归位	10		
3	工具	整理、归位	10		
4	工作台	清洁、保养、归位	10		
5	导轨、润滑部位	清洁、保养、加油润滑	10		
6	主轴	清洁、保养	5		
7	刀架	清洁、保养	10		
8	机床外观	清洁	10		
9	电源	切断	5		
10	切屑	清扫	10		
11	工作区域	清扫	10		
总分					

学生签名＿＿＿＿＿＿　　教师签名＿＿＿＿＿＿　　日期＿＿＿＿＿＿

安全文明小贴士

1）开车前，应检查所有手柄是否处于正确位置，防止盲目开车。

2）调整好中、小滑板的镶条间隙，不能太紧或太松，否则会造成操作不灵活或产生“扎刀”。

3）练习时要做到思想集中，动作迅速，反应灵敏，防止车刀或刀架、滑板与卡盘、床尾相撞。

4）倒顺车换向不能过快，否则卧式车床将受到瞬间冲击，容易损坏机件；在卡盘与主轴的连接处必须安装保险装置，以防止卡盘在反转时从主轴上脱落下来。

知识链接

知识链接一 提开合螺母法与倒顺车法的对比（表 7-5）

表 7-5 提开合螺母法与倒顺车法的对比

方法	操作步骤	应用场合
提开合螺母法	1）开车并移动螺纹车刀，使刀尖与工件外圆轻微接触 2）将床鞍向右移动退出工件端面，记住中滑板的读数或将中滑板刻度调零 3）使中滑板径向进给 0.05mm 左右，左手握中滑板手柄，右手握开合螺母手柄；右手压下开合螺母，使车刀刀尖在工件表面车出一条螺旋线痕。当车刀刀尖移动到退刀槽位置时，右手迅速提起开合螺母，然后横向退刀，停车 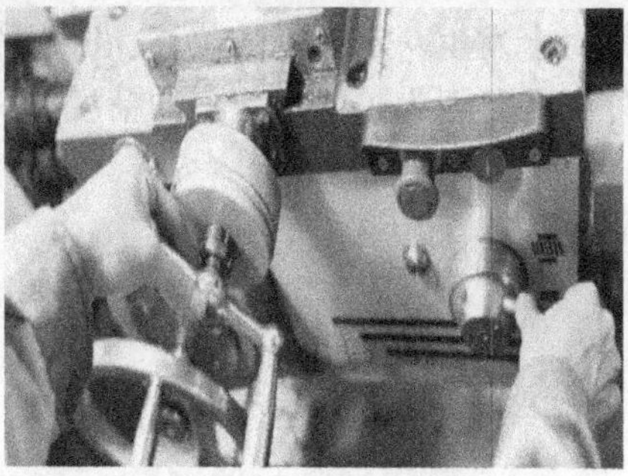	适用于螺纹的螺距是卧式车床丝杠螺距的整数倍的情况
倒顺车法	车削方法与提开合螺母法基本相同，只是在螺纹的车削过程中，不提起开合螺母，而是当螺纹车刀车削到退刀槽内时，快速退出中滑板，同时压下操纵杆，使车床主轴反转，机动退回床鞍、溜板箱到起始位置 	所有螺纹的加工

知识链接二　车床上普通螺纹的形成原理

1. 车削螺纹的传动原理

车削螺纹时，卧式车床的主轴与刀具之间必须保持严格的运动关系，如图 7-5 所示。即主轴（工件）每旋转一周，刀具均匀地移动一个导程的距离。

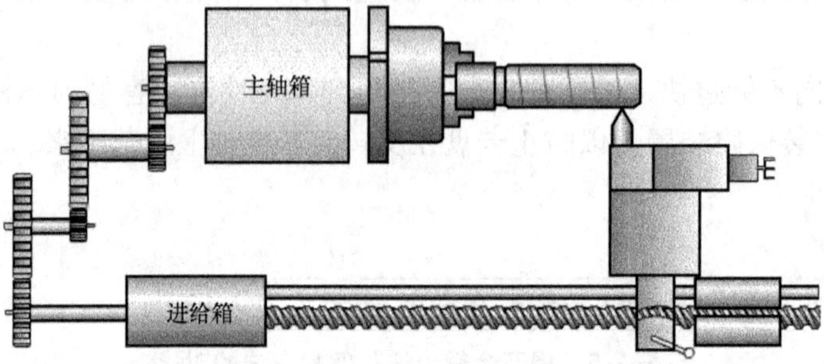

图 7-5　CA6140A 型机床车削螺纹时进给系统的传动示意图

2. 丝杠传动与光杠传动的区别

这是两套传动原理完全不同的传动机构。车削螺纹时必须严格控制卡盘的旋转与车刀的移动按一定的比例运动，否则就无法车出规定的螺距，而传动丝杠的设计可以达到这个要求。光杠尽管也是通过主轴的旋转，再通过齿轮等与主轴按一定的比例转动，但其转动与主轴的转动比例并不严格，在车削工件时会发生一定程度的位移，所以用光杠车削螺纹是不合适的。当然，丝杠也可以用来车削外圆等，但为了保证丝杠的精度，一般不用丝杠作车削螺纹以外的其他用途。

想想练练

想一想

一、填空题

车削 $P=3$mm 的普通螺纹，在表 7-6 中填空。

表 7-6　填空

手柄名称	图示	操作说明
主轴箱外手柄	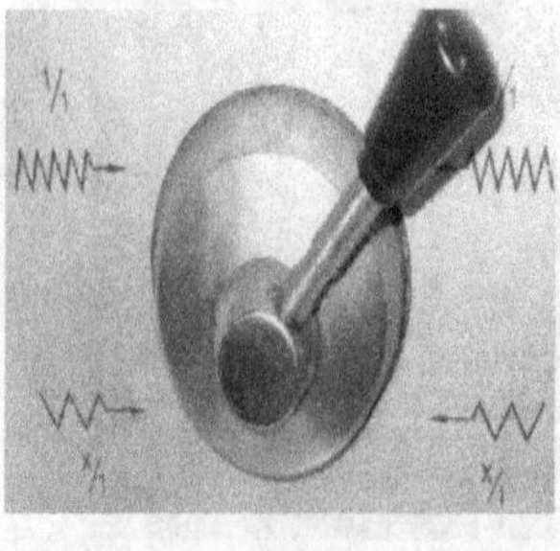	将正常或扩大手柄放在________螺距(或导程)

（续）

手柄名称	图示	操作说明
进给箱外手柄	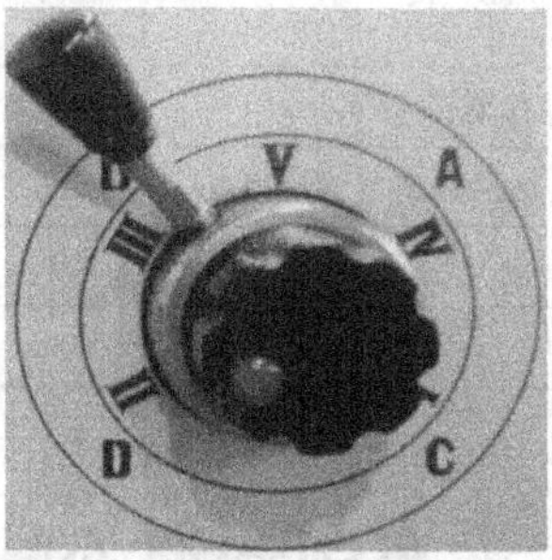	先将内手柄放在________位置，再将外手柄放在________
圆盘式手轮		拉出手轮，将其转到与“●”相对应的________位置，并将手轮推进

二、选择题

1. 车削 M24 的普通螺纹时，总背吃刀量的经验值为（　　）mm。

A. 3　　B. 3.9　　C. 0.3　　D. 24

2. 加工普通外螺纹时所用的刀具为（　　）。

A. 60°外螺纹车刀　　B. 30°外螺纹车刀　　C. 45°外螺纹车刀　　D. 55°外螺纹车刀

3. 为了避免加工螺纹时出现“乱牙”现象，应用（　　）方法进行加工。

A. 倒顺车法　　B. 提开合螺母法　　C. 斜进法　　D. 左右切削法

三、简答题

1. 简述倒顺车法和提开合螺母法的适用场合及优缺点。

2. 加工 M22×2.5mm 的螺纹时，螺纹的大径、总的背吃刀量和螺纹小径分别是多少？

练一练

根据螺纹螺距（P = 1.5mm、2mm、2.5mm、3mm、3.5mm）进行调整卧式车床手柄的练习，其任务评价见表 7-7。

表 7-7　任务评价表

项目		序号	检测内容	配分	学生		教师评分
					自检	互检	
卧式车床手柄的调整	准备	1	进给箱外手柄的位置	15			
		2	进给箱内手柄的位置	15			
		3	圆盘式手轮的位置	15			
		4	转速手柄的位置(40r/min)	15			

（续）

项　　目	序号	检　测　内　容	配分	学生		教师评分
				自检	互检	
技能、技巧	5	操作熟练程度	20			
职业素养	6	工具、量具的定置管理	10			
	7	安全文明生产	10			
综合得分			100			

任务二　车削普通外螺纹

学习目标

1. 了解螺纹的基本组成要素及常用螺纹的标记。
2. 掌握常用普通螺纹车刀的材料和特性。
3. 掌握普通螺纹车刀的刃磨方法和要求。
4. 掌握车削螺纹时卧式车床的调整方法和刀具的安装方法。
5. 掌握车削普通外螺纹的基本动作和方法。
6. 掌握螺纹中径的常用测量方法。

友情提示：建议用10学时完成本学习任务。

任务描述

分析如图7-6所示的普通外螺纹零件图，制订合理的加工工艺，选择合适的加工刀具，并按要求操作卧式车床，完成普通外螺纹零件的加工及检测。

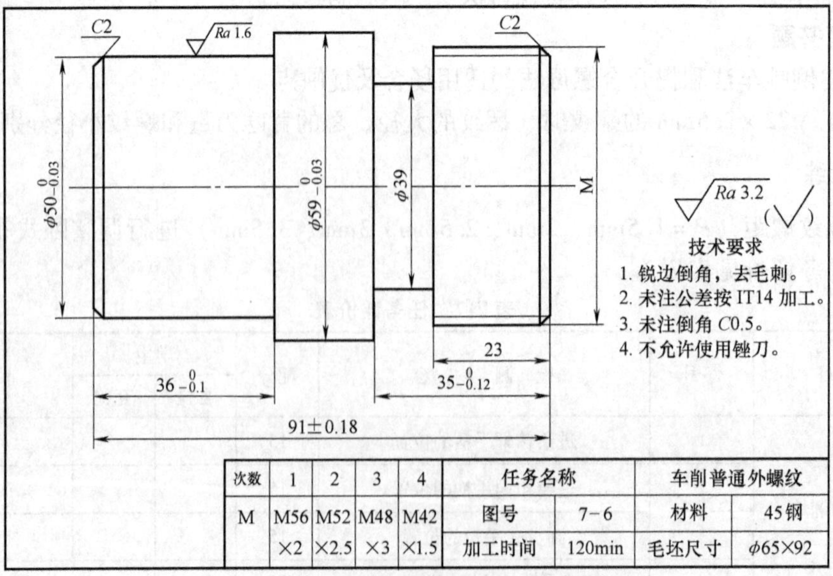

次数	1	2	3	4	任务名称		车削普通外螺纹	
M	M56×2	M52×2.5	M48×3	M42×1.5	图号	7-6	材料	45钢
					加工时间	120min	毛坯尺寸	φ65×92

图7-6　普通外螺纹零件图

螺纹轴是典型的轴类零件，其外形较简单。外螺纹的应用较为广泛，常与内螺纹配合作联接用，如螺钉、螺柱等。

任务实施

1. 工具、量具、刀具的选择

（1）量具的选择　该零件的加工精度要求不是很高，使用0～150mm的游标卡尺和外径千分尺进行测量即可满足要求；螺纹无特殊要求，用螺纹环规综合测量即可。

（2）刀具的选择　加工材料为45钢，用90°外圆车刀、45°外圆车刀加工工件表面和倒角，控制工件的精度和表面质量；用车槽刀加工12mm×ϕ39mm的退刀槽，用60°普通外螺纹车刀加工螺纹。

本任务所用的工具、量具、刀具见表7-8，其摆放方法如图7-7所示。

表7-8　加工外螺纹的工具、量具、刀具清单

种类	序号	名　称	规　格	精度/mm	单位	数量
工具	1	角度样板	60°		把	1
	2	刀架钥匙	17mm×17mm		把	1
	3	卡盘钥匙	12mm×12mm		把	1
量具	4	螺纹环规	M56×2mm		支	1
	5	游标卡尺	0～150mm	0.02	把	1
	6	外径千分尺	50～75mm	0.01	把	1
	7	深度游标卡尺	0～200mm	0.02	把	1
刀具	8	90°外圆车刀	25mm×25mm		把	1
	9	45°外圆车刀	25mm×25mm		支	1
	10	车槽刀	4mm×25mm		把	1
	11	60°普通外螺纹车刀	8mm×16mm×200mm		把	1

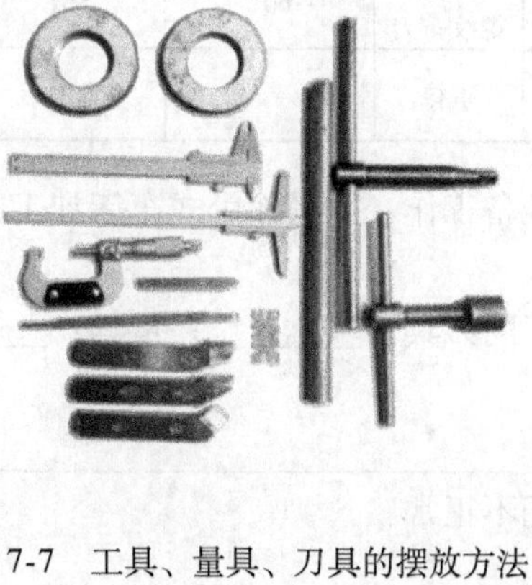

图7-7　工具、量具、刀具的摆放方法

2. 制订加工工序

1）普通外螺纹的加工工序卡片见表7-9。

表 7-9　普通外螺纹的加工工序卡片

普通车工加工工序卡片			零件名称		材料		零件图号	
			螺纹轴		45 钢		7-6	
夹具名称			设备型号				车间	
自定心卡盘			CA6140A				普通车工	
工步号	工步内容	刀具名称	刀具规格	切削用量的选择(推荐值)			备注	
				主轴转速 /(r/min)	进给速度 /(mm/r)	背吃刀量 /mm		
1	粗车工件端面	45°外圆车刀	25mm×25mm	500	0.2	0.5		
2	精车工件端面	45°外圆车刀	25mm×25mm	700	0.1	0.2		
3	粗车工件外圆 ϕ50mm 和 ϕ59mm	90°外圆车刀	25mm×25mm	500	0.25	2		
4	精车工件外圆台阶	90°外圆车刀	25mm×25mm	800	0.12	1		
5	倒角 C2	45°外圆车刀	25mm×25mm	800		0.2		
6	掉头装夹							
7	车平端面,保证总长 91mm	45°外圆车刀	5mm×25mm	700	0.2			
8	粗车螺纹外圆 ϕ56mm	90°外圆车刀	5mm×25mm	500	0.25			
9	精车螺纹外圆 ϕ55.8mm	90°外圆车刀	5mm×25mm	800				
10	倒角 C2	45°外圆车刀	5mm×25mm	800				
11	车削螺纹退刀槽	车槽刀	4mm×25mm	300				
12	车削螺纹	普通外螺纹车刀	60°	56	2			
编制		审核		批准		共　页	第　页	

根据工作任务做好加工准备工作，并操作卧式车床加工普通外螺纹零件。

① 清点生产要素。

毛坯尺寸：________；车削刀具：________；量具：________。

② 检查机床。

检查方法：____。

是否正常：□正常　　□不正常

处理意见：____。

③ 按照“7S”标准摆放生产要素。

□正确　　□不正确

④ 装夹毛坯。

伸出长度：________。

2）普通外螺纹零件的加工过程见表 7-10，加工完成后的零件如图 7-8 所示。

表 7-10 普通外螺纹零件的加工过程

工步	图示	操作内容	刀具名称	检测方法
1	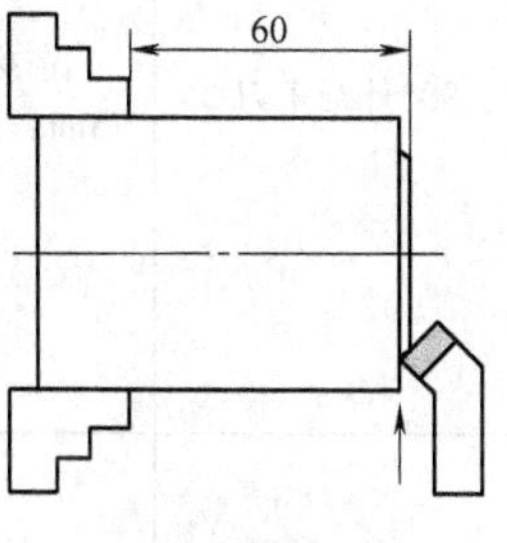 车削端面	1. 检查毛坯 ϕ65mm × 92mm 是否符合图样要求 2. 用自定心卡盘夹持毛坯，伸出长度约为 60mm，粗、精车端面	45°外圆车刀	游标卡尺
2	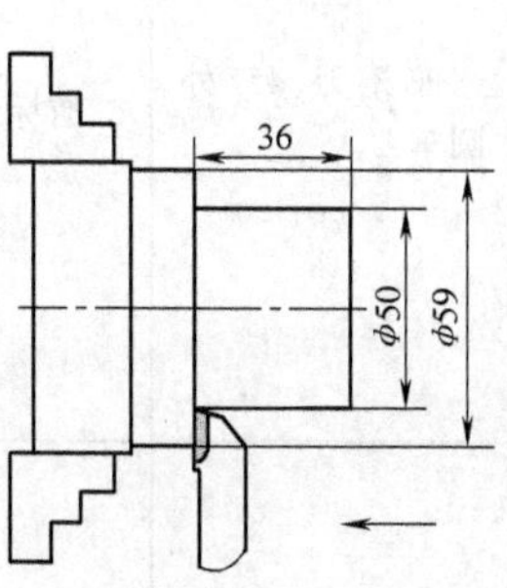 车削外圆	粗、精车外圆，保证其尺寸为 ϕ59mm、ϕ50mm，保证长度为 36mm	90°外圆车刀	游标卡尺、50 ~ 75mm 千分尺
3	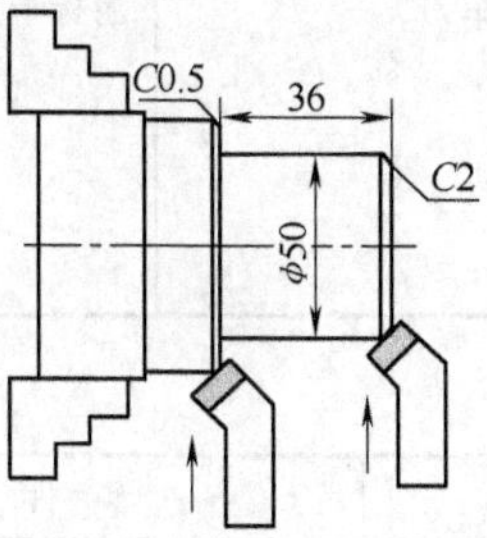 倒角	倒角 C0.5、C2	45°外圆车刀	
4	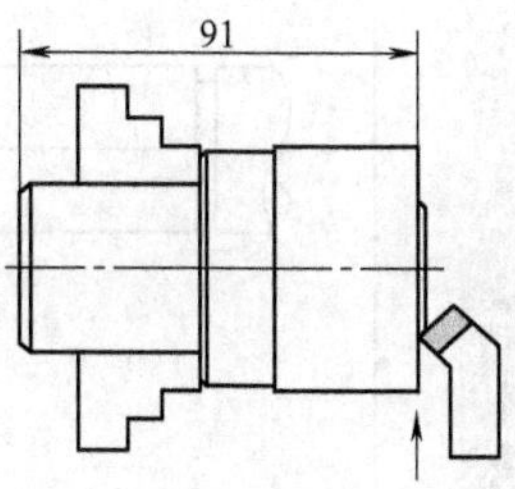 车削端面	掉头装夹 粗、精车端面，保证总长为 91mm	45°外圆车刀	游标卡尺

（续）

工步	图　示	操作内容	刀具名称	检测方法
5	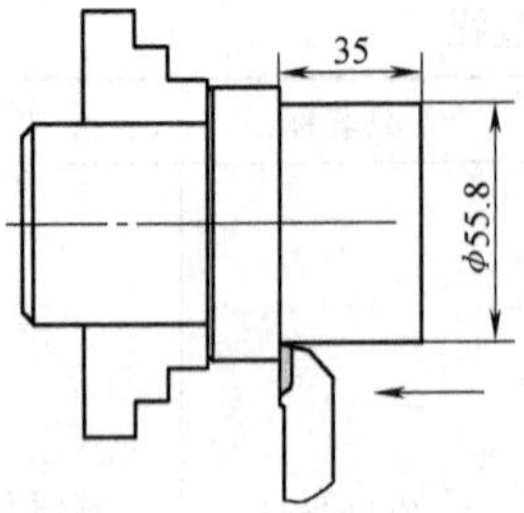 车削外圆	粗、精车外圆，保证尺寸为 ϕ55.8mm 保证长度为35mm	90°外圆车刀	游标卡尺、50 ~ 75mm 千分尺
6	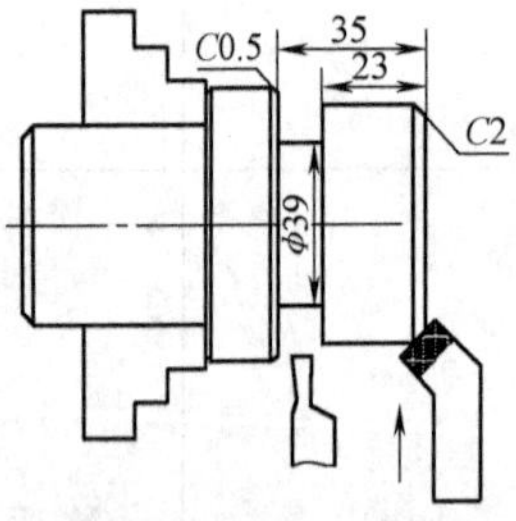 切削退刀槽及倒角	车槽，保证尺寸为 ϕ39mm 倒角 C2、C0.5	车槽刀、45°外圆车刀	游标卡尺
7	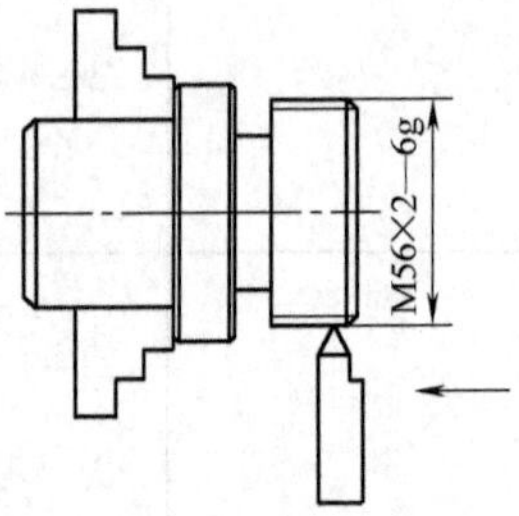 车削螺纹	1）用直进法车削螺纹（具体方法见表7-11） 2）保证转速为45r/min左右 3）用螺纹环规检验螺纹，用千分尺、游标卡尺等检验其他尺寸	60°普通外螺纹车刀	螺纹环规、千分尺、游标卡尺

表7-11　直进法车削螺纹

序号	步　骤	实　物　图	零　件　图
1	起动卧式车床，摇动大滑板和中滑板，使车刀与工件表面轻微接触，记下中滑板刻度，向后退出车刀		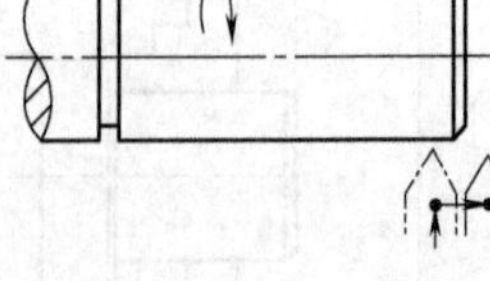

（续）

序号	步　骤	实 物 图	零 件 图
2	中滑板横向进给0.1mm，合上开合螺母；开顺车，使车刀在工件表面车出一条螺旋线，横向退出车刀；然后开反车，使车刀退到工件右端；停车，用钢直尺、游标卡尺或者螺距规检查螺距是否正确	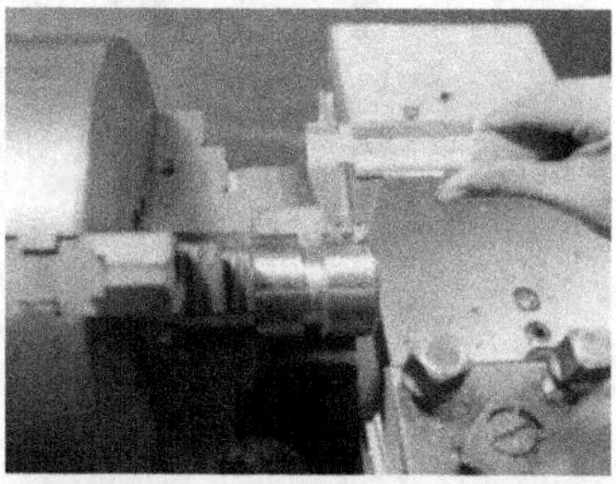	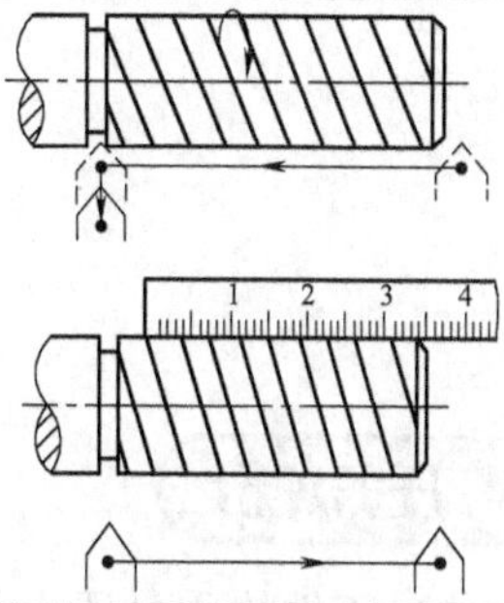
3	利用中滑板刻度调整背吃刀量。开顺、反车进行切削（车削钢料时应加注切削液）		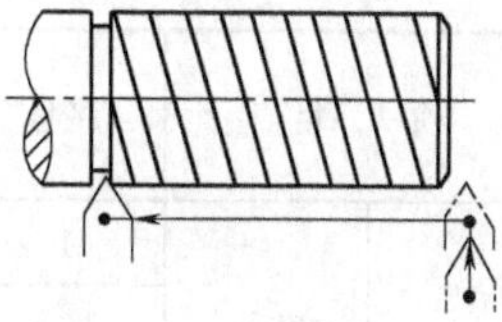
4	当车刀车到行程将至时，应做好退刀停车准备。先快速横向退出刀具，然后停车，开反车将刀具退至工件右端。动作熟练后，当车刀离开工件表面时，可以迅速退出刀具，直接开反车将刀具退至工件右端		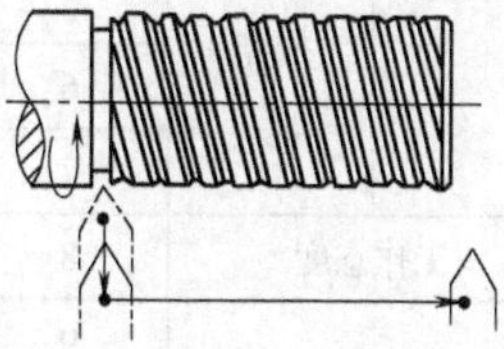
5	再次横向进给切削，重复步骤3、4，完成一次循环切削。之后利用螺纹环规进行检测，直到通规顺利旋入，止规无法旋入为止	 	

图 7-8　加工完成后的零件

任务评价

1）工件的质量评价见表 7-12。

表 7-12　工件质量评分表

项　目		序号	检　测　内　容	配分	学生		教师评分
					自检	互检	
基本检查	准备	1	切削加工工艺制订正确	5			
		2	切削用量选择合理	5			
		3	刀具刃磨质量符合要求	5			
	操作	4	设备操作、维护保养正确	3			
		5	操作要领正确	5			
		6	刀具选择、安装正确、规范	3			
		7	工件找正、安装正确、规范	4			
工作态度		8	遵守“7S”规范，纪律表现良好	10			
尺寸		9	$\phi 50_{-0.03}^{\ 0}$ mm	10			
		10	$\phi 59_{-0.03}^{\ 0}$ mm	10			
		11	$C2$（2 处）	10			
		12	$Ra3.2\mu m$	5			
		13	$35_{-0.12}^{\ 0}$ mm、$36_{-0.1}^{\ 0}$ mm	5			
		14	M56 × 2mm	20			
综合得分				100			

2）卧式车床的清洁与保养记录见表 7-13。

表 7-13　卧式车床的清洁与保养记录

序号	内　　容	要　　求	配分	得分	结果记录
1	刀具	拆卸、整理、归位	10		
2	量具	清洁、保养、归位	10		
3	工具	整理、归位	10		
4	工作台	清洁、保养 、归位	10		
5	导轨、润滑部位	清洁、保养、加油润滑	10		

（续）

序号	内　容	要　求	配分	得分	结果记录
6	主轴	清洁、保养	5		
7	刀架	清洁、保养	10		
8	卧式车床外观	清洁	10		
9	电源	切断	5		
10	切屑	清扫	10		
11	工作区域	清扫	10		
总分					

学生签名＿＿＿＿＿＿　　教师签名＿＿＿＿＿＿　　日期＿＿＿＿＿＿

安全文明小贴士

1. 操作时的注意事项

1）注意消除滑板的“空行程”。

2）避免“乱扣”。车好第一条螺旋线后，第二次进刀车削时，刀尖不在原来的螺旋线中，而是偏左或偏右，甚至在牙顶中间，将螺纹车乱的现象称为“乱扣”。预防“乱扣”的方法是采用倒顺（正反）车法车削。用左右切削法车削螺纹时，小滑板的移动距离不要过大，若车削途中刀具损坏需换刀或无意中提起开合螺母时，应注意及时对刀。

3）借刀是指螺纹车削到一定深度后，将小滑板向前或向后移动一小段距离再进行车削。借刀时应注意小滑板的移动距离不能过大，以免将牙槽车宽造成“烂牙”。

4）采用两顶尖装夹车削螺纹时，工件卸下后再重新车削时，应该先对刀再车削，以免“乱扣”。

2. 安全注意事项

1）车削螺纹前，应检查所有手柄是否处于正确位置，切勿盲目开车。

2）车削螺纹前，应对卧式车床的倒车操纵机构和开合螺母进行检查，防止操作失灵而产生事故。

3）车削螺纹时要做到思想集中，动作迅速，反应灵敏。

4）用高速工具钢车刀车削螺纹时，转速不能太快，以免刀具磨损。

5）进刀时，应注意中滑板是否多摇一圈，避免发生车刀撞坏、工件顶弯或飞出等事故，还要防止车刀、刀架或滑板与卡盘相撞。

6）旋螺母时，应将车刀退离工件，防止车刀将手划破，不要开车旋进或旋出螺母。

7）不能用手去摸或用棉纱去擦正在回转的螺纹（尤其是直径较小的内螺纹），防止发生手指被卷入的人身事故。

知识链接

知识链接一　螺纹的基本参数及其标记

1. 螺纹的基本参数

螺纹的基本参数如图 7-9 所示，其概念见表 7-14。

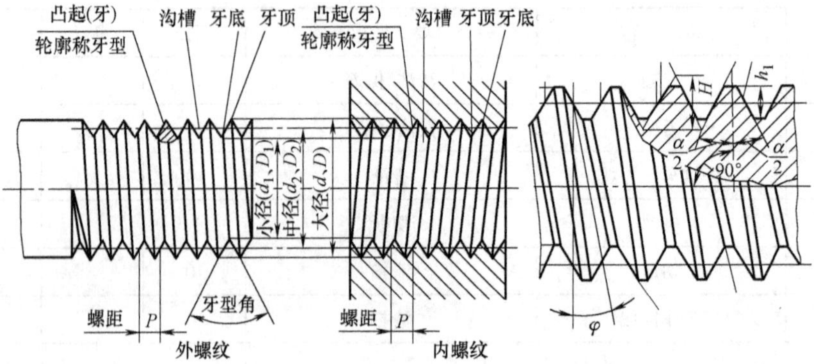

图 7-9　螺纹的基本参数

表 7-14　螺纹的基本参数

序号	名称	符号	概　　念
1	大径	D、d	通过外螺纹牙顶或内螺纹牙底的假想圆柱面的直径
2	小径	D_1、d_1	通过外螺纹牙底或内螺纹牙顶的假想圆柱面的直径
3	中径	D_2、d_2	一个假想圆柱的直径，该圆柱的素线通过牙型上牙厚和槽宽相等的地方
4	螺距	P	相邻两个牙在中径上对应两点间的轴向距离
5	导程	P_h	在同一条螺旋线上，相邻两牙在中径线上对应两点间的轴向距离。对于单线螺纹，其导程等于螺距；对于多线螺纹，其导程等于线数与螺距的乘积，即 $Ph=nP$
6	牙型角	α	牙型上，相邻两侧间的夹角称为牙型角，牙侧与螺纹轴线的垂线间的夹角称为牙型半角。普通螺纹的牙型角为60°，牙型半角为30°。
7	牙型高度	h_1	在基本牙型上，从牙顶到牙底的径向距离
8	螺纹升角	φ	在中径圆柱上，螺旋线的切线与垂直于螺纹轴线的平面之间的夹角。螺纹升角可由下式计算 $\tan\varphi = P_h/(\pi d_2) = nP/(\pi d_2)$

2. 螺纹的类型

（1）按用途分类　可分为紧固螺纹、传动螺纹和紧密螺纹等，例如，卧式车床方刀架上用来压紧刀具的螺钉为紧固螺纹，卧式车床丝杠上的螺纹为传动螺纹，卧式车床冷却管道的管螺纹为紧密螺纹。

（2）按牙型分类　可分为三角形、矩形（方形）、梯形、锯齿形和圆形螺纹，如图 7-10 所示。

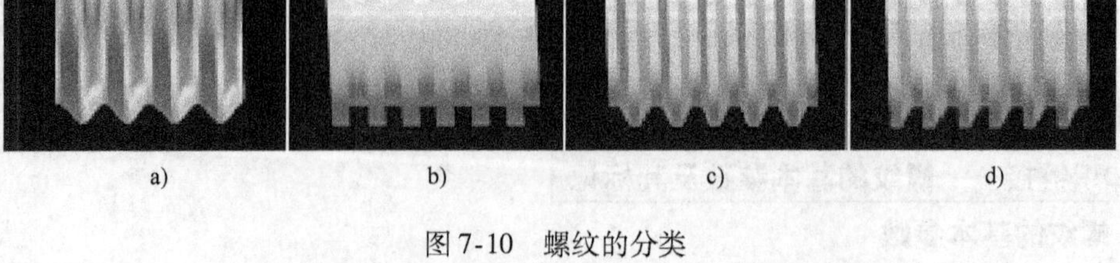

a)　b)　c)　d)

图 7-10　螺纹的分类

a）三角形螺纹　b）矩形螺纹　c）梯形螺纹　d）锯齿形螺纹

（3）按螺旋线的方向分类　可分为右旋螺纹和左旋螺纹。螺旋线向右上升的螺纹（即顺时针旋转时旋入的螺纹）称为右旋螺纹，螺旋线向左上升的螺纹（即逆时针旋转时旋入的螺纹）称为左旋螺纹。

（4）按线数分类　可分为单线螺纹和多线螺纹。圆柱体上只有一条螺旋槽的螺纹称为单线螺纹，有两条或两条以上螺旋槽的螺纹称为多线螺纹。

（5）按母体形状分类　可分为圆柱螺纹和圆锥螺纹，如图 7-11 所示。

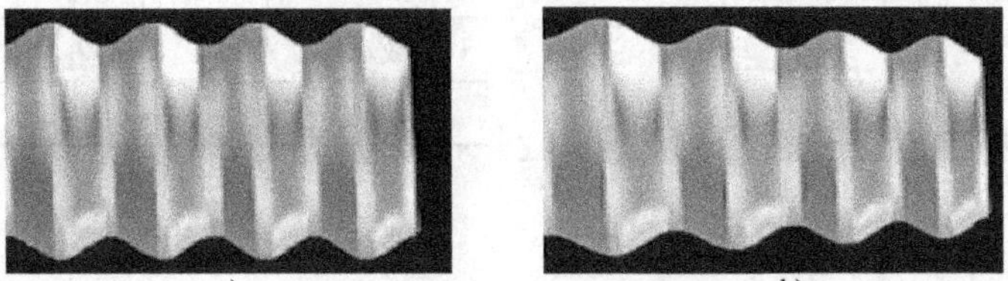

a)　b)

图 7-11　按母体形状分类

a）圆柱螺纹　b）圆锥螺纹

3. 螺纹的标记

特征代号—公称直径 × 导程（P 螺距）—旋向—公差带代号—旋合长度

标注说明：

1）特征代号：普通螺纹的特征代号为 M，梯形螺纹的特征代号为 Tr。

2）公称直径：一般为螺纹大径。

3）导程和螺距：粗牙普通螺纹不标注螺距，因此应记住常用粗牙螺纹的螺距；单线螺纹的导程和螺距相同，只注螺距。

4）旋向：右旋不标注，左旋标注“LH”。

5）公差带代号：包括中径公差带代号和顶径公差带代号，它们都是由表示公差等级的数值和表示公差带位置的基本偏差代号（字母）组成的。标注时同时标注中径和顶径的公差带代号，中径公差带代号在前，顶径公差带代号在后。当中径和顶径的公差带代号相同时，只需标注一个。梯形螺纹只标注中径公差带代号；锯齿形螺纹不标注公差带代号，只标注表示公差等级的数字。代号中的字母小写的表示外螺纹，大写的表示内螺纹。

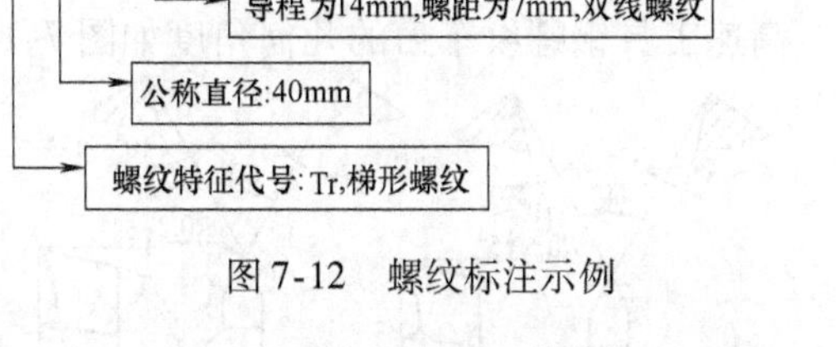

图 7-12　螺纹标注示例

6）旋合长度：普通螺纹的旋合长度分为长、中、短三组，分别用代号“L”、“N”、“S”表示，中等旋合长度“N”不标注。

螺纹标注示例如图 7-12 所示。

4. 螺纹参数的计算

普通螺纹、寸制螺纹和管螺纹的牙型都是三角形，统称为三角形螺纹。

（1）普通螺纹参数的计算（图 7-13 和表 7-15）

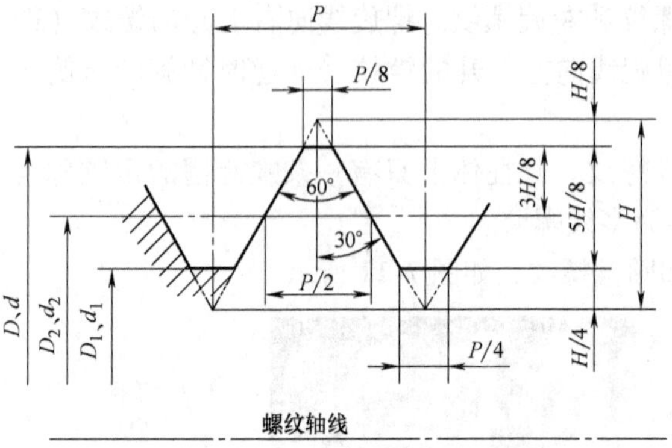

图 7-13　普通螺纹参数的计算

表 7-15　普通螺纹参数的计算公式

基本参数	外螺纹	内螺纹	计算公式
螺纹大径（公称直径）	d	D	$D=d$
螺纹中径	d_2	D_2	$D_2=d_2=d-0.6495P$
螺纹小径	d_1	D_1	$D_1=d_1=d-1.0825P$
牙型高度	h_1		$h_1=0.5413P$

（2）寸制螺纹　在我国，设计新产品时不使用寸制螺纹，只有在某些进口设备中和维修旧设备时才会使用寸制螺纹。寸制螺纹的牙型角为55°（美制螺纹为60°），公称直径为内螺纹的大径，单位为 in（英寸）。螺距 P 以 1in（25.4mm）中的牙数 n 表示，如 1in 中有 12 牙，则螺距为 1/12in。寸制螺距与米制螺距的换算公式为

$$P=\frac{1\text{in}}{n}=\frac{25.4}{n}\text{mm}$$

寸制螺纹 1in 内的牙数及各基本参数的尺寸，可以从有关手册中查出。

知识链接二　螺纹车刀的刃磨

1. 螺纹车刀的常用材料及特性

（1）高速工具钢螺纹车刀　高速工具钢螺纹车刀的切削刃锋利，韧性好，刃磨方便，不易崩刃，加工表面质量好；但其热硬性差，温度超过 600℃ 时性质不稳定。因此，常用于低速车削或作为螺纹精车刀使用。

（2）硬质合金螺纹车刀　硬质合金螺纹车刀的硬度高，耐磨性好，耐高温，但脆性较大，易崩刃，常用于高速车削螺纹时使用。

如果工件的材料是有色金属、铸钢或橡胶，可选用高速工具钢车刀或 K 类硬质合金（K30）螺纹车刀；若工件材料是钢材，则应选用 P 类（如 P10）或 M 类硬质合金（如 M10）螺纹车刀。

2. 普通螺纹车刀的几何角度

高速工具钢螺纹车刀的几何角度如图 7-14 所示。

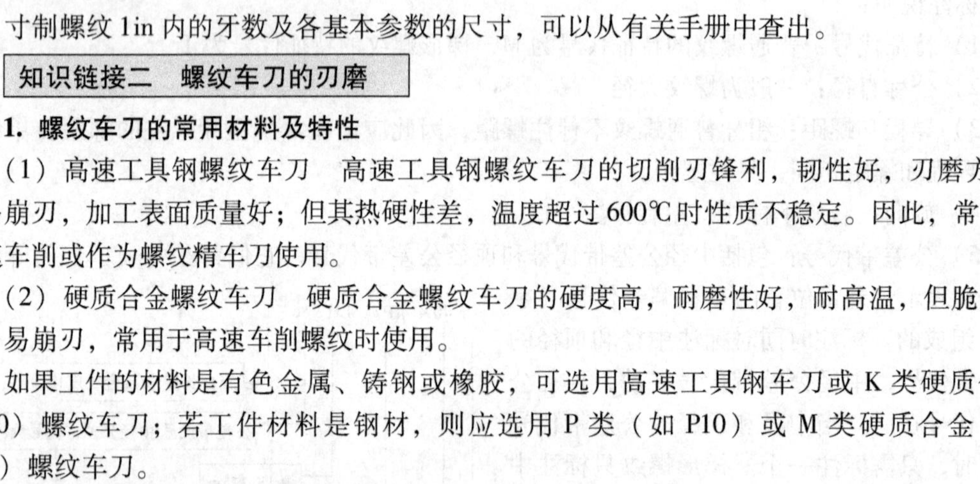

图 7-14　高速工具钢螺纹车刀的几何角度

硬质合金螺纹车刀的几何角度如图 7-15 所示。

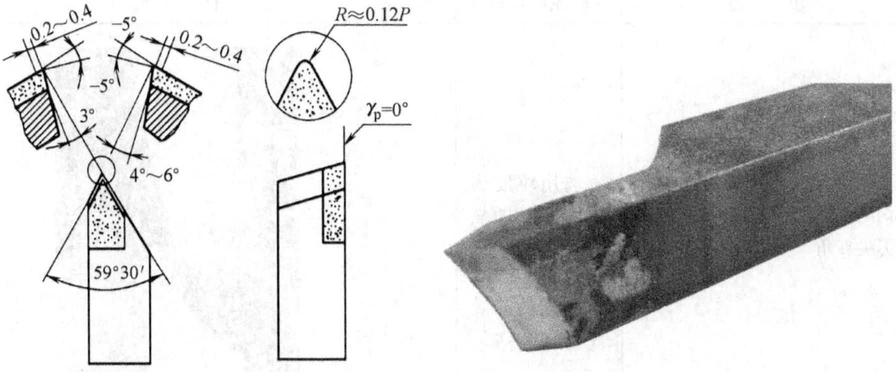

图 7-15　硬质合金螺纹车刀的几何角度

3. 螺纹车刀的刃磨方法

现以高速工具钢 60°外螺纹车刀为例，介绍手工刃磨外螺纹车刀的方法，见表 7-16。

表 7-16　高速工具钢 60°外螺纹车刀的刃磨方法

序号	步　骤	砂轮的选择	图　示
1	检查砂轮的运行情况，修整砂轮		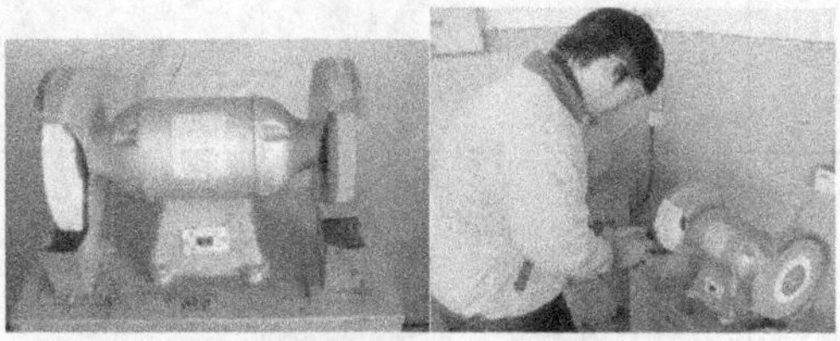
2	粗磨一侧的主后刀面，先磨进给方向的侧刃（控制刀尖半角和后角）	选用粒度为 F24 ~ F36 的氧化铝砂轮	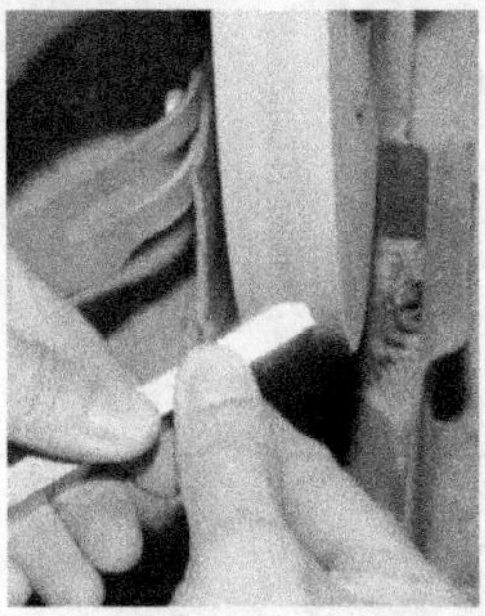
3	用游标万能角度尺测量磨好一侧的后刀面的角度，保证刀尖夹角对称		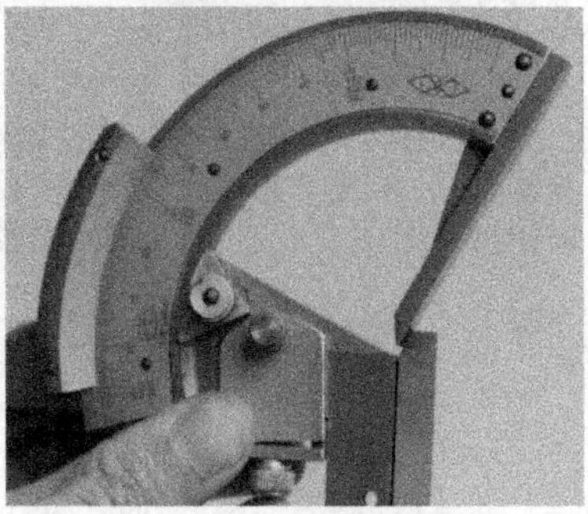

（续）

序号	步　骤	砂轮的选择	图　示
4	粗磨螺纹车刀背离进给方向一侧的后刀面，保证后角和刀尖夹角	选用粒度为F24 ~ F36的氧化铝砂轮	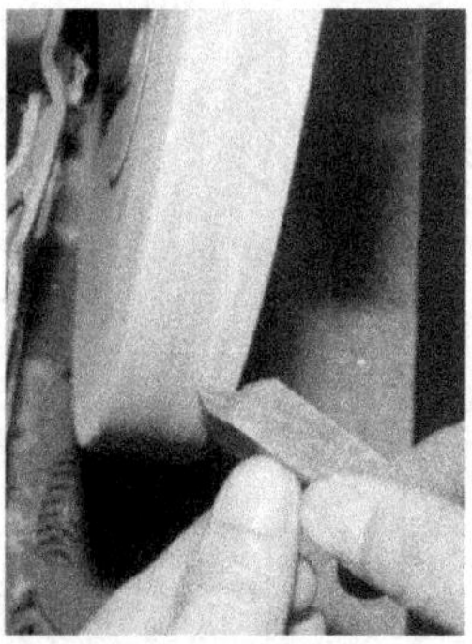
5	粗磨、精磨螺纹刀时，都要用螺纹对刀样板进行检测		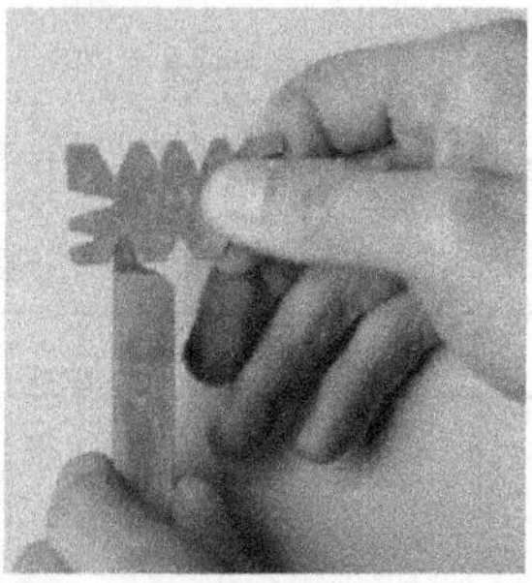
6	测量后角		
7	精磨完两侧主后刀面，需要修整刀尖，形成宽度约为0.1P的刀尖	选用粒度为F80 ~ F120的氧化铝砂轮	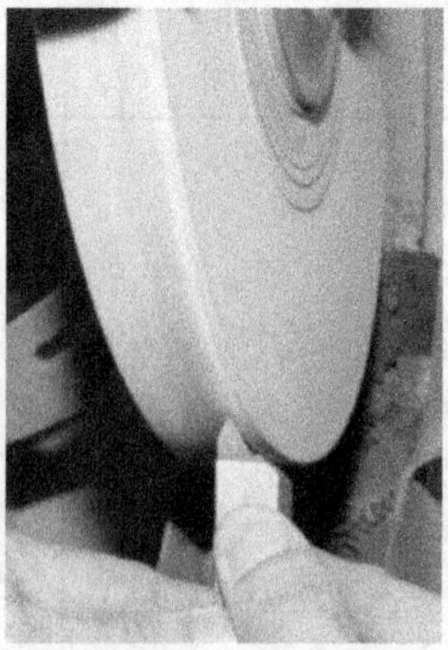

（续）

序号	步　骤	砂轮的选择	图　示
8	用油石对车刀进行研磨		

刃磨螺纹车刀时的注意事项如下：

1）使用砂轮刃磨刀具时，首先要选好砂轮。高速工具钢车刀使用F80的氧化铝砂轮，磨刀时压力应小于一般车刀并应及时蘸水冷却，以免因过热而发生退火现象。

2）刃磨时要注意安全，人的站立位置要侧对砂轮，避免用面部正对砂轮；每台砂轮限一人使用，其他人应站到安全位置。

3）姿势要正确，双手握刀要稳定，否则刀具的角度及切削刃很难达到要求。

4）磨削过程一定要遵循先粗磨后精磨的原则，粗磨时也要用样板检查刀尖角。若磨带有径向前角的螺纹车刀，粗磨后的刀尖角应略大于牙型角，待磨好前角后再修正刀尖角。

5）刃磨螺纹车刀的切削刃时，要均匀移动使切削刃平直。

知识链接三　螺纹车刀的装夹及螺纹的车削方法

1. 螺纹车刀的装夹

螺纹车刀装夹得是否正确，对螺纹的牙型有很大的影响。如果螺纹车刀的装夹有偏差，即使车刀的刀尖刃磨得很正确，加工后螺纹的牙型角仍难以达到精度要求。

螺纹车刀的装夹要求如下：

1）螺纹车刀的刀尖应与卧式车床的主轴等高，螺纹车刀安装得高或低都会影响前角的大小，从而造成牙型误差。一般根据尾座顶尖的高度调整和检查车刀的高度，即让车刀的刀尖对正顶尖的尖端。

2）车刀刀尖角的中心线必须与工件的轴线垂直，如果把车刀装歪，也会影响螺纹的精度，使得车出螺纹的牙型半角产生误差。装刀时，可以利用螺纹角度样板来对刀，找正车刀刀尖的安装位置，如图7-16所示。

3）螺纹车刀伸出不宜过长，一般伸出长度为刀柄厚度的1.5倍，以防止切削中产生振动，影响加工质量。

4）切削过程中的对刀和换刀方法。在螺纹的加工过程中，由于刀头磨损或刀具不能满足精加工要求，导致螺纹加工到一半时不得不换新刀具时，需要重新安装刀具，调整刀具中心高和刀尖位置，以保证再次车削时不会“乱牙”。车刀装好以后不能立刻加工，应使螺纹车刀离开工件的径向方向，合上开合螺母，开正车（注意应该是空走刀），让刀具在工件的轴向方向上移动到工件端面内，停车；然后移动中、小滑板，使刀尖准确地落入原来的螺旋槽中（注意不能移动大滑板），使螺纹车刀的刀尖对齐已加工螺纹的螺纹牙型，并记住中滑板的刻度；接着将车刀横向退出，开倒车，退至螺纹头部后再进刀，反复车削至符合图样要求。

a)　　　　b)

图 7-16　使用螺纹角度样板对刀

a）装夹正确　b）装夹错误

2. 螺纹的车削方法

车削普通螺纹的方法有低速车削和高速车削两种。由于普通螺纹车刀刀尖的强度较差，加之两侧切削刃同时参加切削，因此会产生较大的切削抗力，引起工件的振动，从而影响工件的加工精度。所以，应根据不同的加工要求、零件的材质和螺纹的螺距合理地选择进刀方法。

（1）低速切削　低速车削时使用高速工具钢螺纹车刀，并分别用粗车刀和精车刀对螺纹进行粗车和精车。低速车削螺纹的精度高，表面粗糙度值较小，但是效率偏低。其进给方法、加工性质等见表 7-17。

表 7-17　低速车削螺纹的进给方法和加工性质

项　目	直 进 法	斜 进 法	左右切削法
图示	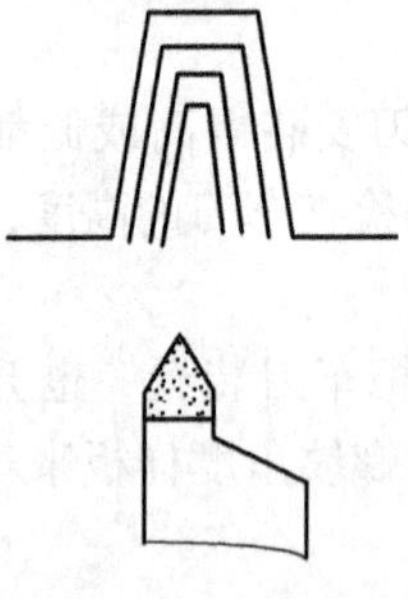	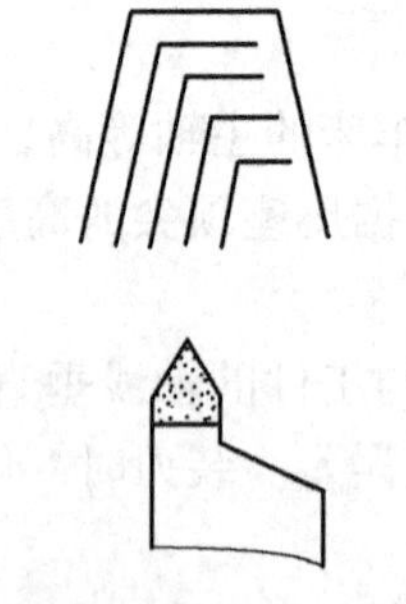	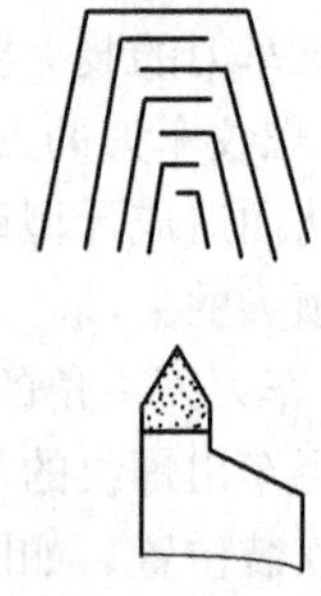
进给方法	车削时，只用中滑板横向进给	车削时，除中滑板作横向进给外，小滑板只向一个方向作微量进给	车削时，除中滑板作横向进给外，同时用小滑板将车刀向左或向右作微量进给（借刀）
加工性质	双面切削	单面切削	单面切削
优点	操作简单，并能获得正确的牙型	不易产生“扎刀”现象	不易产生“扎刀”现象，并可适当提高切削用量
缺点	排屑困难，刀尖易磨损，背吃刀量大时可能产生“扎刀”现象	操作复杂，只用于粗车，必须再用左右切削法进行精车	操作复杂
应用场合	车削螺距较小（$P<2.5$mm）的螺纹	车削螺距较大（$P>2.5$mm）的螺纹	车削螺距较大（$P>2.5$mm）的螺纹

（2）高速车削　用硬质合金车刀高速车削普通外螺纹时，切削速度为低速车削螺纹时的 15 ~ 20 倍，车削次数可减少 2/3 以上。例如，低速车削 $P = 2\text{mm}$ 的中碳钢螺纹时，一般需要车削 12 次左右，而高速车削只需要 3 ~ 4 次。因此，高速车削可以大大提高生产效率，在工厂中已被广泛采用。

高速车削螺纹时，为了防止牙侧起毛刺，不宜采用斜进法和左右切削法，只能用直进法车削。高速车削普通外螺纹时，受车刀挤压后，螺纹大径的尺寸会变大。因此，车削螺纹前的外圆直径要小些。当螺距 $P = 1.5 \sim 3.5\text{mm}$ 时，车削螺纹前的外径一般应减少 0.2 ~ 0.4mm（$0.13P$）。

知识链接四　普通螺纹的检测

标准螺纹应具有互换性，尤其是对螺距、中径尺寸应该严格加以控制，否则螺纹副将无法配合，车削普通螺纹时，应根据不同的质量要求和生产批量的大小，相应地选择不同的测量方法。常用的测量方法有单项测量法和综合测量法两种，标准普通螺纹通常采用综合测量法。单项测量法又可以分为螺纹大径的测量、螺距或导程测量、螺纹中径的测量。

1. 螺纹大径的测量

螺纹大径一般使用游标卡尺进行测量；精度要求较高时，一般采用千分尺进行测量。

2. 螺距或导程的测量

可以使用螺距规测量螺距，也可以使用钢直尺、游标卡尺测量螺距。测量时，先量出多个螺距的长度，然后用长度除以螺距的个数，即可得出一个螺距的尺寸。

3. 螺纹中径的测量

普通螺纹的中径可以使用螺纹千分尺进行测量，如图 7-17 所示；或者用三针法进行测量。

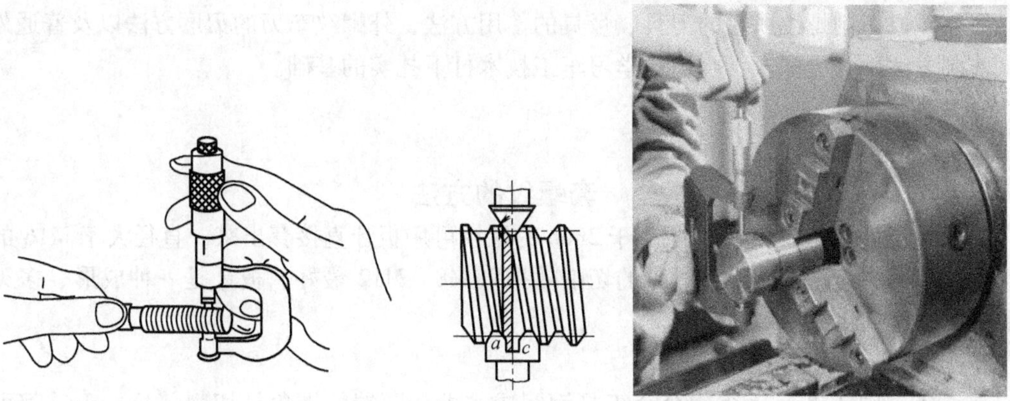

图 7-17　用螺纹千分尺测量螺纹中径

螺纹千分尺的测量头有 60°和 55°两种，测量时可根据实际需要选择测量头，但必须在测量前对千分尺进行校零操作。测量时，与螺纹牙型角相同的上、下两个测量头将卡在螺纹的牙侧上，其读数就是螺纹中径的实际尺寸。

4. 综合测量法

综合测量法是采用螺纹量规对螺纹各部分主要尺寸进行综合检验的一种测量方法。这种方法的效率高，使用方便，能较好地保证互换性，广泛应用于标准螺纹或大批量生产的螺纹工件的测量。

螺纹量规包括螺纹环规（图 7-18）和螺纹塞规（图 7-19）两种，每一种又有通规和止规之分。螺纹环规用来测量外螺纹，螺纹塞规用来测量内螺纹。测量时，如果通规刚好能旋入，而止规不能旋入，则说明螺纹合格，反之则该螺纹不合格。对于精度要求不高的螺纹，也可以用标准螺母和螺杆来检测，以旋入工件时是否顺利以及松动的程度来确定其是否合格。

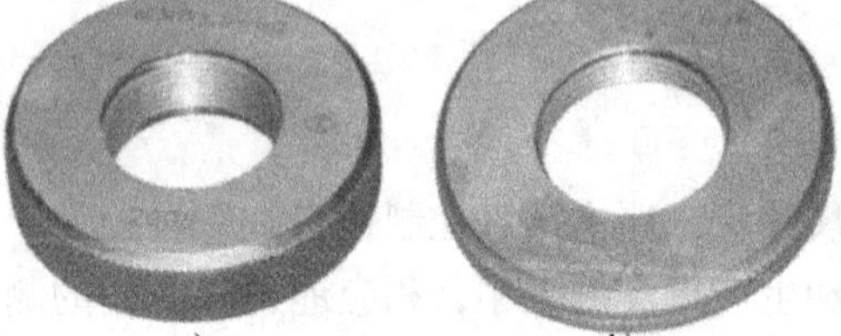

a) b)

图 7-18 螺纹环规

a）通规 b）止规

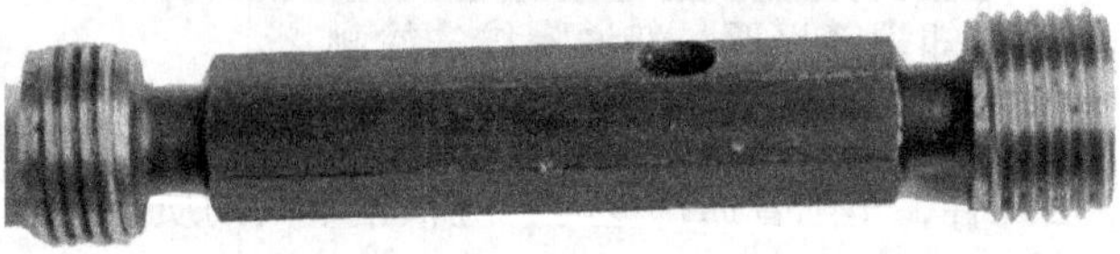

图 7-19 螺纹塞规

任务解析

（1）情景预演 操作者在加工前应刃磨好刀具，检查各种手柄的使用情况，起动卧式车床空车运行。检查无误后，再采用直进法开倒顺车车削螺纹。

（2）任务分析 螺纹车刀安装时的高度不与工件轴线等高，或者车刀螺纹半角的平分线不与工件轴线垂直，都会影响螺纹的加工精度。加工螺纹时，还需要谨慎选用加工方法，加工方法选择不当会使加工的螺纹出现“乱扣”。

（3）任务小结 普通外螺纹的加工是车工加工中的基本技能之一，通过本任务的学习，学生可以掌握车削螺纹所用的刀具、量具的使用方法，外螺纹车刀的刃磨方法以及普通外螺纹的车削方法，为更深入、全面地学习车工技术打下扎实的基础。

知识拓展

套螺纹的方法

一般直径不大于 M16 或螺距小于 2mm 的螺纹可用板牙直接套出来，直径大于 M16 的螺纹可在粗车螺纹后再套螺纹，板牙的切削效果以 M8 ~ M12 最好。板牙是一种成形、多刃的刀具，其操作简单，生产效率高。

1. 圆板牙

圆板牙（图 7-20）大多用合金工具钢制成。板牙两端的锥角是切削部分，正反都可以使用；中间具有完整齿深的一段是校准部分，也是套螺纹时的导向部分，其规格和螺距标注在板牙的端面上。

2. 用板牙套螺纹的方法

（1）套螺纹前的工艺要求

1）先把工件外圆车削至比螺纹大径的公称尺寸小 0.2 ~ 0.4mm。计算套螺纹圆杆直径的近似公式为

$$d_0 = d - (0.13 \sim 0.15)P$$

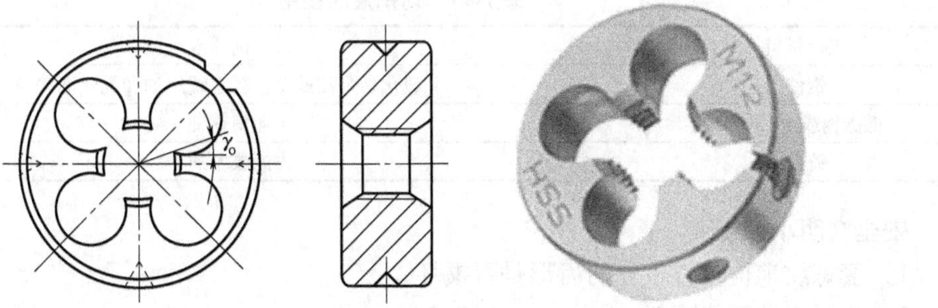

图 7-20　圆板牙

式中　d_0——圆杆直径，单位为 mm；

d——螺纹大径，单位为 mm；

P——螺距，单位为 mm。

2）车好外圆后，工件的端面必须倒角。倒角要小于或等于 45°，倒角后的端面直径要小于螺纹小径，使板牙容易切入工件。

3）套螺纹前必须找正尾座轴线，使其与卧式车床的主轴轴线重合，水平方向的偏移量不得大于 0.05mm。

4）将板牙装入套螺纹工具或尾座自定心卡盘时，必须使其端面与主轴轴线垂直。

（2）套螺纹的方法

1）用套螺纹工具套螺纹，如图 7-21 所示。把套螺纹工具的锥柄部分装入尾座套筒的锥孔内，将圆板牙装入滑动套筒内，使螺钉对准板牙上的锥坑后拧紧。将尾座移到离工件一定距离处紧固，转动尾座手轮，使圆板牙靠近工件端面，开动卧式车床和冷却泵或加切削液，然后转动尾座手轮，使圆板牙切入工件，这时停止手轮转动，使滑动套筒在套螺纹工具内自动轴向进给。当板牙进给到所需的距离时，立即停车，然后开倒车，使工件反转，退出板牙。

图 7-21　用套螺纹工具套螺纹

2）在尾座上，用 100mm 以下的自定心卡盘装夹板牙，套螺纹的方法与上面相同，但不能固定尾座，而是要调节好尾座与大滑板之间的距离，使其大于工件的螺纹长度。尺寸小于 M6 的螺纹不宜采用此方法，因为尾座的重量会使螺纹产生“烂牙”。

套螺纹时切削速度的选择见表 7-18，切削液的使用见表 7-19。

表 7-18　套螺纹时切削速度的选择

工件材料	切削速度/(m/min)
钢件	3 ~ 4
铸铁	2 ~ 3
黄铜	6 ~ 9

表 7-19　切削液的使用

工件材料	切　削　液
钢件	硫化切削油或全损耗系统用油和乳化液
低碳钢或 40Cr 钢	工业植物油
铸铁	煤油或不加

安全文明小贴士

1）套螺纹前应检查板牙的齿形是否损坏。

2）板牙安装不能歪斜。

3）塑性材料套螺纹时应充分加注切削液。

4）套螺纹时工件的直径应偏小，否则容易产生“烂牙”。

5）用自定心卡盘安装圆板牙时，夹紧力不能过大，以防板牙碎裂。

6）套 M12 以上的螺纹时应将工件夹紧；套螺纹工具在尾座中应装紧，以防套螺纹时因切削力矩大而引起工件走动或套螺纹工具在尾座内打转。

多线螺纹的车削

多线螺纹是指沿两条或两条以上在轴向等距分布的螺旋线所形成的螺纹，螺旋线的条数称为多线螺纹的线数，如图 7-22 所示。

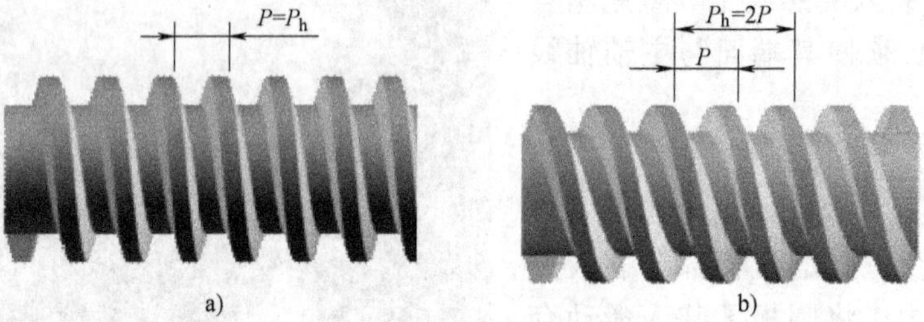

图 7-22　单线螺纹与多线螺纹

a）单线螺纹　b）多线螺纹

1. 多线螺纹的技术要求

1）多线螺纹的螺距必须相等。

2）多线螺纹的小径必须相等。

3）多线螺纹的牙型角必须相等。

2. 多线螺纹的分线方法

车削多线螺纹的主要问题是螺纹的分线。多线螺纹的各螺旋槽在轴向是等距分布的，在圆周上是等角分布的。在车削过程中，解决螺旋线的轴向等距分布或圆周等角分布的问题称为分线。如果分线不准确，则车削出的多线螺纹的螺距将互不相等，这样就会严重影响内、外螺纹的配合精度，降低螺纹的使用寿命。

多线螺纹的分线方法见表 7-20。

3. 多线螺纹的车削方法

多线螺纹每一条螺旋槽的车削方法与单线螺纹的车削方法相同，关键是准确地分线和保证各螺旋槽的尺寸一致。车削多线螺纹时，不能将一条螺旋槽车削完成后，再车削另一条螺旋槽，而是应按下列步骤进行操作。

表 7-20 多线螺纹的分线方法

内容		说明	图示
轴向分线法	用小滑板刻度分线	用小滑板的刻度值控制车刀轴向移动一个所需的螺距 P,以达到分线的目的 先将小滑板导轨调整到与卧式车床的主轴轴线平行,车好一条螺旋槽后,把小滑板向前移动或向后移动一个螺距,再车削另一条螺旋槽 例如,车削导程为 12mm 的双线梯形螺纹,其螺距 $P = P_h/n = 12mm/2 = 6mm$,则分线时小滑板转过的格数应为 6/0.05 = 120 小滑板刻度分线方法简单,不需要使用辅助工具,但分线精度不高,一般用于多线螺纹的粗车,适用于单件、小批量生产	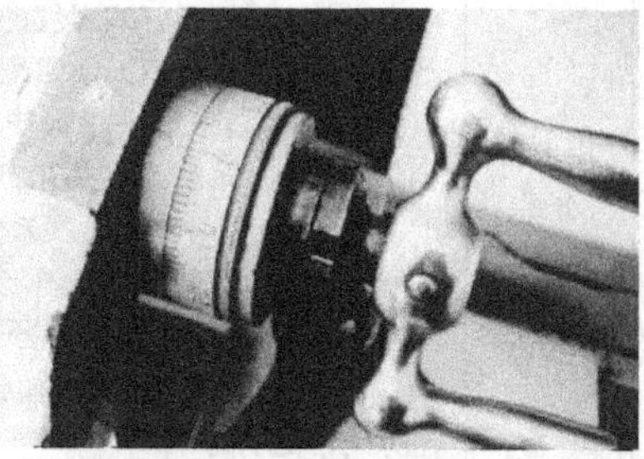
	用百分表分线	根据百分表上的读数值来确定小滑板移动的距离。这种分线方法的精度较高,但受百分表移动距离较小的影响,主要适用于分线精度要求高、螺距较小的多线螺纹的单件生产	
	用百分表和量块分线	对于螺距精度要求较高的螺纹的分线,可利用百分表和量块控制小滑板的移动距离。其方法是:把百分表固定在刀架上,在百分表与挡块之间垫入一块(一组)量块,其厚度最好等于工件螺距;在车好第一条螺旋槽以前,调整小滑板,使百分表触头与挡块接触,并把百分表调整到零位;车好第一条螺旋槽后,移动小滑板,使百分表的读数等于被车削工件的螺距 这种方法的分线精度高,但车削时的振动会使百分表走动,使用时应经常找正零位	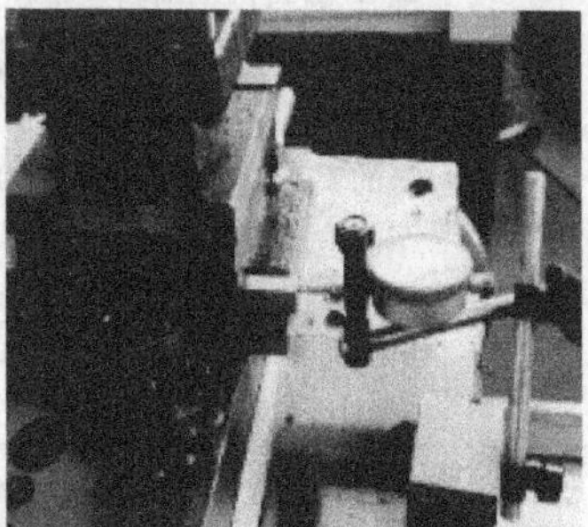 

（续）

内　容		说　明	图　示
圆周分线法	用卡盘分线	当工件采用两顶尖装夹，并用自定心卡盘或单动卡盘的卡爪代替拨盘时，可利用自定心卡盘的卡爪进行三线螺纹的分线，利用单动卡盘的卡爪进行双线或四线螺纹的分线 具体方法是：车好一条螺旋槽后，松开顶尖，使工件连同鸡心夹头一起转过一个角度，由卡盘的另一个卡爪拨动，然后用顶尖支承好后就可车削另一条螺旋槽 由于卡盘卡爪自身的等分精度不高，所以，用卡盘分线的方法虽然操作简单、方便，但分线精度不高	
	用交换齿轮分线	车削多线螺纹时，一般情况下，卧式车床交换齿轮箱中的交换齿轮 z_1 的转速与主轴转速相等，z_1 转过的角度等于工件转过的角度。因此，当 z_1 的齿数是螺纹线数的整数倍时，可利用交换齿轮分线 分线时，开合螺母不能提起，车好第一条螺旋槽后，在交换齿轮 z_1 上根据螺纹的线数作等分标记。例如，若 $z_1=63$，$n=3$，则三等分于1、2、3点，以1点为起点，在 z_1 与中间齿轮的啮合处也作一标记“0”，然后脱开交换齿轮 z_1 与中间齿轮的啮合，单独转动齿轮 z_1（工件与主轴同步转），当 z_1 转过21个齿后，使 z_1 上的2点与中间齿轮上的0点啮合，就可以车削第二条螺旋槽。车削完第二条螺旋槽后，重新脱开 z_1 与中间齿轮的啮合，再单独转动 z_1，转过21个齿后，使 z_1 上的3点与中间齿轮上的0点啮合，就可以车削第三条螺旋槽 用这种方法分线的优点是分线精度高，但所车削螺纹的线数受 z_1 齿数的限制，操作起来也比较麻烦，所以不宜在成批生产中使用	
	用多孔插盘分线	多孔插盘装在卧式车床的主轴上，其转盘上有等分精度很高的定位插孔（多孔插盘一般等分为12或24个插孔），可以对2、3、4、6、8或12线的螺纹进行分线 分线时，先停车松开紧固螺母，拔出定位插销，将转盘旋转一个 $360°/n$ 的角度后，再将定位插销插入另一定位孔中，然后紧固螺母，完成分线。转盘上可以安装卡盘以装夹工件，也可以装上拨块拨动夹头，进行两顶尖的车削 这种分线方法的精度较高，且主要取决于多孔插盘的等分精度。用多孔插盘分线操作简单、方便，适用于批量生产，但分线数量受插孔数量的限制	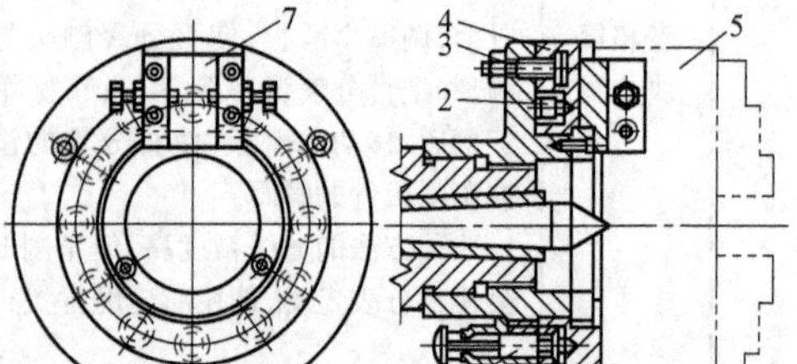 1—定位插销　2—紧固螺母 3—转盘　4—夹具　5—螺钉 6—定位块　7—拨块

1）粗车第一条螺旋槽时，记住中、小滑板的刻度值。

2）根据工件的精度要求，选择适当的分线方法。采用轴向分线法时，粗车第二条、第三条……螺旋槽，必须使中滑板的刻度值（即背吃刀量）与车削第一条螺旋槽时相等；用圆周分线法分线时，中、小滑板的刻度值必须与车削第一条螺旋槽时相等。

3）采用左右切削法精车多线螺纹时，车削每条螺旋槽时，车刀的左、右借刀量必须相等，以保证多线螺纹的螺距精度。现以精车双线梯形螺纹为例，说明其操作要领。

① 如图7-23所示，精车第一条螺旋槽的1面，记住向左赶刀量。

② 分线精车第二条螺旋槽的2面，其向左赶刀量与精车1面时相等。

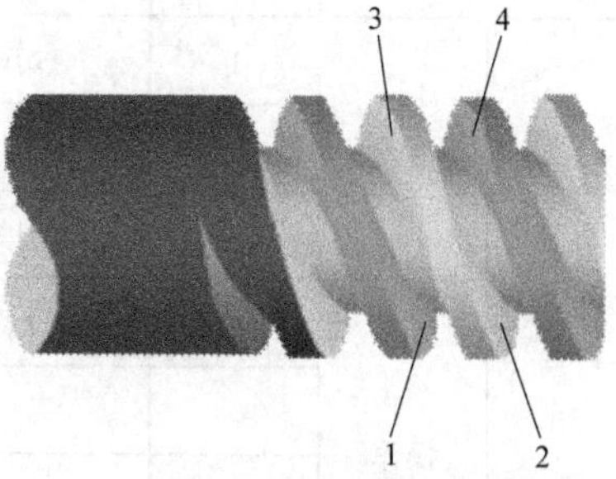

图7-23　精车双线梯形螺纹

③ 车刀向右赶刀精车3面，控制第二条螺旋槽的螺纹中径尺寸，使之符合加工要求。

④ 分线精车第一条螺旋槽的4面，控制螺纹的中径尺寸，使两条螺旋槽的中径相等。

想想练练

练一练

加工如图7-24所示的螺纹轴零件，其质量评价见表7-21。

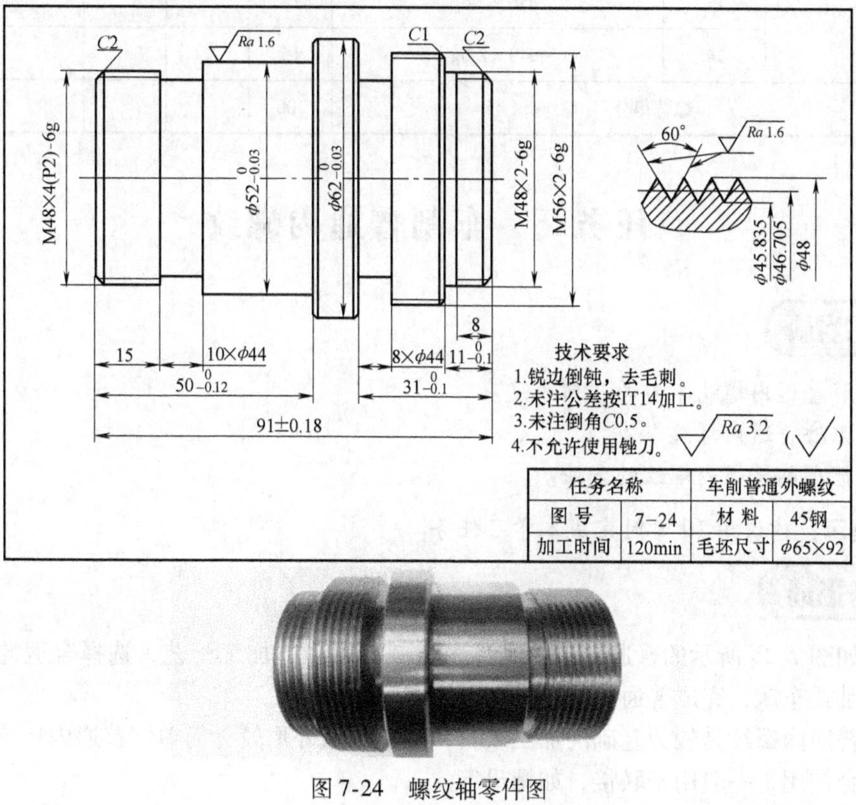

图7-24　螺纹轴零件图

表 7-21　工件质量评分

项目		序号	检测内容	配分	学生		教师评分
					自检	互检	
基本检查	准备	1	切削加工工艺制订正确	5			
		2	切削用量选择合理	5			
		3	刀具刃磨质量符合要求	5			
	操作	4	设备操作、维护保养正确	3			
		5	操作要领正确	5			
		6	刀具选择、安装正确、规范	3			
		7	工件找正、安装正确、规范	4			
工作态度		8	遵守“7S”规范、纪律表现	10			
尺寸		9	$\phi 52_{-0.03}^{\ 0}$ mm	5			
		10	(91 ±0.18)mm	5			
		11	$C1$、$C2$	5			
		12	M48 ×4(P2)-6g	15			
		13	M56 ×2-6g	15			
		14	M48 ×2-6g	15			
综合得分				100			

任务三　车削普通内螺纹

学习目标

1. 理解普通内螺纹车刀的几何角度。
2. 能刃磨普通内螺纹车刀。
3. 掌握车削普通内螺纹的方法。

友情提示：建议用 10 学时完成本学习任务。

任务描述

分析如图 7-25 所示的普通内螺纹零件图，制订合理的加工工艺，选择合适的刀具，按要求操作卧式车床，完成普通内螺纹的加工和测量。

车削普通内螺纹是较为基础的加工项目，该工件的外形较为简单。普通内螺纹常与普通外螺纹配合使用，一般用于联接，如螺母等。

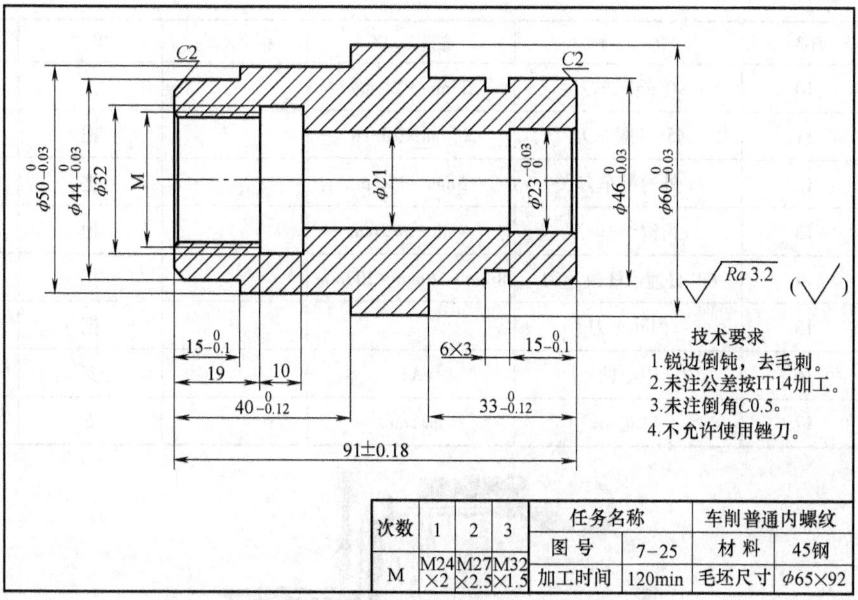

图 7-25　普通内螺纹零件图

任务实施

1. 工具、量具、刀具的选择

（1）量具的选择　该零件的加工精度要求不是很高，使用 0 ~ 150mm 的游标卡尺和钢直尺即可满足测量要求；螺纹无特殊要求，用螺纹塞规综合测量即可。

（2）刀具的选择　加工材料为 45 钢，用 90°外圆车刀、45°外圆车刀加工工件表面和倒角，控制工件的精度和表面质量；用车槽刀加工 6mm × 3mm 的槽，用 60°普通内螺纹车刀加工螺纹。

本任务所用的工具、量具、刀具见表 7-22，其摆放方法如图 7-26 所示。

表 7-22　加工普通内螺纹的工具、量具、刀具清单

种类	序号	名　称	规　格	精度/mm	单位	数量
工具	1	角度样板	60°		把	1
	2	刀架钥匙	17mm × 17mm		把	1
	3	卡盘钥匙	12mm × 12mm		把	1
量具	4	螺纹塞规	M24 × 2mm		支	1
	5	游标卡尺	0 ~ 150mm	0.02	支	1
	6	长爪内测游标卡尺	9 ~ 150mm	0.02	支	1
	7	千分尺	25 ~ 50mm	0.01	支	2
	8	内径千分尺	0 ~ 25mm	0.01	支	1
	9	深度游标卡尺	0 ~ 200mm	0.02	支	1
	10	百分表	0 ~ 5mm	0.01	支	1

（续）

种类	序号	名　称	规　格	精度/mm	单位	数量
刀具	10	90°外圆车刀	25mm×25mm		把	1
	11	45°外圆车刀	25mm×25mm		把	1
	12	外沟槽车刀	5mm×15mm		把	1
	13	内沟槽车刀	4mm×ϕ22mm		把	1
	14	60°普通内螺纹车刀	8mm×16mm×200mm		把	1
	15	内孔车刀			把	1
	16	中心钻	A3		支	1
	17	麻花钻	ϕ21mm		支	1

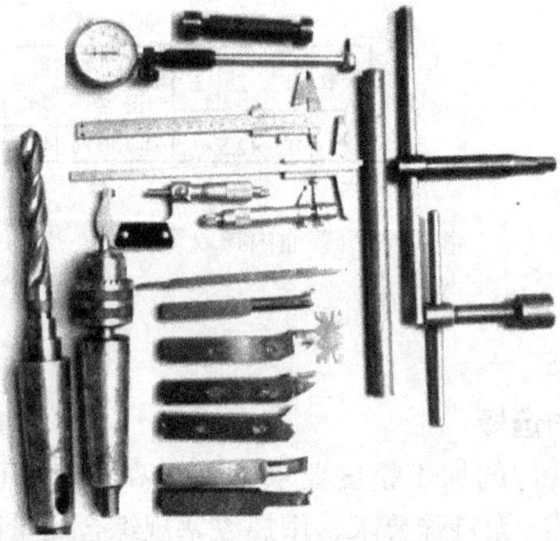

图 7-26　工具、量具、刀具的摆放方法

2. 制订加工工序

1）普通内螺纹零件的加工工序卡片见表 7-23。

表 7-23　普通内螺纹零件的加工工序卡片

普通车工加工工序卡片				零件名称	材料		零件图号	
				普通内螺纹零件	45 钢		7-25	
夹具名称				设备型号			车间	
自定心卡盘				CA6140A			普通车工	
工步号	工步内容	刀具名称	刀具规格	切削用量的选择（推荐值）			备注	
				主轴转速/(r/min)	进给速度/(mm/r)	背吃刀量/mm		
1	粗车工件端面	45°外圆车刀	25mm×25mm	500	0.2	0.5		
2	精车工件端面	45°外圆车刀	25mm×25mm	700	0.1	0.2		
3	粗车工件外圆 ϕ60mm、ϕ46mm，长度为 32.5mm	90°外圆车刀	25mm×25mm	500	0.25	2		
4	精车工件外圆 ϕ60mm 和 ϕ46mm	90°外圆车刀	25mm×25mm	700	0.12	1		

（续）

工步号	工步内容	刀具名称	刀具规格	切削用量的选择(推荐值)			备注
				主轴转速/(r/min)	进给速度/(mm/r)	背吃刀量/mm	
5	车槽	外沟槽车刀	4mm×16mm×200mm	300	手动		
6	钻中心孔	中心钻	A3	800	手动		
7	钻底孔	麻花钻	ϕ21mm	350	手动		
8	粗车内孔 ϕ23mm	90°内孔车刀	25mm×25mm	450	0.2	0.5	
9	精车内孔 ϕ23mm	90°内孔车刀	25mm×25mm	650	0.1	0.1	
10	工件倒角	45°外圆车刀			手动		
11	掉头装夹						
12	车削端面，保证总长为91mm	45°外圆车刀	25mm×25mm	800	0.1	0.2	
13	粗车工件外圆 ϕ50mm、ϕ44mm	90°外圆车刀	25mm×25mm	500	0.25	2	
14	精车工件外圆 ϕ50mm、ϕ44mm，保证长度为15mm、40mm	90°外圆车刀	25mm×25mm	800	0.1	1	
15	粗车螺纹孔	90°内孔车刀	25mm×25mm	500	0.25	1	
16	精车螺纹孔	90°内孔车刀	25mm×25mm	800	0.1	0.5	
17	车削内沟槽	内沟槽车刀	25mm×25mm	300	手动		
18	工件倒角	45°外圆车刀	25mm×25mm	500	手动		
19	车削螺纹	60°普通内螺纹车刀	14mm×14mm×200mm	56			
编制		审核		批准		共　页	第　页

根据工作任务做好加工准备工作，并操作卧式车床加工普通内螺纹。

① 清点生产要素。

毛坯尺寸：________；车削刀具：________；量具：________。

② 检查机床。

检查方法：____。

是否正常：□正常　　□不正常

处理意见：____。

③ 按照“7S”标准摆放生产要素。

□正确　　□不正确

④ 装夹毛坯。

伸出长度：________。

2）普通内螺纹零件的加工过程见表7-24，加工完成后的零件如图7-27所示。

表 7-24　普通内螺纹零件的加工过程

工步	图　示	操作内容	刀具名称	检测方法
1	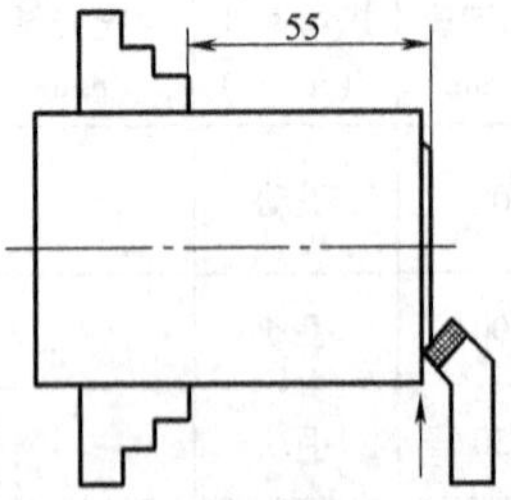 车削端面	1）检查毛坯 ϕ65mm × 92mm 是否符合图样要求 2）用自定心卡盘夹持毛坯，伸出长度约为 55mm，粗、精车端面	45°外圆车刀	游标卡尺
2	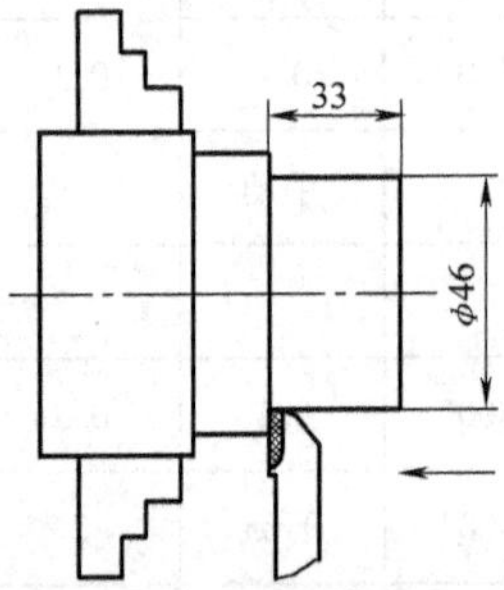 车削外圆	1）粗、精车外圆，保证尺寸为 ϕ46mm 2）保证长度为 33mm	90°外圆车刀	游标卡尺、千分尺
3	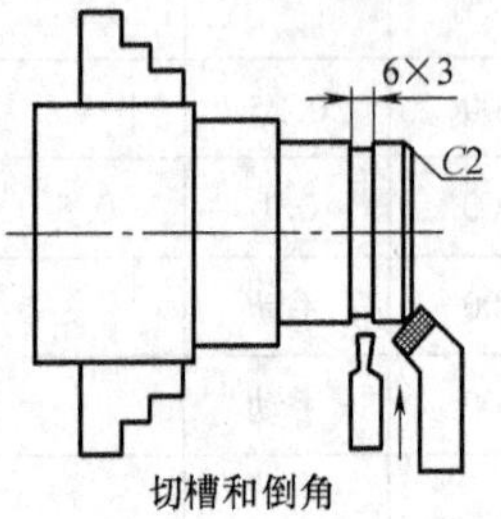 切槽和倒角	1）车槽，保证尺寸为 6mm × 3mm 2）倒角 C2，去毛刺	45°外圆车刀、车槽刀	游标卡尺
4	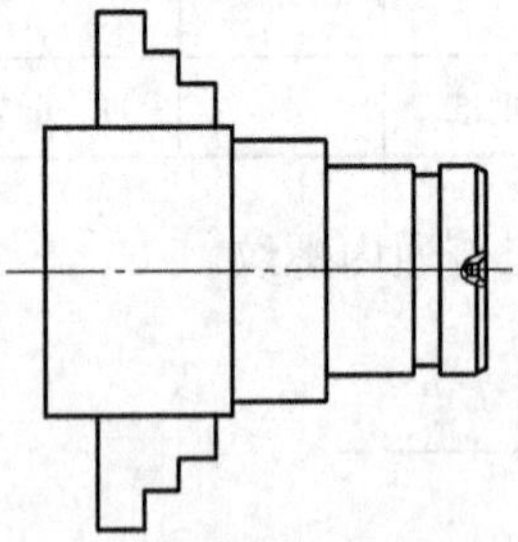 钻中心孔	钻中心孔	中心钻	游标卡尺或目测
5	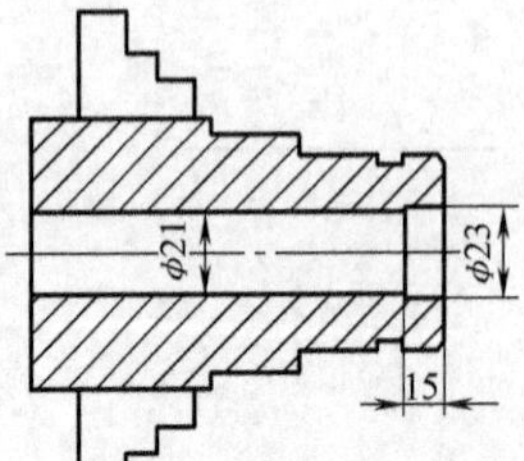 钻孔及车削内孔	1）钻通孔 ϕ21mm 2）粗、精车内孔，保证尺寸为 ϕ23mm，长度为 15mm 3）去毛刺	ϕ21mm 麻花钻、内孔车刀	游标卡尺、内径百分表

（续）

工步	图　　示	操作内容	刀具名称	检测方法
6	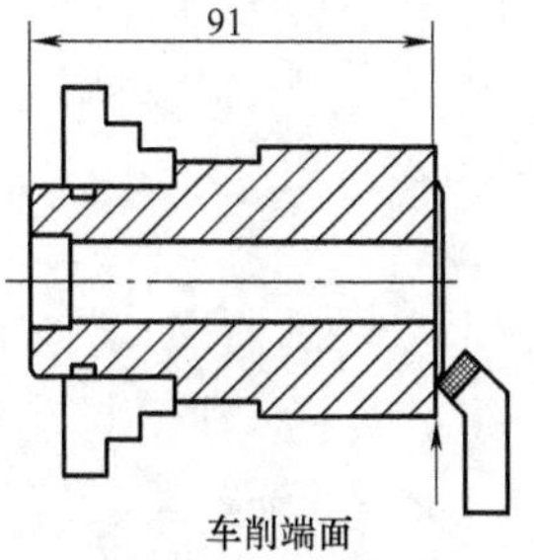 车削端面	1）掉头装夹 2）车削端面，保证总长91mm	45°外圆车刀	游标卡尺
7	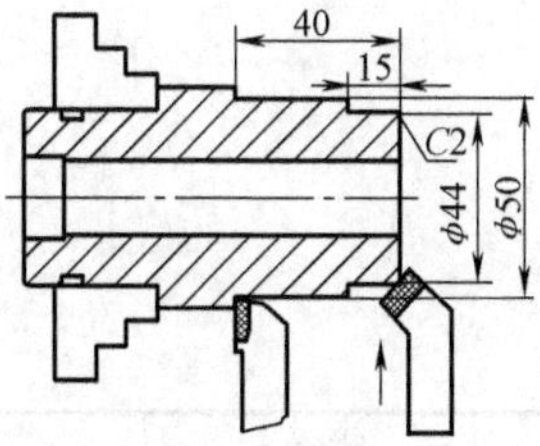 车削外圆及倒角	1）粗、精车外圆，保证尺寸为 ϕ44mm、ϕ50mm，长度为40mm、15mm 2）倒角 $C2$，去毛刺	90°外圆车刀、45°外圆车刀	游标卡尺、千分尺
8	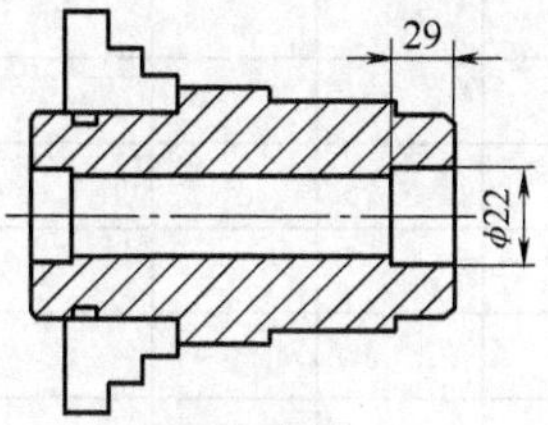 车削螺纹孔	1）粗、精车螺纹孔，保证尺寸为 ϕ22mm，长度为29mm 2）去毛刺	内孔车刀	深度游标卡尺、游标卡尺
9	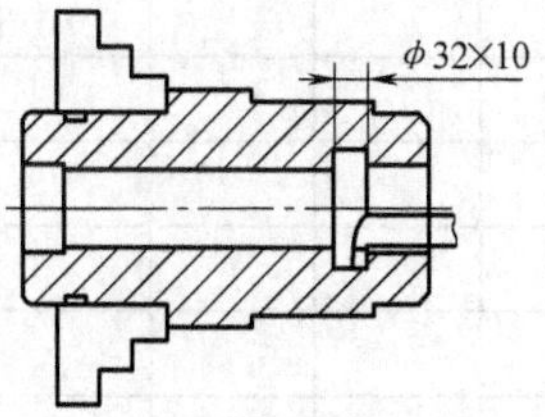 车削内沟槽	车削内沟槽，保证尺寸为 ϕ32mm × 10mm	内沟槽车刀	长爪内测游标卡尺
10	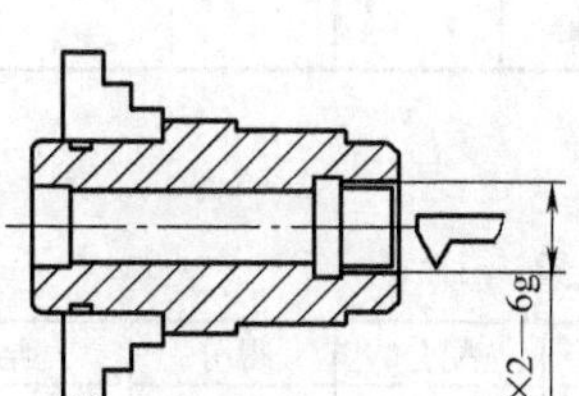 车削螺纹，检测	1）直进法粗、精车螺纹 2）用螺纹塞规检验螺纹，用千分尺、游标卡尺等测量其他尺寸	普通内螺纹车刀	螺纹塞规、千分尺、游标卡尺

图 7-27　加工完成后的零件

任务评价

1）工件的质量评价见表 7-25。

表 7-25　工件质量评分表

项　目		序号	检　测　内　容	配分	学生		教师评分
					自检	互检	
基本检查	准备	1	切削加工工艺制订正确	5			
		2	切削用量选择合理	5			
		3	刀具刃磨质量符合要求	5			
	操作	4	设备操作、维护保养正确	3			
		5	操作要领正确	5			
		6	刀具选择、安装正确、规范	3			
		7	工件找正、安装正确、规范	4			
工作态度		8	遵守“7S”规范，纪律表现良好	10			
尺寸		9	$\phi44^{\ 0}_{-0.03}$ mm、$\phi50^{\ 0}_{-0.03}$ mm	10			
		10	$\phi46^{\ 0}_{-0.03}$ mm、$\phi60^{\ 0}_{-0.03}$ mm	10			
		11	$40^{\ 0}_{-0.12}$ mm、$33^{\ 0}_{-0.12}$ mm	10			
		12	(91 ±0.18) mm	5			
		13	*C*2（2 处）	5			
		14	M24 ×2mm	20			
综合得分				100			

2）机床的清洁与保养记录见表 7-26。

表 7-26　机床的清洁与保养记录

序号	内　容	要　求	配分	得分	结果记录
1	刀具	拆卸、整理、归位	10		
2	量具	清洁、保养、归位	10		
3	工具	整理、归位	10		

（续）

序号	内　容	要　求	配分	得分	结果记录
4	工作台	清洁、保养、归位	10		
5	导轨、润滑部位	清洁、保养、加油润滑	10		
6	主轴	清洁、保养	5		
7	刀架	清洁、保养	10		
8	机床外观	清洁	10		
9	电源	切断	5		
10	切屑	清扫	10		
11	工作区域	清扫	10		
总分					

学生签名＿＿＿＿＿＿＿　教师签名＿＿＿＿＿＿＿　日期＿＿＿＿＿＿＿

安全文明小贴士

1）车削内螺纹与车削外螺纹有很大区别，其进刀和退刀的方向相反，而且车削内螺纹退刀时还受到孔径的影响而不能退得太多，否则会撞到孔径内侧。所以车削前一定要熟悉进刀、退刀的方向，避免发生撞刀事故。

2）车削内螺纹前的孔径可比螺纹小径大一些，一般大 0.15mm 即可，这样与外螺纹配合时比较容易。

3）安装内螺纹车刀时，刀尖应对准工件的回转中心，以保证刀具的工作角度正确。

4）安装刀具时要用螺纹样板对刀，保证牙型角正确。

5）车削时要浇注切削液，这样有利于排屑和提高螺纹的表面质量。

6）车削时须常用螺纹塞规进行测量，以免螺纹报废。

7）开车时严禁用棉纱接触螺纹表面。

知识链接

知识链接一　普通内螺纹孔径尺寸的计算

因为车削内螺纹时会产生挤压变形而使孔径缩小（塑性材料尤为明显），所以车削内螺纹前的孔径 D_0 应比内螺纹的小径 D_1 大些。在实际生产中，车削塑性材料的普通内螺纹时，孔径 $D_0 = D - P$；车削脆性材料的普通内螺纹时，孔径 $D_0 = D - 1.05P$。

知识链接二　普通内螺纹车刀的种类

普通内螺纹车刀按其材质不同，可分为高速工具钢内螺纹车刀和硬质合金内螺纹车刀两种，分别如图 7-28 和图 7-29 所示。

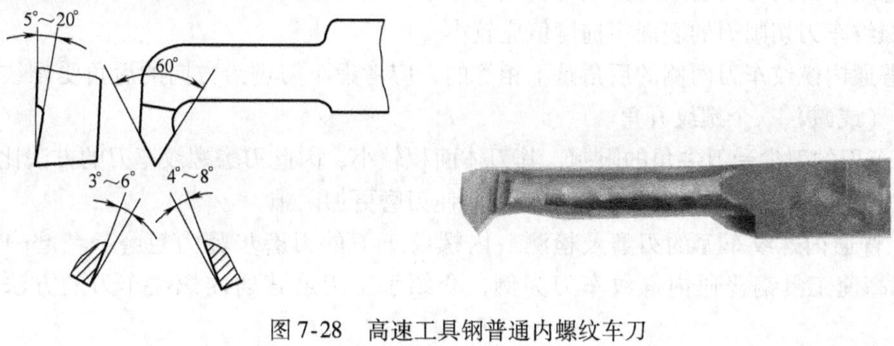

图 7-28　高速工具钢普通内螺纹车刀

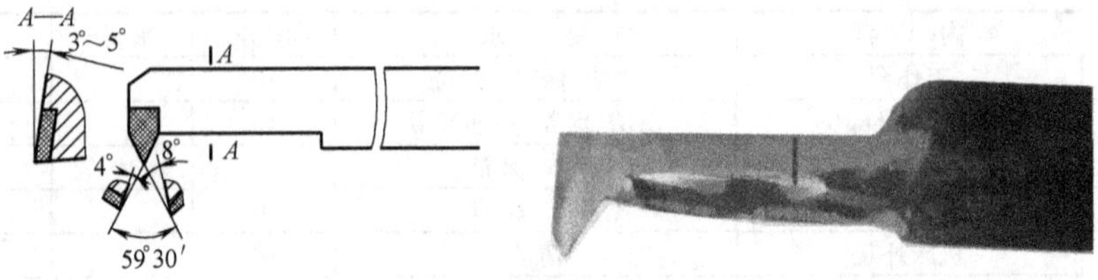

图 7-29　硬质合金普通内螺纹车刀

加工时，应根据所加工内孔的结构特点来选择合适的内螺纹车刀。由于内螺纹车刀的大小受内螺纹孔径的限制，所以内螺纹车刀刀体的径向尺寸应比螺纹孔径小 3 ~ 5mm，否则退刀时易碰伤牙顶，甚至损坏工件。

按照结构形式的不同，内螺纹车刀可分为高速工具钢整体式、垂直夹固式、斜槽夹固式和硬质合金焊接式四种。

知识链接三　普通内螺纹车刀的刃磨和装夹

1. 普通内螺纹车刀的刃磨

内螺纹车刀的刃磨方法和外螺纹车刀基本相同，但是刃磨刀尖时要注意其平分线必须与刀杆垂直，否则车削内螺纹时会出现刀杆碰伤内孔的现象，如图 7-30 所示。刀尖宽度应符合要求，一般等于 $0.1P$。

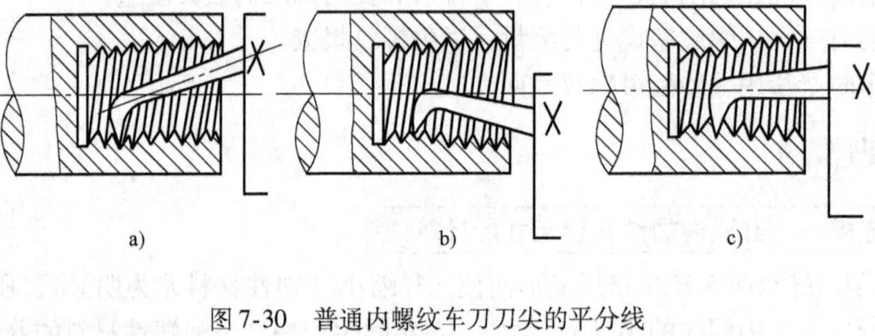

图 7-30　普通内螺纹车刀刀尖的平分线

（1）刃磨普通内螺纹车刀的要求

1）当螺纹车刀的径向前角 $\gamma_p = 0°$时，刀尖角应等于牙型角；当螺纹车刀的径向前角 $\gamma_p > 0°$时，必须修正刀尖角。

2）螺纹车刀两侧的切削刃必须是直线。

3）螺纹车刀切削刃的表面粗糙度值应较小。

4）普通内螺纹车刀两侧的后角是不相等的，应考虑车刀进给方向的后角受螺纹升角的影响而加（或减）一个螺纹升角。

螺纹车刀的刀尖受刀尖角的限制，其刀体面积较小，因此刃磨螺纹车刀的方法比刃磨一般车刀难掌握，内螺纹车刀又受刀杆的限制而使刃磨更加困难。

（2）普通内螺纹车刀的刃磨及检测　内螺纹车刀的刃磨步骤为粗磨→精磨→刀尖修整，现以高速工具钢普通内螺纹车刀为例，介绍手工刃磨普通内螺纹车刀的方法，见表 7-27。

表7-27　高速工具钢普通内螺纹车刀的刃磨方法

序号	步　骤	砂轮选择	图　示
1	检查砂轮的运行情况，修整砂轮		 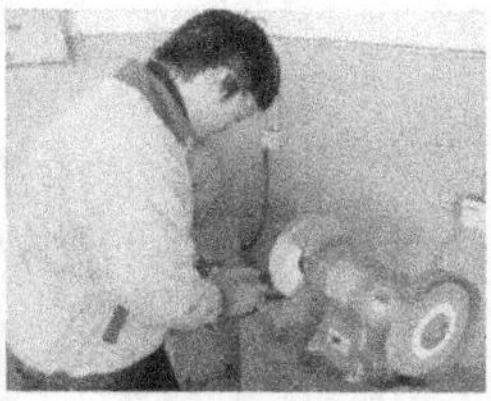
2	粗磨一侧的主后刀面，先磨进给方向的侧刃（控制刀尖半角和后角）	选用粒度为 F24 ~ F36 的氧化铝砂轮	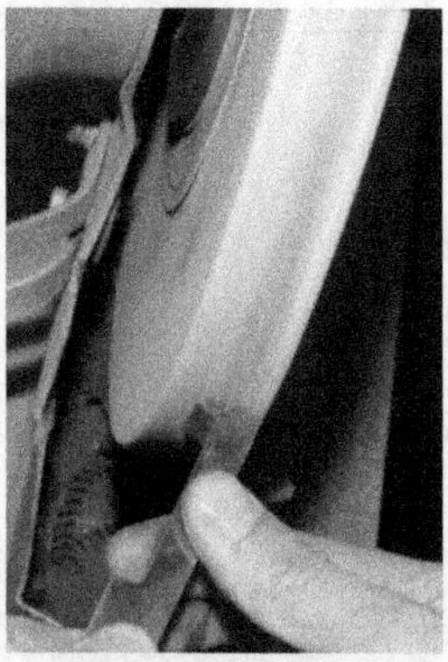
3	用游标万能角度尺测量磨好的一侧后刀面，保证刀尖夹角对称		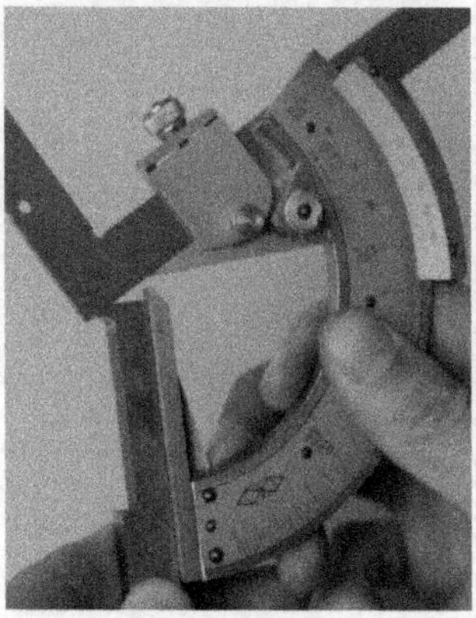
4	粗磨内螺纹车刀背向进给方向一侧的后刀面（保证后角和刀尖夹角）	选用粒度为 F24 ~ F36 的氧化铝砂轮	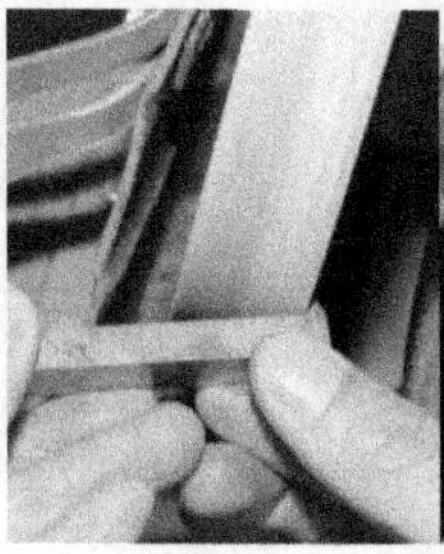 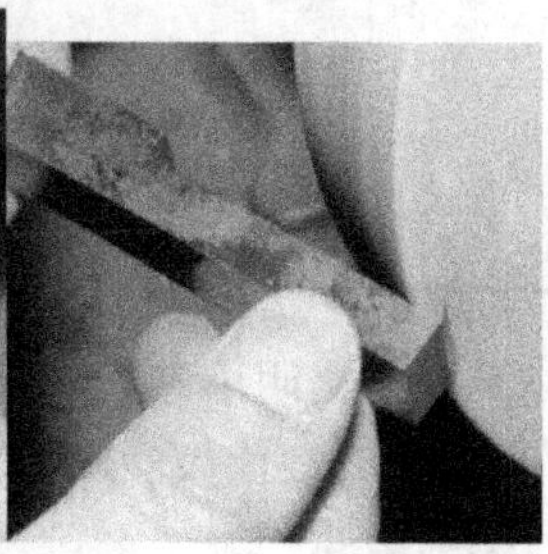

（续）

序号	步　骤	砂 轮 选 择	图　示
5	粗磨、精磨螺纹车刀时，都要用螺纹对刀样板进行检测		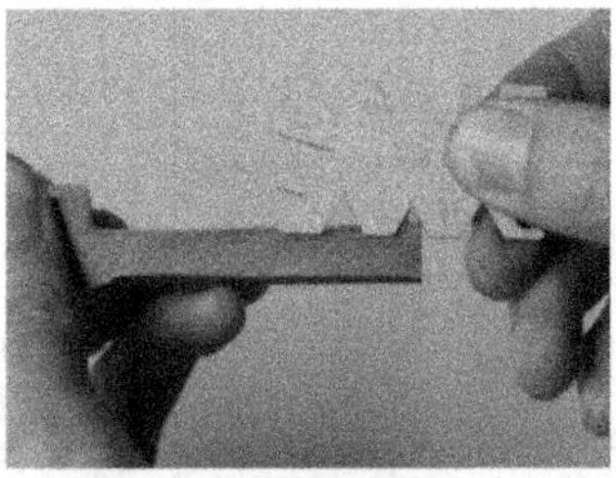
6	测量后角		
7	精磨完两侧主后刀面后，需要修整刀尖，形成宽度约为0.1P的刀尖倒棱	选用粒度为F80～F120的氧化铝砂轮	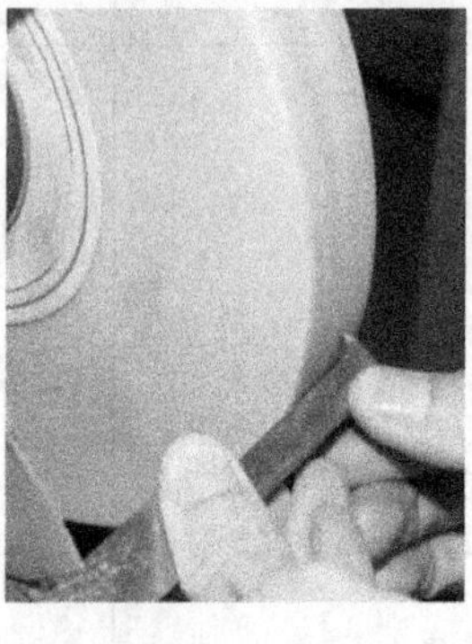
8	用油石对车刀进行研磨		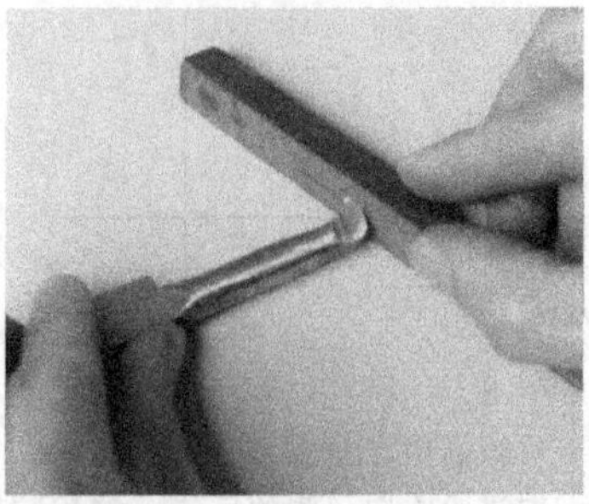

安全文明小贴士

1）刃磨内螺纹车刀时，站立姿势要正确。刃磨整体式内螺纹车刀的内侧时，应防止将刀尖磨歪斜。

2）内螺纹车刀的两刃口要刃磨平直，否则会使车出的螺纹牙型侧面不直，从而影响螺纹精度。

3）刃磨时，两手握住车刀，与砂轮接触的径向压力应小于刃磨一般车刀时的压力。

4）刃磨内螺纹车刀时，刀尖角的平分线应垂直于刀体中心线。

5）车刀的刀头不能太窄，否则会出现螺纹已车到规定深度，而中径尚未达到要求尺寸的现象。

6）粗磨时也要用对刀样板进行检测。对于径向前角 $\gamma_p > 0°$ 的螺纹车刀，粗磨时两刃夹角应略大于牙型角，磨好前角后再修磨两刃夹角。

7）刃磨切削刃时，要稍向左右、上下移动，这样刃磨出的切削刃会更加平直。

2. 普通内螺纹车刀的装夹

为使车削出的螺纹有准确的牙型角，必须正确地安装螺纹车刀。装刀时，必须严格按样板找正刀尖，保证车刀刀尖角的平分线与工件的轴线垂直，如图 7-31 所示，否则车削后会出现“倒牙”现象。刀杆的伸出长度应大于内螺纹长度 10 ~ 20mm，刀尖必须与工件轴线等高；车刀装好后，应在孔内摇动床鞍至终点，检查车刀与内孔是否会发生碰撞，如图 7-32 所示。

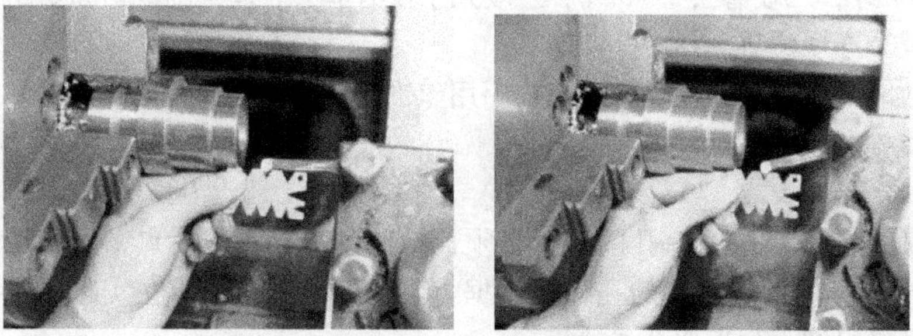

a)　　b)

图 7-31　使用对刀样板装夹螺纹车刀

a）装夹正确　b）装夹错误

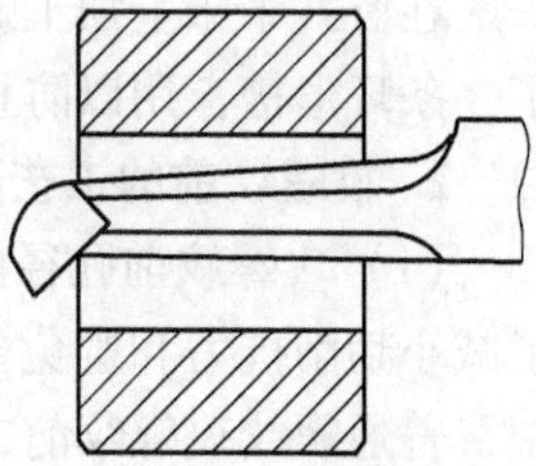

图 7-32　普通内螺纹车刀装夹后的检验

任务解析

（1）情景预演　车削螺纹类零件时，通常采用自定心卡盘装夹。车削前，应根据所加工螺纹的参数调整好转速手柄及进给箱手柄。

（2）任务分析　安装内螺纹车刀时，刀杆的伸出长度应比工件孔径长，而且刀尖要与工件轴线等高，否则车削出的螺纹精度将无法保证，甚至出现“倒牙”等问题。

（3）任务小结　普通内螺纹的加工是车工工艺中的基本技能之一，通过本任务的学习，学生可以掌握车削普通内螺纹零件所用的刀具、量具的使用方法，普通内螺纹车刀的刃磨方法及安装与找正方法以及普通内螺纹的加工方法，从而为更深入、全面地学习高级车工技术打下扎实的基础。

知识拓展

1. 丝锥

丝锥通常由高速工具钢制成，是加工内螺纹的标准工具，也是一种成形、多刃切削工具。直径或螺距较小的内螺纹可以用丝锥直接攻出。丝锥分为手用丝锥和机用丝锥两种，如图 7-33 所示。

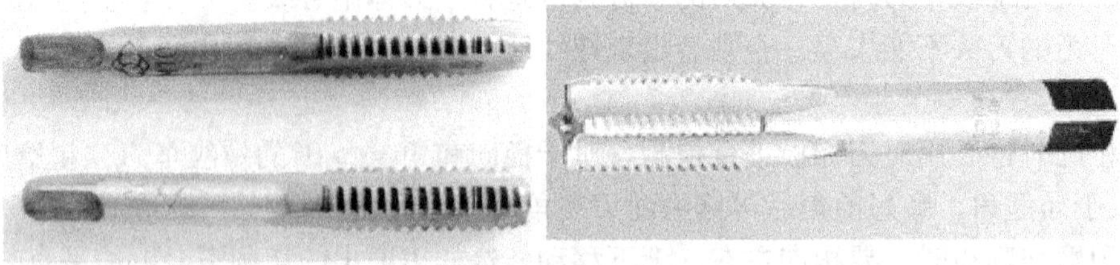

a)　　b)

图 7-33　丝锥

a）手用丝锥　b）机用丝锥

手用丝锥通常有两支一套（M16 ~ M24）和三支一套（M16 以下和 M24 以上）之分，俗称头攻、二攻、三攻。攻螺纹时为了正确使用丝锥，可根据其在切削部分磨去齿的数量不同进行区别：头攻磨去 5 ~ 7 牙，二攻磨去 3 ~ 5 牙，三攻几乎没有磨去。丝锥的规格和螺距刻在柄部上。

在卧式车床上加工螺纹时一般使用机用丝锥，它与手用丝锥的形状相似，只是其柄部多了一条环形槽，用以防止丝锥从攻螺纹工具内脱落。

2. 攻螺纹前的工艺要求

（1）攻螺纹前孔径的确定　攻螺纹时，孔的直径必须比螺纹的小径稍大一点，这是为了减小切削抗力和避免丝锥断裂。攻螺纹时的孔径要根据材料的性质来确定，在实际操作中，普通螺纹攻螺纹前的孔径可按下列近似公式计算。

加工钢及塑性材料　$D_0 \approx d - P$

加工铸铁及脆性材料　$D_0 \approx d - 1.05P$

式中　D_0——攻螺纹前的钻孔直径；

d——螺纹大径；

P——螺距。

（2）攻制不通孔螺纹的钻孔深度　攻不通孔螺纹时，由于切削刃部分不能攻制出完整的螺纹，所以钻孔深度应至少等于需要的螺纹深度加上丝锥切削刃的长度。切削刃的长度约等于螺纹大径的 0.7 倍，即

$$钻孔深度 \approx 需要的螺纹深度 + 0.7d$$

（3）孔口倒角　可以用 60°锪孔钻在孔口倒角，也可以直接用车刀车出。

3. 攻螺纹的方法

在卧式车床上攻螺纹时，应先找正尾座轴线，使其与主轴轴线重合。攻小于 M16 的内螺纹时，应先钻孔、倒角，然后直接用丝锥攻出，一次成形，见表 7-28。攻螺距较大的普通内螺纹时，可在钻孔后先用内螺纹车刀粗车螺纹，再用丝锥攻螺纹；也可以采用分锥切削法，即先用头攻，再用二攻和三攻分三次进行切削。

攻螺纹时切削速度和切削液的选择见表 7-29 和表 7-30。

表 7-28　攻螺纹的方法

攻螺纹方法	操作步骤	图示
用攻螺纹工具攻螺纹	将攻螺纹工具装在尾座锥孔内，同时把机用丝锥装进攻螺纹工具的方孔中，移动尾座向工件靠近并固定；然后开车，转动尾座手轮使丝锥头部的几个牙进入螺孔中。根据工件的攻螺纹长度，在攻螺纹工具或在尾座套筒上做好标记。开车攻螺纹时，要转动尾座手轮，使套筒跟着丝锥前进。当丝锥已吃进几个牙时，手轮即可停止转动，让攻螺纹工具自动跟随丝锥前进到需要的尺寸，然后开倒车退出丝锥	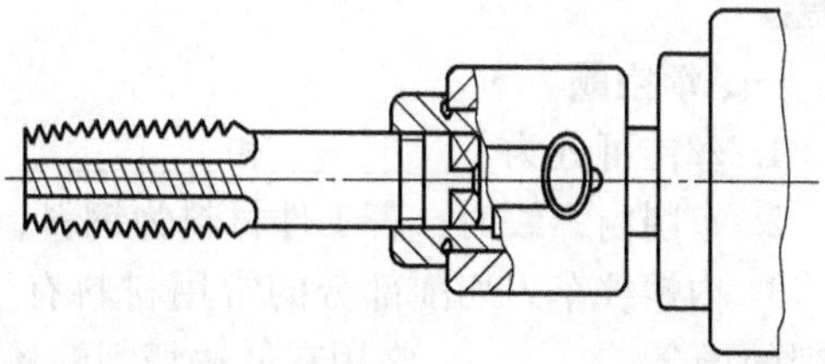
用鸡心夹头（或扳手）和尾座顶尖攻螺纹	将丝锥的切削部分伸进工件孔中，柄部的中心孔用后顶尖顶住，固定尾座。为了不使丝锥转动，可在其方榫上夹一个鸡心夹头（或扳手），鸡心夹头的下端支在刀架的平台上。攻螺纹的头几个牙时必须仔细，并且均匀地转动尾座手轮，使后顶尖压住丝锥。丝锥切入工件后，即可靠工件的转动使丝锥自行旋入。此时后顶尖的移动只是为了用顶尖把丝锥的柄部支持住，使丝锥对准孔的轴线。这时决不能压紧丝锥，否则螺纹会损坏	

表 7-29　攻螺纹时切削速度的选择

工件材料	切削速度/(m/min)
钢件	2～4
铸铁、青铜	4～6

表 7-30　攻螺纹时切削液的选择

工件材料	切削液
钢件	硫化切削油或全损耗系统用油和乳化液
低碳钢或 40Cr 钢	工业植物油
铸铁	煤油或不加

安全文明小贴士

1）选用丝锥时，应检查丝锥牙齿是否损坏。

2）装夹丝锥时，应防止其歪斜。

3）攻螺纹时，应充分加注切削液。

4）用鸡心夹头或扳手攻螺纹时，尾座顶尖必须与丝锥顶尖孔保持接触，左手控制好倒顺车手柄，右手掌握好尾座手轮，思想要集中，以防发生安全事故。

5）攻不通孔螺纹时，必须在攻螺纹工具（或尾座套筒）上标记好螺纹的长度尺寸，以防折断丝锥。

6）用一套丝锥攻螺纹时，一定要按正确的顺序使用；在下一次攻螺纹前，必须清除孔中的切屑。

7）攻螺纹时最好采用有浮动装置的攻螺纹工具。

想想练练

想一想

一、填空题

1. 丝锥可分为__________和__________。

2. 车削内螺纹时，若工件材料为钢料，则内孔孔径为________。

3. 内螺纹车刀切削部分的常用材料有________和________两种，________常用在高速切削的场合，________常用在低速切削的场合。

二、选择题

1. 用丝锥攻螺纹时，若加工材料为钢材，则孔径应为（　　）。

A. $D_0 \approx d - P$　　B. $D_0 \approx d - 1.05P$　　C. $D_0 \approx d - 1.3P$　　D. $D_0 \approx d - 0.5P$

2. 安装内螺纹车刀时，车刀刀尖角的对称中心线与（　　）必须垂直，否则车出的牙型将歪斜。

A. 顶尖　　B. 外圆表面　　C. 工件轴线　　D. 螺纹大径

三、简答题

1. 内螺纹车刀按刀具材料分为哪几类？

2. 刃磨普通内螺纹车刀时应注意哪些问题？

练一练

加工如图 7-34 所示的普通内螺纹零件，其质量评价见表 7-31。

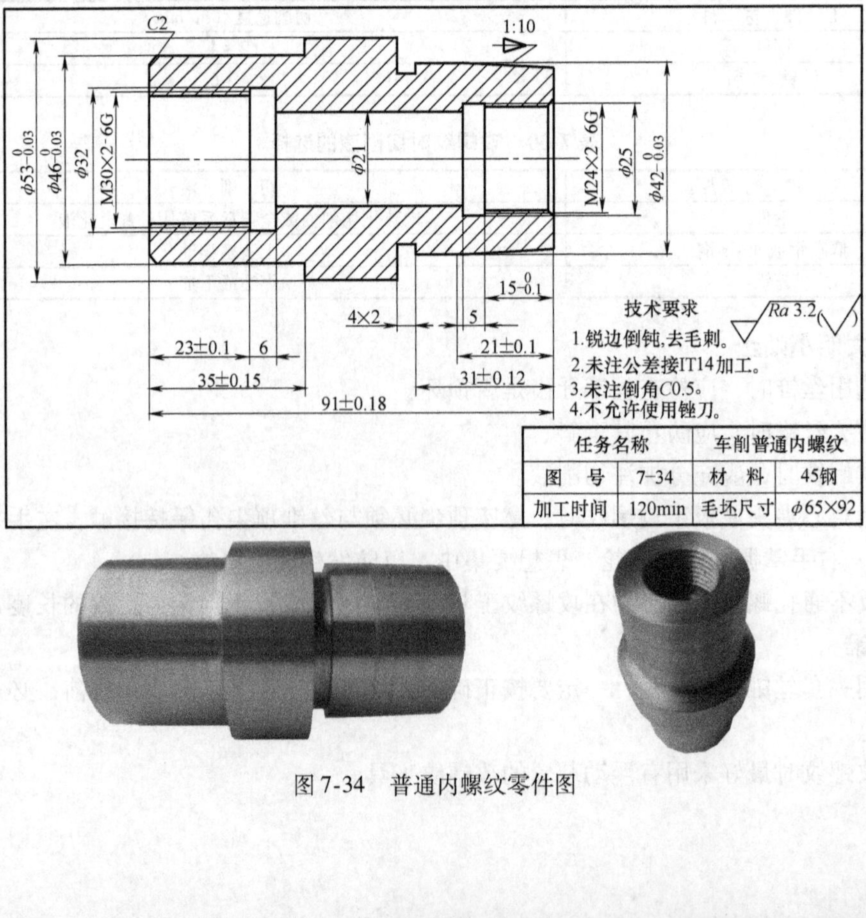

图 7-34　普通内螺纹零件图

表 7-31　工件质量评分表

项　　目		序号	检　测　内　容	配分	学生		教师评分
					自检	互检	
基本检查	准备	1	切削加工工艺制订正确	5			
		2	切削用量选择合理	5			
		3	刀具刃磨质量符合要求	5			
	操作	4	设备操作、维护保养正确	3			
		5	操作要领正确	5			
		6	刀具选择、安装正确、规范	3			
		7	工件找正、安装正确、规范	4			
工作态度		8	遵守“7S”规范，纪律表现良好	10			
尺寸		9	M24×2-6G	15			
		10	M30×2-6G	15			
		11	$\phi42_{-0.03}^{\ 0}$ mm	5			
		12	$\phi53_{-0.03}^{\ 0}$ mm	5			
		13	$\phi46_{-0.03}^{\ 0}$ mm	5			
		14	1:10	5			
		15	(91±0.18)mm	5			
		16	$C2$	5			
综合得分				100			

任务四　车削梯形外螺纹

学习目标

1. 了解梯形螺纹的用途和参数的计算方法。
2. 掌握梯形外螺纹车刀的装夹和刃磨方法。
3. 掌握梯形外螺纹的车削方法。

友情提示：建议用 10 学时完成本学习任务。

任务描述

梯形螺纹是应用很广泛的传动螺纹，其工作长度较长，精度要求很高，所以加工比较困难。分析如图 7-35 所示的梯形外螺纹零件图，制订合理的加工工艺，选择合适的刀具，按要求进行零件的加工和检测。

梯形外螺纹的外形简单，常用于传动或与梯形内螺纹配合作联接用，如台虎钳丝杠、卧式车床传动丝杠等。

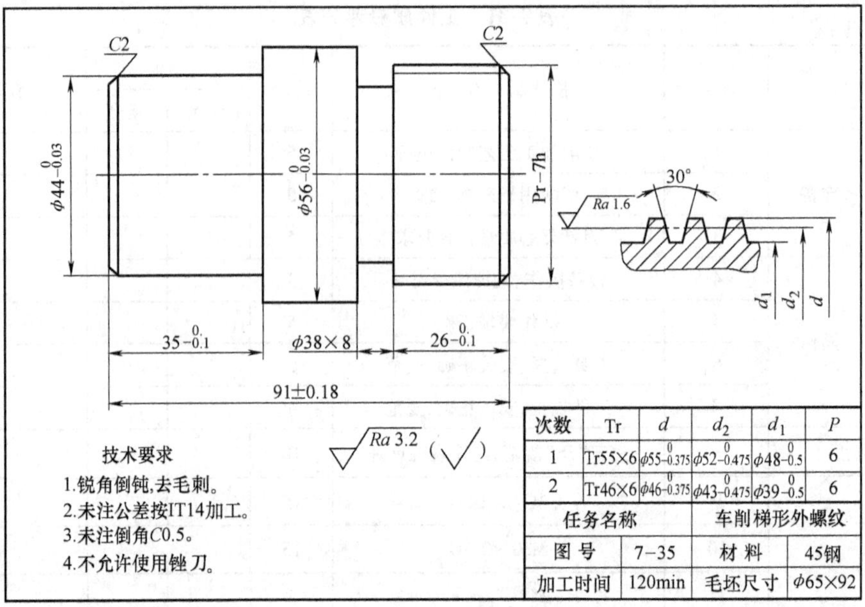

次数	Tr	d	d_2	d_1	P
1	Tr55×6	$\phi 55^{0}_{-0.375}$	$\phi 52^{0}_{-0.475}$	$\phi 48^{0}_{-0.5}$	6
2	Tr46×6	$\phi 46^{0}_{-0.375}$	$\phi 43^{0}_{-0.475}$	$\phi 39^{0}_{-0.5}$	6

任务名称		车削梯形外螺纹	
图 号	7−35	材 料	45钢
加工时间	120min	毛坯尺寸	φ65×92

图 7-35　梯形外螺纹零件图

任务实施

1. 工具、量具、刀具的选择

（1）量具的选择　该零件外圆的加工精度要求很高，应使用测量范围为 50 ~ 75mm，分度值为 0.01mm 的千分尺进行测量；长度尺寸用 0 ~ 150mm 的游标卡尺测量即可满足要求；梯形螺纹用三针和公法线千分尺（测量范围为 50 ~ 75mm，分度值为 0.01mm）测量。

（2）刀具的选择　加工材料为 45 钢，用 90°外圆车刀、45°外圆车刀加工工件表面，控制工件的精度和表面质量；用 4mm × 15mm 的车槽刀车槽，用 30°梯形外螺纹车刀加工梯形螺纹。

本任务所用的工具、量具、刀具见表 7-32，其摆放方法如图 7-36 所示。

表 7-32　加工梯形外螺纹零件的工具、量具、刀具清单

种类	序号	名　称	规格	精度/mm	单位	数量
工具	1	加力杆			把	1
	2	刀架钥匙	17mm × 17mm		把	1
	3	卡盘钥匙	12mm × 12mm		把	1
量具	4	深度游标卡尺	0 ~ 200mm	0.02	支	1
	5	游标卡尺	0 ~ 150mm	0.02	支	1
	6	千分尺	50 ~ 75mm	0.01	支	2
	7	公法线千分尺	50 ~ 75mm	0.01	支	1
	8	三针	3.1mm		支	3
	9	对刀样板	30°			
刀具	10	90°外圆车刀	25mm × 25mm		把	1
	11	45°外圆车刀	25mm × 25mm		把	1
	12	车槽刀	4mm × 15mm		把	
	13	30°梯形外螺纹车刀	12mm × 12mm		把	2

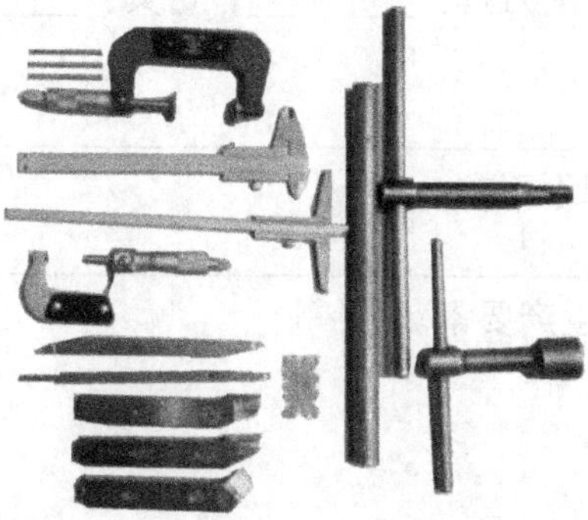

图 7-36　工具、量具、刀具的摆放方法

2. 制订加工工序

1）梯形外螺纹零件的加工工序卡片见表 7-33，加工完成后的零件如图 7-37 所示。

表 7-33　梯形外螺纹零件的加工工序卡片

普通车工加工工序卡片			零件名称	材料		零件图号	
			梯形外螺纹零件	45 钢		7-35	
夹具名称				设备型号		车间	
自定心卡盘				CA6140A		普通车工	
工步号	工步内容	刀具名称	刀具规格	切削用量的选择（推荐值）			备注
				主轴转速 /(r/min)	进给速度 /(mm/r)	背吃刀量 /mm	
1	粗车工件端面	45°外圆车刀	25mm×25mm	500	0.2	0.5	
2	精车工件端面	45°外圆车刀	25mm×25mm	700	0.1	0.2	
3	粗车工件外圆 ϕ56mm、ϕ44mm	90°外圆车刀	25mm×25mm	500	0.25	2	
4	精车工件外圆 ϕ56mm、ϕ44mm，长度为 35mm	90°外圆车刀	25mm×25mm	700	0.12	1	
5	倒角	45°外圆车刀	25mm×25mm	500	手动		
6	掉头装夹						
7	车平端面，保证总长 91mm	45°外圆车刀	25mm×25mm	500	0.1	0.2	
8	粗车螺纹外圆 ϕ55mm	90°外圆车刀	25mm×25mm	700	0.12	1	
9	精车螺纹外圆至 ϕ54.7mm	90°外圆车刀	25mm×25mm	700	0.12	1	
10	车削退刀槽	车槽刀	4mm×15mm	350			
11	倒角	45°外圆车刀	25mm×25mm	500	手动		
12	粗加工梯形外螺纹	30°梯形外螺纹车刀	前刃宽 1.5mm	71			
13	精加工梯形外螺纹	30°梯形外螺纹车刀	前刃宽 1.6mm	35			
编制		审核		批准		共　页	第　页

根据工作任务做好加工准备工作，并操作卧式车床加工梯形外螺纹零件。

① 清点生产要素。

毛坯尺寸：________；车削刀具：________；量具：________。

② 检查机床。

检查方法：____。

是否正常：□正常　　□不正常

处理意见：____。

③ 按照“7S”标准摆放生产要素。

□正确　　□不正确

④ 装夹毛坯。

伸出长度：________。

2）梯形外螺纹零件的加工过程见表7-34。

表 7-34　梯形外螺纹零件的加工过程

工步	图　示	操　作　内　容	刀具名称	检测方法
1	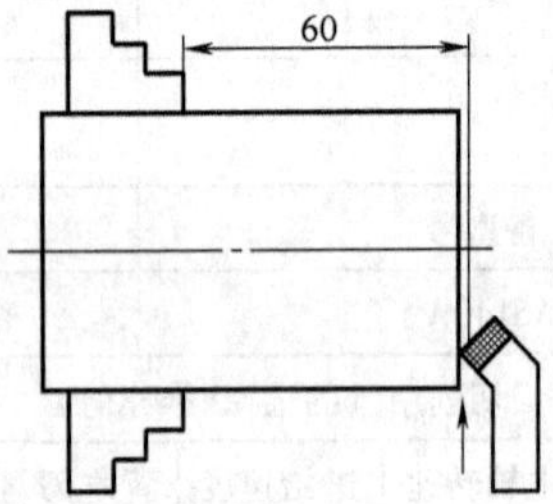 车削端面	1）检查毛坯 ϕ65mm × 92mm 是否符合图样要求 2）用自定心卡盘夹持毛坯，伸出长度约为60mm，粗、精车端面	45°外圆车刀	游标卡尺
2	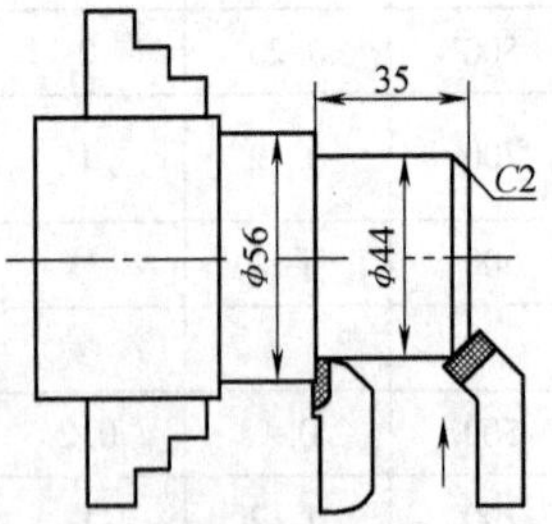 车削外圆及倒角	1）粗、精车外圆，保证外圆尺寸 ϕ44mm、ϕ56mm 2）保证长度尺寸35mm 3）倒角 *C*2	90°外圆车刀、45°外圆车刀	游标卡尺、千分尺
3	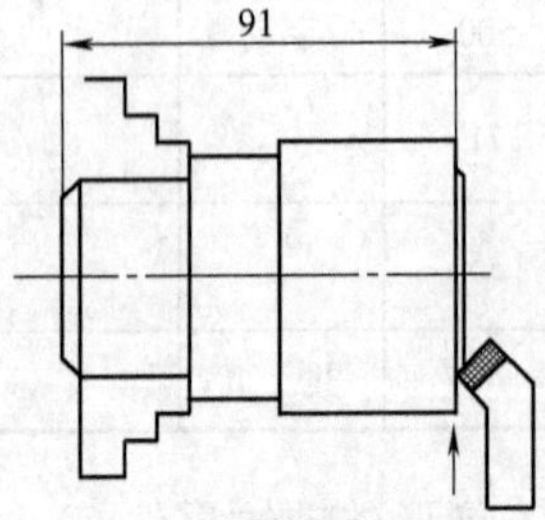 车削端面	1）掉头装夹 2）粗、精车端面，保证总长91mm	45°外圆车刀	游标卡尺

（续）

工步	图　示	操 作 内 容	刀具名称	检测方法
4	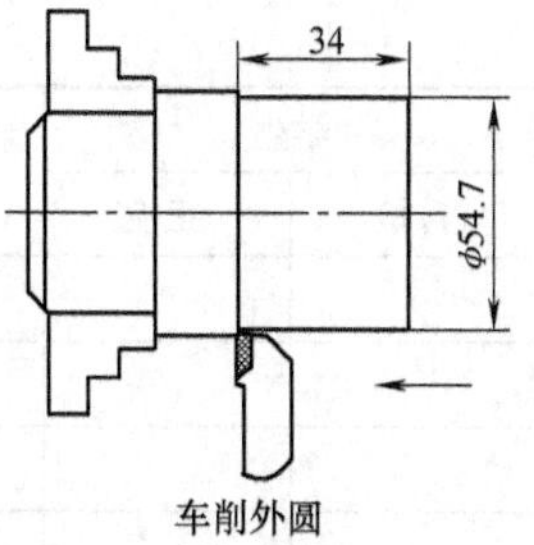 车削外圆	1）粗、精车外圆，保证外圆尺寸为 ϕ54.7mm 2）保证长度尺寸 34mm	90°外圆车刀	游标卡尺、千分尺
5	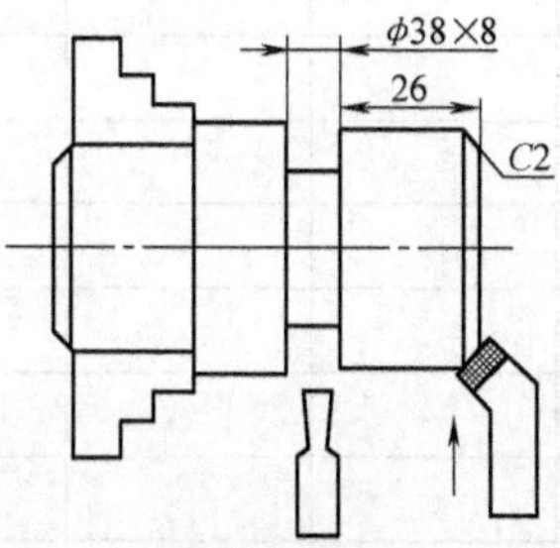 车削退刀槽及倒角	1）车槽至尺寸 ϕ38mm×8mm 2）倒角 C2，去毛刺	车槽刀、45°外圆车刀	游标卡尺
6	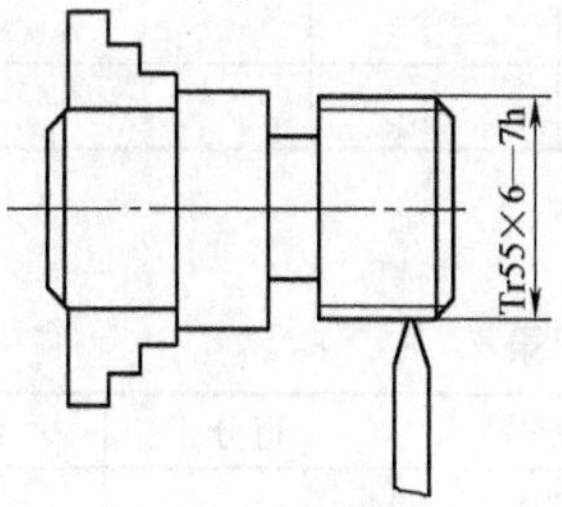 车削梯形螺纹	1）用左右切削法粗车 Tr55×6-7h 2）将小径车削至要求，两侧留余量 0.2mm 左右 3）精车螺纹大径至尺寸要求 4）精车梯形螺纹两侧面，用三针测量法测量中径，保证中径尺寸	梯形外螺纹车刀	公法线千分尺、三针、游标卡尺

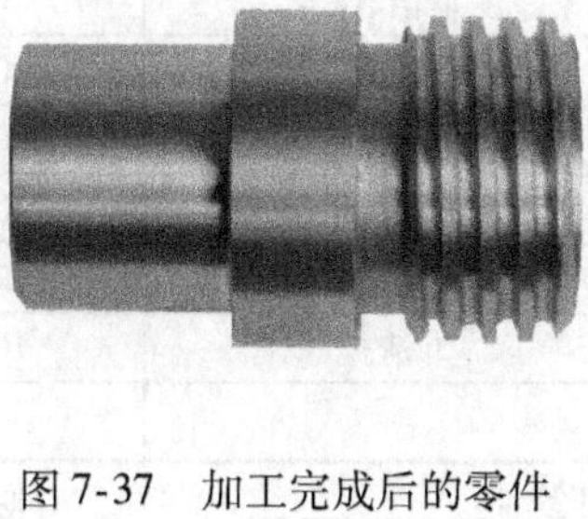

图 7-37　加工完成后的零件

任务评价

1）工件的质量评价见表 7-35。

表 7-35　工件质量评分表

项目		序号	检测内容	配分	学生		教师评分
					自检	互检	
基本检查	准备	1	切削加工工艺制订正确	5			
		2	切削用量选择合理	5			
		3	刀具刃磨质量符合要求	5			
	操作	4	设备操作、维护保养正确	3			
		5	操作要领正确	5			
		6	刀具选择、安装正确、规范	3			
		7	工件找正、安装正确、规范	4			
工作态度		8	遵守“7S”规范，纪律表现良好	10			
尺寸		9	$\phi 44_{-0.03}^{0}$ mm	5			
		10	$\phi 56_{-0.03}^{0}$ mm	5			
		11	(91 ± 0.18) mm	5			
		12	$26_{-0.1}^{0}$ mm	5			
		13	$35_{-0.1}^{0}$ mm	5			
		14	$C2$（2 处）	5			
		15	Tr55 ×6-7h	25			
		16	$Ra1.6\mu m$、$Ra3.2\mu m$	5			
综合得分				100			

2）机床的清洁与保养记录见表 7-36。

表 7-36　机床的清洁与保养记录

序号	内　容	要　求	配分	得分	结果记录
1	刀具	拆卸、整理、归位	10		
2	量具	清洁、保养、归位	10		
3	工具	整理、归位	10		
4	工作台	清洁、保养、归位	10		
5	导轨、润滑部位	清洁、保养、加油润滑	10		
6	主轴	清洁、保养	5		
7	刀架	清洁、保养	10		
8	机床外观	清洁	10		
9	电源	切断	5		
10	切屑	清扫	10		
11	工作区域	清扫	10		
总分					

学生签名＿＿＿＿＿＿　教师签名＿＿＿＿＿＿　日期＿＿＿＿＿＿

安全文明小贴士

注意中滑板和小滑板的进给方向以及小滑板间隙的消除方法。

小提示

工作应夹紧，以防加工梯形螺纹的过程中因受力过大而使工件飞出，可采用一夹一顶的方式进行装夹。

知识链接

知识链接一　梯形螺纹的基本知识

1. 梯形螺纹的分类和用途

梯形螺纹的轴向剖面形状是一个等腰梯形，一般作传动用，且传动精度高，如卧式车床上的长丝杠和中小滑板的丝杠等。梯形螺纹有两种，国家标准规定米制梯形螺纹的牙型角为30°，寸制梯形螺纹的牙型角为29°，我国一般使用米制螺纹。

2. 梯形螺纹的标记

梯形螺纹的标记由螺纹代号、公差带代号及旋合长度代号组成。梯形螺纹的代号用字母“Tr”、公称直径×螺距及旋向表示，左旋螺纹需要标注“LH”，右旋螺纹不需要标出；梯形螺纹的公差带代号仅标注中径公差带，如7H、7e，大写字母代表内螺纹，小写字母代表外螺纹；梯形螺纹的旋合长度代号分为N、L两组，N代表中等旋合长度，L代表长旋合长度。

例如，Tr36×6-7H表示公称直径为36mm，螺距为6mm，中径公差带代号为7H的梯形内螺纹。

3. 梯形螺纹的牙型及尺寸计算

梯形螺纹的牙型如图7-38所示，梯形螺纹各参数的名称、代号及计算公式见表7-37。

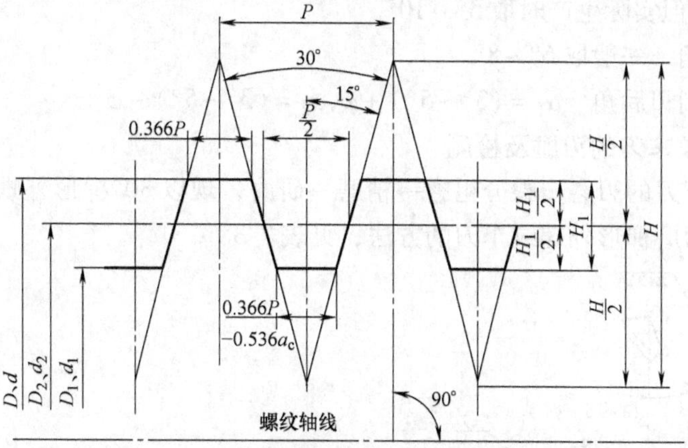

图7-38　梯形螺纹的牙型

表7-37　梯形螺纹各参数的名称、代号及计算公式　（单位：mm）

名称	代号	计算公式
牙型角	α	$\alpha=30°$
螺距	P	由螺纹标准确定

（续）

名称		代号	计算公式			
牙顶间隙		a_c	P	1.5～5	6～12	14～44
			a_c	0.25	0.5	1
外螺纹	大径	d	公称直径			
	中径	d_2	$d_2 = d - 0.5P$			
	小径	d_3	$d_3 = d - 2h_3$			
	牙高	h_3	$h_3 = 0.5P + a_c$			
内螺纹	大径	D_4	$D_4 = d + 2a_c$			
	中径	D_2	$D_2 = d_2$			
	小径	D_1	$D_1 = d - P$			
	牙高	H_4	$H_4 = h_3$			
牙顶宽		f、f'	$f = f' = 0.366P$			
牙槽底宽		W、W'	$W = W' = 0.366P - 0.536a_c$			
螺纹升角		φ	$\tan\varphi = P/\pi d_2$			

知识链接二　梯形外螺纹车刀的刃磨及装夹

1. 梯形外螺纹车刀

梯形外螺纹车刀分为粗车刀和精车刀两种。梯形外螺纹车刀的角度和刀尖宽度如下：

（1）两刃夹角　粗车刀的两刃夹角应小于牙型角，取29°，精车刀的两刃夹角应等于螺纹的牙型角30°。

（2）刀尖宽度　粗车刀的刀尖宽度应为1/3螺距，精车刀的刀尖宽度应等于牙底槽宽减0.05mm。

（3）纵向前角　粗车刀的纵向前角一般为15°左右；为了保证牙型角正确，精车刀的纵向前角应等于0，但实际生产时取5°～10°。

（4）纵向后角　一般取6°～8°。

（5）两侧切削刃后角　$\alpha_1 = (3° \sim 5°) + \varphi, \alpha_2 = (3° \sim 5°) - \varphi$。

2. 外梯形螺纹车刀的刃磨及检测

梯形外螺纹车刀的刃磨步骤分粗磨→精磨→研磨，现以30°梯形外螺纹车刀（图7-39）为例，介绍手工刃磨梯形外螺纹车刀的方法，见表7-38。

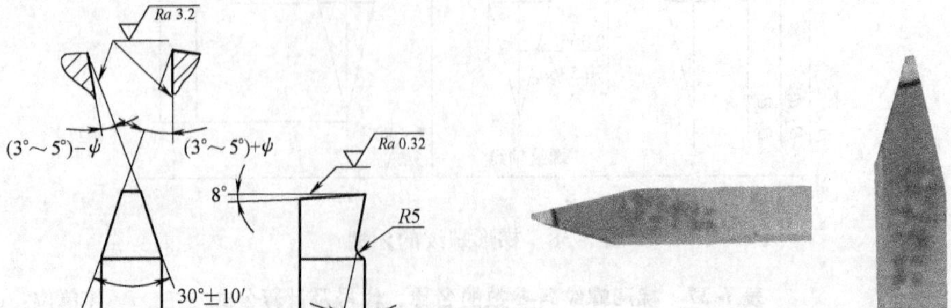

图7-39　30°梯形外螺纹车刀

表 7-38　30°梯形外螺纹车刀的刃磨方法

序号	步　　骤	砂轮的选择	图　　示
1	检查砂轮的运行情况，修整砂轮		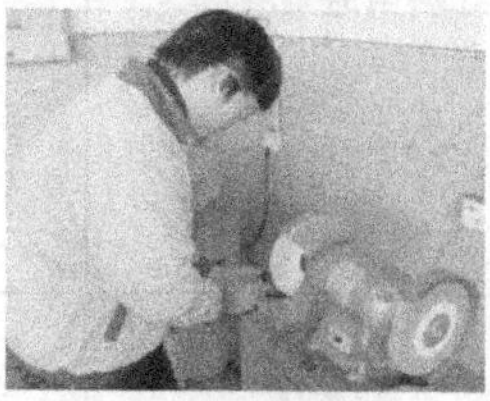
2	粗磨一侧的后刀面，先磨进给方向侧，注意控制刀尖半角和后角（及时蘸切削液）	选用粒度为 F24 ~ F36 的氧化铝砂轮	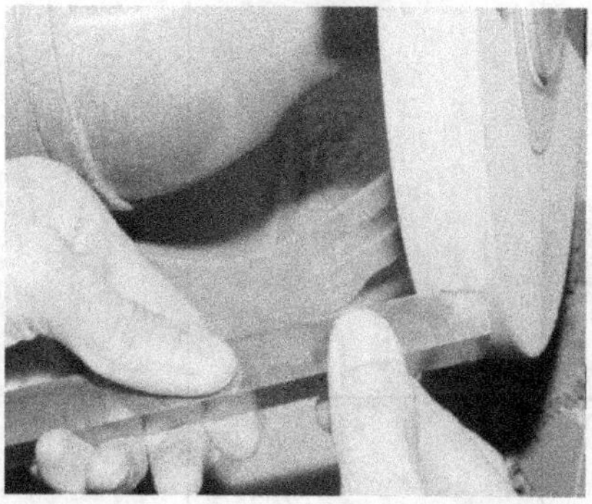
3	用游标万能角度尺检测磨好的一侧后刀面，以保证刀尖半角正确		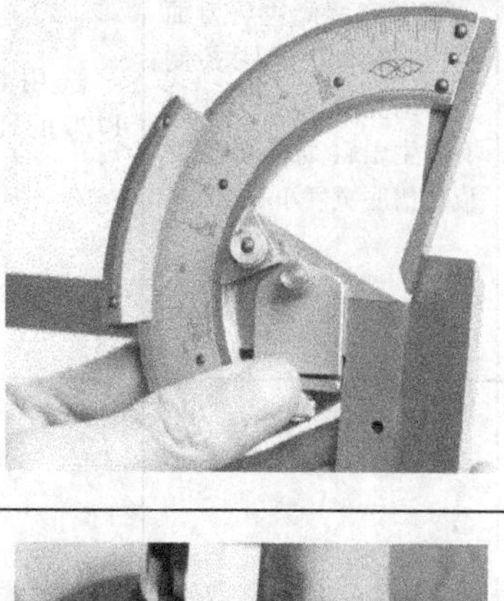
4	粗磨梯形螺纹车刀背向进给方向一侧的后刀面，保证后角和刀尖夹角	选用粒度为 F24 ~ F36 的氧化铝砂轮	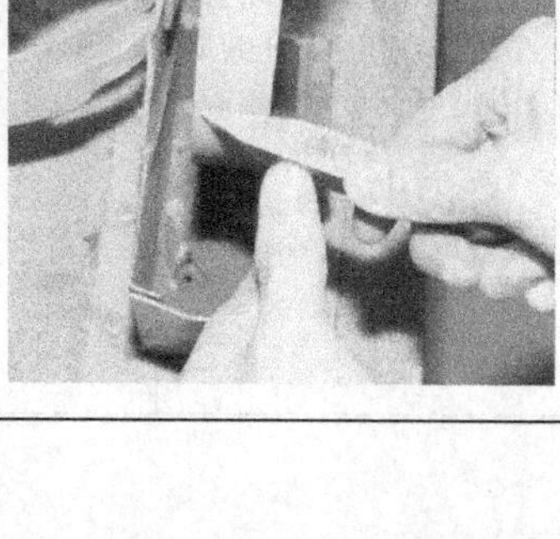

（续）

序号	步　骤	砂轮的选择	图　示
5	精磨梯形螺纹车刀，并且用螺纹对刀样板进行检测（利用透光法）		
6	测量后角		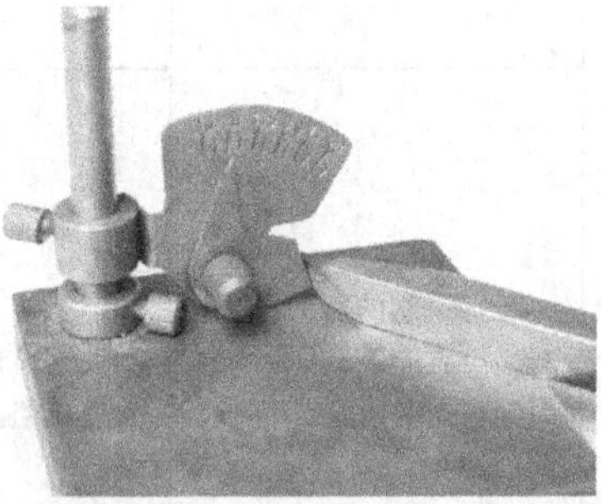
7	精磨完两侧主后刀面后，修磨车刀刀尖，控制刀头的宽度，保证刀头没有发生歪斜，刀头的宽度应比槽底宽度小一点	选用粒度为 F80 ~ F120 的氧化铝砂轮	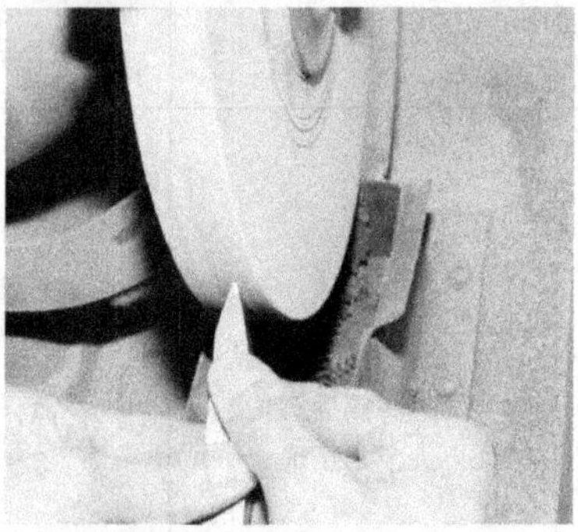
8	修磨梯形螺纹车刀的刀尖后，应用游标卡尺对刀尖进行测量		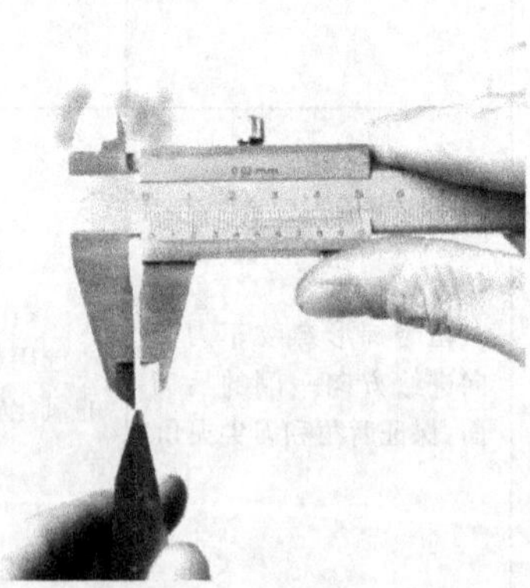

（续）

序号	步　骤	砂轮的选择	图　示
9	精磨前刀面或纵向前角，刃磨时将梯形螺纹车刀翻转，注意刀杆和砂轮之间的角度，控制前刀面的角度大小，从而保证合格的纵向前角	选用粒度为 F80 ~ F120 的氧化铝砂轮	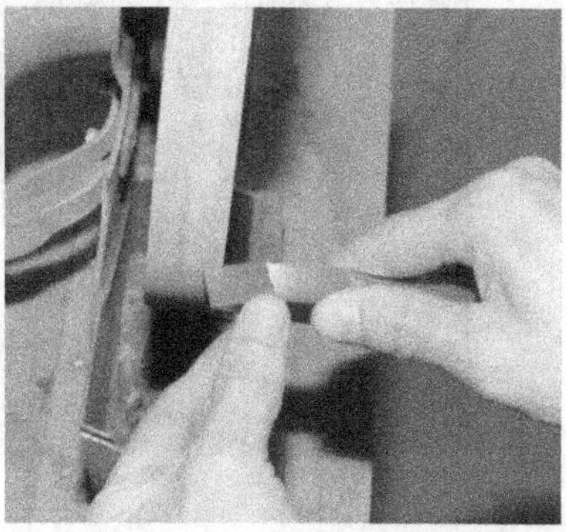
10	用油石对车刀进行研磨		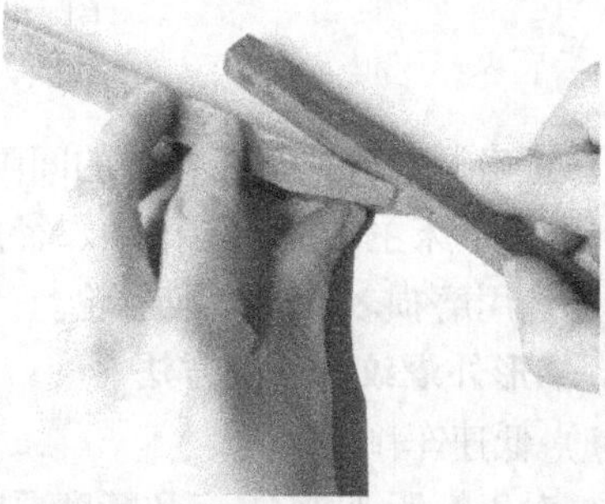

安全文明小贴士

1）刃磨两侧副后刀面时，应考虑螺纹的左右旋向和螺纹升角的大小，然后确定两侧后角的增减。

2）刃磨高速工具钢车刀时，应随时冷却，以防因退火使车刀的硬度降低。

3）梯形螺纹车刀刀尖角的角平分线应与刀杆垂直，并且要求主、副切削刃平直。

3. 梯形外螺纹车刀的装夹

为了保证车刀在车削时有正确的切削角度，必须正确地安装车刀。

1）车刀的主切削刃必须与工件的轴线等高（使用弹性刀杆时，应高于轴线约 0.2mm），同时应与工件的轴线平行。

2）刀头的角平分线应垂直于工件的轴线，可用样板找正装夹，以免产生螺纹半角误差，如图 7-40 所示 。

知识链接三　梯形外螺纹的车削方法

1. 工件的装夹

加工梯形螺纹时，由于切削力较大，一般采用两顶尖或一夹一顶的方式装夹。粗车螺距较大的梯形螺纹时，可采用单动卡盘一夹一顶装夹，以保证装夹牢固。此外，轴向可利用工件的一个台阶靠住卡盘平面，或者使用限位支承固定工件的轴向位置，以防止因切削力过大使工件移位而车坏螺纹，撞坏螺纹车刀。

2. 卧式车床的选择和调整

1）挑选精度较高，磨损较少的卧式车床。

a)　　　　b)

图 7-40　梯形外螺纹车刀的装夹

a）装夹正确　b）装夹错误

2）正确调整卧式车床各处的间隙，对床鞍、中小滑板的配合部分进行检查和调整，注意控制卧式车床主轴的轴向窜动、径向圆跳动及丝杠的轴向窜动。

3）选用磨损较少的交换齿轮。

3. 梯形外螺纹的车削方法

（1）低速车削

1）对于螺距小于 4mm 和精度要求不高的工件，可使用一把梯形螺纹车刀，以左右切削法（图 7-41a）或斜进法进行车削。

① 粗车、半精车梯形螺纹时，螺纹大径留 0.3mm 左右的余量且倒角成 45°。

② 选用刀头宽度稍小于槽底宽度的车槽刀（图 7-41b）粗车螺纹，每边留0.25～0.35mm 左右的余量。

③ 用梯形螺纹车刀采用左右切削法车削梯形螺纹两侧面，每边留 0.1～0.2mm 的精车余量，并车准螺纹小径尺寸，如图 7-41a所示。

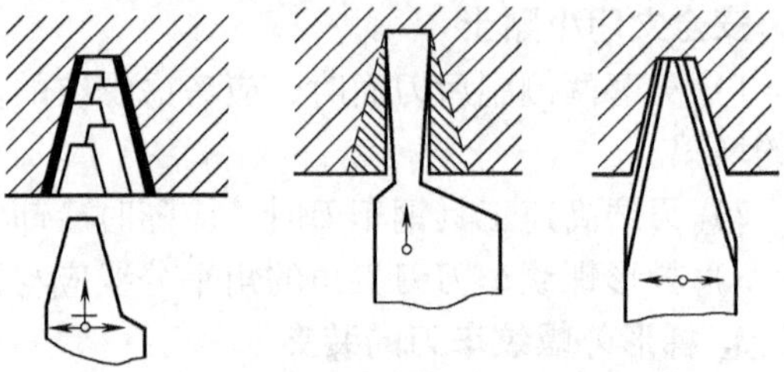

a)　　b)　　c)

图 7-41　螺距≤4mm 的梯形外螺纹车削方法

a）左右切削法　b）车直槽法粗车　c）精车梯形螺纹

④ 选用梯形螺纹精车刀，采用左右切削法完成螺纹的加工，如图 7-41c 所示。

2）对于螺距大于 4mm 和精度要求较高的梯形螺纹，一般采用左右切削法或车直槽法进行加工。

3）对于螺距大于 8mm 的梯形螺纹，粗车时可采用车阶梯槽法，具体切削步骤如下：

① 选用刀头宽度小于 $P/2$ 的车槽刀以车直槽法车至接近中径处，如图 7-42a 所示。

② 用刀头宽度略小于牙槽底宽的车刀车至接近螺纹小径处，如图 7-42b 所示。

③ 用梯形螺纹车刀精车两侧面，如图 7-42c 所示。

（2）高速车削　高速车削梯形螺纹时，为了防止铁屑拉毛牙型侧面，不能采用左右切削法，只能采用直进法。

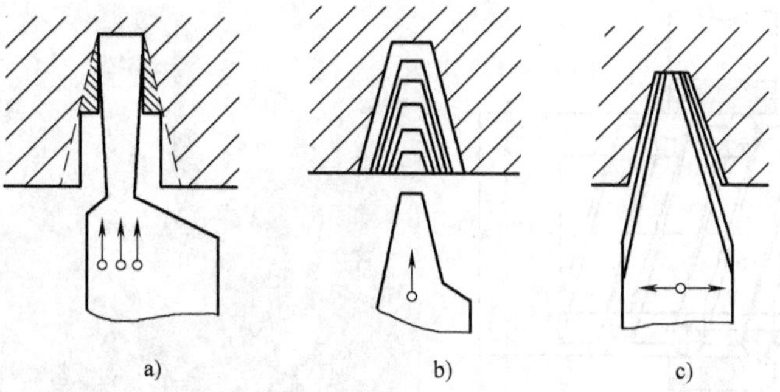

图 7-42 螺距大于 8mm 的梯形螺纹的车削方法

a）车阶梯槽法 b）直进法 c）精车梯形螺纹

车削螺距较大（$P \leqslant 8$mm）的梯形螺纹时，为了防止切削力过大和齿部变形，最好使用三把车刀依次进行车削，其方法是：先用梯形螺纹车刀粗车成形，然后用车槽刀车至底径尺寸，最后用精车刀精车牙型两侧至尺寸。

知识链接四 梯形螺纹的测量方法

1. 综合测量法

综合测量法是指使用标准螺纹塞规综合测量梯形螺纹，如图 7-43 所示。

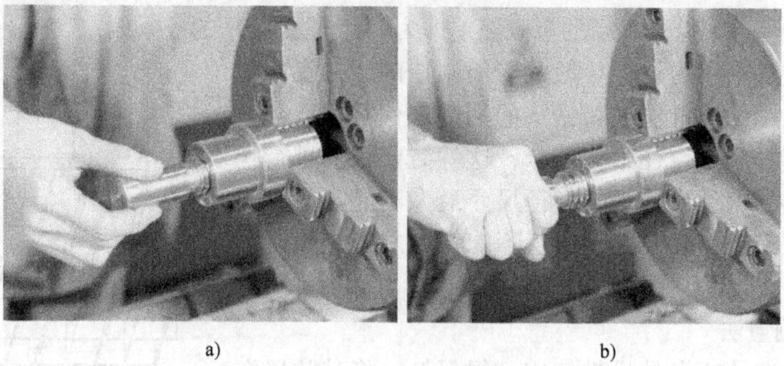

a) b)

图 7-43 综合测量

a）通规测量 b）止规测量

2. 三针测量法

三针测量法是测量外螺纹中径的一种比较精密的方法，适于测量一些精度要求较高、螺纹升角小于 4°的螺纹工件。测量时，把三根直径相等的量针放在螺纹相对应的螺旋槽中，用千分尺量出两边量针顶点之间的距离 M，如图 7-44 所示。

$$M = d_2 + 4.864d_D - 1.866P$$

式中 d_2——螺纹中径；

P——螺距；

d_D——量针直径。

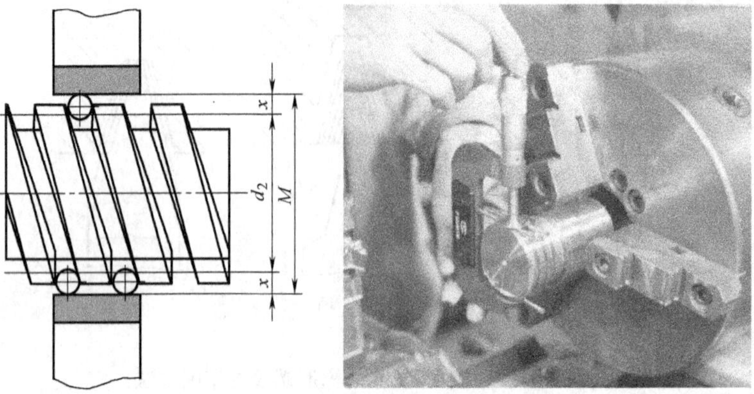

图 7-44　三针测量法

例　车削梯形螺纹 Tr32 ×6，用三针法测量螺纹中径，求量针直径和千分尺的读数值 M。

量针直径　$d_D = 0.518P = 3.108\text{mm}$

千分尺读数值

$$\begin{aligned} M &= d_2 + 4.864d_D - 1.866P \\ &= 29\text{mm} + 4.864 \times 3.1\text{mm} - 1.866 \times 6\text{mm} \\ &= 29\text{mm} + 15.08\text{mm} - 11.20\text{mm} \\ &= 32.88\text{mm} \end{aligned}$$

测量时应考虑偏差，中径的极限偏差即为三针测量值 M 的极限偏差。

三针测量法采用的量针一般是专门制造的，在实际应用中，有时也用优质钢丝或新钻头的柄部来代替，但与计算出的量针直径尺寸往往不相符合，这就需要认真进行选择。要求代用的钢丝或钻柄的直径尺寸最大不能在放入螺旋槽时被顶在螺纹的牙尖上，最小不能在放入螺旋槽时和牙底相碰。

3. 单针测量法

单针测量法的特点是只需使用一根量针，将其放置在螺旋槽中，用千分尺量出螺纹大径与量针顶点之间的距离 A，如图 7-45 所示。

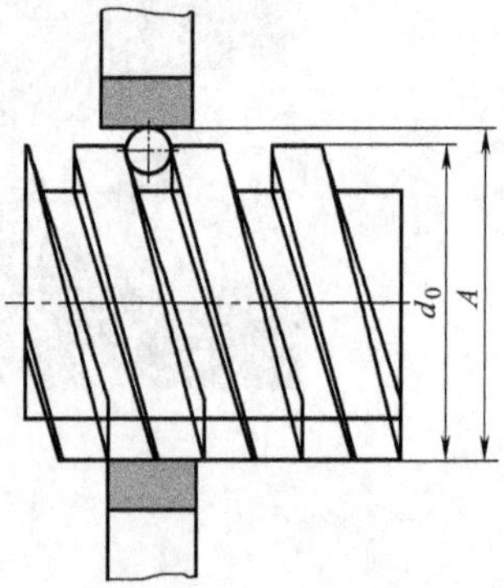

图 7-45　单针测量法

A 值的计算公式为

$$A = (M + d_0)/2$$

式中　d_0——螺纹大径的实际尺寸，单位为 mm；

M——用三针法测量时千分尺的读数，单位为 mm。

A 的极限偏差为 M 的一半。

任务解析

（1）情景预演　操作者开始加工前应正确安装工件，并根据图样要求正确选择车削方法及相应的车刀材料和车刀类型。

（2）任务分析　刀具安装时的高度是否与工件的轴线等高，车刀刀头的角平分线是否垂直于工件的轴线，都会影响螺纹的牙型及精度。

（3）任务小结　梯形螺纹的加工是车工工艺中稍有难度的加工内容，通过本任务的学习，学生可以掌握车削梯形外螺纹零件所用刀具的使用方法，及其刃磨方法以及梯形外螺纹零件的加工方法，为更深入、全面地学习车工技术打下扎实的基础。

知识拓展

蜗杆及其车削方法

1. 蜗杆的结构

由蜗杆和蜗轮组成的蜗杆副常用于减速传动机构，其作用是传递两轴在空间成90°的交叉运动，如卧式车床溜板箱内的蜗杆副。常用的蜗杆有米制蜗杆（模数），其齿形角为20°（牙型角为40°）；英制蜗杆（径节），其齿形角为14.5°（牙型角为29°）。我国一般采用米制蜗杆。

2. 蜗杆的基本要素和尺寸计算

蜗杆基本要素的名称、代号及计算公式见表7-39。

表7-39　蜗杆基本要素的名称、代号及计算公式

名　称	计算公式	名　称		计算公式
轴向模数 m_x	基本参数	齿根圆直径 d_f		$d_f=d_1-2.4m_x=d_a-4.4m_x$
头数 z_1	基本参数	导程角 γ		$\tan\gamma=P_z/\pi d_1$
分度圆直径 d_1	基本参数	齿顶宽	轴向 S_a	$S_a=0.843m_x$
齿形角 α	$\alpha=20°$		法向 S_{an}	$S_{an}=0.843m_x\cos\gamma$
轴向齿距 p_x	$p_x=\pi m_x$	齿根槽宽	轴向 e_f	$e_f=0.697m_x$
导程 p_z	$p_z=z_1p_x=z_1\pi m_x$		法向 e_{fn}	$e_{fn}=0.697m_x\cos\gamma$
齿顶高 h_a	$h_a=m_x$	齿厚	轴向 S_x	$S_x=p_x/2=\pi m_x/2$
齿根高 h_f	$h_f=1.2m_x$			
全齿高 h	$h=2.2m_x$		法向 S_n	$S_n=p_x\cos\gamma/2=\pi m_x\cos\gamma/2$
齿顶圆直径 d_a	$d_a=d_1+2m_x$			

3. 蜗杆的齿形

蜗杆的齿形是指蜗杆齿廓的形状，常见的蜗杆齿形有轴向直廓蜗杆（阿基米德蜗杆）和法向直廓蜗杆（渐开线蜗杆）两种。

（1）轴向直廓蜗杆（ZA蜗杆）　车削轴向直廓蜗杆与加工梯形螺纹类似。车刀切削刃的夹角 $2\alpha=40°$，加工时，切削刃的平面通过蜗杆的轴线，如图7-46所示。因此，切出的齿形在包含轴线的截面内为侧边呈直线的齿条，而在垂直于蜗杆轴线的截面内则为阿基米德螺旋线。

（2）法向直廓蜗杆（ZN蜗杆）　法向直廓蜗杆又称渐开线蜗杆，这种蜗杆在垂直于蜗杆轴线的截面内的形状为渐开线，在包含蜗杆曲线的截面内的形状为凸廓曲线，如图7-47所示。ZN蜗杆可以像圆柱齿轮那样用滚刀铣切，适用于成批生产。

4. 蜗杆车刀

蜗杆车刀的材料一般为高速工具钢。为了提高蜗杆的加工质量，车削时可分为粗车和精

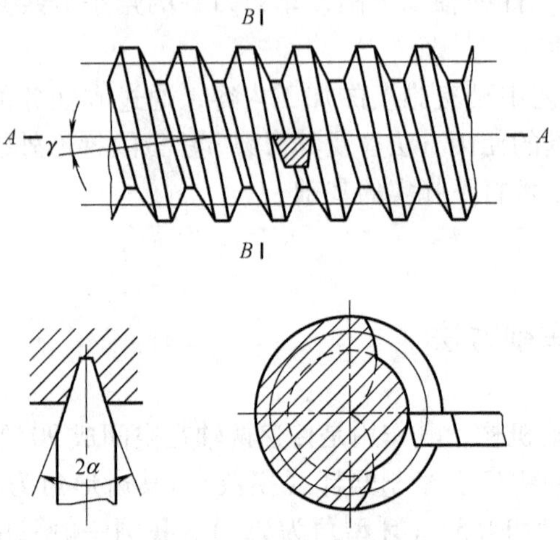

图 7-46　阿基米德蜗杆

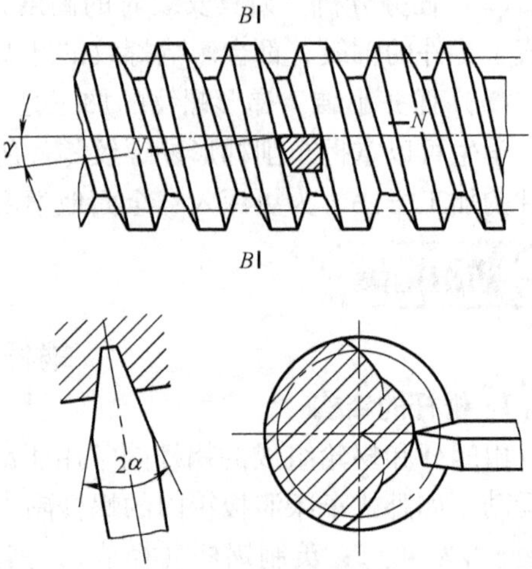

图 7-47　渐开线蜗杆

车两部分，蜗杆车刀因此可分为粗车刀和精车刀两种。

（1）蜗杆粗车刀（右旋）　蜗杆粗车刀如图 7-48 所示，其角度可按以下原则进行选择：

1）车刀左右切削刃之间的夹角要小于齿形角的两倍。

2）为了便于左右切削，刀头宽度应小于齿根槽宽。

3）径向后角为 6°～8°。

4）切削钢料时，应磨有 10°～15°的纵向前角。

5）左刃后角 =（3°～5°）+γ，右刃后角 =（3°～5°）−γ。

6）刀尖应适当倒圆。

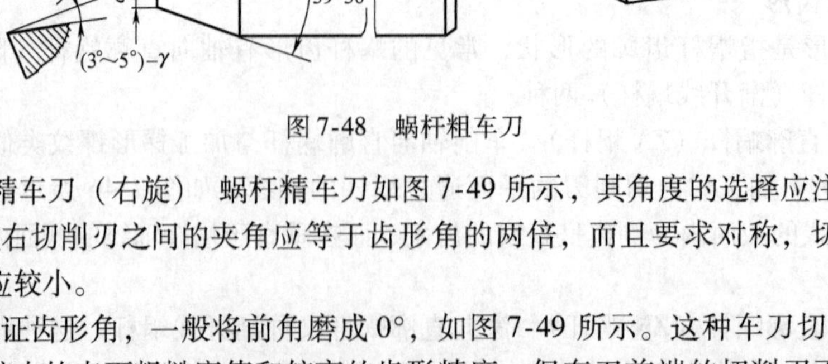

图 7-48　蜗杆粗车刀

（2）蜗杆精车刀（右旋）　蜗杆精车刀如图 7-49 所示，其角度的选择应注意以下事项。

1）车刀左右切削刃之间的夹角应等于齿形角的两倍，而且要求对称，切削刃要平直，表面粗糙度值应较小。

2）为了保证齿形角，一般将前角磨成 0°，如图 7-49 所示。这种车刀切削省力，排屑顺利，可获得较小的表面粗糙度值和较高的齿形精度，但车刀前端的切削刃不能进行切削，只能精车两侧面。

5. 蜗杆的车削方法

车削蜗杆的方法与车削梯形螺纹类似，所用切削刃都应是直线，刀尖角 2α = 40°。

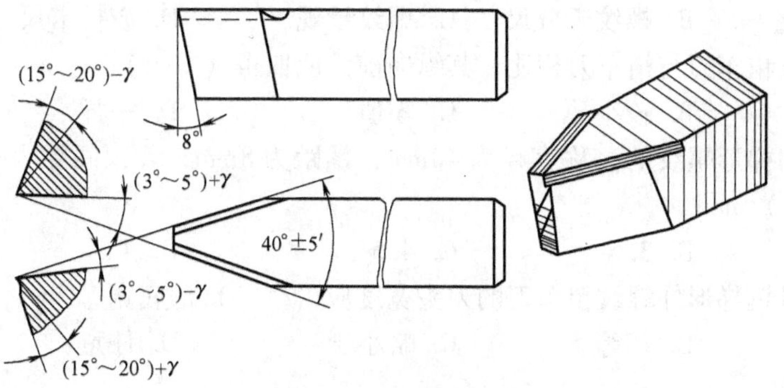

图 7-49　蜗杆精车刀

首先根据蜗杆的导程（单件蜗杆为周节），在所操作卧式车床进给箱的铭牌上找到相应的数据，调节各手柄到正确的位置，一般不需要进行交换齿轮的计算。由于蜗杆的导程大、牙槽深、切削面积较大，车削蜗杆比车削梯形螺纹困难，因此常采用低速车削，并采用开倒顺车法车削，以防止产生“乱牙”。车削蜗杆时，根据模数的大小，可选用下列三种方法中的一种。

（1）左右切削法　为防止车刀三个切削刃同时参加切削而引起“扎刀”现象，一般可选用粗车刀，采用左右进给的方法进行车削，逐渐车至槽底，如图 7-50a 所示。

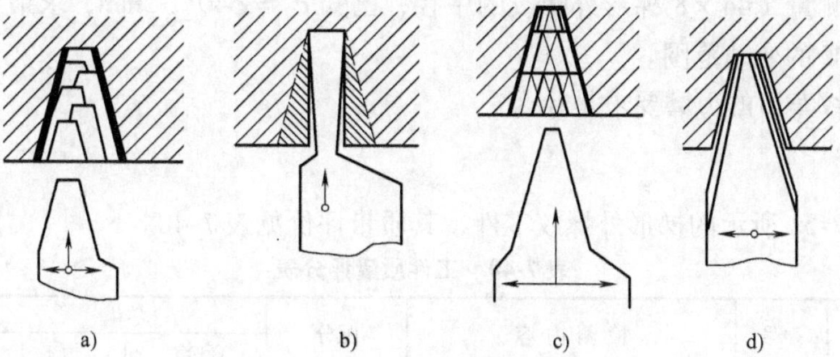

图 7-50　蜗杆的车削方法

a）左右切削法　b）车直槽法　c）分层切削法　d）精车

（2）车直槽法　当 $m_x>3$mm 时，先用车槽刀将蜗杆直槽车至齿根处，然后用粗车刀粗车成形，如图 7-50b 所示。

（3）分层切削法　当 $m_x>5$mm 时，由于切削余量大，可先用粗车刀逐层切入至槽底，如图 7-50c 所示。精车时，可以选用两边带有卷屑槽的精车刀将齿面精车成形，直至达到图样要求，如图 7-50d 所示。

想想练练

想一想

一、选择题

1. 用硬质合金螺纹车刀高速车削梯形螺纹时，刀尖角应为（　　）。

A. 30°　　B. 29°　　C. 29°30′　　D. 30°30′

2. 测量外螺纹中径时，以下（　　）方法较精确。

A. 三针测量　B. 螺纹千分尺　C. 螺纹量规　D. 游标卡尺

3. 梯形螺纹粗车刀与精车刀相比，其纵向前角应取得（　）

A. 较大　B. 较小　C. 零值　D. 一样

4. 已知米制梯形螺纹的公称直径为40mm，螺距为8mm，牙顶间隙为0.5mm，则外螺纹牙高为（　）mm。

A. 4.33　B. 3.5　C. 4.5　D. 4

5. 高速工具钢梯形外螺纹粗车刀的刀头宽度应（　）槽底宽。

A. 略大于　B. 相等　C. 略小于　D. 任意

二、判断题

1. 梯形螺纹的牙型角为30°。（　）

2. 车削前必须正确调整卧式车床各处的间隙。（　）

3. 国家标准规定，外螺纹的上极限偏差和内螺纹的下极限偏差为基本偏差。（　）

4. 梯形螺纹一般采用高速车削，使用高速工具钢车刀。（　）

5. 螺距大和精度要求不高的零件，可用一把梯形螺纹车刀，并采用左右切削法车削。（　）

三、简答题

1. 用三针测量 Tr44×8 梯形外螺纹的中径，已知 $d_2=\phi40_{-0.5}^{\ 0}$ mm，求最佳量针直径 d_D 和千分尺读数 M 的变动范围。

2. 梯形螺纹车刀的刃磨要求是什么？

练一练

加工如图7-51所示的梯形外螺纹零件，其质量评价见表7-40。

表7-40　工件质量评分表

项目		序号	检测内容	配分	学生		教师评分
					自检	互检	
基本检查	准备	1	切削加工工艺制订正确	5			
		2	切削用量选择合理	5			
		3	刀具刃磨质量符合要求	5			
	操作	4	设备操作、维护保养正确	3			
		5	操作要领正确	5			
		6	刀具选择、安装正确、规范	3			
		7	工件找正、安装正确、规范	4			
工作态度		8	遵守"7S"规范，纪律表现良好	10			
尺寸		9	$\phi48_{-0.03}^{\ 0}$ mm	5			
		10	$\phi56_{-0.03}^{\ 0}$ mm	5			
		11	(35±0.1)mm	5			
		12	(91±0.18)mm	5			
		13	C2(2处)	5			
		14	Ra1.6μm、Ra3.2μm	5			
		15	17°	5			
		16	Tr52×8-7h	25			
综合得分				100			

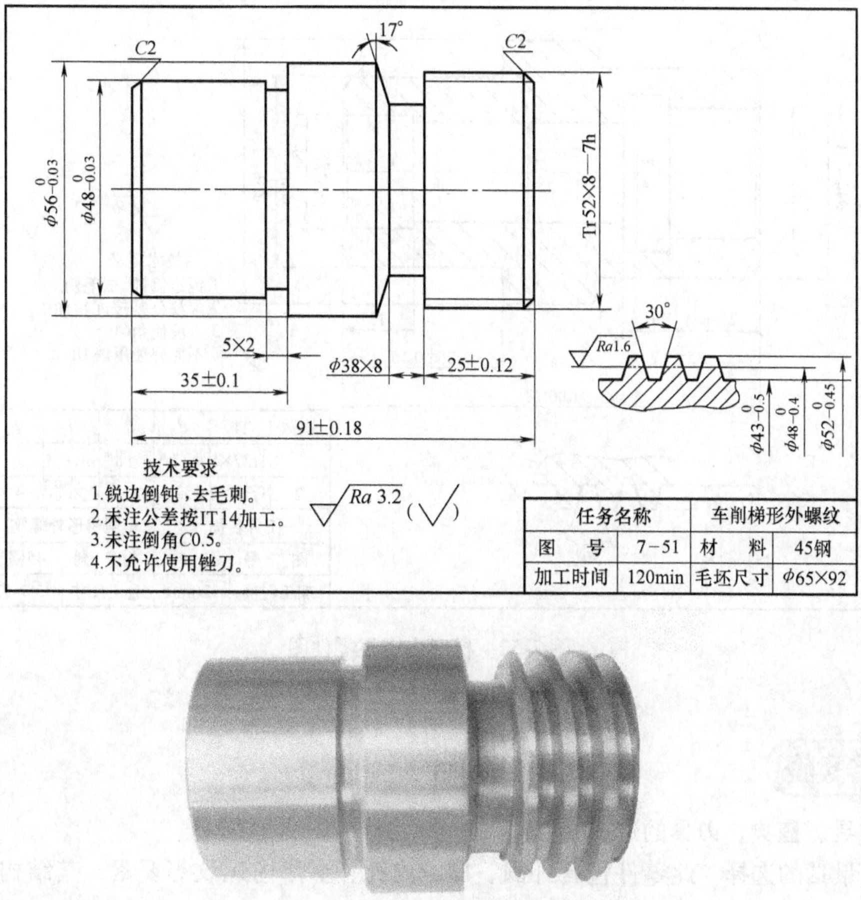

图 7-51　梯形外螺纹零件图

任务五　车削梯形内螺纹

学习目标

1. 能正确安装工件，且操作姿势正确。
2. 能根据零件图的要求正确选用刀具，刃磨刀具，并正确安装刀具。
3. 掌握车削梯形内螺纹的基本方法。

友情提示：建议用 8 学时完成本学习任务。

任务描述

分析如图 7-52 所示的梯形内螺纹零件图，制订合理的加工工艺，选择合适的加工刀具，并按要求操作卧式车床，完成梯形内螺纹的加工。

梯形内螺纹的加工相对比较复杂，它常与梯形外螺纹配合，如台虎钳螺母、丝杠螺

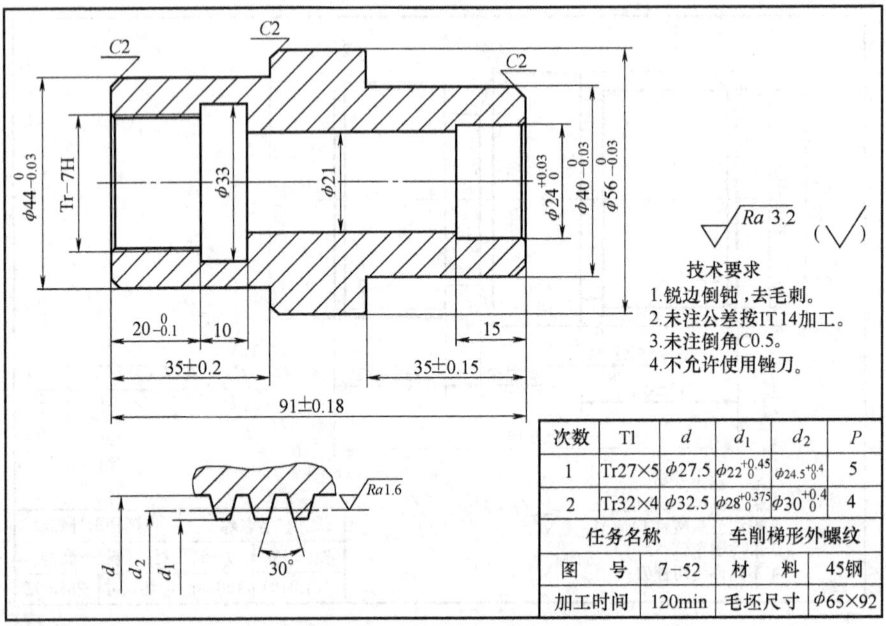

图 7-52　梯形内螺纹零件图

母等。

任务实施

1. 工具、量具、刀具的选择

（1）量具的选择　此零件包含外圆、槽、内孔、梯形内螺纹等要素，其结构相对较复杂，因此所需量具较多，包括游标卡尺、千分尺（测量外圆、台阶等）、内径卡尺、内径百分表（测量内孔直径、台阶深度等）和螺纹塞规等。

（2）刀具的选择　加工材料为 45 钢，用 90°外圆车刀、45°外圆车刀加工工件表面，控制工件的精度和表面质量。用 4mm × 15mm 的内沟槽车刀切削退刀槽，用 30°梯形内螺纹车刀加工梯形内螺纹。

本任务所用的工具、量具、刀具见表 7-41，其摆放方法如图 7-53 所示。

表 7-41　加工梯形内螺纹零件的工具、量具、刀具清单

种类	序号	名称	规格	精度/mm	单位	数量
工具	1	活扳手	250mm		把	1
	2	刀架钥匙	17mm × 17mm		把	1
	3	卡盘钥匙	12mm × 12mm		把	1
量具	4	钢直尺	0 ~ 150mm	1	支	1
	5	游标卡尺	0 ~ 150mm	0.02	支	1
	6	深度游标卡尺	0 ~ 200mm	0.02	支	1
	7	千分尺	50 ~ 75mm	0.01	把	2
	8	内径百分表	18 ~ 35mm		把	1
	9	螺纹塞规	Tr27 × 5		个	1
	10	对刀样板	30°		个	1

（续）

种类	序号	名称	规格	精度/mm	单位	数量
刀具	11	90°外圆车刀	25mm×25mm		把	1
	12	45°外圆车刀	25mm×25mm		把	1
	13	外沟槽车刀	5mm×15mm		把	
	14	内沟槽车刀	4mm×22mm			
	15	中心钻	A3		支	1
	16	麻花钻	ϕ21mm		支	1
	17	内孔车刀			把	1
	18	30°梯形内螺纹车刀	12mm×12mm		把	1

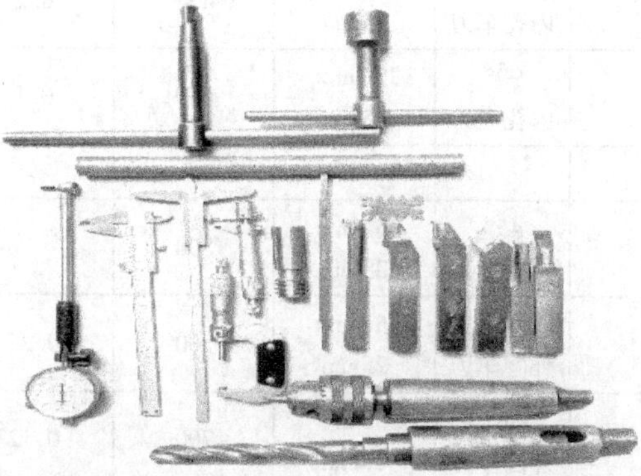

图7-53　工具、量具、刀具的摆放方法

2. 制订加工工序

1）梯形内螺纹零件的加工工序卡片见表7-42，加工完成后的零件如图7-54所示。

表7-42　梯形内螺纹零件的加工工序卡片

普通车工加工工序卡片			零件名称	材料		零件图号	
			梯形内螺纹零件	45钢		7-52	
夹具名称			设备型号			车间	
自定心卡盘			CA6140A			普通车工	
工步号	工步内容	刀具名称	刀具规格	切削用量的选择（推荐值）			备注
				主轴转速/(r/min)	进给速度/(mm/r)	背吃刀量/mm	
1	粗车工件端面	45°外圆车刀	25mm×25mm	500	0.2	0.5	
2	精车工件端面	45°外圆车刀	25mm×25mm	700	0.1	0.2	
3	粗车工件外圆	90°外圆车刀	25mm×25mm	500	0.25	2	
4	精车工件外圆ϕ56mm、ϕ40mm	90°外圆车刀	25mm×25mm	700	0.12	1	

（续）

工步号	工步内容	刀具名称	刀具规格	切削用量的选择（推荐值）			备注
				主轴转速 /(r/min)	进给速度 /(mm/r)	背吃刀量 /mm	
5	工件倒角	45° 外圆车刀	25mm × 25mm		手动		
6	钻中心孔	中心钻	A3	800	手动		
7	钻底孔	麻花钻	21mm	350	手动		
8	粗车内孔	90° 内孔车刀	25mm × 25mm	450	0.2	0.5	
9	精车内孔	90° 内孔车刀	25mm × 25mm	650	0.1	0.1	
10	掉头装夹						
11	车削工件端面，保证总长91mm	45° 外圆车刀	25mm × 25mm	800			
12	粗车工件外圆	90° 外圆车刀	25mm × 25mm	500	0.25	2	
13	精车工件外圆	90° 外圆车刀	25mm × 25mm	700	0.12	1	
14	工件倒角	45° 外圆车刀	25mm × 25mm	800	手动		
15	车削螺纹孔	90° 内孔车刀	ϕ16mm × 35mm	500	0.25	1	
16	车削内沟槽	内沟槽车刀	4mm × ϕ16mm	300	手动		
17	车削梯形内螺纹	梯形内螺纹车刀	16mm × 16mm × 200mm	56			
编制		审核		批准		共　页	第　页

根据工作任务做好加工准备工作，并操作卧式车床加工梯形内螺纹零件。

① 清点生产要素。

毛坯尺寸：________；车削刀具：________；量具：________。

② 检查机床。

检查方法：____。

是否正常：□正常　　□不正常

处理意见：____。

③ 按照“7S”标准摆放生产要素。

□正确　　□不正确

④ 装夹毛坯。

伸出长度：________。

2）梯形内螺纹零件的加工过程见表7-43。

表7-43　梯形内螺纹零件的加工过程

工步	图　示	操作内容	刀具名称	检测方法
1	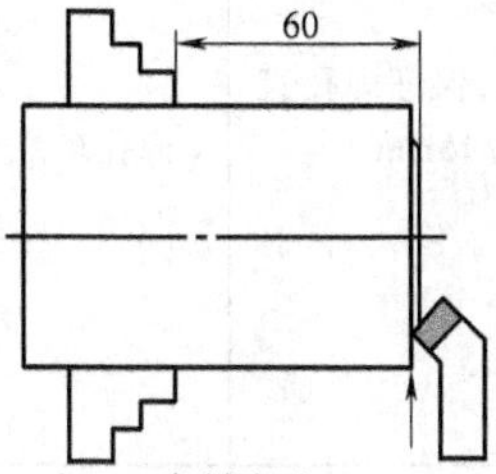 车削端面	1）检查毛坯 ϕ65mm × 92mm 是否符合图样要求 2）用自定心卡盘夹持毛坯，伸出长度约为60mm，粗、精车端面	45°外圆车刀	游标卡尺
2	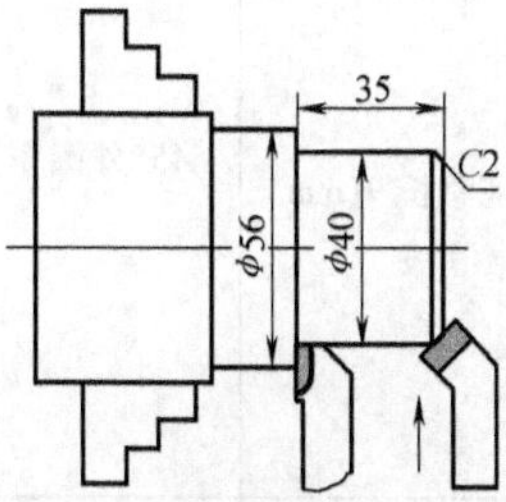 车削外圆及倒角	1）粗、精车外圆，保证外圆尺寸 ϕ56mm 和 ϕ40mm，长度为35mm 2）倒角 $C2$，去毛刺	90°外圆车刀、45°外圆车刀	游标卡尺、千分尺
3	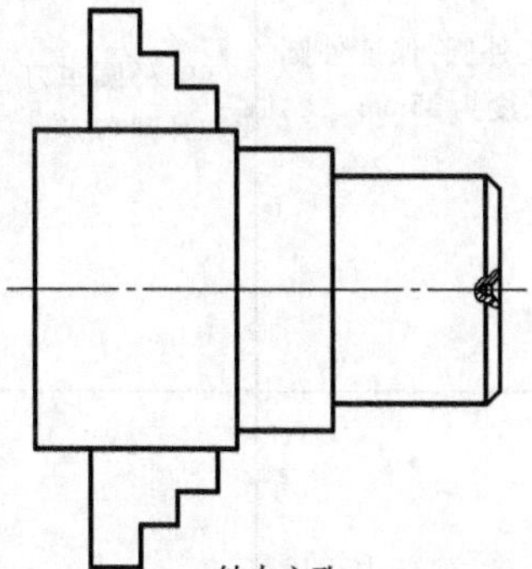 钻中心孔	钻中心孔	中心钻	游标卡尺
4	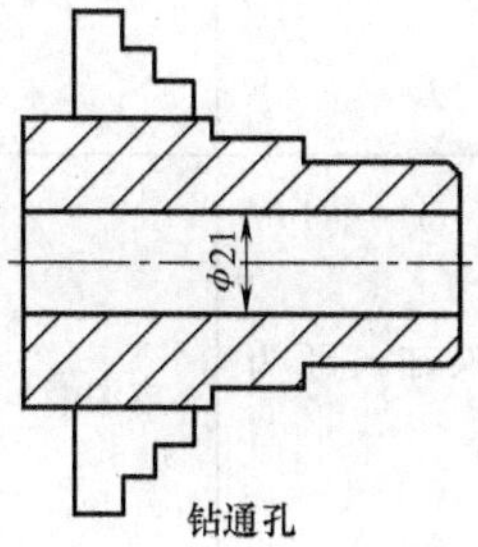 钻通孔	1）钻通孔 ϕ21mm 2）手动进给要均匀、缓慢	ϕ21mm 麻花钻	游标卡尺或目测

（续）

工步	图　　示	操 作 内 容	刀具名称	检测方法
5	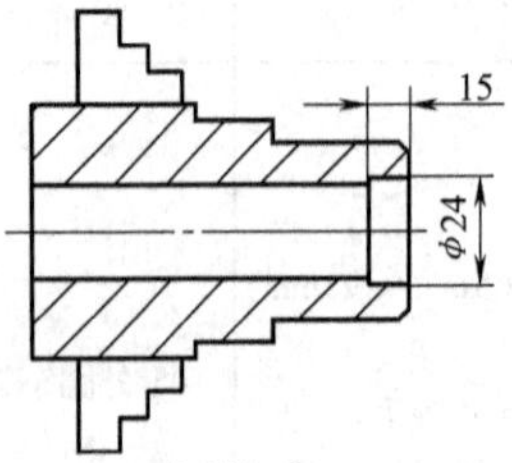 车削内孔	1）粗、精车内孔，保证内孔直径为 24mm，长度为 15mm 2）倒角，去毛刺	内孔车刀	游标卡尺、内径百分表
6	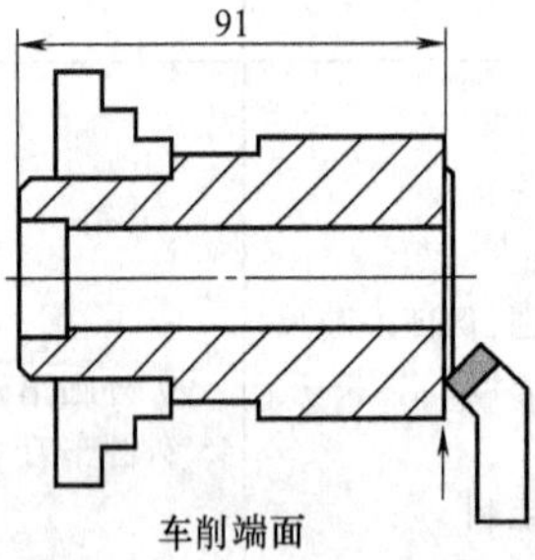 车削端面	1）掉头装夹 2）车平端面，保证总长 91mm	45°外圆车刀	游标卡尺
7	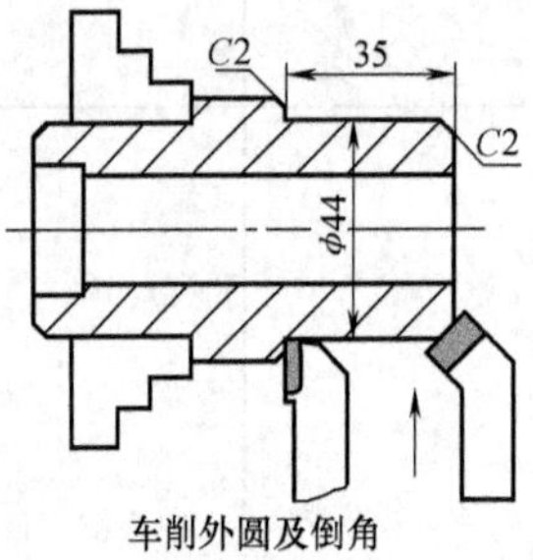 车削外圆及倒角	1）粗、精加工外圆，保证外圆尺寸 ϕ44mm，长度为 35mm 2）倒角 $C2$	90°外圆车刀、45°外圆车刀	游标卡尺、千分尺
8	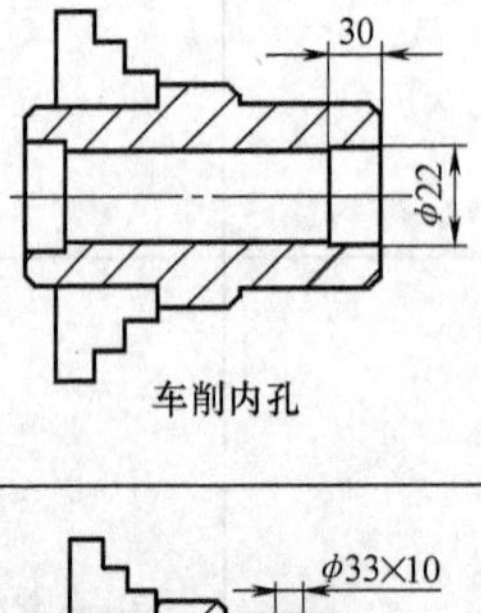 车削内孔	1）粗，精车内孔，保证内孔尺寸 ϕ22mm，长度为 30mm 2）去毛刺	内孔车刀	游标卡尺、内径百分表
9	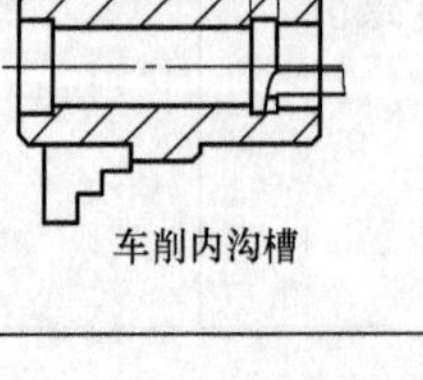 车削内沟槽	车削内沟槽，保证尺寸为 ϕ33mm × 10mm	内沟槽车刀	长爪内测游标卡尺

（续）

工步	图　示	操作内容	刀具名称	检测方法
10	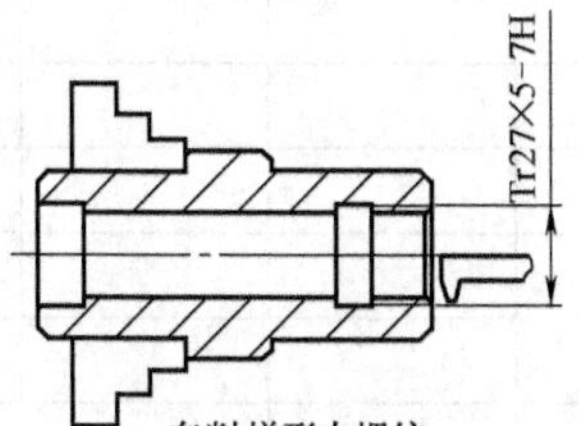 车削梯形内螺纹	1)用左右切削法粗、精车螺纹 2)用螺纹塞规检验螺纹	梯形内螺纹车刀	螺纹塞规

图 7-54　加工完成后的零件

任务评价

1）工件的质量评价见表 7-44。

表 7-44　工件质量评分表

项目		序号	检测内容	配分	学生		教师评分
					自检	互检	
基本检查	准备	1	切削加工工艺制订正确	5			
		2	切削用量选择合理	5			
		3	刀具刃磨质量符合要求	5			
	操作	4	设备操作、维护保养正确	3			
		5	操作要领正确	5			
		6	刀具选择、安装正确、规范	3			
		7	工件找正、安装正确、规范	4			
工作态度		8	遵守“7S”规范，纪律表现良好	5			
尺寸		9	$\phi40^{\ 0}_{-0.03}$ mm	6			
		10	$\phi44^{\ 0}_{-0.03}$ mm	6			
		11	$\phi56^{\ 0}_{-0.03}$ mm	6			
		12	$\phi24^{+0.03}_{\ 0}$ mm	6			

（续）

项　目	序号	检测内容	配分	学生		教师评分
				自检	互检	
尺寸	13	ϕ33mm	6			
	14	$20_{-0.1}^{0}$mm	5			
	15	35mm(2处)	5			
	16	10mm、15mm	3			
	17	(91±0.18)mm	2			
	18	Tr27×5-7H	20			
综合得分			100			

2）机床的清洁与保养记录见表7-45。

表7-45　机床的清洁与保养记录

序号	内　容	要　求	配分	得分	结果记录
1	刀具	拆卸、整理、归位	10		
2	量具	清洁、保养、归位	10		
3	工具	整理、归位	10		
4	工作台	清洁、保养、归位	10		
5	导轨、润滑部位	清洁、保养、加油润滑	10		
6	主轴	清洁、保养	5		
7	刀架	清洁、保养	10		
8	机床外观	清洁	10		
9	电源	切断	5		
10	切屑	清扫	10		
11	工作区域	清扫	10		
总分					

学生签名__________　　教师签名__________　　日期__________

安全文明小贴士

1）注意中滑板的进、退刀方向。

2）采用左右切削法车削梯形螺纹时，要记住中滑板和小滑板的刻度。

3）尽可能利用刻度盘控制退刀，防止刀杆与孔壁碰撞。

4）安装刀具时应使用对刀样板，以保证牙型角的正确性。

5）梯形螺纹的螺距较大，因此车削时转速应适当降低。

知识链接

知识链接一　梯形内螺纹车刀的刃磨

内螺纹车刀的刚性比外螺纹车刀差，所以刀杆的截面积应尽量大一些，但是刀杆的截面积不能过大，刀杆的尺寸与长度应根据工件内孔的孔径与孔深来选择。

现以高速工具钢30°梯形内螺纹车刀为例（图7-55），介绍手工刃磨梯形内螺纹车刀的方法，见表7-46。

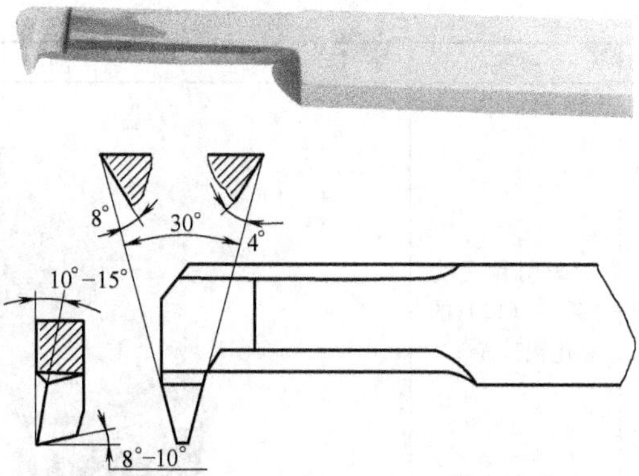

图 7-55　高速工具钢 30°梯形内螺纹车刀

表 7-46　高速工具钢 30°梯形内螺纹车刀的刃磨步骤

序号	刃 磨 步 骤	砂轮	图　示
1	检查砂轮的运行情况，修整砂轮		 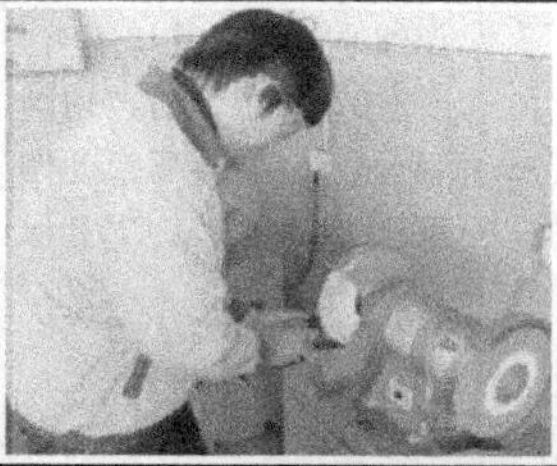
2	粗磨两个后刀面，以初步形成两条切削刃的夹角。磨两后刀面时，应先磨进给方向上的侧刃，其后角为(3°~5°)+φ，再磨背向进给方向上的侧刃，其后角为(3°~5°)-φ	选用粒度为 F24~F36 的氧化铝砂轮	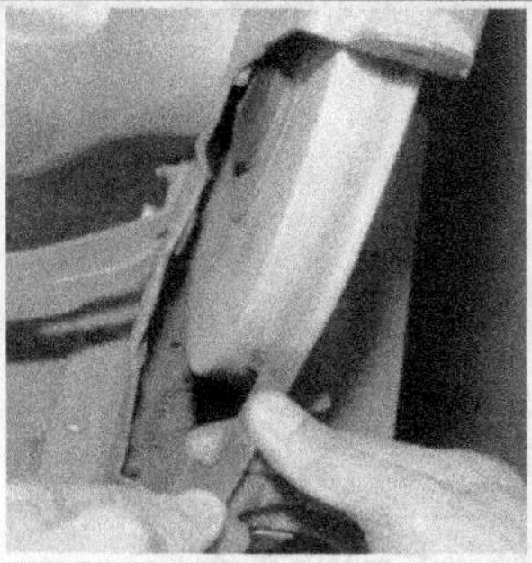 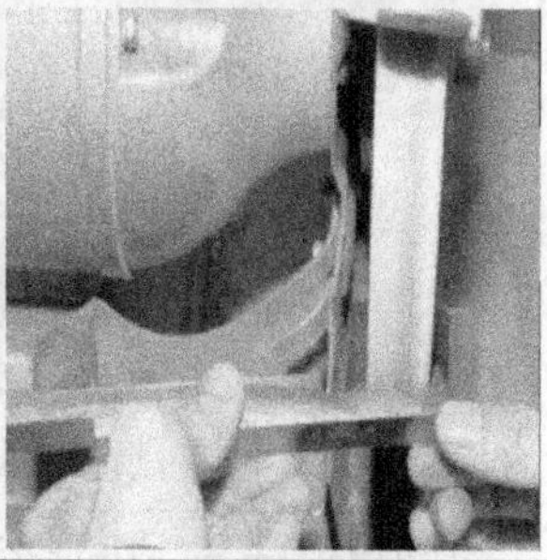
3	精磨主后刀面和副后刀面，精磨前要修整好砂轮，保持砂轮平稳旋转。刃磨时，将车刀底平面靠在调整好角度的托架上，使切削刃轻轻地靠住砂轮的端面，并沿砂轮端面缓慢地左右移动，使砂轮磨损均匀，车刀刃口平直。刀尖角应用螺纹对刀样板进行检测，以刃磨出正确的刀尖角	选用粒度为 F80~F120 的氧化铝砂轮	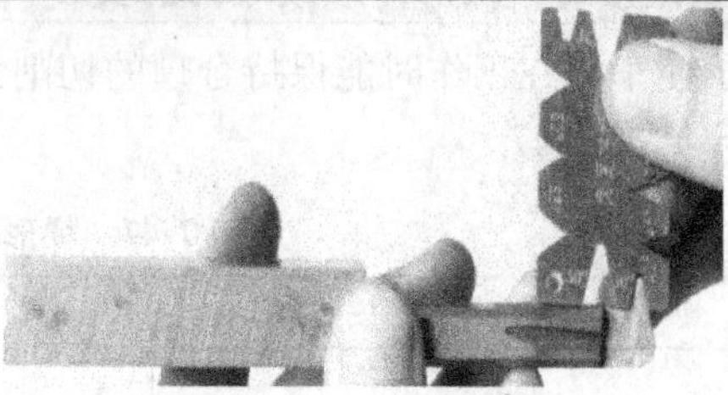 

（续）

序号	刃磨步骤	砂轮	图　示
4	修磨刀尖，磨出比槽底宽度稍窄一点的切削刃	选用粒度为 F80 ~ F120 的氧化铝砂轮	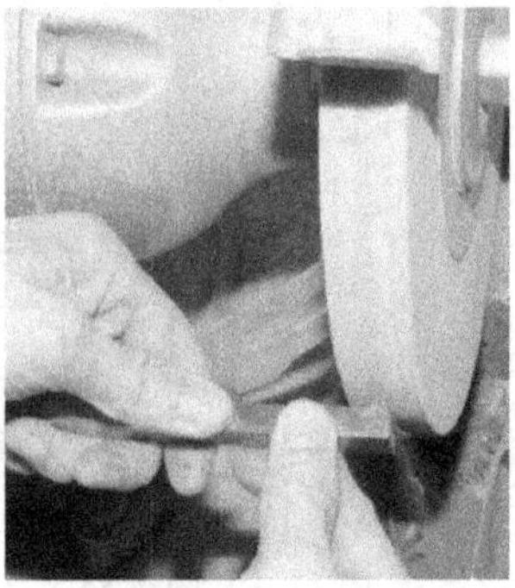
5	手工刃磨的车刀还应用细油石研磨其切削刃。研磨时，手持油石在切削刃上来回移动，要求动作平稳、用力均匀，注意保持刃口锋利	油石	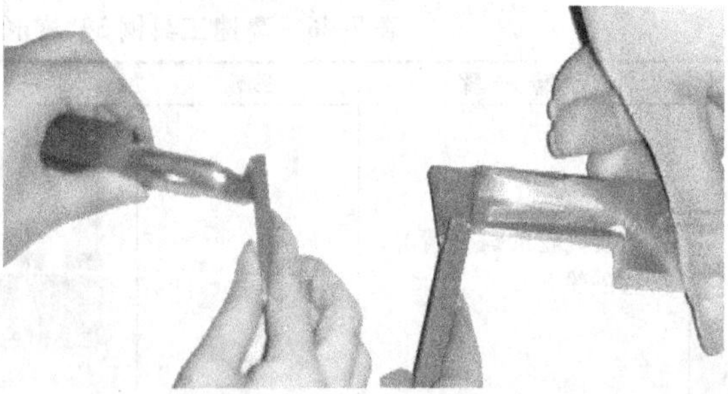

安全文明小贴士

1）刃磨两侧后角时应注意螺纹的左右旋向，根据螺纹升角的大小确定两侧后角的大小。

2）车刀的高度应与砂轮中心平齐，这样便于掌握角度。

3）内螺纹车刀刀尖角的平分线应与刀杆垂直。

4）磨刀时要戴防护眼镜。

知识链接二　梯形内螺纹车刀的安装

为了使车刀在工作时能保持合理的切削角度，必须正确地安装车刀。安装梯形内螺纹车刀的过程见表 7-47。

表 7-47　梯形内螺纹车刀的安装

序号	安装步骤	安装要求	正确图示	错误图示
1	放置车刀	车刀刀杆不宜伸出过长，伸出长度一般不超过刀杆厚度的两倍		

（续）

序号	安装步骤	安装要求	正确图示	错误图示
2	车刀的中心线与工件轴线平行	车刀刀杆的中心线应与进给方向垂直或平行		
3	车刀的刀尖应对准工件的回转中心	车刀的刀尖应与卧式车床的主轴轴线等高		
4	内螺纹车刀刀尖角的平分线应与刀柄垂直	装刀时，必须严格按样板找正刀尖，保证车刀刀尖角的平分线与工件的轴线垂直，否则车削后会出现“倒牙”现象		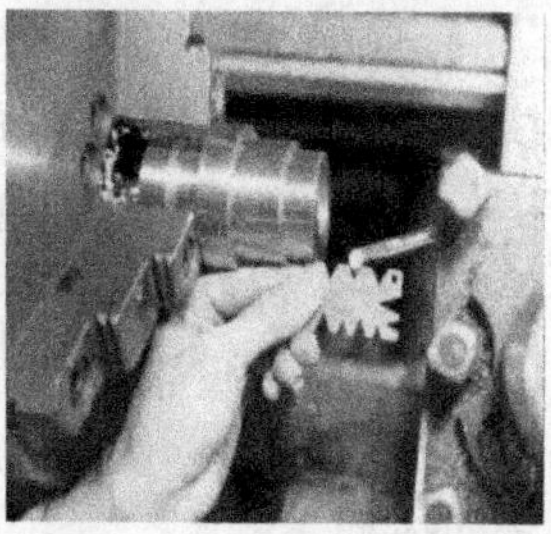
5	拧紧车刀	两个螺钉交替拧紧	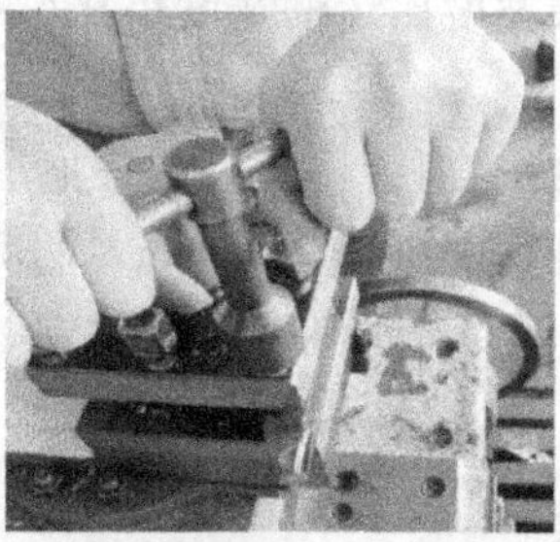	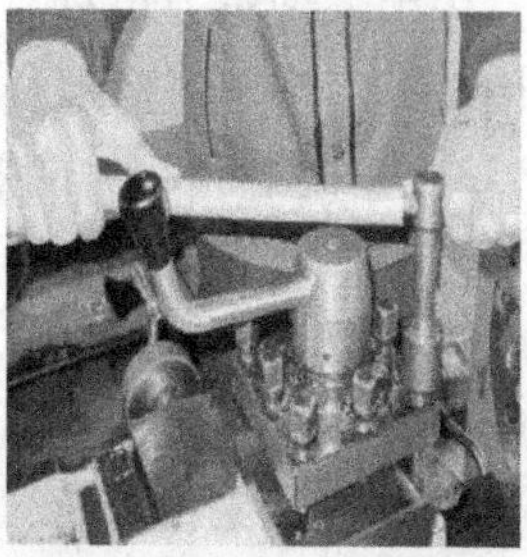

任务解析

（1）情景预演　操作者开始加工前应正确安装工件，车削梯形螺纹零件时，通常采用自定心卡盘装夹。车削前，应根据所加工螺纹的螺距调整好卧式车床的转速手柄及进给箱手柄。

（2）任务分析　安装梯形内螺纹车刀时，刀杆的伸出长度应比工件的孔径长，而且刀尖要与工件的轴线等高。装刀时，必须严格按样板找正刀尖，保证车刀刀尖角的平分线与工件的轴线垂直，否则车削后会出现“倒牙”现象，螺纹的精度将无法得到保证。

（3）任务小结　车削梯形内螺纹的方法与车削普通内螺纹大致相同，但梯形内螺纹的加工是看不到的，车削条件比较恶劣。因此，车削梯形内螺纹时，要根据刻度盘读数控制加工进度，每次的进给量要小一些。通过本任务的学习，学生可以掌握车削梯形内螺纹零件所用的刀具、量具的使用方法，梯形内螺纹车刀的刃磨、安装与找正方法以及梯形内螺纹的加工方法。

知识拓展

车削矩形螺纹

矩形螺纹是一种非标准螺纹，其传动精度低，多用于台虎钳和起重螺旋（千斤顶）等工具中。这种螺纹在新制好时配合得较精确，但在使用一段时间后，其各部分就会磨损，产生轴向和径向松动，并且不能调整。

1. 矩形螺纹的一般技术要求

1）矩形螺纹的牙顶宽、牙槽宽及牙型深度（不包括间隙）都等于螺距的一半。

2）加工出的螺纹的轴向断面形状应为正方形。

3）应保证螺纹外径的径向定心精度；内、外螺纹的内径应保持一定的间隙，一般使内螺纹的外径尺寸比外螺纹的外径尺寸大约 0.1 ~ 0.2mm（具体根据工件和螺距大小来确定）。

4）除特定要求外，螺纹侧面的配合间隙一般为（0.005 ~ 0.01）× 螺距。

2. 矩形外螺纹的车削方法

大径车好后，根据螺距查阅铭牌表变换手柄位置及交换齿轮。

1）螺距小于 4mm 的矩形螺纹可不分粗、精车，采用直进法使用一把车刀均匀进给完成螺纹的加工。

2）螺距大于 4mm 的矩形螺纹一般采用直进法分粗、精车两次加工完成，如图 7-56 所示。先用一把车刀粗车，刀头宽度比牙槽宽度小 0.5 ~ 1mm，两侧各留 0.2 ~ 0.4mm 的余量，再用精车刀精车矩形螺纹。

3）车削螺距较大的矩形螺纹时，可分别用三把车刀进行加工，如图 7-57 所示。先用一把车刀粗车，刀头宽度比牙槽宽度小 0.5 ~ 1mm，两侧各留 0.2 ~ 0.4mm 余量，然后用第二把和第三把小于 90°的正、反偏刀分别精车螺纹的左、右侧面。车削过程中应严格控制牙槽宽度。

3. 切削用量的选择

车削钢料时，$v_c = 4.2 \sim 10.2\text{m/min}$，$a_p = 0.02 \sim 0.2\text{mm}$。粗车时，切削液一般为硫化切削油或全损耗系统用油，精车时一般用乳化液。

4. 矩形内螺纹的车削方法

车削矩形内螺纹时，一般以车好的外螺纹为标准配作内螺纹。矩形螺纹采用螺纹的大径来定心，因此两侧面只起轴向配合作用。车削矩形内螺纹时，除进刀方向与外螺纹相反外，

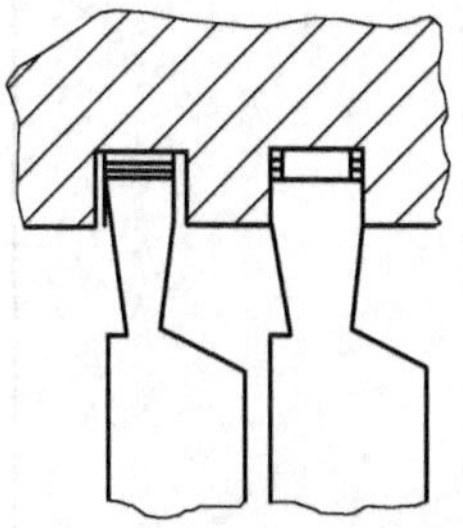

图 7-56　粗、精车矩形螺纹的方法

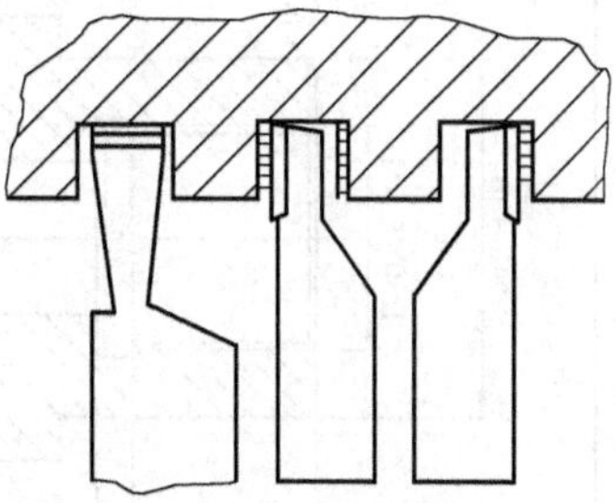

图 7-57　较大螺距的矩形螺纹的车削方法

还要注意内、外螺纹的配合间隙。即在钻、车削内螺纹小径时，必须用外螺纹的小径尺寸加上适当的间隙，内螺纹的大径要比外螺纹的大径大约 0.2 ~ 0.4mm。

5. 矩形螺纹的检测

1）车削矩形外螺纹时，螺纹大径可用千分尺测量，螺距用钢直尺测量，牙槽宽、牙高、螺纹小径可用游标卡尺测量。

2）车削矩形内螺纹时，一般以车好的外螺纹为标准进行检测。如果牙高尺寸已车好，但拧不进去，则说明槽太窄，必须进行修正。

安全文明小贴士

1）小滑板应调整得紧一些。

2）车削螺纹时，小刀架必须紧固，不得松动，防止出现“乱扣”和“扎刀”现象。

3）螺纹两侧牙型和底径应保持平直，清角。

4）在外圆上去毛刺时，最好将砂布垫在锉刀下面进行。

5）要防止刀头磨得太窄或副偏角太大，以免在车削过程中吃刀量过大时，使刀头折断。

6）螺纹车刀的前刀面应磨成圆弧形，副偏角在1°以内，这样可使切削顺利，且螺纹两侧容易修光。

想想练练

想一想

1. 普通内螺纹车刀的刀尖角为（　　）。

A. 30°　　B. 60°　　C. 20°　　D. 55°

2. 精车梯形内螺纹时应采用（　　）完成螺纹的加工。

A. 左右切削法　　B. 直进法　　C. 斜进法　　D. 任意方法

3. 测量梯形内螺纹的最佳方法是（　　）。

A. 综合测量法　　B. 螺纹千分尺　　C. 三针测量法　　D. 单针测量法

练一练

加工如图 7-58 所示的梯形内螺纹零件，其质量评价见表 7-48。

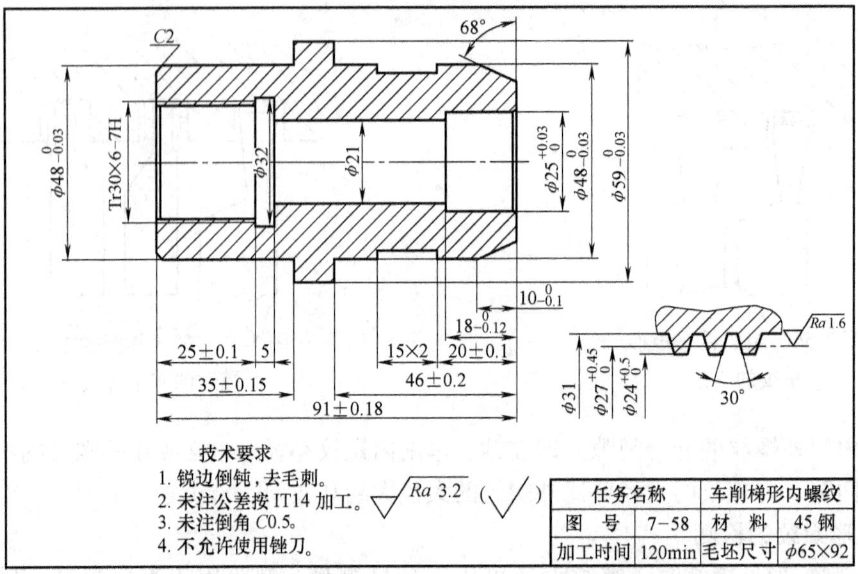

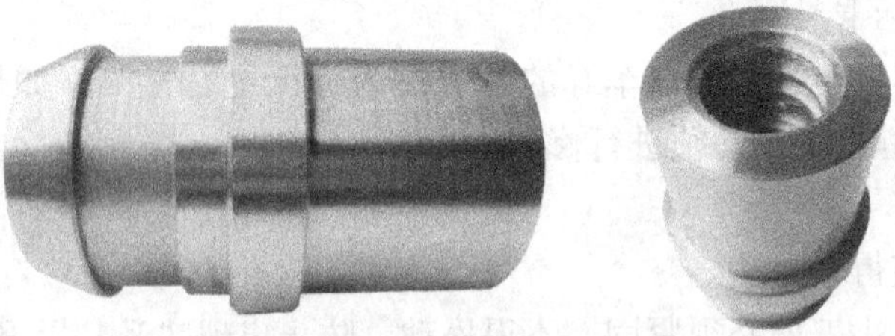

图 7-58 梯形内螺纹零件图

表 7-48 工件质量评分表

项目		序号	检测内容	配分	学生自检	学生互检	教师评分
基本检查	准备	1	切削加工工艺制订正确	5			
		2	切削用量选择合理	5			
		3	刀具刃磨质量符合要求	5			
	操作	4	设备操作、维护保养正确	3			
		5	操作要领正确	5			
		6	刀具选择、安装正确、规范	3			
		7	工件找正、安装正确、规范	4			
工作态度		8	遵守“7S”规范，纪律表现良好	10			
尺寸		9	$\phi25_{0}^{+0.03}$mm	10			
		10	$\phi48_{-0.03}^{0}$mm（2 处）	10			
		11	$\phi59_{-0.03}^{0}$mm	10			
		12	68°	3			
		13	(35±0.15)mm	3			
		14	$18_{-0.12}^{0}$mm	3			

（续）

项　　目	序号	检测内容	配分	学生		教师评分
				自检	互检	
尺寸	15	(20 ± 0.1) mm	2			
	16	(46 ± 0.2) mm	2			
	17	15mm × 2mm	2			
	18	Tr30 × 6-7H	15			
综合得分			100			

项目八　车削复杂零件

任务一　车削偏心零件

学习目标

1. 熟练掌握车削偏心零件的方法及有关计算。
2. 熟练应用百分表找正零件的偏心距。
3. 掌握检测偏心零件的各种方法，分析并解决车削中出现的问题。
4. 了解车削偏心零件的安全规程。

友情提示：建议用 10 学时完成本学习任务。

任务描述

分析如图 8-1 所示的偏心零件图，制订合理的加工工艺，选择合适的加工刀具，并按要求操作卧式车床，完成偏心零件的加工及检测。

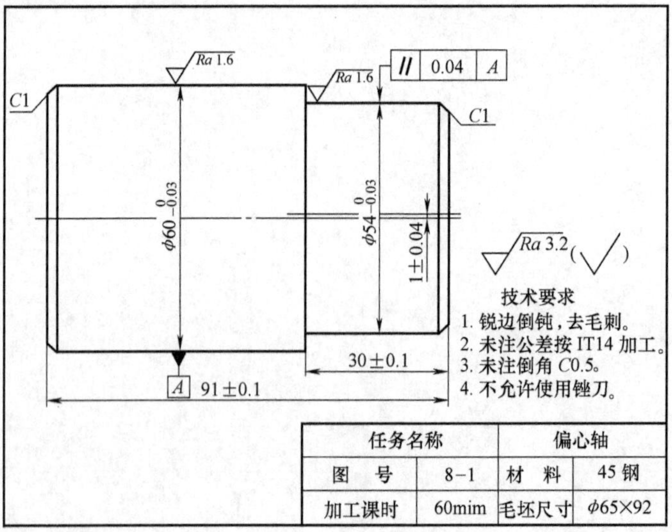

图 8-1　偏心零件图

偏心零件一般可以实现零件的互锁，偏心曲轴一般用作气缸的运动部件。

任务实施

1. 工具、量具、刀具的选择

（1）量具的选择　根据该零件的加工要求，需要使用的量具有游标卡尺（0～150mm）、千分尺（50～75mm）、磁力表座百分表（0～10mm）和钢直尺（0～150mm）。

（2）刀具的选择　加工材料为45钢，用90°外圆车刀、45°外圆车刀加工工件表面，控制工件的精度和表面质量。

本任务所用的工具、量具、刀具见表8-1，其摆放方法如图8-2所示。

表8-1　加工偏心零件的工具、量具、刀具清单

种类	序号	名称	规格	精度/mm	单位	数量
工具	1	活扳手	250mm		把	1
	2	刀架钥匙	17mm×17mm		把	1
	3	卡盘钥匙	12mm×12mm		把	1
	4	磁力表座			个	1
	5	偏心垫块	1.5mm		个	若干
量具	6	钢直尺	0～150mm		支	1
	7	游标卡尺	0～150mm	0.02	支	1
	8	千分尺	50～75mm	0.01	支	1
刀具	9	90°外圆车刀	25mm×25mm		把	1
	10	45°外圆车刀	25mm×25mm		把	1

图8-2　工具、量具、刀具的摆放方法

2. 制订加工工序

1）偏心零件的加工工序卡片见表8-2，加工完成后的零件如图8-3所示。

表8-2　偏心零件的加工工序卡片

普通车工加工工序卡片			零件名称	材料		零件图号	
			偏心轴	45钢		8-1	
夹具名称			设备型号			车间	
自定心卡盘			CA6140A			普通车工	
工步号	工步内容	刀具名称	刀具规格/mm×mm	切削用量的选择（推荐值）			备注
				主轴转速/(r/min)	进给速度/(mm/r)	背吃刀量/mm	
1	粗车工件端面	45°外圆车刀	25×25	500	0.2	0.5	

（续）

工步号	工步内容		刀具名称	刀具规格 /mm × mm	切削用量的选择（推荐值）			备注
					主轴转速 /(r/min)	进给速度 /(mm/r)	背吃刀量 /mm	
2	精车工件端面		45°外圆车刀	25 × 25	700	0.1	0.2	
3	粗车工件外圆		90°外圆车刀	25 × 25	500	0.25	2	
4	精车工件外圆		90°外圆车刀	25 × 25	700	0.12	0.2	
5	工件倒角		45°外圆车刀	25 × 25	800	手动	0.2	
6	掉头接刀，车削另一端							
7	粗车工件端面		45°外圆车刀	25 × 25	500	0.2	0.5	
8	精车工件端面，保证总长		45°外圆车刀	25 × 25	700	0.1	0.2	
9	粗车工件外圆		90°外圆车刀	25 × 25	500	0.25	2	
10	偏心调整							
11	粗车工件外圆		90°外圆车刀	25 × 25	500	0.25	1	
12	精车工件外圆		90°外圆车刀	25 × 25	700	0.12	0.2	
13	工件倒角		45°外圆车刀	25 × 25	800	手动	0.2	
编制		审核		批准		共　页	第　页	

根据工作任务做好加工准备工作，并操作机床加工偏心零件。

① 清点生产要素。

毛坯尺寸：________；车削刀具：________；量具：________。

② 检查机床。

检查方法：____。

是否正常：□正常　　□不正常

处理意见：____。

③ 按照“7S”标准摆放生产要素。

□正确　　□不正确

④ 装夹毛坯。

伸出长度：________。

2）偏心零件的加工过程见表 8-3。

表 8-3　偏心零件的加工过程

工步	图　　示	操 作 内 容	刀具名称	检测方法
1	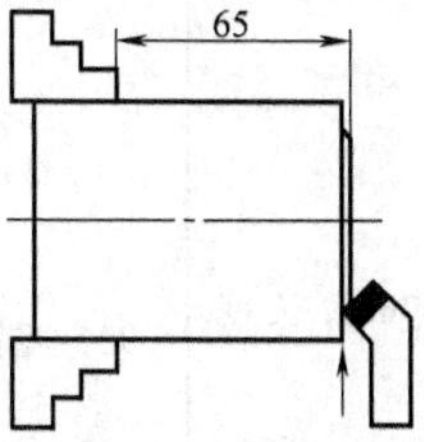 粗、精车端面	1）检查毛坯 ϕ65mm × 92mm 是否符合图样要求 2）用自定心卡盘夹持毛坯，伸出长度约为 65mm，粗、精车端面	45°外圆车刀	游标卡尺
2	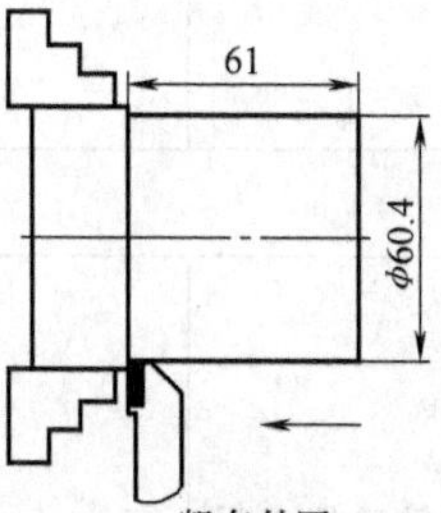 粗车外圆	粗车外圆，将外圆直径车削至 ϕ60.4mm，长度为 61mm	90°外圆车刀	游标卡尺
3	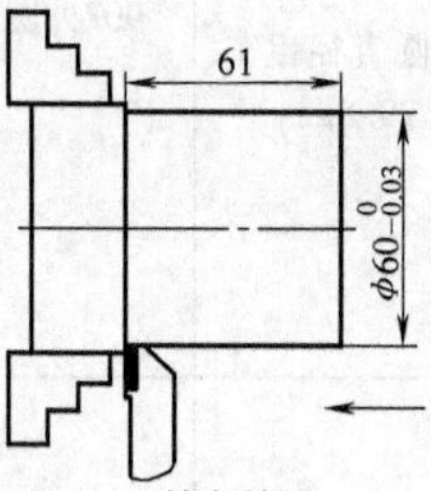 精车外圆	精车外圆至尺寸 $\phi60_{-0.03}^{\ 0}$mm	90°外圆车刀	游标卡尺、千分尺
4	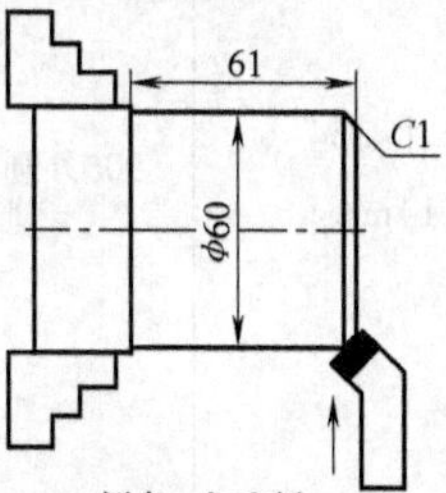 倒角，去毛刺	倒角 $C1$，去毛刺	45°外圆车刀	游标卡尺
5	掉头装夹，进行偏心外圆的粗加工			
6	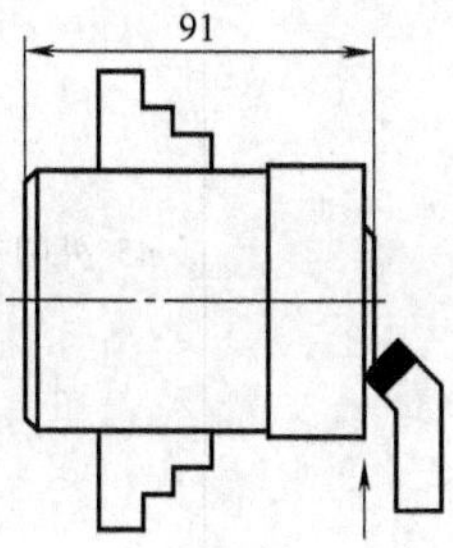 车削端面	粗、精车端面，保证总长 91mm	45°外圆车刀	游标卡尺

（续）

工步	图　示	操作内容	刀具名称	检测方法
7	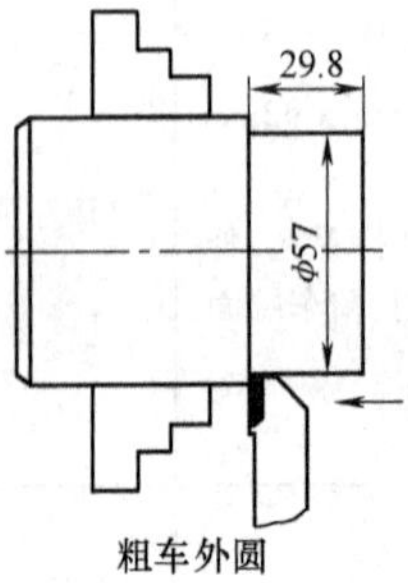 粗车外圆	粗车外圆至 ϕ57mm，长度为 29.8mm	90°外圆车刀	游标卡尺
8	调整偏心，进行偏心外圆的加工			
9	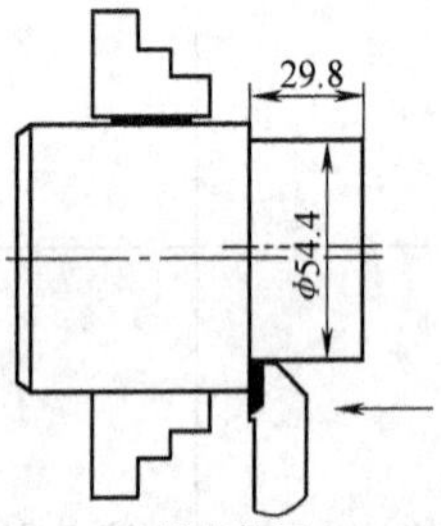 粗车外圆	1）使用偏心垫块调整偏心距为（1 ±0.04）mm 2）粗车外圆，将外圆直径粗车至 ϕ54.4mm，长度为 29.8mm	90°外圆车刀	游标卡尺
10	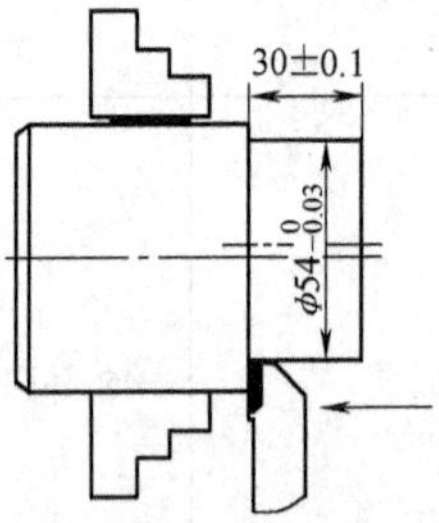 精车外圆	精车外圆至尺寸 $\phi54^{\ 0}_{-0.03}$ mm，长度为（30 ±0.1）mm	90°外圆车刀	游标卡尺、千分尺
11	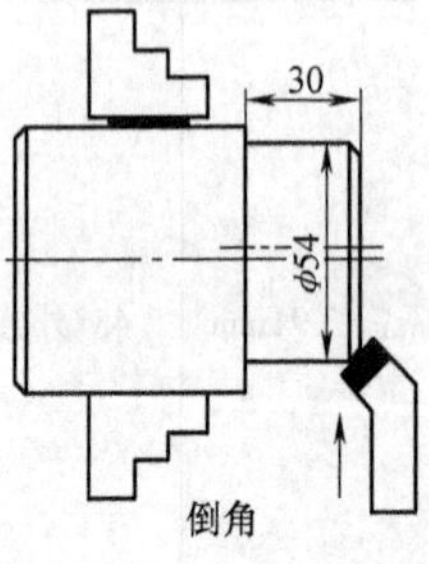 倒角	倒角 C1，去毛刺	45°外圆车刀	游标卡尺

图 8-3　加工完成后的零件

任务评价

1）工件的质量评价见表 8-4。

表 8-4　工件质量评分表

项　目		序号	检 测 内 容	配分	学生		教师评分
					自检	互检	
基本检查	准备	1	切削加工工艺制订正确	5			
		2	切削用量选择合理	5			
		3	刀具刃磨质量符合要求	5			
	操作	4	设备操作、维护保养正确	3			
		5	操作要领正确	5			
		6	刀具选择、安装正确、规范	3			
		7	工件找正、安装正确、规范	4			
工作态度		8	遵守“7S”规范，纪律表现良好	10			
尺寸		9	$\phi60_{-0.03}^{0}$ mm	10			
		10	$\phi54_{-0.03}^{0}$ mm	10			
		11	(30 ±0.1) mm	6			
		12	(91 ±0.1) mm	6			
		13	(1 ±0.04) mm	8			
		14	// 0.04 A	8			
		15	C1 (2 处)	4			
		16	Ra1.6μm (2 处)	8			
综合得分				100			

2）机床的清洁与保养记录见表 8-5。

表 8-5　机床的清洁与保养记录

序号	内　容	要　求	配分	得分	结果记录
1	刀具	拆卸、整理、归位	10		
2	量具	清洁、保养、归位	10		

（续）

序号	内　容	要　求	配分	得分	结果记录
3	工具	整理、归位	10		
4	工作台	清洁、保养、归位	10		
5	导轨、润滑部位	清洁、保养、加油润滑	10		
6	主轴	清洁、保养	5		
7	刀架	清洁、保养	10		
8	机床外观	清洁	10		
9	电源	切断	5		
10	切屑	清扫	10		
11	工作区域	清扫	10		
总分					

学生签名＿＿＿＿＿＿　　教师签名＿＿＿＿＿＿　　日期＿＿＿＿＿＿

小提示

为了保证偏心零件两轴线的平行度，装夹时，应用百分表找正工件外圆，使外圆的侧素线与车床的主轴轴线平行。

知识链接

知识链接一　偏心零件的车削方法

在车床上车削偏心零件的方法很多，其主要区别在于工件装夹方式的不同。常用的装夹工具有单动卡盘、花盘、两顶尖、专用夹具、自定心卡盘、双重卡盘和偏心卡盘等。装夹方法的选择与零件形状、加工部位、批量大小、精度高低和切削用量等因素有关。

（1）在单动卡盘上车削偏心零件　一般情况下，当偏心零件短而复杂且偏心距不大，不便于在两顶尖间装夹时，可使用单动卡盘进行装夹，如图 8-4 所示。

（2）在自定心卡盘上车削偏心零件　长度较短、形状较规则的偏心零件可使用自定心卡盘装夹，如图 8-5 所示。使用自定心卡盘装夹偏心零件时，应事先在卡爪与工件的接触面间垫一厚度经过计算的垫块进行找正，夹紧后试车，并根据试车结果作进一步修正。

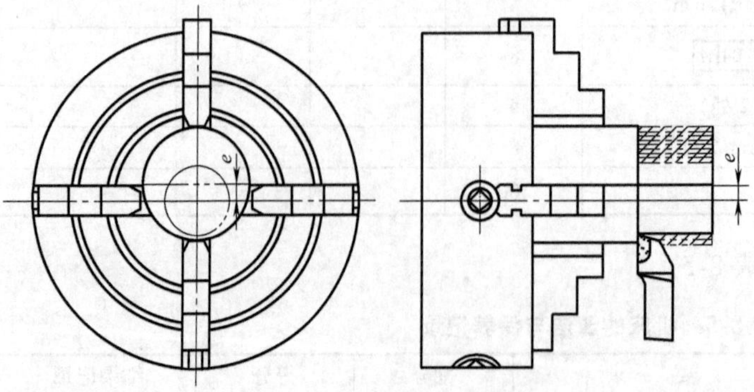

图 8-4　用单动卡盘装夹车削偏心零件

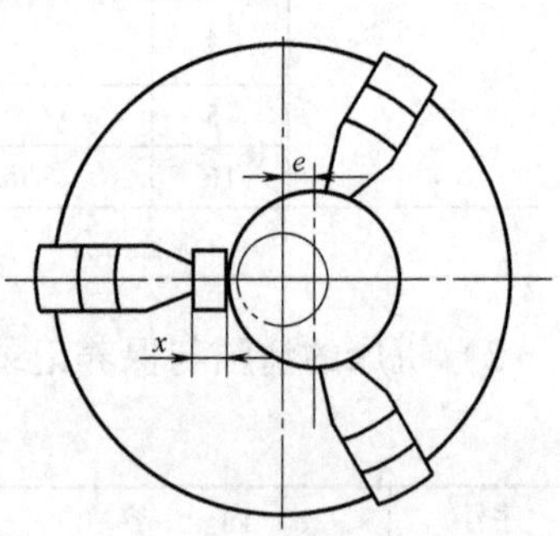

图 8-5　用自定心卡盘装夹车削偏心零件

垫片厚度的计算公式为

$$x=\frac{1}{2}(3e+\sqrt{D^2-3e^2}-D)$$

式中　x——垫片厚度，单位为 mm；

e——工件偏心距，单位为 mm；

D——卡盘夹住的工件部位的直径，单位为 mm。

垫片厚度的近似计算公式为

$$x=1.5e+k$$

$$k\approx1.5\Delta e$$

$$\Delta e=e-e_{测}$$

式中　k——偏心距修正值，其正、负值按实测结果确定，单位为 mm；

Δe——试切后的实测偏心距误差，单位为 mm；

$e_{测}$——试车后的实测偏心距，单位为 mm。

（3）在两顶尖间车削偏心零件　一般的偏心轴，只要其两端面能钻中心孔，有鸡心夹头的装夹位置，都可采用在两顶尖间车削偏心的方法。使用两顶尖装夹时，应注意工件两端的顶尖孔，当偏心距较小时，容易发生干涉现象。如图 8-6 所示，可将零件总长增加两个顶尖孔深度的长度，钻顶尖孔基准圆至要求；然后将两端的顶尖孔车去，保持零件总长，划线钻偏心顶尖孔，再车削偏心圆（若有多节偏心，可将总长按实际需要加长，并重复上述加工步骤）。这种车削方法适用于不反复使用顶尖孔的工件，若需多次使用同一顶尖孔定位，则只能借助其他方法。

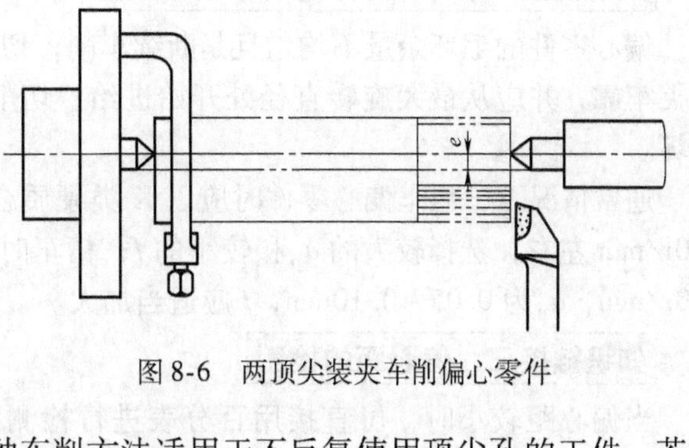

图 8-6　两顶尖装夹车削偏心零件

（4）车削偏心零件的其他方法　批量较小、精度要求较高的偏心类零件可采用花盘装夹，如图 8-7 所示；小型偏心零件可采用双重卡盘装夹，如图 8-8 所示；当批量较大时，可设计简单的专用夹具装夹零件，如图 8-9 所示；偏心卡盘装夹则适用于精度要求较高的偏心零件，如图 8-10 所示。在偏心卡盘上车削较精密的偏心零件时，可通过丝杠调整并利用量块控制两触头之间的距离，保证偏心距达到要求。

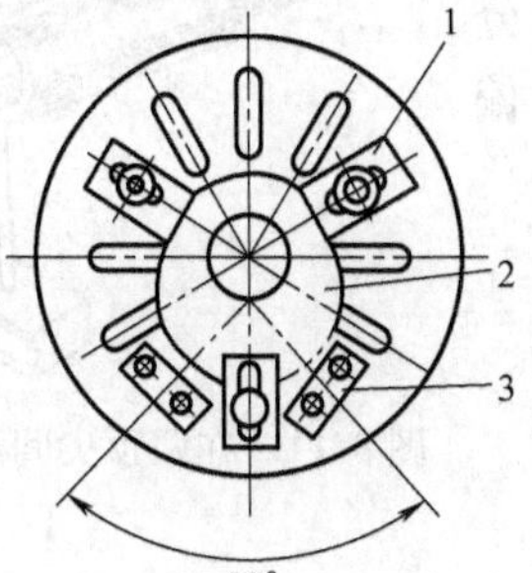

图 8-7　花盘装夹车削偏心零件

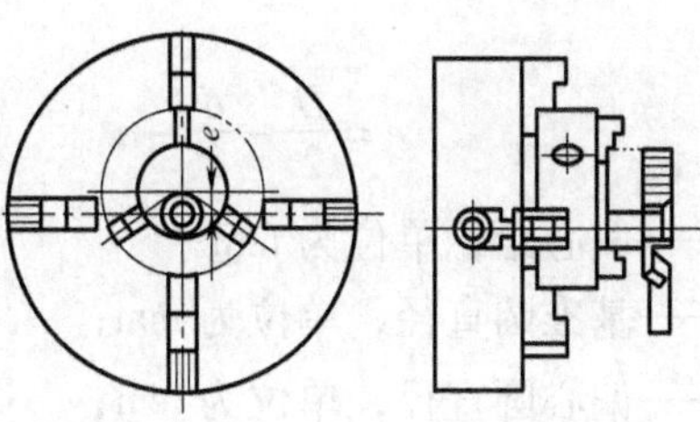

图 8-8　双重卡盘装夹车削偏心零件

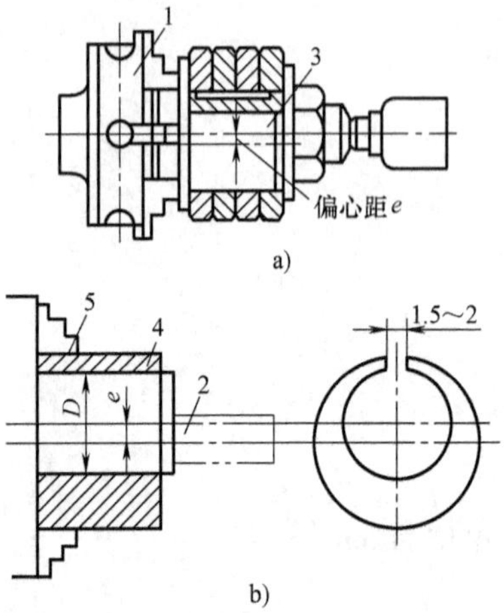

图 8-9　专用夹具装夹车削偏心零件

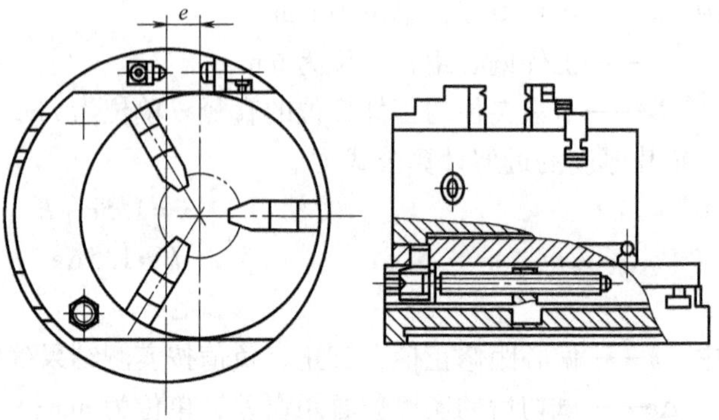

图 8-10　偏心卡盘装夹车削偏心零件

知识链接二　车削偏心零件的切削用量

偏心零件的毛坯余量不均匀且是断续车削，切削时具有冲击载荷。所以，车削时零件应装夹牢靠，并应从最大旋转直径处开始进给；切削用量不宜选择得太大，以避免车刀过早损坏。

通常情况下，粗车偏心零件时应以 K 类硬质合金为车刀切削部分的材料，主轴转速在 200r/min 左右，选择较大的 a_p 和较小的 f；精车时可选用 P 类硬质合金，主轴转速为 96 ~ 120r/min，a_p 为 0.05 ~0.10mm，f 应适当加大。

知识链接三　偏心距的检测

当偏心距较小时，可直接用百分表进行检测。将零件用两顶尖支承或套在心轴上用两顶尖支承，使百分表测量头触及零件偏心部分的表面，零件转动一周，百分表指示的最大值和最小值差值的一半就是该零件的偏心距，如图 8-11 所示。若零件的两端面无顶尖孔，则可使用 V 形架支承工件两端的基准轴颈，找平中心线后再用百分表按上述方法进行测量。

当偏心距较大时，由于百分表测杆的位移量有限，不能直接读出百分表指示的差值，可采用间接法测量偏心距。如图 8-12 所示，用 V 形架支承偏心零件，转动零件，用百分表找出其最高点并固定不动，再沿零件轴向水平移动百分表，测出基准圆与偏心圆之间的距离 a，然后按下式计算偏心距

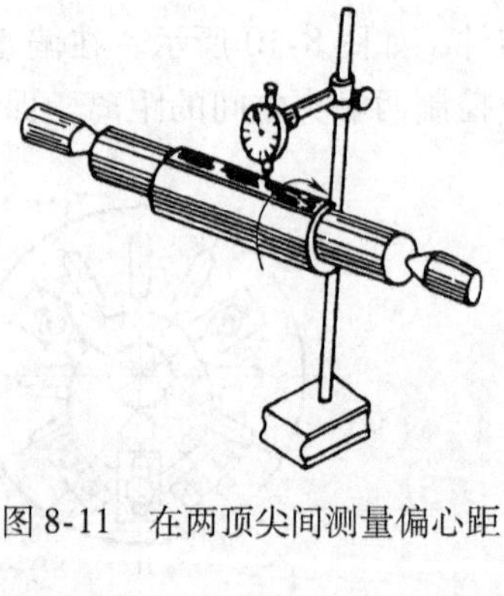

图 8-11　在两顶尖间测量偏心距

$$e = \frac{D}{2} - \frac{d}{2} - a$$

式中　e——偏心距，单位为 mm；

D——基准圆直径，单位为 mm；

d——偏心圆直径，单位为 mm；

a——基准圆与偏心圆最高点之间的最小距离，单位为 mm。

使用间接法测量偏心距时，须准确测量基准圆及偏心圆直径的实际尺寸，否则计算出的偏心距将出现误差。

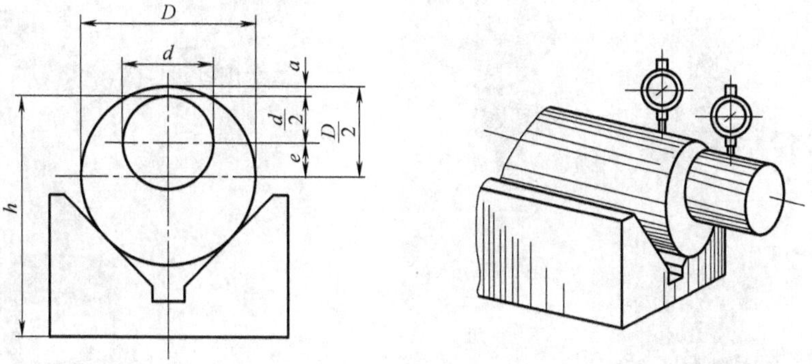

图 8-12　偏心距的间接测量

友情提示： 调整偏心时，百分表一定要垂直于零件的侧素线。

任务解析

（1）情景预演　操作者开始加工时，可能出现工件不正或工件晃动严重的现象，其原因是刀具离工件太近，旋转起来后，工件突然撞击刀具，使刀尖被打坏。

（2）任务分析　用自定心卡盘找偏心时需要使用偏心垫片，不容易找正偏心距，有时需要经过很长时间才能够找正，需要掌握好方法，并且要有耐心。

（3）任务小结　偏心零件是常见的用车床加工的零件，通过本任务的学习，学生可以掌握偏心的调整及加工方法，初步了解用车床加工特殊零件的方法，从而为更深入、全面地学习车工技术打下扎实的基础。

知识拓展

百　分　表

1. 百分表的用途

百分表常装在表架上使用，如图 8-13 所示。百分表可用来精确地测量零件的圆度、圆跳动、平面度、平行度和直线度等几何误差，也可用来找正工件，如图 8-14 所示。

2. 注意事项

1）使用前，应检查测量杆活动的灵活性。轻轻推动测量杆时，测量杆在套筒内的移动要灵活，没有“轧卡”现象，每次手松开后，指针能回到原来的刻度位置。

2）使用时，必须把百分表固定在可靠的夹持架上。切不可为了省事，将百分表随便夹在不稳固的地方，这样容易造成测量结果不准确，或者摔坏百分表。

3）测量时，不可使测量杆的行程超过其测量范围，不可使表头突然撞到工件上，也不可用百分表测量表面粗糙度值大或有明显凹凸不平的表面。

4）测量平面时，百分表的测量杆要与平面垂直；测量圆柱形工件时，测量杆要与工件的中心线垂直。否则，将使测量杆活动不灵或使测量结果不准确。

5）为了方便读数，测量前一般让大指针指到刻度盘的零位。

a)　　b)

图 8-13　百分表及表架

a）普通百分表架　b）万能百分表架

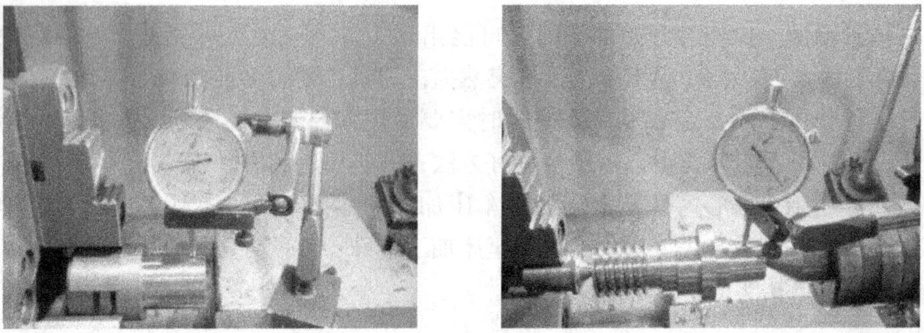

a)　　b)

图 8-14　百分表应用举例

a）调整偏心外圆　b）检测跳动

6）百分表不用时，应使测量杆处于自由状态，以免使表内的弹簧失效。

想想练练

想一想

1. 用自定心卡盘加工偏心零件时，偏心垫片厚度的近似计算公式为____________。

2. 偏心零件的毛坯余量________且是________车削，切削时具有________载荷。所以，车削时零件应装夹牢靠，并应从最大旋转直径处开始进给；切削用量不宜选择得太________，以避免车刀过早损坏。

练一练

加工如图 8-15 所示的偏心零件，其质量评价见表 8-6。

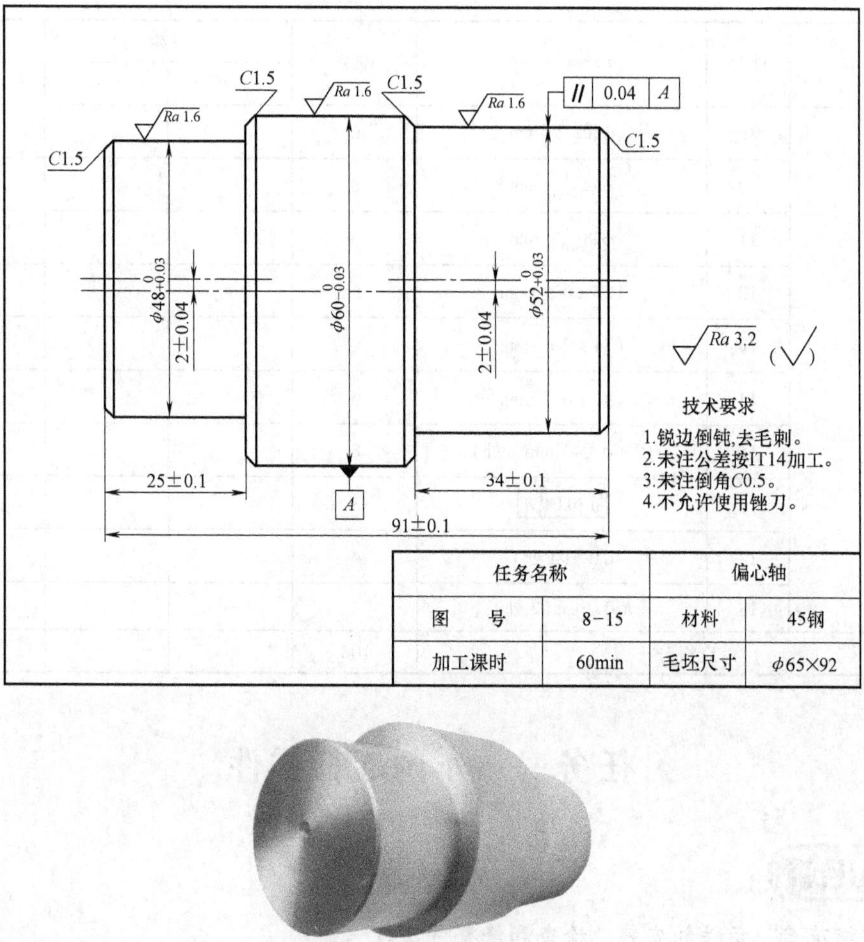

图 8-15　偏心零件

表 8-6　工件质量评分表

项　　目		序号	检 测 内 容	配分	学生		教师评分
					自检	互检	
基本检查	准备	1	切削加工工艺制订正确	5			
		2	切削用量选择合理	5			
		3	刀具刃磨质量符合要求	5			
	操作	4	设备操作、维护保养正确	3			
		5	操作要领正确	5			
		6	刀具选择、安装正确、规范	3			
		7	工件找正、安装正确、规范	4			
工作态度		8	遵守“7S”规范，纪律表现良好	10			

（续）

项　目	序号	检测内容	配分	学生		教师评分
				自检	互检	
尺寸	9	$\phi60_{-0.03}^{0}$mm	6			
	10	$\phi52_{-0.03}^{0}$mm	6			
	11	$\phi48_{-0.03}^{0}$mm	6			
	12	(25 ±0.1)mm	6			
	13	(34 ±0.1)mm	6			
	14	(91 ±0.1)mm	6			
	15	(2 ±0.04)mm(2 处)	8			
	16	∥ 0.04 A	8			
	17	C1.5(4 处)	4			
	18	Ra1.6μm(2 处)	4			
综合得分			100			

任务二　车削连杆零件

学习目标

1. 掌握花盘、角铁的安装、检查和修整方法。
2. 掌握在花盘、角铁上装夹、找正连杆零件的方法。
3. 能够使用花盘、角铁装夹、车削连杆零件。
4. 了解使用花盘、角铁车削连杆零件的安全规程。

友情提示：建议用 10 学时完成本学习任务。

任务描述

分析如图 8-16 所示的连杆零件图，制订合理的加工工艺，选择合适的加工刀具，并按要求操作卧式车床，完成连杆零件的加工及检测。

连杆零件为铸造或锻造毛坯，外形周边一般不需要加工，需要加工的表面为前、后两个平面和上、下两个孔，它是车床上用花盘加工的典型零件。连杆零件主要用于连杆机构，是其中的一个部件，如连接板或自行车踏板连接件等。

任务实施

1. 工具、量具、刀具的选择

（1）量具的选择　需要使用的量具为 0 ~ 125mm 的游标卡尺、25 ~ 50mm 的千分尺、18

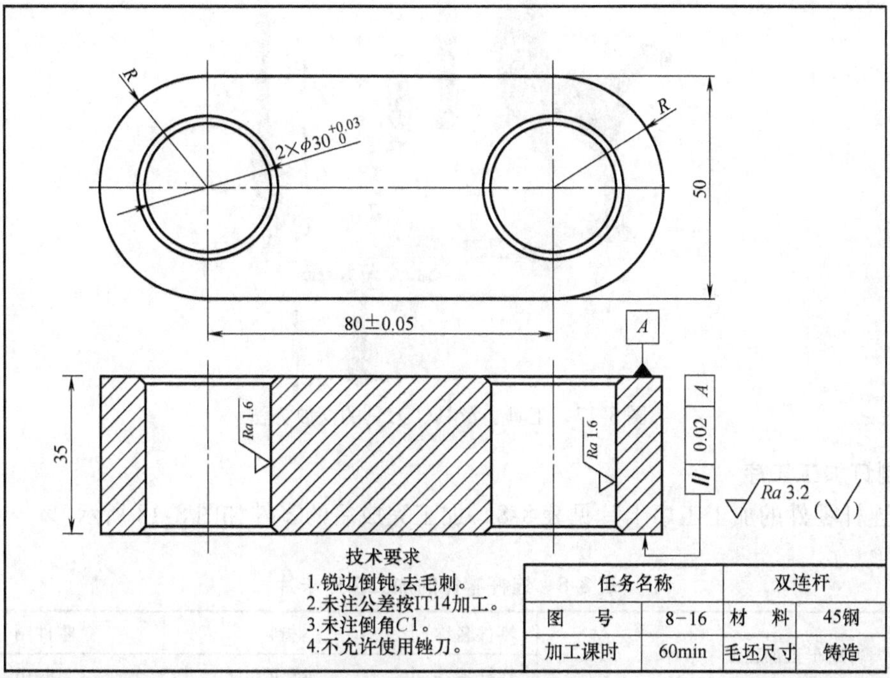

图 8-16　连杆零件图

~35mm 的内径百分表、0~5mm 的百分表。

（2）刀具的选择　加工材料为 45 钢，用 90°外圆车刀、45°外圆车刀加工工件表面，用内孔车刀车削内孔。

本任务所用的工具、量具、刀具见表 8-7，其摆放方法如图 8-17 所示。

表 8-7　加工连杆零件的工具、量具、刀具清单

种类	序号	名称	规格	精度/mm	单位	数量
工具	1	活扳手	250mm		把	1
	2	刀架钥匙	17mm×17mm		把	1
	3	内六角扳手	6mm		把	1
	4	磁力表座			个	1
量具	5	钢直尺	0~150mm		支	1
	6	游标卡尺	0~150mm	0.02	支	1
	7	千分尺	25~50mm	0.01	把	1
	8	内径百分表	18~35mm	0.01	支	1
	9	百分表	0~5mm	0.01	个	1
刀具	10	90°外圆车刀	25mm×25mm		把	1
	11	45°外圆车刀	25mm×25mm		把	1
	12	内孔车刀	25mm×25mm		把	1

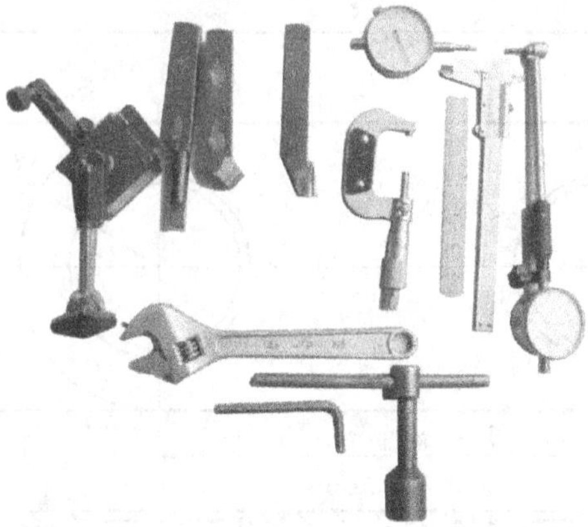

图 8-17　工具、量具、刀具的摆放方法

2. 制订加工工序

1）连杆零件的加工工序卡片见表 8-8，加工完成后的零件如图 8-18 所示。

表 8-8　连杆零件的加工工序卡片

普通车工加工工序卡片				零件名称	材料		零件图号	
				连杆零件	45 钢		8-16	
夹具名称				设备型号			车间	
花盘				CA6140A			普通车工	
工步号	工步内容		刀具名称	刀具规格 /mm × mm	切削用量的选择(推荐值)			备注
					主轴转速 /(r/min)	进给速度 /(mm/r)	背吃刀量 /mm	
1	粗车工件内孔		内孔车刀	25 × 25	500	0.2	0.5	
2	精车工件内孔		内孔车刀	25 × 25	800	0.1	0.2	
3	倒角，去毛刺		内孔倒角刀	25 × 25	500	0.25	1	
4	调整中心距，加工另外一个孔							
5	粗车工件内孔		内孔车刀	25 × 25	500	0.2	0.5	
6	精车工件内孔		内孔车刀	25 × 25	800	0.1	0.2	
7	倒角，去毛刺		内孔倒角刀	25 × 25	500	0.25	1	
编制		审核		批准		共　页	第　页	

根据工作任务做好加工准备工作，并操作机床加工连杆零件。

① 清点生产要素。

毛坯尺寸：________；车削刀具：________；量具：________。

② 检查机床。

检查方法：____。

是否正常：□正常　　□不正常

处理意见：____。

③ 按照“7S”标准摆放生产要素。

□正确　　□不正确

④ 装夹毛坯。

伸出长度：________。

2）连杆零件的加工过程见表 8-9。

表 8-9　连杆零件的加工过程

工步	图　示	操作内容	刀具名称	检测方法
1	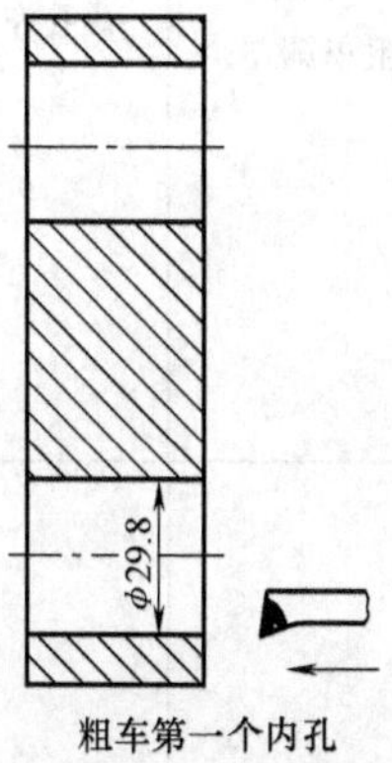 粗车第一个内孔	1)在花盘上安装调试毛坯件 2)安装内孔车刀,粗车内孔至 $\phi29.8$mm	内孔车刀	游标卡尺
2	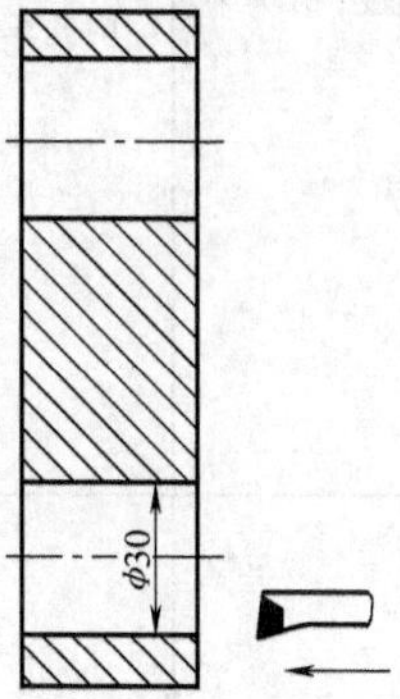 精车第一个内孔	改变转速和进给速度,精车内孔至 $\phi30$mm	内孔车刀	内径百分表
3	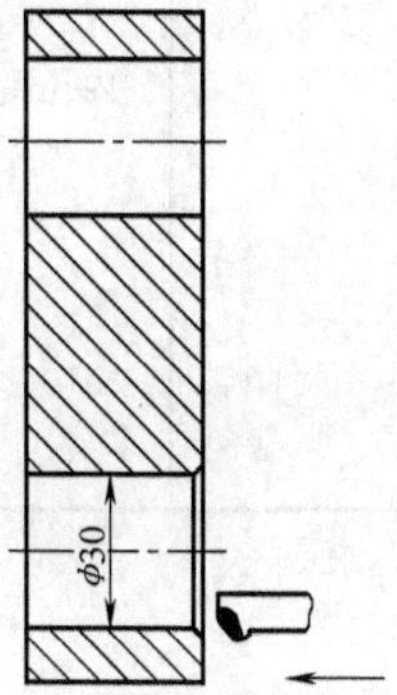 倒角,去毛刺	倒角,去毛刺	内孔倒角刀	

（续）

工步	图　示	操作内容	刀具名称	检测方法
4	重新装夹，调试另外一个孔			
5	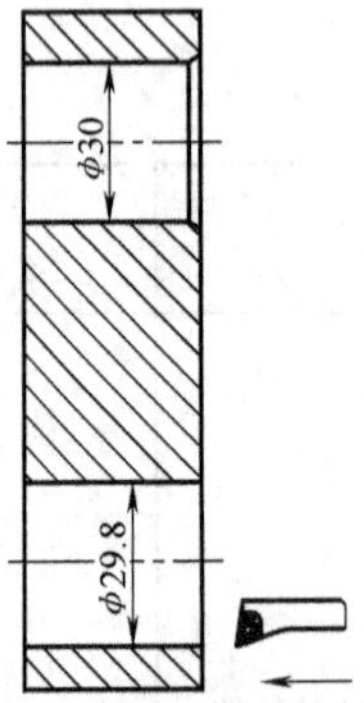 粗车第二个内孔	1）在花盘上安装调试另外一个孔 2）安装内孔车刀，粗车第二个内孔至 $\phi29.8$mm	内孔车刀	游标卡尺
6	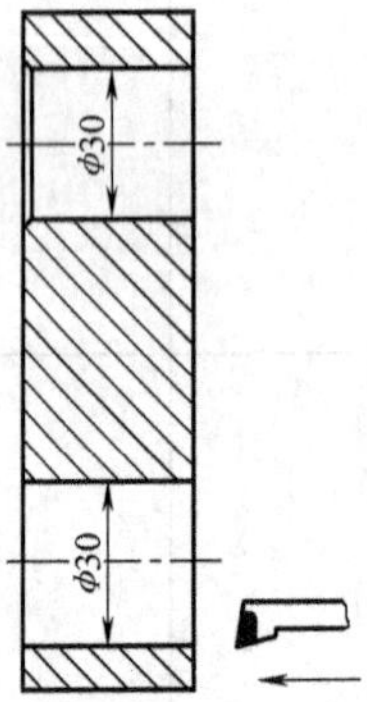 精车第二个内孔	改变转速和进给速度，精车第二个内孔至 $\phi30$mm	内孔车刀	内径百分表
7	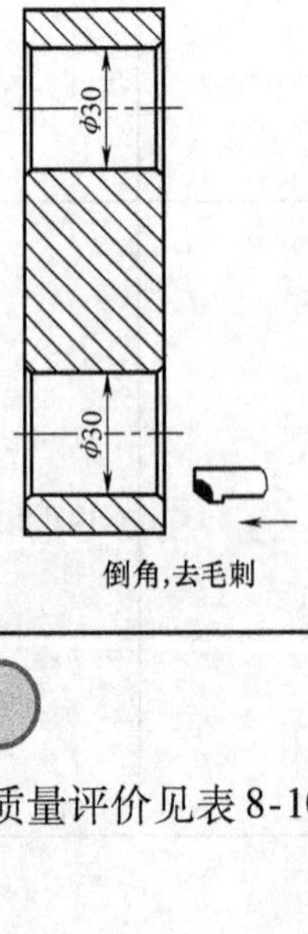 倒角，去毛刺	倒角，去毛刺	内孔倒角刀	

任务评价

1）工件的质量评价见表 8-10。

图 8-18　加工完成后的零件

表 8-10　工件质量评分表

项　目		序号	检 测 内 容	配分	学生		教师评分
					自检	互检	
基本检查	准备	1	切削加工工艺制订正确	5			
		2	切削用量选择合理	5			
		3	刀具刃磨质量符合要求	5			
	操作	4	设备操作、维护保养正确	3			
		5	操作要领正确	5			
		6	刀具选择、安装正确、规范	3			
		7	工件找正、安装正确、规范	4			
工作态度		8	遵守“7S”规范，纪律表现良好	10			
尺寸		9	$\phi30^{+0.03}_{0}$ mm(2 处)	20			
		10	(80 ± 0.05) mm	20			
		11	$C1$(2 处)	10			
		12	$Ra1.6\mu m$	10			
综合得分				100			

2）机床的清洁与保养记录见表 8-11。

表 8-11　机床的清洁与保养记录

序号	内　容	要　求	配分	得分	结果记录
1	刀具	拆卸、整理、归位	10		
2	量具	清洁、保养、归位	10		
3	工具	整理、归位	10		
4	工作台	清洁、保养 、归位	10		
5	导轨、润滑部位	清洁、保养、加油润滑	10		
6	主轴	清洁、保养	5		
7	刀架	清洁、保养	10		
8	机床外观	清洁	10		
9	电源	切断	5		
10	切屑	清扫	10		
11	工作区域	清扫	10		
总分					

学生签名____________　　　　教师签名____________　　　　日期____________

知识链接

知识链接一　常用车床附件

常用的车床附件有花盘、角铁（弯板）、V形块、方头螺栓、压板和平衡铁等，如图8-19所示。

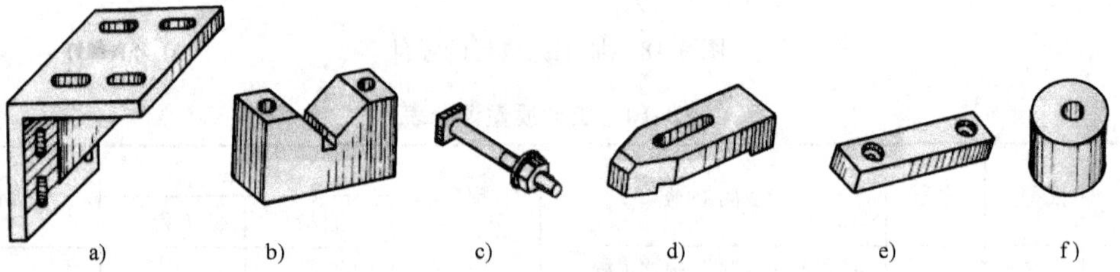

图8-19　车床附件

a）弯板　b）V形块　c）方头螺栓　d）压板　e）平垫铁　f）平衡铁

（1）花盘　花盘是一个铸铁大圆盘，可以直接装夹在车床主轴上。花盘的盘面上有许多条通槽及T形槽，用来安插各种螺钉，以固定工件，如图8-20所示。花盘的平面必须与主轴轴线垂直，盘面应平整，表面粗糙度值不大于$Ra1.6\mu m$。

图8-20　花盘

（2）角铁　角铁又称弯板，有两种类型，两个平面相互垂直的角铁称为直角角铁，两个平面相交的角度大于90°或小于90°的角铁称为角度角铁，常用的是直角角铁。角铁上有长短不同的通槽，用来安插螺钉，以使角铁固定在花盘平面上来装夹工件。角铁与工件和花盘接触的表面必须经过精刮，以保证工件的安装精度。

（3）V形块　V形块工作面是一条V形槽，一般做成90°。在V形块上，可根据需要加工出螺钉孔或圆柱孔，以便用螺钉将V形块固定在花盘上或将工件固定在V形块上。

（4）方头螺钉　方头螺钉作紧固用，根据装夹的需要可做成不同的长度插入花盘及角铁槽中，与压板和螺母配合使用。

（5）压板　压板可根据需要做成单头、双头等不同规格，其上面有腰形槽，用来安插螺钉，螺钉可在槽孔中移动，以调整施加压紧力的位置。

（6）平垫铁　平垫铁装在花盘、角铁上，可作为工件的导向平面。

（7）平衡铁　在花盘上装夹工件后，大部分会偏重一面，这样不仅会影响工件的加工精度，还可能损坏车床的主轴与轴承。为了克服工件的偏重问题，必须在花盘偏重的对面装上适当的平衡铁。在花盘上平衡工件时，可以调整平衡铁的质量和位置。

知识链接二　在花盘上装夹、车削工件

当工件外形复杂，且要求工件的被加工表面与基准面垂直时，可将其安装在花盘上进行加工。

1. 花盘的安装

安装花盘时，应首先检查轴颈、端面和连接部分有无脏物、铁屑及毛刺等，应在去毛刺并擦净、加油后再将其安装到主轴上。

安装在车床主轴上的花盘，要求其端平面须与主轴轴线垂直，盘面应平整光洁。必要时，还要用百分表检测花盘的平面跳动量，一般要求在0.02mm以内。

如果安装后的花盘在检查后仍不符合要求，可对花盘端面精车一刀，车削时应紧固床鞍以避免让刀，保证精车后的端面平整。

2. 工件在花盘上的装夹

在花盘上安装工件前，必须检查盘面是否平直，盘面与主轴轴线是否垂直。由于在花盘上安装的工件的重量一般会偏向一边，因此必须在花盘偏重的对面装上适当的平衡铁。平衡铁安装好后，将主轴挂空挡位置，用手转动卡盘，观察花盘能否在任意位置上停下来。如果能在任意位置上停下来，则表明花盘上的工件已被调整平衡，否则需要重新调整平衡铁的位置或增减平衡铁的质量。

安全文明小贴士

1）使用花盘加工零件时，车床主轴的转速不能过高，否则车床易产生抖动，将会影响加工精度。

2）在花盘、角铁上加工零件时，车削前应检查螺钉、压板的紧固情况，并把滑板移到工件的起始位置，用手转动花盘几圈，观察有无碰撞现象。

3）压板螺钉应靠近工件，垫块的高低和工件的厚度应一致。螺钉应紧固，避免因螺钉松动和工件移位而发生危险。

任务解析

（1）情景预演　操作者安装完工件后，开动机器转速偏高时，可能出现机床抖动很大的现象，这时需要在花盘上加平衡铁，并适当降低转速。

（2）任务分析　安装工件时，花盘上的压块和V形块必须压紧，如果出现松动，则孔的位置将发生改变。车削第二个孔时，要用千分尺找正中心距的位置。

（3）任务小结　连杆零件是车工工艺中常见的复杂零件之一，通过本任务的学习，学生可以掌握连杆零件的车削方法和调整方法，为更深入、全面地学习车工技术打下扎实的基础。

知识拓展

在角铁上装夹、车削工件

当工件外形复杂，且要求工件的被加工表面与基准面平行时，可将其安装在角铁上进行加工。

角铁安装在花盘上，应具有较高的平面度和垂直度，因此角铁的平面必须经过精刮。将角铁装到花盘上以前，必须擦净角铁和花盘接触表面的微小脏物，以保证工件的装夹精度。

安装角铁后，应先用百分表检查角铁工作平面与主轴轴线的平行度。先把磁性表座放在中滑板上，使百分表接触角铁平面，移动中滑板找正角铁的水平位置；然后缓慢移动床鞍，观察百分表的摆动值，一般百分表的读数应不超过工件公差的1/2。如果超出工件公差的1/2，则应在角铁和花盘的接触表面间垫上相应厚度的薄铜片找正角铁，至符合要求为止。

在花盘的角铁上加工工件时，由于工件的形状不规则，并有螺钉、压板等露在外面，所以要特别注意安全。车削时转速不宜太高，否则，在离心力的作用下，很容易造成螺钉松动，致使工件飞出，发生事故。

想想练练

想一想

1. 安装在车床主轴上的花盘，要求其端平面须与主轴轴线________，盘面________。

2. 必要时，还要用百分表检测花盘的平面跳动量，一般要求在________以内。

3. 常用的车床附件有________、________、________、________、________、平衡铁等。

练一练

加工如图 8-21 所示的连杆零件，其质量评价见表 8-12。

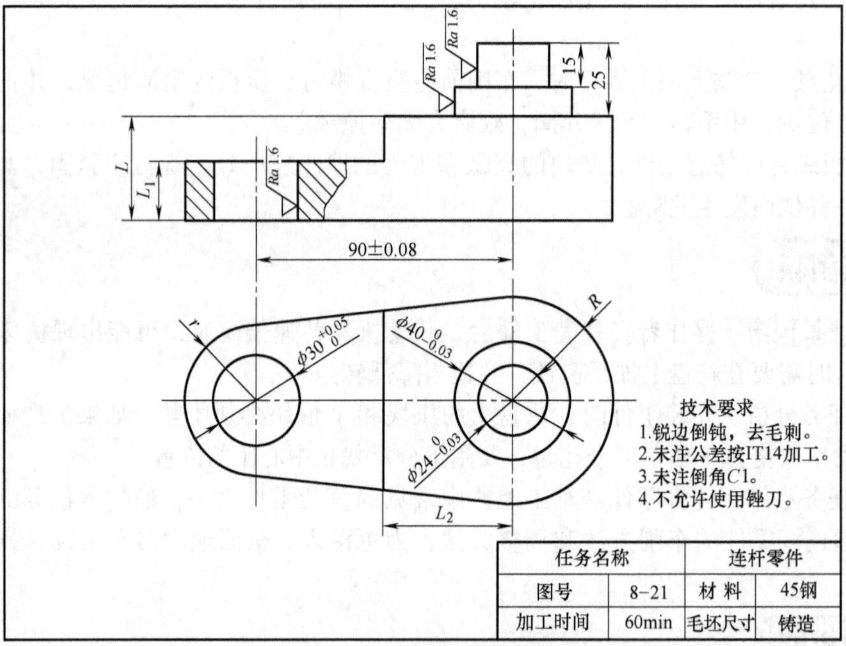

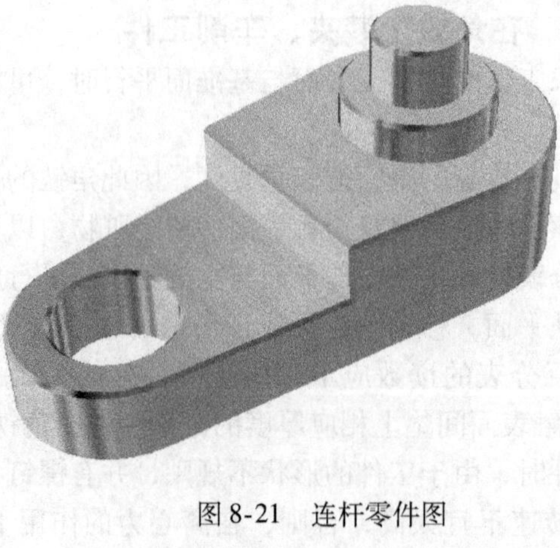

图 8-21　连杆零件图

表 8-12　工件质量评分表

项目		序号	检测内容	配分	学生		教师评分
					自检	互检	
基本检查	准备	1	切削加工工艺制订正确	5			
		2	切削用量选择合理	5			
		3	刀具刃磨质量符合要求	5			
	操作	4	设备操作、维护保养正确	3			
		5	操作要领正确	5			
		6	刀具选择、安装正确、规范	3			
		7	工件找正、安装正确、规范	4			
工作态度		8	遵守“7S”规范，纪律表现良好	10			
尺寸		9	$\phi30^{+0.05}_{0}$ mm	10			
		10	$\phi24^{0}_{-0.03}$ mm	10			
		11	$\phi40^{0}_{-0.03}$ mm	10			
		12	(90 ± 0.08) mm	10			
		13	C1（2 处）	10			
		14	Ra1.6μm	10			
综合得分				100			

任务三　车削扁体十字孔零件

学习目标

1. 熟练掌握扁体十字孔零件的找正方法。
2. 熟练掌握扁体十字孔零件的尺寸控制方法。
3. 能独立车削扁体十字孔零件。
4. 能保证零件的尺寸、位置精度和几何公差。

友情提示：建议用 10 学时完成本学习任务。

任务描述

分析如图 8-22 所示的扁体十字孔零件图，制订合理的加工工艺，选择合适的加工刀具，并按要求操作卧式车床，完成扁体十字孔零件的加工及检测。

任务实施

1. 工具、量具、刀具的选择

（1）工具的选择　根据该零件的加工要求，需要使用 0 ~ 150mm 的游标卡尺、50 ~ 75mm 的千分尺、0 ~ 10mm 的百分表及磁力表座、杠杆百分表和 0 ~ 150mm 的钢直尺。

（2）刀具的选择　加工材料为 45 钢，用 90°外圆车刀、45°外圆车刀、内孔车刀加工工

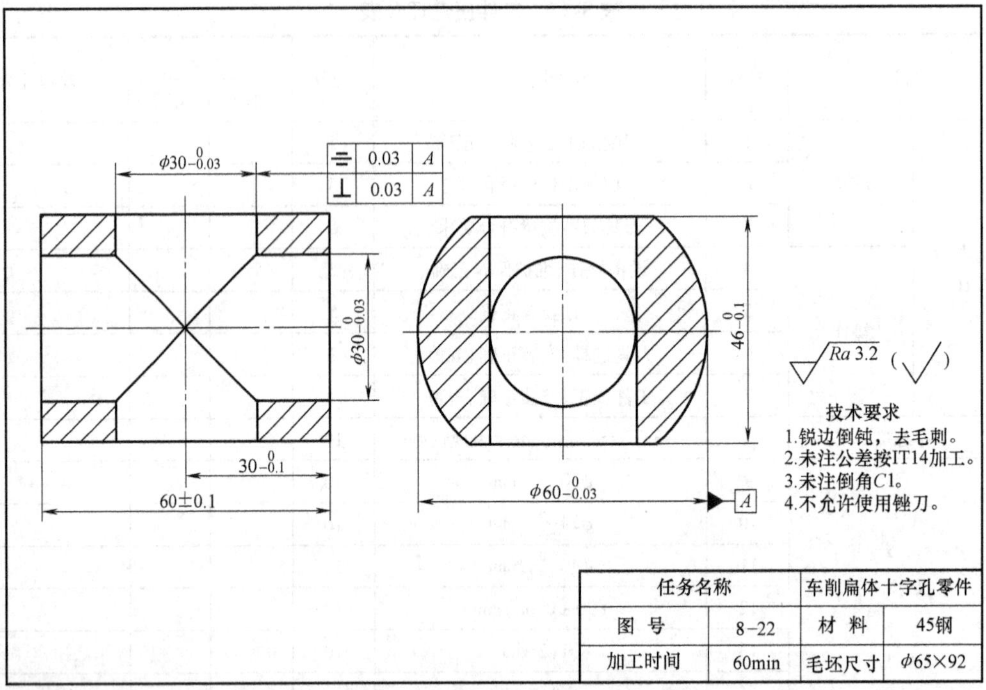

图 8-22　扁体十字孔零件图

件表面，控制工件的精度和表面质量。本任务所用的工具、量具、刀具见表 8-13，其摆放方法如图8-23所示。

表 8-13　加工扁体十字孔零件的工具、量具、刀具清单

种类	序号	名称	规格	精度/mm	单位	数量
工具	1	活扳手	250mm		把	1
	2	刀架钥匙	17mm×17mm		把	1
	3	卡盘钥匙	12mm×12mm		把	1
	4	磁力表座			个	1
量具	5	钢直尺	0～150mm		支	1
	6	游标卡尺	0～150mm	0.02	支	1
	7	千分尺	25～50mm	0.01	支	2
	8	百分表	0～10mm	0.01	只	1
	9	内径百分表	18～35mm	0.01	支	1
	10	杠杆百分表	0～1mm	0.01	只	1
刀具	11	90°外圆车刀	25mm×25mm		把	1
	12	45°外圆车刀	25mm×25mm		把	1
	13	内孔车刀	25mm×25mm		把	1
	14	切断刀	25mm×25mm		把	1
	15	麻花钻	φ28mm		支	1

2. 制订加工工序

1）扁体十字孔零件的加工工序卡片见表 8-14，加工完成后的零件如图 8-24 所示。

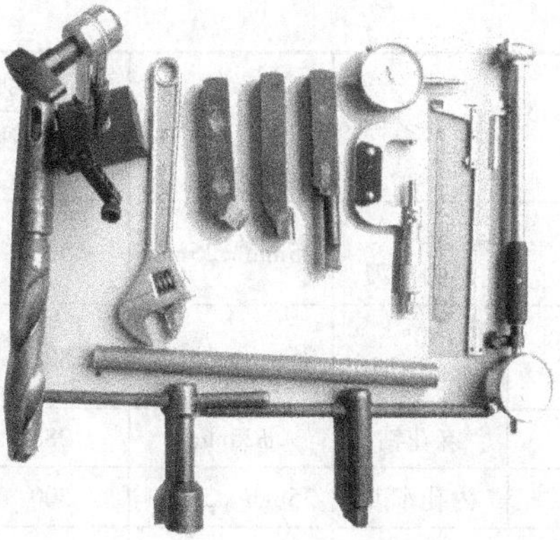

图 8-23　工具、量具、刀具的摆放方法

表 8-14　扁体十字孔零件的加工工序卡片

普通车工加工工序卡片		零件名称		材料		零件图号	
		扁体十字孔零件		45 钢		8-22	
夹具名称			设备型号			车间	
单动卡盘			CA6140A			普通车工	
工步号	工 步 内 容	刀具名称	刀具规格	切削用量的选择(推荐值)			备注
				主轴转速 /(r/min)	进给速度 /(mm/r)	背吃刀量 /mm	
1	粗车工件端面	45° 外圆车刀	25mm×25mm	500	0.2	0.5	
2	精车工件端面	45° 外圆车刀	25mm×25mm	700	0.1	0.2	
3	粗车工件外圆	90° 外圆车刀	25mm×25mm	500	0.25	2	
4	精车工件外圆	90° 外圆车刀	25mm×25mm	700	0.12	0.2	
5	钻孔	麻花钻	ϕ28mm	280			
6	粗车内孔	内孔车刀	25mm×25mm	500	0.2	2	
7	精车内孔	内孔车刀	25mm×25mm	800	0.12	0.3	
8	工件倒角	45° 外圆车刀	25mm×25mm	800	手动		
9	切断	切断刀					
10	掉头接刀,车削另一端						
11	粗车工件端面	45° 外圆车刀	25mm×25mm	500	0.2	0.5	
12	精车工件端面	45° 外圆车刀	25mm×25mm	500	0.2	0.5	
13	工件倒角	45° 外圆车刀	25mm×25mm	800			
14	调整为竖孔位置,找正装夹						

（续）

工步号	工 步 内 容	刀具名称	刀具规格	切削用量的选择(推荐值)			备注
				主轴转速/(r/min)	进给速度/(mm/r)	背吃刀量/mm	
15	粗车工件大平面	45°外圆车刀	25mm×25mm	500	0.15	1	
16	精车工件大平面	90°外圆车刀	25mm×25mm	800	0.12	0.2	
17	钻孔	麻花钻	ϕ28mm	280			
18	粗车竖孔	内孔车刀	25mm×25mm	500	0.2	2	
19	精车竖孔	内孔车刀	25mm×25mm	800	0.12	0.3	
20	掉头装夹						
21	粗车工件大平面	45°外圆车刀	25mm×25mm	500	0.15	1	
22	精车工件大平面,保证厚度	90°外圆车刀	25mm×25mm	800	0.12	0.2	
23	去毛刺						
编制	审核		批准		共 页	第 页	

根据工作任务做好加工准备工作，并操作机床加工扁体十字孔零件。

① 清点生产要素。

毛坯尺寸：________；车削刀具：________；量具：________。

② 检查机床。

检查方法：________________________________。

是否正常：□正常　　□不正常

处理意见：________________________________。

③ 按照“7S”标准摆放生产要素。

□正确　　□不正确

④ 装夹毛坯。

伸出长度：________。

2）扁体十字孔零件的加工过程见表 8-15。

表 8-15　扁体十字孔零件的加工过程

工步	图　示	操 作 内 容	刀具名称	检测方法
1	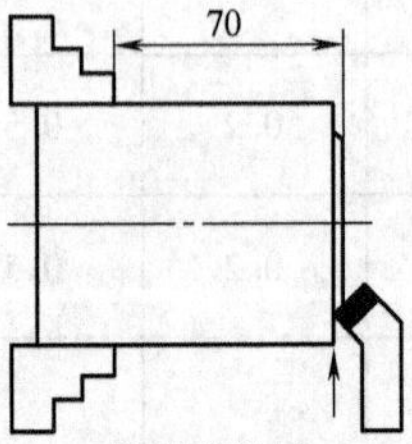	1）检查毛坯为 ϕ65mm×92mm 是否符合图样要求 2）用自定心卡盘夹持毛坯，伸出长度约为 70mm，粗、精车端面	45°外圆车刀	游标卡尺

（续）

工步	图　示	操 作 内 容	刀具名称	检测方法
2	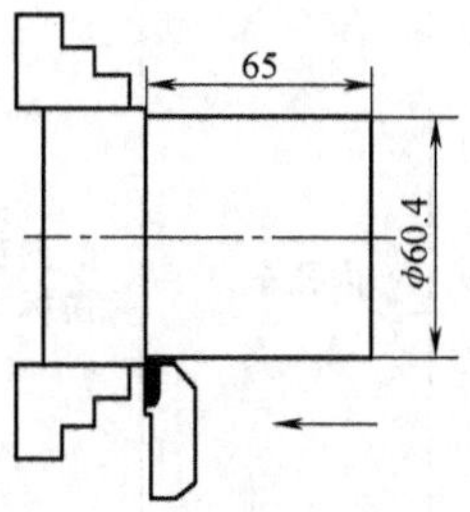 粗车外圆	粗车外圆至 ϕ60. 4mm，长度为 65mm	90° 外圆车刀	游标卡尺
3	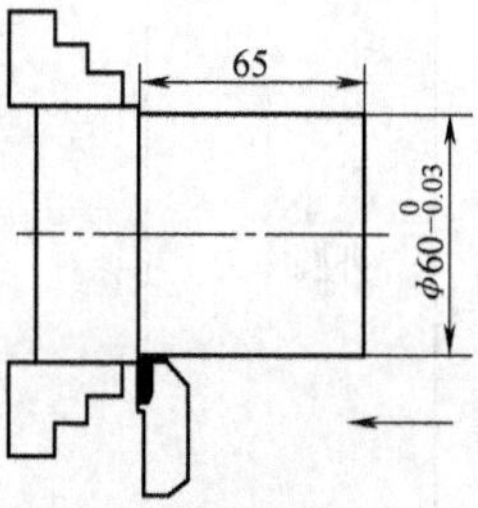 精车外圆	精车外圆至 $\phi60_{-0.03}^{0}$ mm	90° 外圆车刀	游标卡尺、千分尺
4	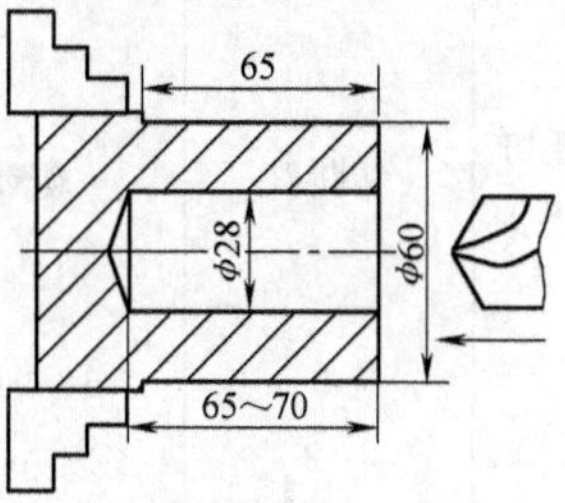 钻孔	用麻花钻钻孔 ϕ28mm，孔深 65 ~ 70mm 即可	麻花钻	游标卡尺
5	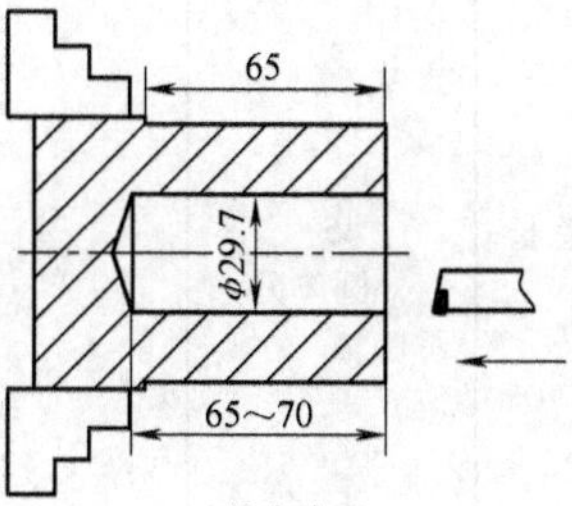 粗车内孔	用内孔车刀粗车内孔至 ϕ29. 7mm，孔深 65 ~ 70mm 即可	内孔车刀	游标卡尺

（续）

工步	图　示	操 作 内 容	刀具名称	检测方法
6	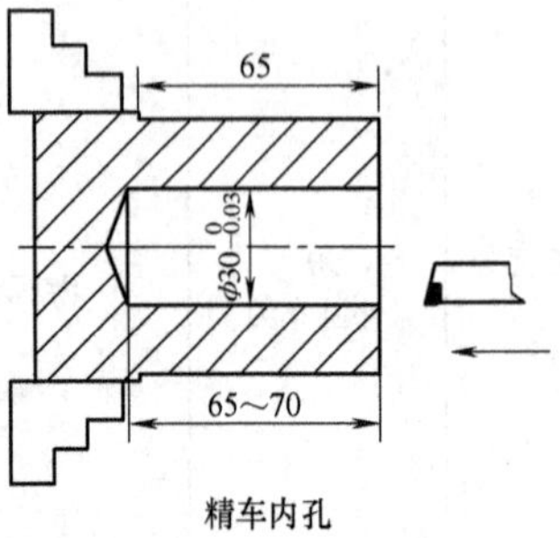 精车内孔	用内孔车刀精车内孔至 $\phi30^{\ 0}_{-0.03}$ mm，孔深 65 ～ 70mm 即可	内孔车刀	内径百分表、游标卡尺、千分尺
7	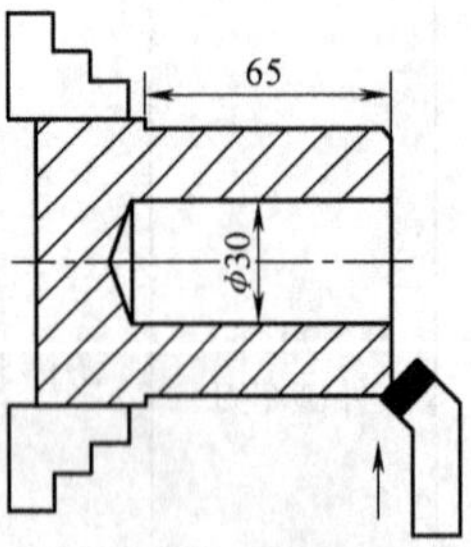 倒角，去毛刺	用45°外圆车刀倒角，去毛刺	45° 外圆车刀	
8	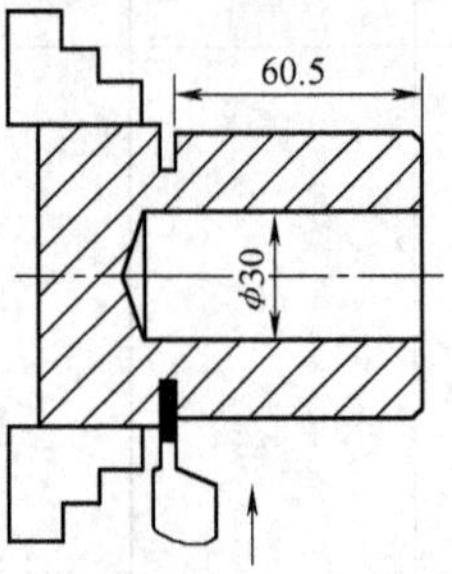 切断	用切断刀将工件切断，保证切下来工件的长度大于60. 5mm	切断刀	游标卡尺
9	掉头装夹			
10	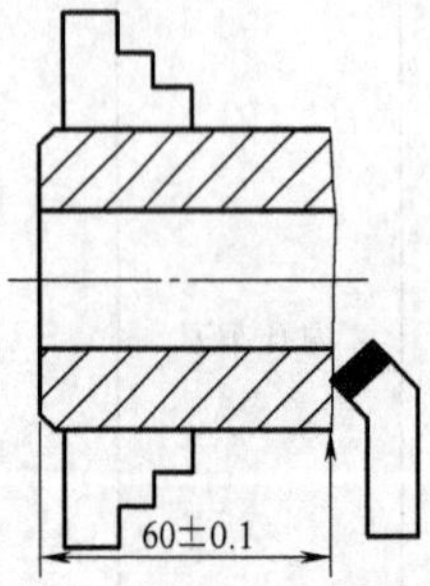 车削端面	粗、精车另一端面，保证总长（60 ±0. 1）mm	45° 外圆车刀	游标卡尺

（续）

工步	图　示	操作内容	刀具名称	检测方法
11	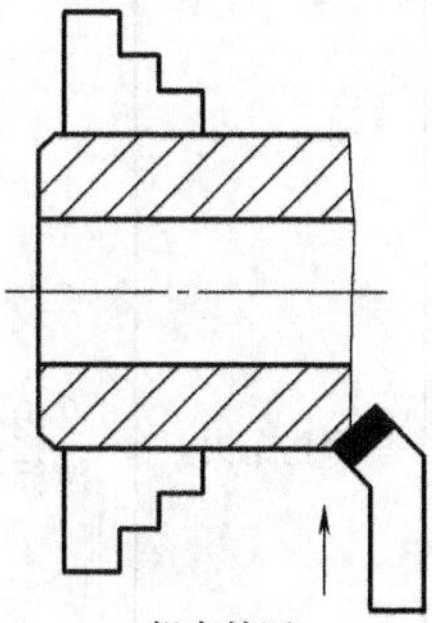 粗车外圆	倒角，去毛刺	45° 外圆车刀	
12	划线找正装夹	划线找正，使用百分表及磁力表座调整工件的位置		
13	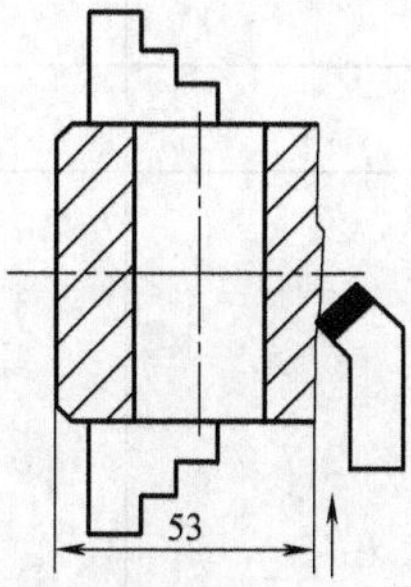 粗、精车大平面	粗、精车大平面，控制大平面与相对外圆素线的距离为53mm	45° 外圆车刀	游标卡尺、千分尺
14	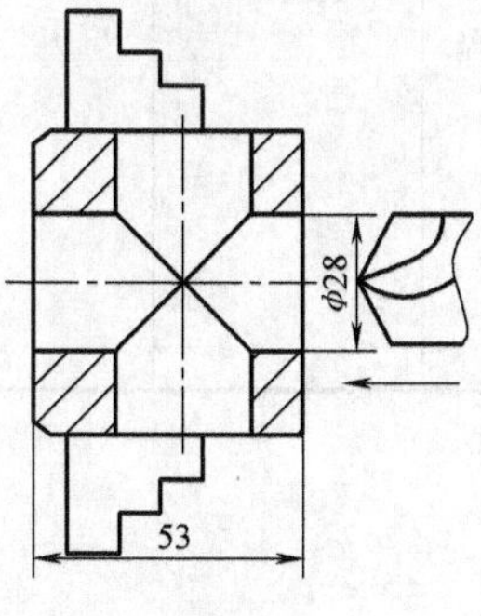 钻孔	用麻花钻钻孔 ϕ28mm，钻穿即可	麻花钻	
15	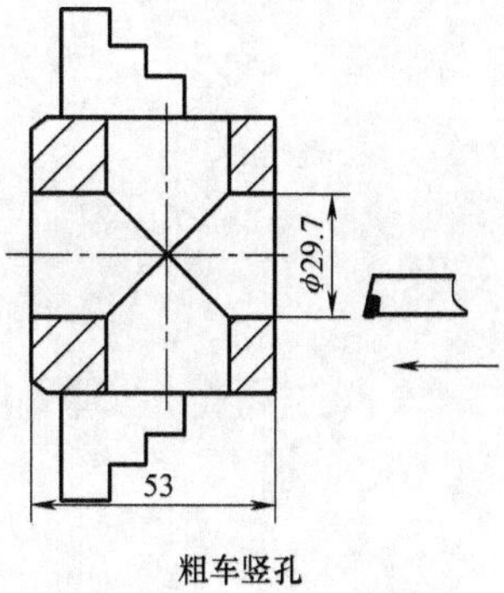 粗车竖孔	用内孔车刀粗车内孔至 ϕ29.7mm	内孔车刀	游标卡尺

（续）

工步	图　示	操作内容	刀具名称	检测方法
16	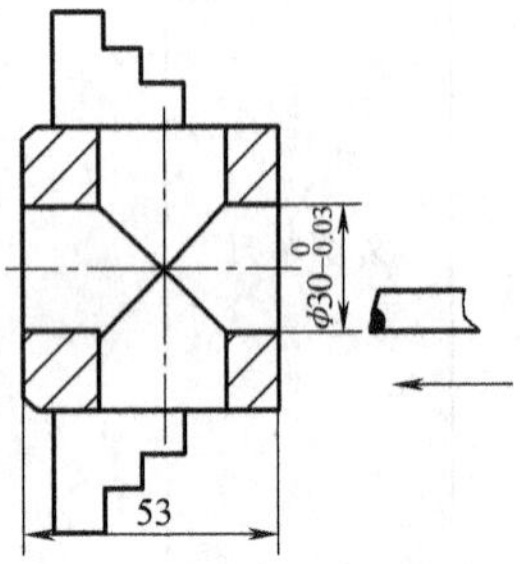 精车竖孔	用内孔车刀精车竖孔至 $\phi30_{-0.03}^{0}$mm，并倒钝、去毛刺	内孔车刀	内径百分表、游标卡尺、千分尺
17	掉头装夹			
18	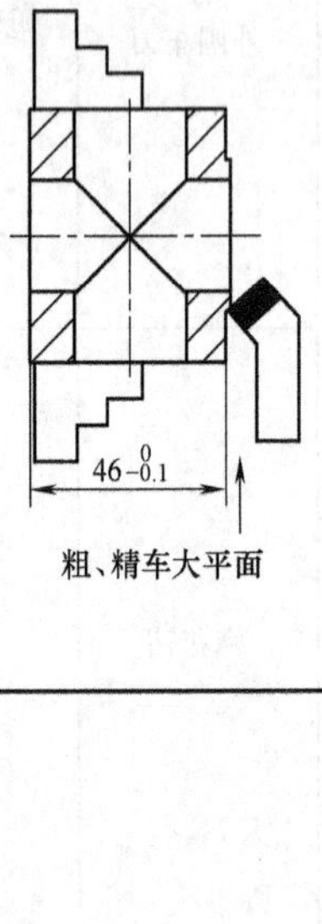 粗、精车大平面	1）用百分表调整两大平面之间的平行度 2）粗、精车大平面，保证两个平面间的平行距离为 $46_{-0.1}^{0}$mm	45°外圆车刀	游标卡尺、千分尺

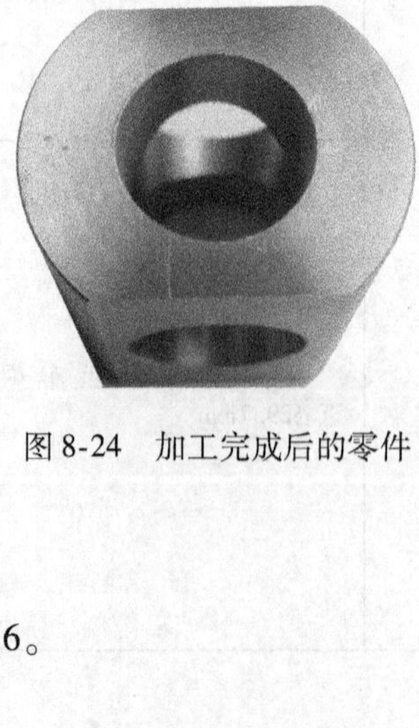

图 8-24　加工完成后的零件

任务评价

1）工件的质量评价见表 8-16。

表 8-16　工件质量评分表

项　目		序号	检 测 内 容	配分	学生		教师评分
					自检	互检	
基本检查	准备	1	切削加工工艺制订正确	5			
		2	切削用量选择合理	5			
		3	刀具刃磨质量符合要求	5			
	操作	4	设备操作、维护保养正确	3			
		5	操作要领正确	5			
		6	刀具选择、安装正确、规范	3			
		7	工件找正、安装正确、规范	4			
工作态度		8	遵守“7S”规范，纪律表现良好	10			
尺寸		9	$\phi 60_{-0.03}^{\ 0}$ mm	5			
		10	$\phi 30_{-0.03}^{\ 0}$（2 处）	10			
		11	(60 ±0.1) mm	5			
		12	$46_{-0.1}^{\ 0}$ mm	10			
		13	⌯ 0.03 A	12			
		14	⊥ 0.03 A	12			
		15	*Ra*1.6μm（4 处）	6			
			综合得分	100			

2）机床的清洁与保养记录见表 8-17。

表 8-17　机床的清洁与保养记录

序号	内　容	要　求	配分	得分	结 果 记 录
1	刀具	拆卸、整理、归位	10		
2	量具	清洁、保养、归位	10		
3	工具	整理、归位	10		
4	工作台	清洁、保养、归位	10		
5	导轨、润滑部位	清洁、保养、加油润滑	10		
6	主轴	清洁、保养	5		
7	刀架	清洁、保养	10		
8	机床外观	清洁	10		
9	电源	切断	5		
10	切屑	清扫	10		
11	工作区域	清扫	10		
	总分				

学生签名______________　　教师签名______________　　日期______________

小提示：在找正过程中，卡爪的初始夹紧力不能太大，应逐渐找正、夹紧；用百分表找正时，百分表的测杆应与被测表面垂直。

知识链接

知识链接一　扁体十字孔零件的精度要求

1. 横孔的精度要求

1）横孔的中心线应垂直于圆柱中心线。

2）横孔应相对于圆柱中心线对称。

3）横孔的高度位置应符合要求。

2. 扁体的精度要求

1）扁体的两侧面应平行。

2）扁体的两侧面应相对于圆柱体中心线平行、对称。

3）扁体两侧面的尺寸应符合图样要求。

知识链接二　扁体、十字孔的找正

1. 立孔的找正方法（图 8-25）

（1）划线　按图样要求，用高度尺划出横孔的轴线位置。

（2）粗找　利用单动卡盘的同心圆环初步定出卡爪的位置，使两卡爪对称，另两爪相差一定距离，使后顶尖的中心与横孔的中心重合。

（3）精找

1）用百分表找正圆柱最外端竖直素线上的点 1 和点 2，转动工件，使点 1 和点 2 的数值相同，这时圆柱的中心线与机床的旋转轴线垂直。

2）转动工件，用百分表找正圆柱侧面两对应的点 3 和点 4，使它们的数值相同，这时横孔相对于机床的旋转轴线对称。

3）转动工件，用百分表找正圆柱两端面的最低点点 5 和点 6，使横孔的位置度符合图样要求。如果两端面相对主轴轴线的距离相差较大，可借助中滑板刻度进行调整。

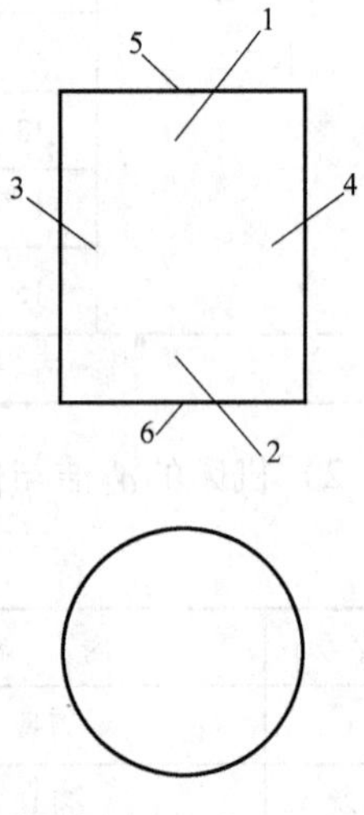

图 8-25　扁体、立孔的找正

4）反复找正，只有当 1）、2）、3）条都符合要求时，横孔的位置才能确定。

2. 扁体的找正方法

1）对于单扁体且带有横孔的工件，可按找正横孔的方法找正工件；如果没有横孔，只找正点 1 和点 2 即可。

2）对于双扁体，在加工另一面时，可用杠杆百分表找正或用千分尺测量四个角，使扁体两平面的平行度符合图样要求。

3. 扁体尺寸的控制方法

扁体的尺寸控制可借助某一基准，用百分表、量块等量具进行间接测量，所以加工时需要选择一个基准。双扁体的尺寸可用千分尺测量控制，加工中需要考虑测量的方便性和可操作性。

任务解析

（1）情景预演 操作者在加工前应调整好扁体和立孔，然后起动机床。工件开始旋转时晃动可能比较大，这是因为刀具刚开始车削时为断续切削。

（2）任务分析 车削中因为冲击载荷的作用，工件会产生变形，从而影响工件的位置精度，因此工件运转应平稳。操作中应注意防止人身、设备事故。装夹扁体、立孔时，应注意考虑测量的方便性。

（3）任务小结 扁体和十字孔的加工是车工加工中较有难度的内容，通过本任务的学习，学生可以掌握加工扁体十字孔零件的方法。

想想练练

想一想

简述扁体和十字孔的找正方法。

练一练

加工如图 8-26 所示的扁体零件，其质量评价见表 8-18。

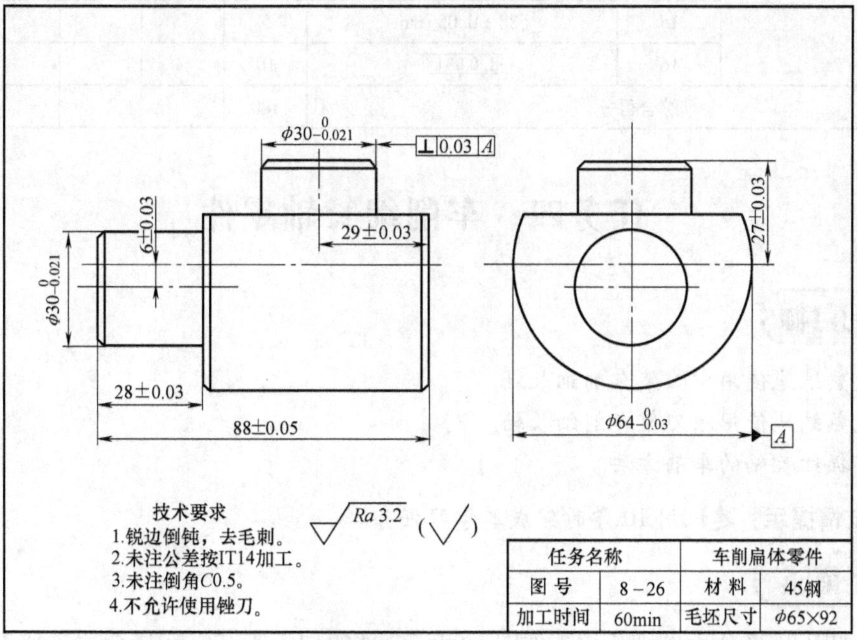

图 8-26 扁体零件图

表 8-18　工件质量评分表

项目		序号	检测内容	配分	学生		教师评分
					自检	互检	
基本检查	准备	1	切削加工工艺制订正确	5			
		2	切削用量选择合理	5			
		3	刀具刃磨质量符合要求	5			
	操作	4	设备操作、维护保养正确	3			
		5	操作要领正确	5			
		6	刀具选择、安装正确、规范	3			
		7	工件找正、安装正确、规范	4			
工作态度		8	遵守“7S”规范，纪律表现良好	10			
尺寸		9	$\phi64_{-0.03}^{0}$ mm	8			
		10	$\phi30_{-0.021}^{0}$ mm（2 处）	8			
		11	(27 ±0.03) mm	8			
		12	(6 ±0.03) mm	8			
		13	(29 ±0.03) mm	8			
		14	(28 ±0.03) mm	5			
		15	(88 ±0.05) mm	5			
		16	⊥ 0.03 A	10			
综合得分				100			

任务四　车削细长轴零件

学习目标

1. 能熟练地使用中心架车削细长轴。
2. 能熟练地使用跟刀架车削细长轴。
3. 掌握细长轴的车削方法。

友情提示：建议用 10 学时完成本学习任务。

任务描述

分析如图 8-27 所示的细长轴零件图，制订合理的加工工艺，选择合适的加工刀具，并按要求操作卧式车床，完成细长轴零件的加工及检测。

细长轴一般用于机械的零部件，如车床的光杠、丝杠。

任务实施

1. 工具、量具、刀具的选择

（1）量具的选择　根据该零件的加工要求，需要使用的量具有 0～150mm 的游标卡尺、

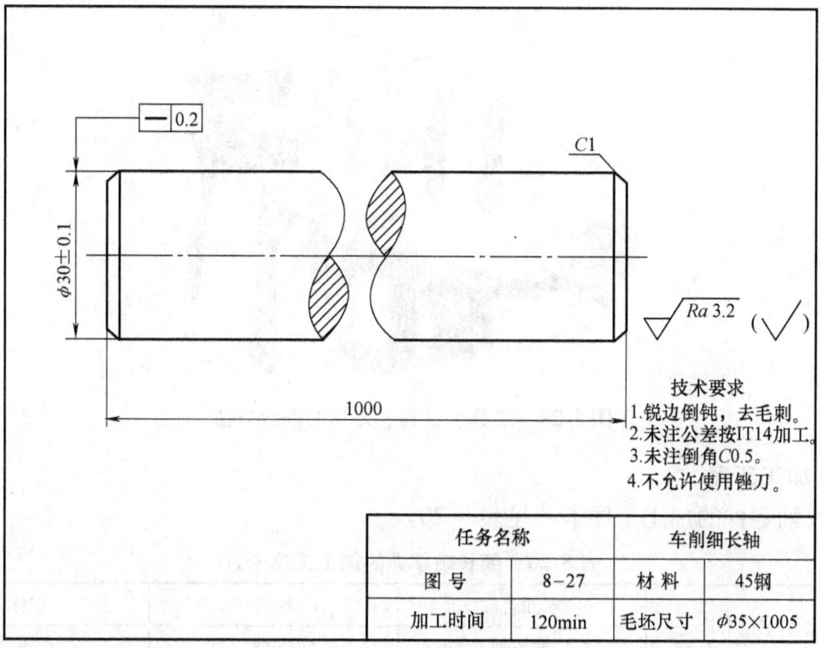

图 8-27　细长轴零件图

25 ~ 50mm 的千分尺、0 ~ 10mm 的百分表及磁力表座和 0 ~ 1500mm 的钢直尺。

（2）刀具的选择　加工材料为 45 钢，用 90°外圆车刀、45°外圆车刀加工工件表面，控制工件的精度和表面质量。本任务所用的工具、量具、刀具见表 8-19，其摆放方法如图 8-28所示。

表 8-19　加工细长轴零件的工具、量具、刀具清单

种类	序号	名称	规格	精度/mm	单位	数量
工具	1	活扳手	250mm		把	1
	2	刀架钥匙	17mm × 17mm		把	1
	3	卡盘钥匙	12mm × 12mm		把	1
	4	磁力表座			个	1
	5	跟刀架			个	1
	6	中心架			个	1
量具	7	钢直尺	0 ~ 1500mm		支	1
	8	游标卡尺	0 ~ 150mm	0. 02	支	1
	9	千分尺	0 ~ 25mm	0. 01	支	1
	10	百分表	0 ~ 10mm	0. 01	只	1
刀具	11	90°外圆车刀	25mm × 25mm	正偏刀、反偏刀	把	2
	12	45°外圆车刀	25mm × 25mm		把	1
	13	车槽刀	25mm × 25mm			
	14	中心钻	A3mm		个	1

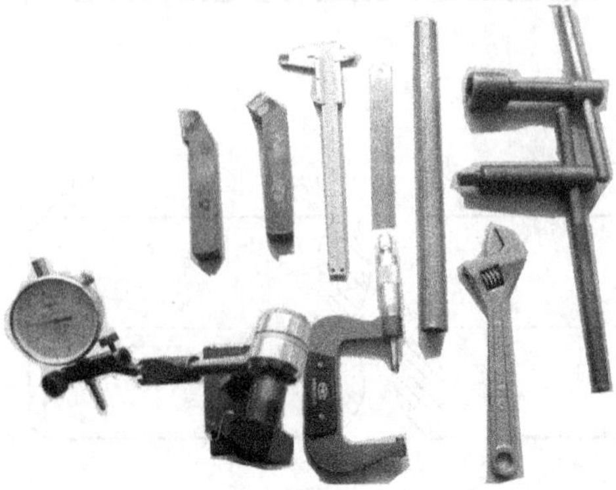

图 8-28　工具、量具、刀具的摆放方法

2. 制订加工工序

1）细长轴零件的加工工序卡片见表 8-20。

表 8-20　细长轴零件的加工工序卡片

普通车工加工工序卡片		零件名称		材料		零件图号	
		细长轴		45 钢		8-27	
夹具名称			设备型号			车间	
两顶尖			CA6140A			普通车工	
工步号	工步内容	刀具名称	刀具规格	切削用量的选择（推荐值）			备注
				主轴转速 /(r/min)	进给速度 /(mm/r)	背吃刀量 /mm	
1	粗车工件端面	45° 外圆车刀	25mm × 25mm	500	0.2	0.5	
2	精车工件端面	45° 外圆车刀	25mm × 25mm	700	0.1	0.2	
3	粗车外圆	90° 外圆车刀	25mm × 25mm	500	0.2	1	
4	钻中心孔	中心钻	A3mm	800			
5	掉头装夹						
6	粗车工件端面	45° 外圆车刀	25mm × 25mm	500	0.2	0.5	
7	精车工件端面	45° 外圆车刀	25mm × 25mm	700	0.1	0.2	
8	粗车工件外圆	90° 外圆车刀	25mm × 25mm	500	0.25	1	
9	钻中心孔	中心钻	A3mm	800			
10	重新装夹						
11	车削支承基准	车槽刀	25mm × 25mm	400			
12	粗车工件外圆	90° 外圆车刀	25mm × 25mm	500	0.25	2	

（续）

工步号	工 步 内 容	刀具名称	刀具规格	切削用量的选择(推荐值)			备注
				主轴转速/(r/min)	进给速度/(mm/r)	背吃刀量/mm	
13	车削支承基准	车槽刀	25mm×25mm	400			
14	粗车工件外圆	90°外圆车刀	25mm×25mm	500	0.25	2	
15	车削支承基准	车槽刀	25mm×25mm	400			
16	精车工件外圆	90°外圆车刀	25mm×25mm	700	0.12	0.2	
17	工件倒角	45°外圆车刀	25mm×25mm	800			
18	掉头接刀，车削另一端						
19	粗车工件外圆	90°外圆车刀	25mm×25mm	500	0.2	1	
20	精车工件外圆	90°外圆车刀	25mm×25mm	700	0.12	0.25	
21	工件倒角	45°外圆车刀	25mm×25mm	800	手动	0.2	
编制	审核		批准		共 页	第 页	

根据工作任务做好加工准备工作，并操作机床加工细长轴。

① 清点生产要素。

毛坯尺寸：__________；车削刀具：__________；量具：__________。

② 检查机床。

检查方法：____________________________________。

是否正常：□正常　　□不正常

处理意见：____________________________________。

③ 按照“7S”标准摆放生产要素。

□正确　　□不正确

④ 装夹毛坯。

伸出长度：__________。

2）细长轴零件的加工过程见表8-21，加工完成后的零件如图8-29所示。

表8-21　细长轴零件的加工过程

工步	图　示	操 作 内 容	刀具名称	检测方法
1	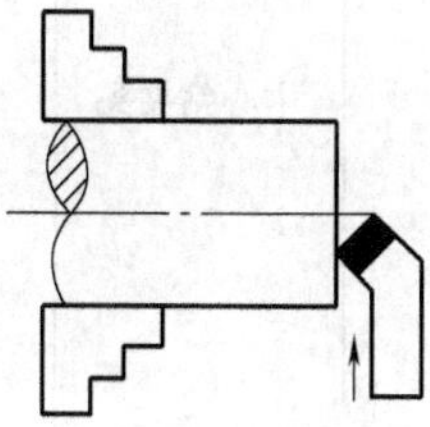 粗、精车端面	1）将毛坯轴穿入车床主轴孔中，右端伸出卡盘约100mm 2）粗、精车端面	45°外圆车刀	游标卡尺

（续）

工步	图　　示	操 作 内 容	刀具名称	检测方法
2	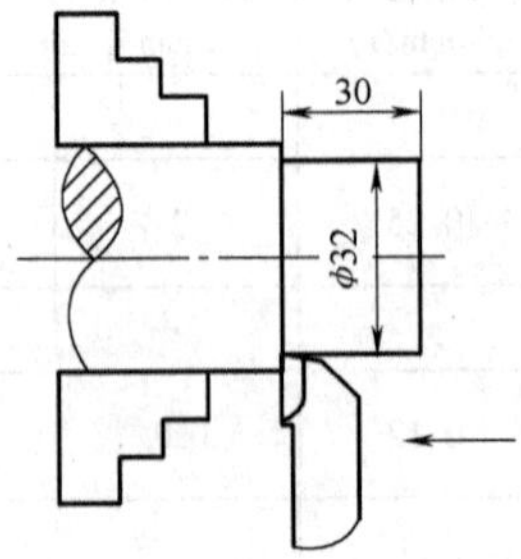 粗车外圆	粗车外圆至 φ32mm，长度为30mm	90° 外圆车刀	游标卡尺
3	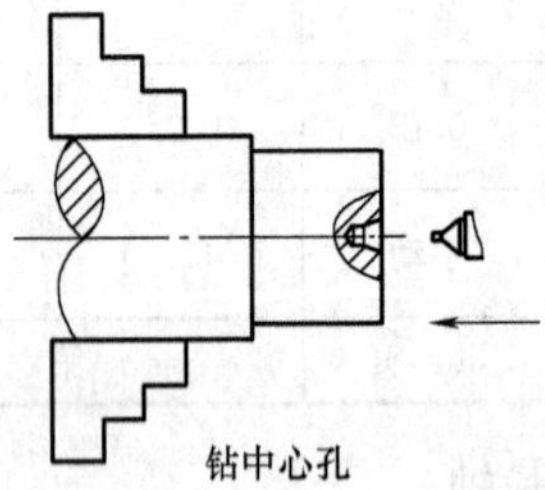 钻中心孔	钻中心孔	中心钻夹头	
4	掉头装夹			
5	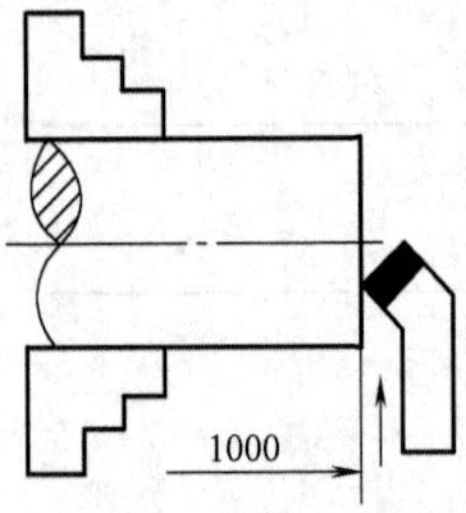 粗、精车端面	1)将毛坯轴穿入车床主轴孔中，右端伸出卡盘约100mm 2)粗、精车端面，保证总长度为1000mm	45° 外圆车刀	游标卡尺
6	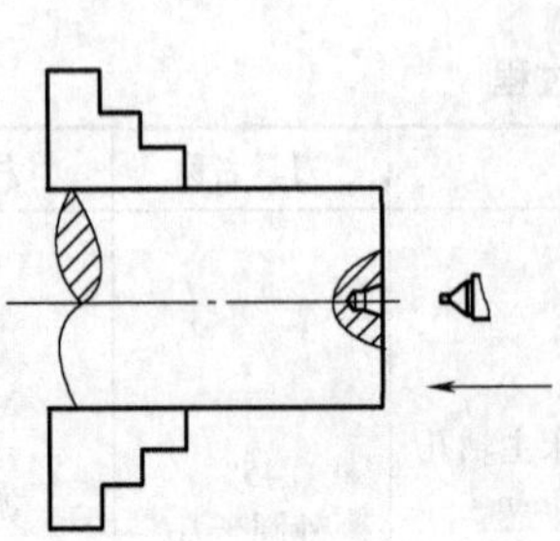 钻中心孔	钻中心孔	中心钻夹头	
7	采用一夹一顶的方式重新装夹			

（续）

工步	图　示	操 作 内 容	刀具名称	检测方法
8	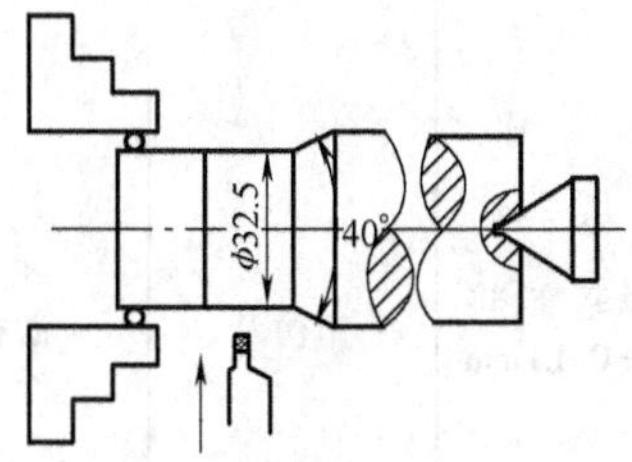 车削支承基准	1)在 ϕ22mm 的外圆上套上截面直径为 ϕ5mm 的钢丝,用自定心卡盘夹紧,毛坯右端用回转顶尖支承 2)用车槽刀在靠近卡盘的一端车削跟刀架的支承基准,其宽度比支承爪的宽度大 15 ~ 20mm,并在右侧车削约为 40°的锥面	车槽刀	游标卡尺
9	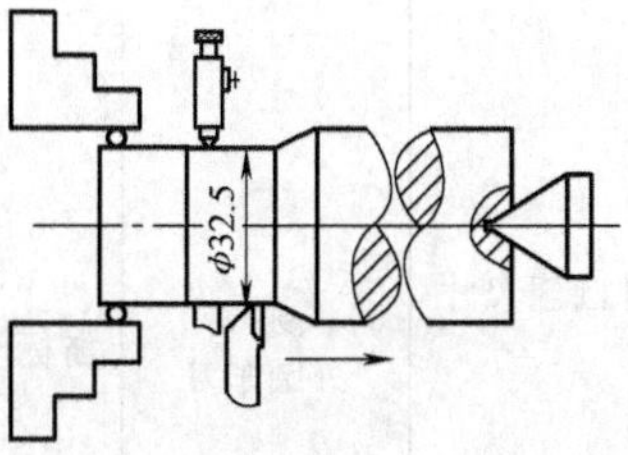 粗车外圆	1)安装跟刀架,以已车削的支承面为基准,研磨支承爪的工作表面 2)采用反向进给法接刀粗车全长外圆至尺寸 ϕ32. 5mm	90° 外圆车刀	游标卡尺
10	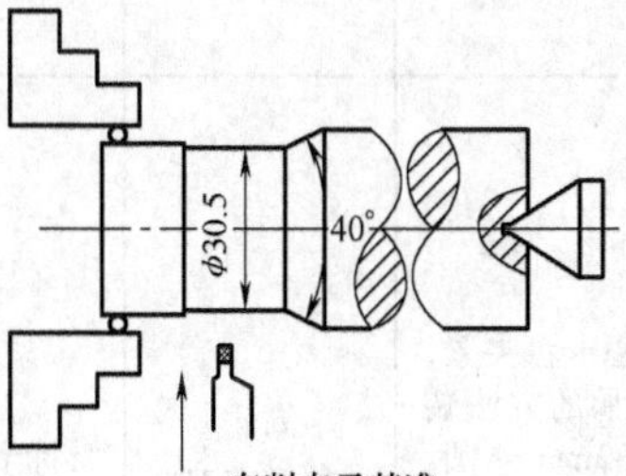 车削支承基准	按上述方法车削支承基准	车槽刀	游标卡尺
11	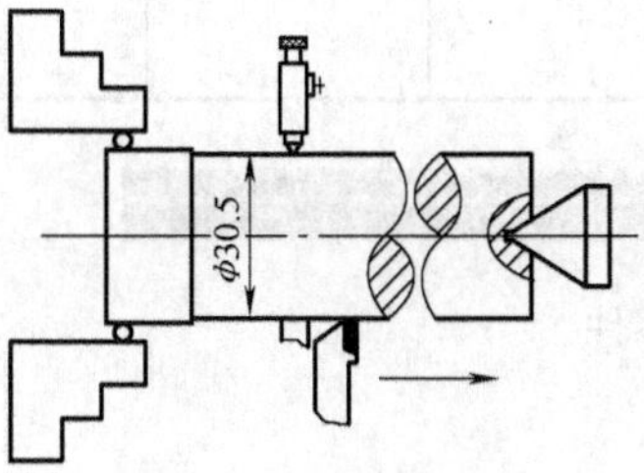 粗车外圆	安装跟刀架,以已车削的支承面为基准,研磨支承爪的工作表面 采用反向进给法接刀粗车全长外圆至尺寸 ϕ30. 5mm	90° 外圆车刀	游标卡尺、千分尺

（续）

工步	图　示	操 作 内 容	刀具名称	检测方法
12	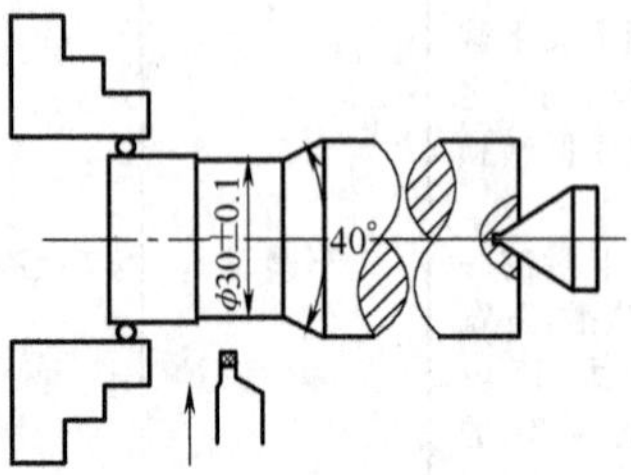 车削支承基准	按上述方法车削支承基准，将车槽尺寸控制到（ϕ30 ±0.1）mm	车槽刀	游标卡尺
13	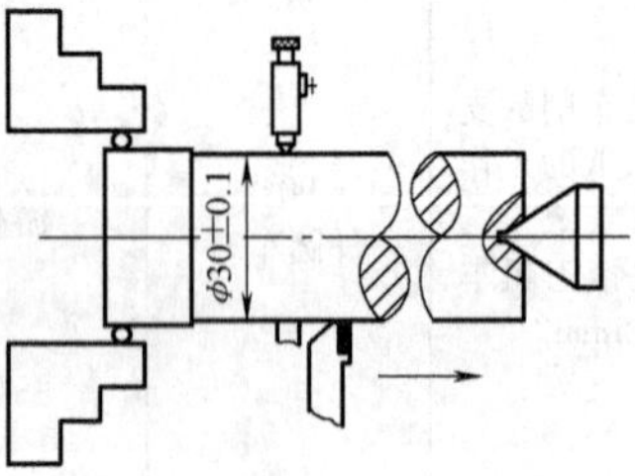 粗车外圆	1）反向精车全长外圆至尺寸（ϕ30 ±0.1）mm 2）倒角，去毛刺	90° 外圆车刀	游标卡尺、千分尺
14	掉头，采用一夹一顶的方式装夹			
15	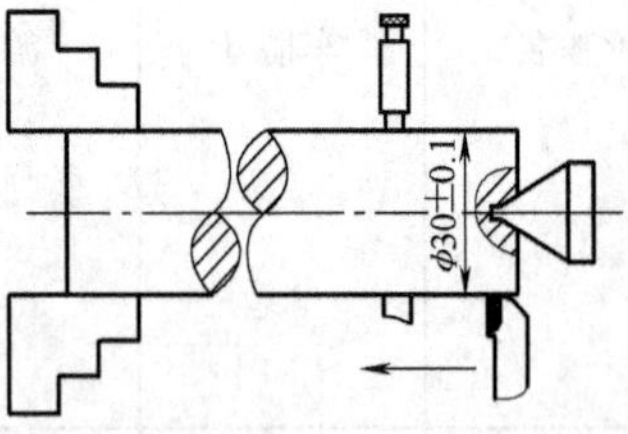 车削支承基准	1）一端采用自定心卡盘夹紧，另一端用中心架支承的方法装夹，半精车、精车 ϕ32mm 外圆，车至尺寸（ϕ30 ±0.1）mm 2）倒角，去毛刺	90° 外圆车刀	游标卡尺、千分尺

图 8-29　加工完成后的零件

任务评价

1） 工件质量的评价见表 8-22。

表 8-22　工件质量评分表

项　目		序号	检 测 内 容	配分	学生		教师评分
					自检	互检	
基本检查	准备	1	切削加工工艺制订正确	5			
		2	切削用量选择合理	5			
		3	刀具刃磨质量符合要求	5			
	操作	4	设备操作、维护保养正确	3			
		5	操作要领正确	5			
		6	刀具选择、安装正确、规范	3			
		7	工件找正、安装正确、规范	4			
工作态度		8	遵守"7S"规范，纪律表现良好	10			
尺寸		9	($\phi30 \pm 0.1$)mm	15			
		10	1000mm	10			
		11	— 0.2	15			
		12	$C1$（2 处）	10			
		13	$Ra3.2\mu m$	10			
综合得分				100			

2）机床的清洁与保养记录见表 8-23。

表 8-23　机床的清洁与保养记录

序号	内　容	要　求	配分	得分	结果记录
1	刀具	拆卸、整理、归位	10		
2	量具	清洁、保养、归位	10		
3	工具	整理、归位	10		
4	工作台	清洁、保养、归位	10		
5	导轨、润滑部位	清洁、保养、加油润滑	10		
6	主轴	清洁、保养	5		
7	刀架	清洁、保养	10		
8	机床外观	清洁	10		
9	电源	切断	5		
10	切屑	清扫	10		
11	工作区域	清扫	10		
总分					

学生签名＿＿＿＿＿＿＿＿　　教师签名＿＿＿＿＿＿＿＿　　日期＿＿＿＿＿＿＿＿

知识链接

知识链接一　细长轴的车削方法

通常将工件长度 L 与直径 d 之比（即长径比）大于 25（$L/d>25$）的轴类零件称为细

长轴。

虽然细长轴的外形并不复杂，但由于其自身的刚度低（长径比越大，刚度越低），车削时受切削力、重力、切削热等因素的影响，容易发生弯曲变形，从而产生振动、锥度、腰鼓形和竹节形等缺陷，难以保证加工精度，使细长轴的车削成为难度较大的加工工艺。

车削细长轴的三个关键技术是：使用中心架和跟刀架作为辅助支承，增强工件的刚度；解决工件受热变形而伸长的问题；合理选择车刀的几何形状。

1. 工件热变形的影响

车削细长轴时，因工件细长，热扩散性差，在传导给工件的切削热的作用下，工件会受热伸长变形而产生相当大的线膨胀。由于车削细长轴时一般采用两顶尖装夹或一夹一顶的方式装夹，其轴向位置是固定的，工件的伸长将导致其产生弯曲。当工件高速回转时，由工件弯曲引起的离心力将使轴的弯曲进一步加剧，使车削无法进行。工件的伸长还可能造成工件在两顶尖间被卡住的现象。

2. 减少热变形的主要措施

1）细长轴应采取一夹一顶的方式装夹，卡盘夹持的工件部分不宜过长，一般在 15mm 左右，最好将钢丝圈垫在卡盘爪的凹槽中（图 8-30），使其与工件成点接触，工件在卡盘内能自由调节位置，避免夹紧时产生弯矩；当工件在切削过程中发生热变形而伸长时，也不会因卡盘卡死而产生内应力。

2）使用弹性回转顶尖（图 8-31）来补偿工件的热变形伸长。

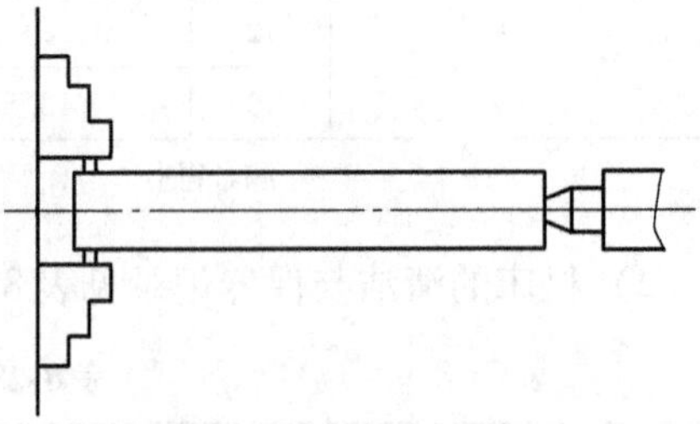

图 8-30　垫钢丝圈装夹工件

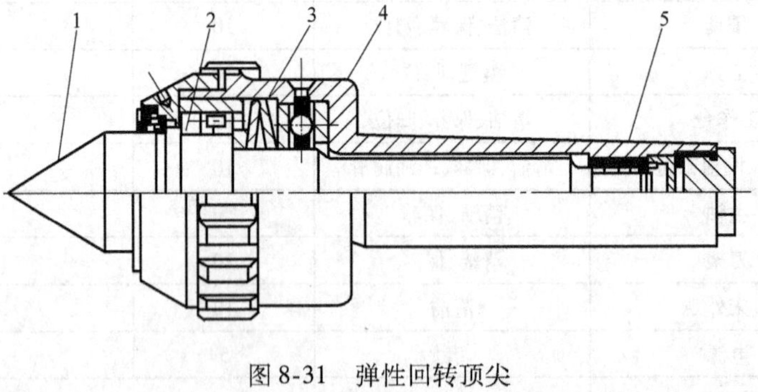

图 8-31　弹性回转顶尖

1—顶尖　2—圆柱滚子轴承　3—碟形弹簧　4—推力球轴承　5—滚针轴承

3）采用反向进给方法车削。反向进给是指车削时，床鞍带动车刀由主轴箱向尾座方向运动。反向进给时，工件所受的轴向切削分力使工件受拉伸（与工件伸长变形的方向一致），由于细长轴的左端通过钢丝圈固定在卡盘内，右端支承在弹性回转顶尖上，可以自由伸缩，因此不易产生弯曲变形，可以使工件获得较高的加工精度和较小的表面粗糙度值。

4）充分加注切削液可有效地减少工件所吸收的热量，减少工件的热伸长变形，还可以降低刀尖的温度，延长刀具的使用寿命。因此，车削细长轴时，无论是低速切削，还是高速切削，都必须充分加注切削液。

知识链接二　车刀几何形状的选择

车削细长轴时，由于工件的刚度低，车刀的几何形状对减小作用在工件上的切削力，减小工件的弯曲变形和振动，减少切削热的产生均有显著的影响。选择车刀角度时主要考虑以下几点：

1）在不影响刀具强度的情况下，应尽量增大车刀的主偏角，以减小径向切削分力，一般取 $\kappa_r = 80° \sim 93°$。

2）应取较大的前角，以减小切削力，减少切削热，一般取 $\gamma_0 = 15° \sim 30°$。

3）车刀的前刀面应磨有 $R1.5 \sim R3\text{mm}$ 的断屑槽。

4）选择正刃倾角，使切屑流向待加工表面，一般取 $\lambda_s = +3° \sim +10°$。

5）为了减小径向切削分力，应选择较小的刀尖圆弧半径和倒棱宽度，一般 $\gamma_s < 0.3\text{mm}$，$b_r = 0.5f$。

此外，应选用热硬性和耐磨性好的刀片材料，并提高刀尖的刃磨质量，使切削刃经常保持锋利，表面粗糙度值小于 $Ra0.4\mu\text{m}$。

如图 8-32 所示为 90°细长轴车刀。

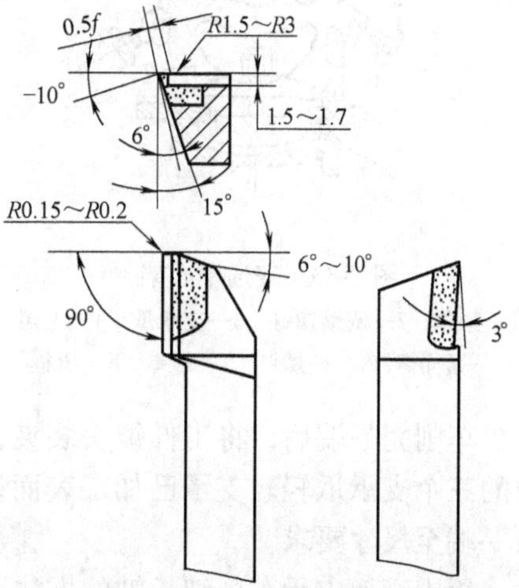

图 8-32　90°细长轴车刀

知识链接三　用中心架支承车削细长轴

中心架是车床的附件，车削刚度低的细长轴、不能穿过车床主轴孔的粗长工件以及对孔与外圆同轴度要求较高的长工件时，往往采用中心架来增强刚度，保证同轴度。

1. 中心架的结构

中心架的结构如图 8-33 所示。工作时，架体 1 通过压板 8 和螺母 7 紧固在床身上，上盖 4 和架体用圆柱销作活动联接，为了便于装卸工件，上盖可以打开或扣合，并用螺钉 6 锁紧。三个支承爪 3 的升降分别用三个调整螺钉 2 来调整，以适应不同直径工件的需要，并分别用三个紧固螺钉 5 锁定。

中心架的支承爪是易损件，磨损后可以更换，其材料应选用耐磨性好、不易研伤工件的材料，通常采用青铜、球墨铸铁、胶木和尼龙等。

中心架一般有两种常见形式。除如图 8-33 所示的普通中心架外，还有一种带滚动轴承的中心架。其结构大体与普通中心架相同，不同之处在于支承爪的前端装有三个滚动轴承，以滚动摩擦代替滑动摩擦，如图 8-34 所示。滚动轴承中心架的优点是耐高速，不会研伤工件表面，缺点是同轴度稍差。

使用中心架支承车削细长轴的关键是：由使中心架与工件表面接触的三个支承爪所决定的圆，其圆心必须在车床主轴的回转轴线上。

2. 用两顶尖装夹工件

先在工件中部用中心架支承的部位以低速、小进给量车削出一段沟槽，沟槽的直径应略大于该处工件要求的尺寸，沟槽宽度应宽于支承爪，沟槽应有较小的表面粗糙度值

（$Ra1.6\mu m$）和较高的形状精度（圆度误差小于 0.05mm）。然后装上中心架，开车时按顺序调整中心架的三个支承爪（图 8-35），使它们与沟槽的槽底圆柱表面轻轻接触。

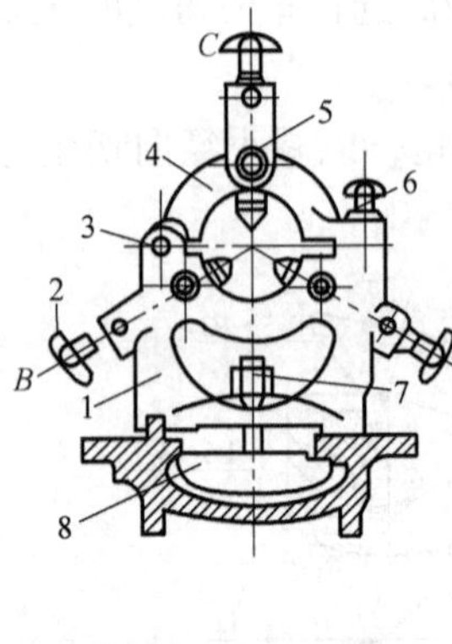

图 8-33　普通中心架

1—架体　2—调整螺钉　3—支承爪　4—上盖　5—紧固螺钉　6—螺钉　7—螺母　8—压板

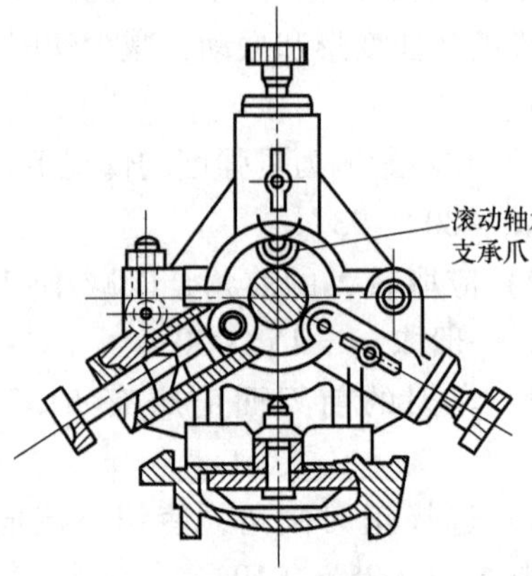

图 8-34　带滚动轴承的中心架

车削完一端后，将工件掉头装夹，用中心架的三个支承爪轻轻支承已加工表面，再车削另一端至尺寸要求。

用中心架支承车削细长轴的方法适用于工件的加工精度要求不高，可以进行分段车削或掉头车削的场合。

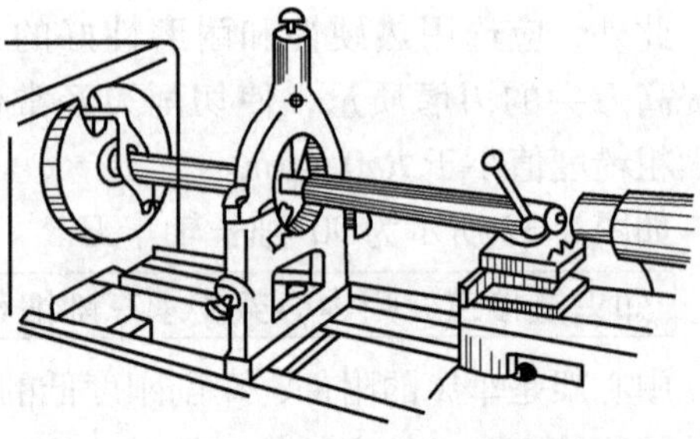

图 8-35　用中心架支承车削细长轴

对于外径不规则的工件（如中心架支承部位有键槽或花键等）或毛坯，可以采用中心架配以过渡套筒支承工件的方式车削细长轴。过渡套筒如图 8-36 所示，其内孔比被加工工件的外径大 20mm 左右，外径的圆度误差应在 0.02mm 以内；两端各装有 3～4 个调整螺钉，用于夹持毛坯工件和进行调整。使用时，调整这些螺钉，并用百分表找正，使过渡套筒外圆的轴线与主轴轴线重合（图 8-37）；然后装上中心架，使三个支承爪与过渡套筒的外圆轻轻接触，并能使工件均匀转动，即可进行车削，如图 8-38 所示。车削完一端后，撤去过渡套筒，掉头装夹工件，调整中心架支承爪，使其与已加工表面接触，再车削另一端。

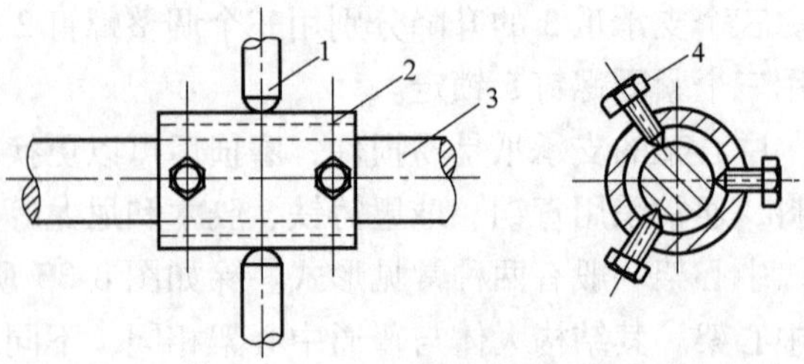

图 8-36　过渡套筒

1—中心架支承爪　2—过渡套筒　3—工件　4—调整螺钉

车削时，支承爪与工件接触处应经常加润滑油，防止磨损或“咬坏”，并应随时掌握支承爪的摩擦发热情况。

3. 用卡盘和中心架装夹和支承工件

当工件的一端用卡盘夹紧，另一端用中心架支承时，工件在中心架上的找正有以下三种形式。

1）工件经一夹一顶半精车外圆后，若需车削端面、孔或精车外圆，由于经过半精车的外圆与车床的主轴同轴，所以只需将中心架放置并固定在床身上的适当位置，以外圆为基准，依次调整中心架的三个支承爪，使其与工件外圆轻轻接触；然后用紧固螺钉锁紧支承爪，并在其与工件接触处加注润滑油，接着移去尾座，即可进行车削。

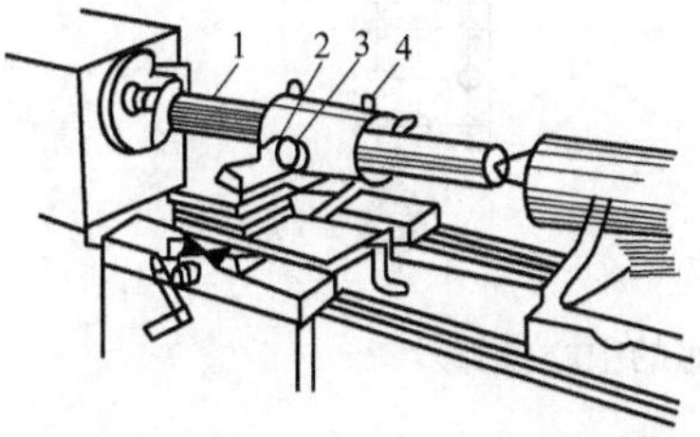

图 8-37　用百分表找正过渡套筒

1—工件　2—过渡套筒　3—百分表　4—调整螺钉

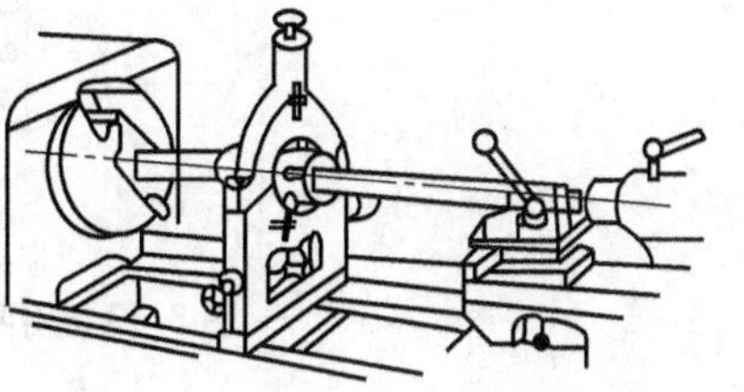

图 8-38　用中心架—过渡套筒支承车削细长轴

2）对于外圆已加工且不太长的工件，可以将其一端夹持在卡盘上，另一端用中心架支承。在开始找正时，先用手转动卡盘，用划针或（和）百分表找正工件两端的外圆，然后依次调整中心架的三个支承爪，使其与工件的外圆轻轻接触。

3）当外圆已加工且工件较长时，可以将工件的一端夹持在卡盘上，另一端用中心架支承。先在靠近卡盘处找正工件的外圆，然后摇动床鞍、中滑板，用划针或百分表在工件的两端作对比测量（当工件两端被测处的直径相同时）；或用游标高度尺测量两端的实际尺寸，然后减去相应的半径，对其差值进行比较（当工件两端被测处的直径不同时），并以此调整中心架的支承爪，使工件的两端高低一致、前后一致，如图 8-39 所示。

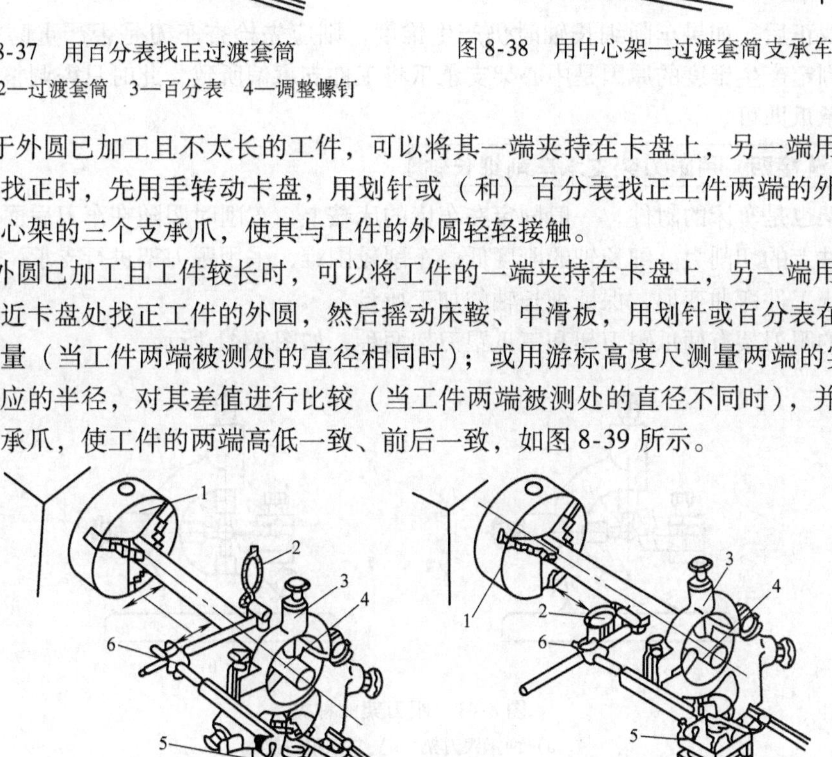

图 8-39　在中心架上找正工件的位置

a）找正高低位置　b）找正前后位置

1—自定心卡盘　2—百分表　3—中心架　4—工件　5—刀架　6—表架连杆

4. 尾座中心位置的找正

采用两顶尖装夹，中间用中心架支承的方式车削细长轴时，车削出的外圆常有锥度。产生锥度的原因除中心架的支承爪调整不当或支承爪本身的接触状态不良外，尾座的偏移也是一个重要因素，所以必须认真找正尾座。找正尾座的方法是在车削中心架支承部位的外圆柱面的同时，在工件的两端各车削一段直径相同的外圆（应留足够的加工余量），然后用两块百分表找正尾座的中心位置，如图 8-40 所示。两块百分表分别测量中滑板在两端的进给量读数和工件两端外圆的读数。当中滑板在工件两端的进给量读数相同，而百分表在工件两端外圆的读数不同时，说明尾座中心偏移，应进行找正，直到百分表在工件两端外圆的读数相同为止。

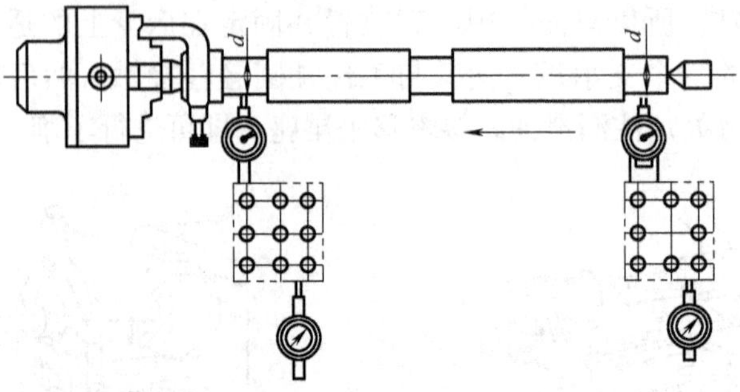

图 8-40　用两块百分表找正尾座的中心位置

尾座找正后，如果车削细长轴时仍产生锥度，则应先检查车刀是否严重磨损。如果不是，则可判定产生锥度的原因是中心架支承爪将工件支承偏所致，此时只需调整中心架下面的两个支承爪即可。

知识链接四　用跟刀架支承车削细长轴

跟刀架也是车床的附件，一般固定在车床的床鞍上，车削时跟随在车刀后面移动，承受作用在工件上的切削力。细长轴的刚度低，车削较困难，采用跟刀架进行支承，可以增强其刚度，防止工件弯曲变形，保证细长轴的加工质量。

常用的跟刀架有两爪跟刀架和三爪跟刀架两种，如图 8-41 所示。

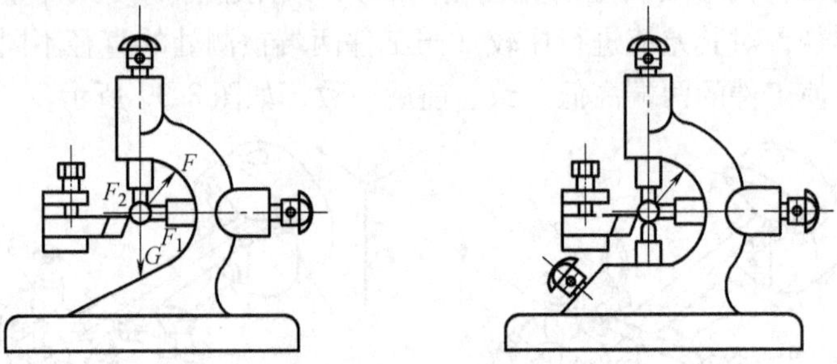

图 8-41　跟刀架的种类

a）两爪跟刀架　b）三爪跟刀架

跟刀架的结构如图 8-42 所示。支承爪 1、2 的径向移动可直接通过旋转手柄 4 来实现；支承爪 3 的径向移动则通过旋转手柄，使锥齿轮 5 转动，带动锥齿轮 6 使丝杠 7 转动来实现。

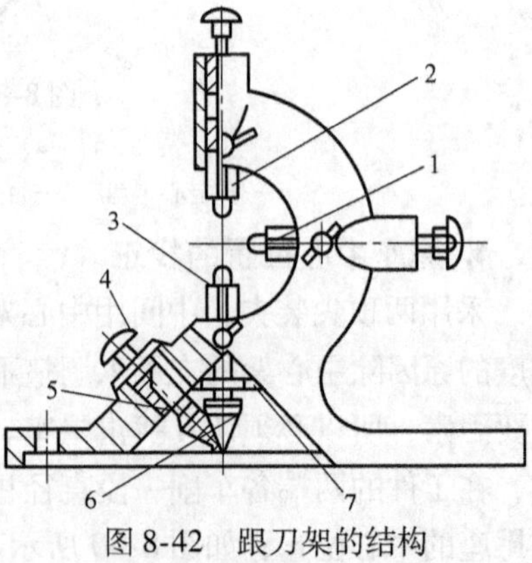

图 8-42　跟刀架的结构

1、2、3—支承爪　4—手柄

5、6—锥齿轮　7—丝杠

跟刀架的支承爪 1、2 用来承受工件上切削力 F 的两个分力 F_1 和 F_2，而重力 G 对工件的作用则由支承爪 3 来承受。对于具有足够刚度，不致因重力而引起弯曲变形的工件，使用两爪跟刀架即可满足加工要求。而对于刚度低，在重力的作用下容易产生弯曲变形的细长轴，为了避免车削时工件受重力的作用产生变形而瞬时离开支承爪或瞬时接触支承爪引起振动，需要选用三爪跟刀架支承工件，使工件支承在三个支承爪和车刀刀尖之间，上下、左右都不能移动，以保证车削的稳定性。

任务解析

（1）情景预演　操作者在进行工件试切削前需要找正工件；跟刀架和中心架需要选择合理的转速，并准确地进行研磨；加工过程中应浇注切削液。

（2）任务分析　在车削过程中，应随时注意支承爪与工件表面的接触状态及支承爪的磨损情况，并随时作出相应的调整；应随时注意工件已加工表面的变化情况，当发现开始出现竹节形、腰鼓形等缺陷时，要及时分析原因，并采取应对措施。若缺陷越来越明显，应立即停车。

（3）任务小结　细长轴的加工是车工加工中比较难的内容之一，通过本任务的学习，学生可以掌握车削细长轴零件所需刀具、夹具的选择方法，细长轴零件的安装与找正技术以及细长轴零件的加工方法，从而为更深入、全面地学习车工技术打下扎实的基础。

想想练练

想一想

1. 通常将工件长度 L 与直径 d 之比（即长径比）大于＿＿＿＿＿的轴类零件称为细长轴。

2. 车削细长轴的三个关键技术是：＿＿＿＿＿；＿＿＿＿＿；＿＿＿＿＿。

练一练

加工如图 8-43 所示的细长轴零件，其质量评价见表 8-24。

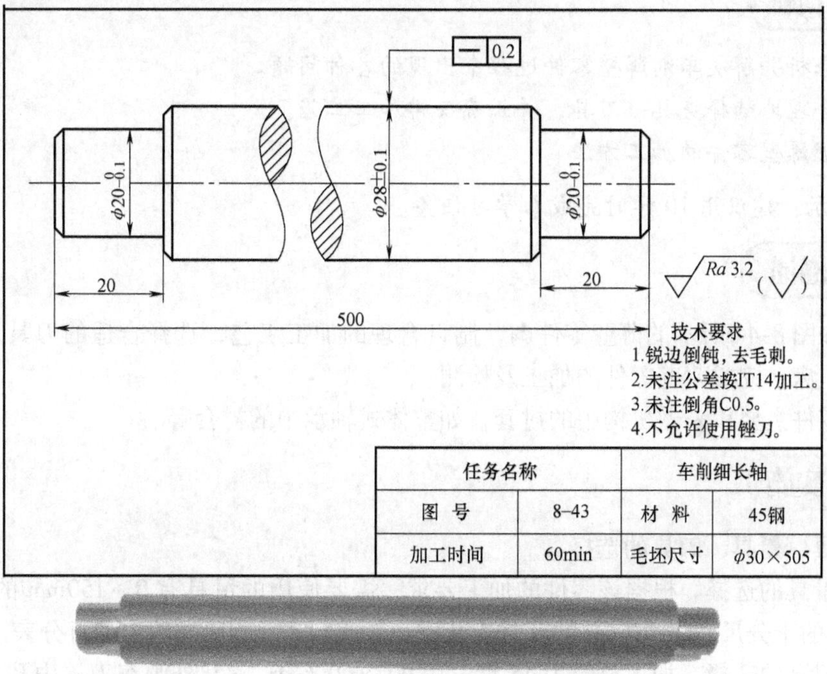

图 8-43　细长轴零件图

表 8-24　工件质量评分表

项目		序号	检测内容	配分	学生		教师评分
					自检	互检	
基本检查	准备	1	切削加工工艺制订正确	5			
		2	切削用量选择合理	5			
		3	刀具刃磨质量符合要求	5			
	操作	4	设备操作、维护保养正确	3			
		5	操作要领正确	5			
		6	刀具选择、安装正确、规范	3			
		7	工件找正、安装正确、规范	4			
工作态度		8	遵守"7S"规范，纪律表现良好	10			
尺寸		9	$(\phi28\pm0.1)$mm	10			
		10	$\phi20_{-0.1}^{\ 0}$mm(2 处)	12			
		11	500mm	10			
		12	— 0.2	10			
		13	$C0.5$(4 处)	8			
			$Ra3.2\mu m$	10			
综合得分				100			

任务五　车削薄壁零件

学习目标

1. 能分析并解决车削薄壁零件过程中出现的各种问题。
2. 能合理地选择夹具、刀具，并正确安排加工工艺。
3. 掌握薄壁零件的加工方法。

友情提示：建议用 10 学时完成本学习任务。

任务描述

分析如图 8-44 所示的薄壁零件图，制订合理的加工工艺，选择合适的刀具，并按要求操作卧式车床，完成薄壁零件的加工及检测。

薄壁零件主要用来做机构中的衬套，如整体式轴承中的衬套等。

任务实施

1. 工具、量具、刀具的选择

（1）量具的选择　根据该零件的加工要求，需要使用的量具有 0 ~ 150mm 的游标卡尺、25 ~ 50mm 的千分尺、0 ~ 10mm 的百分表及磁力表座和 35 ~ 50mm 的内径百分表。

（2）刀具的选择　加工材料为 45 钢，用 90°外圆车刀、45°外圆车刀、内孔车刀加工工件表面，控制工件的精度和表面质量。本任务所用的工具、量具、刀具见表 8-25，其摆放

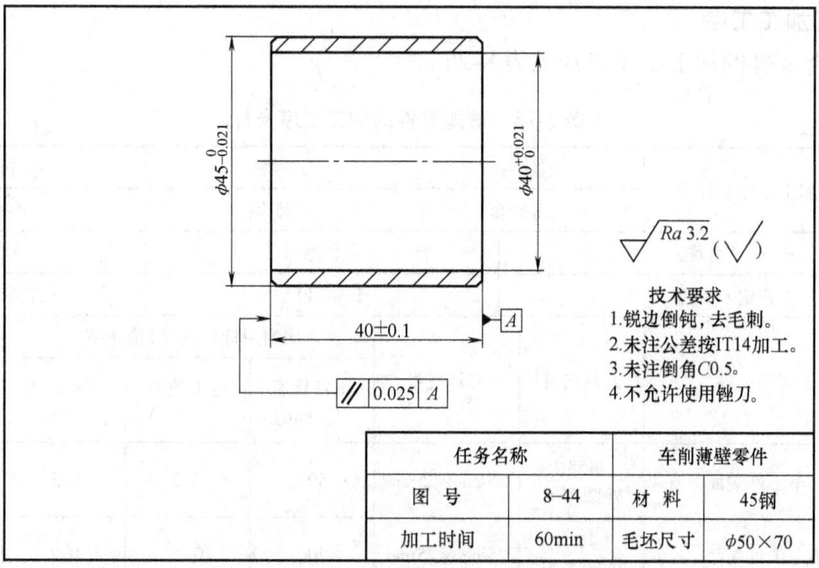

图 8-44　薄壁零件图

方法如图 8-45 所示。

表 8-25　加工薄壁零件的工具、量具、刀具清单

种类	序号	名称	规格	精度/mm	单位	数量
工具	1	活扳手	250mm		把	1
	2	刀架钥匙	17mm×17mm		把	1
	3	卡盘钥匙	12mm×12mm		把	1
	4	磁力表座			个	1
量具	5	钢直尺	0～150mm		支	1
	6	游标卡尺	0～150mm	0.02	支	1
	7	千分尺	25～50mm	0.01	支	1
	8	内径百分表	35～50mm	0.01	支	1
刀具	9	90°外圆车刀	25mm×25mm		把	1
	10	45°外圆车刀	25mm×25mm		把	1
	11	麻花钻	φ30mm		个	1
	12	内孔车刀	25mm×25mm		把	1

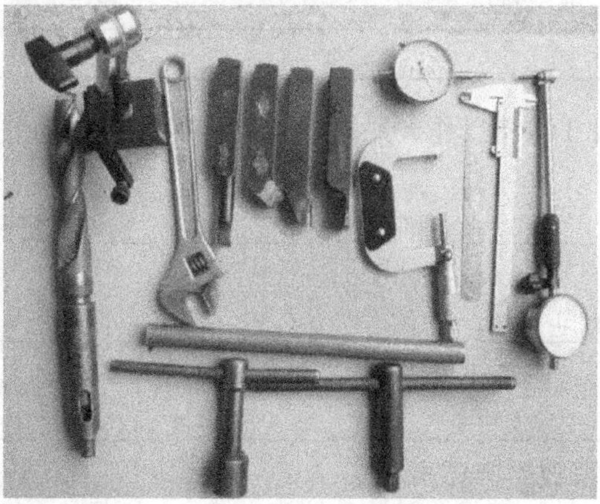

图 8-45　工具、量具、刀具的摆放方法

2. 制订加工工序

1）薄壁零件的加工工序卡片见表 8-26。

表 8-26 薄壁零件的加工工序卡片

普通车工加工工序卡片	零件名称	材料	零件图号
	薄壁套	45 钢	8-44

夹具名称	设备型号	车间
自定心卡盘	CA6140A	普通车工

工步号	工 步 内 容	刀具名称	刀具规格	切削用量的选择(推荐值)			备注
				主轴转速 /(r/min)	进给速度 /(mm/r)	背吃刀量 /mm	
1	粗车工件端面	45° 外圆车刀	25mm × 25mm	500	0.2	0.5	
2	精车工件端面	45° 外圆车刀	25mm × 25mm	700	0.1	0.2	
3	钻孔	麻花钻	ϕ30mm	320			
4	粗车工件内孔	内孔车刀	25mm × 25mm	500	0.2	2	
5	粗车工件外圆	90° 外圆车刀	25mm × 25mm	500	0.25	2	
6	精车工件外圆	90° 外圆车刀	25mm × 25mm	700	0.12	0.2	
7	粗车工件内孔	内孔车刀	25mm × 25mm	500	0.2	1	
8	精车工件内孔	内孔车刀	25mm × 25mm	500	0.12	0.2	
9	倒角,去毛刺	45° 外圆车刀	25mm × 25mm	500			
10	车槽	切断刀	25mm × 25mm	500			
11	倒角	45° 外圆车刀	25mm × 25mm	500			
12	切断,保证总长	切断刀	25mm × 25mm	500			
13	手工去毛刺	刮刀					
编制	审核		批准		共 页	第 页	

根据工作任务做好加工准备工作，并操作机床加工薄壁零件。

① 清点生产要素。

毛坯尺寸：______________；车削刀具：______________；量具：______________。

② 检查机床。

检查方法：____。

是否正常：□正常　　□不正常

处理意见：____。

③ 按照“7S”标准摆放生产要素。

□正确　　□不正确

④ 装夹毛坯。

伸出长度：______________。

2）薄壁零件的加工过程见表 8-27，加工完成后的零件如图 8-46 所示。

表 8-27　薄壁零件的加工过程

工步	图　示	操作内容	刀具名称	检测方法
1	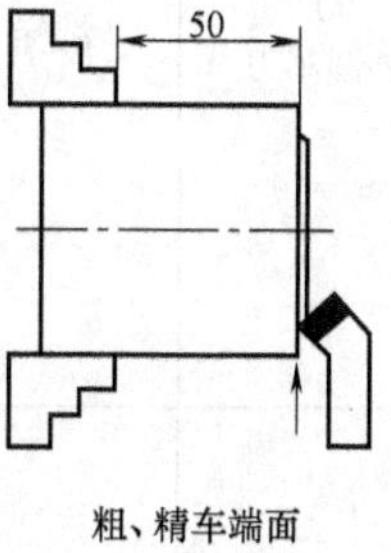 粗、精车端面	1）检查毛坯的 ϕ50mm × 70mm 是否符合图样要求 2）用自定心卡盘夹持毛坯，伸出长度约为 50mm，粗、精车端面	45° 外圆车刀	游标卡尺
2	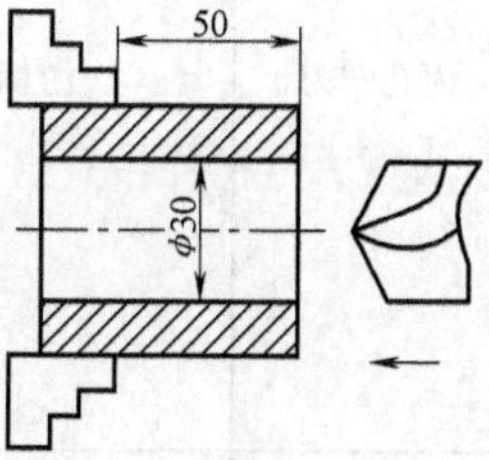 钻孔	用 ϕ30mm 的麻花钻钻孔，将工件打通	ϕ30mm 的 麻花钻	游标卡尺
3	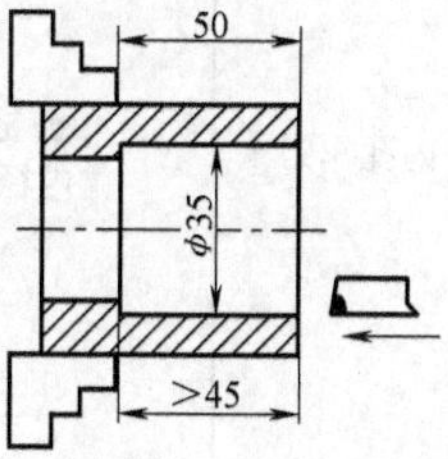 粗车内孔	粗车内孔至 ϕ35mm，长度大于 45mm	内孔车刀	游标卡尺
4	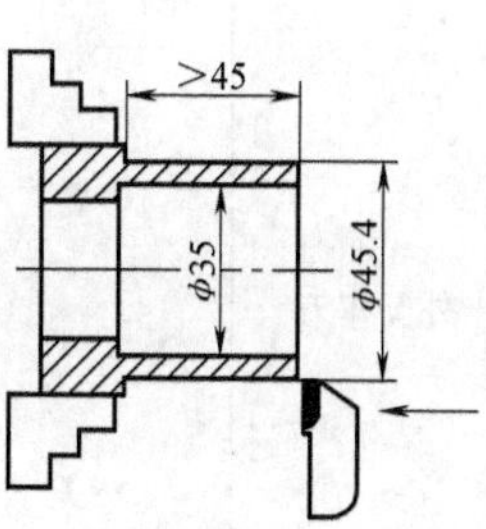 粗车外圆	粗车外圆 ϕ50mm 至 ϕ45.4mm，长度大于 45mm	90° 外圆车刀	游标卡尺

（续）

工步	图　示	操 作 内 容	刀具名称	检测方法
5	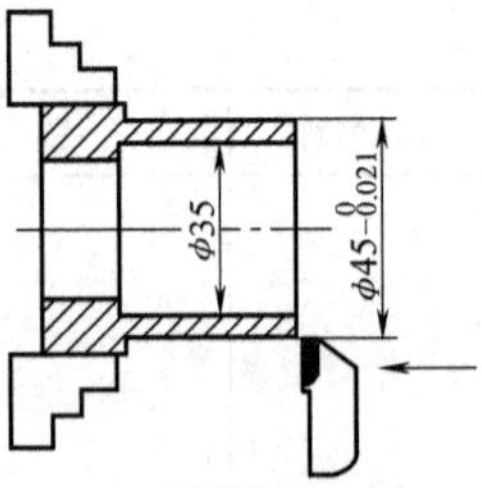 精车外圆	精车外圆至 $\phi45^{\ 0}_{-0.021}$ mm，长度大于 45mm	90° 外圆车刀	游标卡尺、千分尺
6	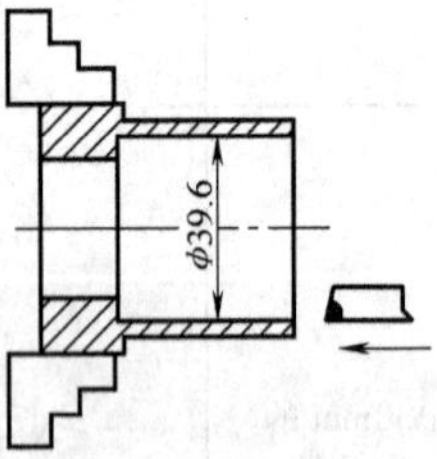 粗车内孔	粗车内孔至 $\phi39.6$mm，长度大于 45mm	内孔车刀	游标卡尺
7	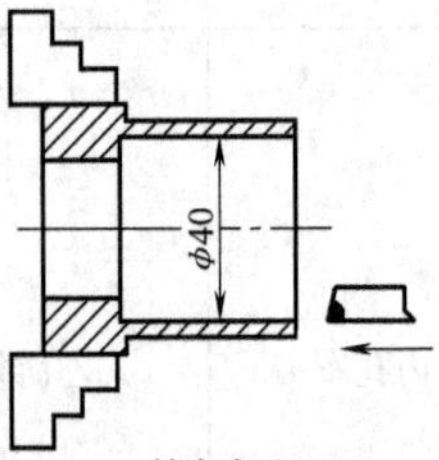 精车内孔	精车内孔至 $\phi40$mm，长度大于 45mm	内孔车刀	游标卡尺、 内径百分表
8	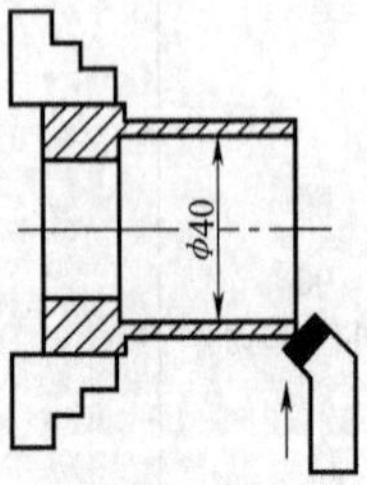 倒角去毛刺	倒角，去毛刺	45° 外圆车刀	

（续）

工步	图　示	操作内容	刀具名称	检测方法
9	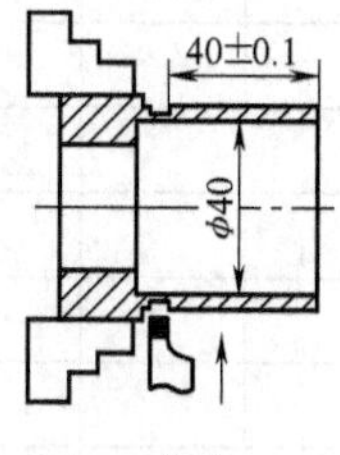 车槽	车槽，槽的直径为43mm左右，长度为(40±0.1)mm	切断刀	游标卡尺
10	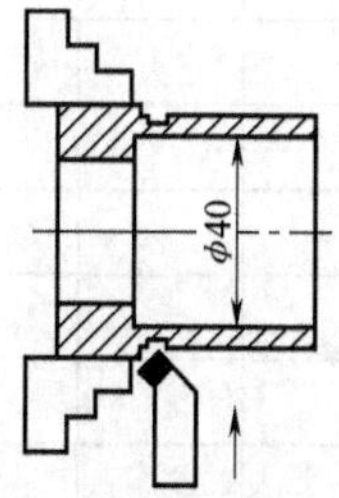 倒角、去毛刺	倒角，去毛刺	45° 外圆车刀	
11	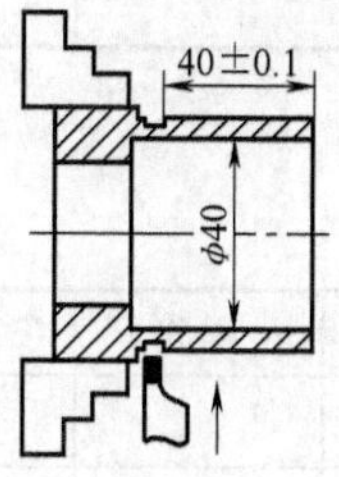 切断	1）切断，保证长度(40±0.1)mm 2）切断后，用刮刀倒角去毛刺	刮刀	

图8-46　加工完成后的零件

任务评价

1）工件的质量评价见表8-28。

表 8-28　工件质量评分表

项目		序号	检测内容	配分	学生		教师评分
					自检	互检	
基本检查	准备	1	切削加工工艺制订正确	5			
		2	切削用量选择合理	5			
		3	刀具刃磨质量符合要求	5			
	操作	4	设备操作、维护保养正确	3			
		5	操作要领正确	5			
		6	刀具选择、安装正确、规范	3			
		7	工件找正、安装正确、规范	4			
工作态度		8	遵守“7S”规范,纪律表现良好	10			
尺寸		9	$\phi45_{-0.021}^{\ 0}$ mm	12			
		10	$\phi40_{\ 0}^{+0.021}$ mm	12			
		11	(40 ± 0.1) mm	12			
		12	$\parallel$ 0.025 A	12			
		13	$C0.5$(2 处)	6			
		14	$Ra3.2\mu m$	6			
综合得分				100			

2）机床的清洁与保养记录见表 8-29。

表 8-29　机床的清洁与保养记录

序号	内　　容	要　　求	配分	得分	结果记录
1	刀具	拆卸、整理、归位	10		
2	量具	清洁、保养、归位	10		
3	工具	整理、归位	10		
4	工作台	清洁、保养 、归位	10		
5	导轨、润滑部位	清洁、保养、加油润滑	10		
6	主轴	清洁、保养	5		
7	刀架	清洁、保养	10		
8	机床外观	清洁	10		
9	电源	切断	5		
10	切屑	清扫	10		
11	工作区域	清扫	10		
总分					

学生签名____________　　教师签名____________　　日期____________

小提示：为了保证车削工件内孔时不出现振动和噪声，可在外圆上包裹具有一定弹性的橡胶。

知识链接

知识链接一　薄壁工件的加工特点

车削薄壁工件时，由于工件的刚性差，车削过程中可能出现以下现象。

1）因工件壁薄，在夹紧力的作用下容易产生变形，从而影响工件的尺寸精度和形状精度。采用自定心卡盘装夹工件加工内孔时，在夹紧力的作用下，内孔会略微变成三角形，但车削后得到的是一个圆柱孔。在松开卡爪取下工件后，由于弹性恢复，外圆恢复成圆柱形，而内孔则变成弧形三角形。若用内径千分尺进行测量，虽然各个方向的直径 D 相等，但内孔已变形，不再是内圆柱面了，这种现象称为等直径变形。

2）因工件较薄，切削热会导致工件产生热变形，从而使工件的尺寸难以控制。对于线胀系数较大的金属薄壁工件，如果在一次安装中连续完成半精车和精车，则由切削热引起的工件的热变形会对其尺寸精度产生极大的影响，有时甚至会使工件卡死在夹具上。

3）在切削力（特别是径向切削力）的作用下，工件容易产生振动和变形，从而影响其尺寸精度，形状、位置精度和表面粗糙度。

知识链接二　减少和防止薄壁工件变形的方法

（1）工件的加工分粗、精车　粗车时，由于切削余量较大，夹紧力稍大些，变形也相应大些；精车时，夹紧力可稍小些，一方面变形小，另一方面还可以消除粗车时因切削力过大而产生的变形。

（2）合理选用刀具的几何参数　精车薄壁工件时，对刀柄刚度的要求高，车刀的修光刃不宜过长（一般取0.2～0.3mm），刃口要锋利。

（3）增加装夹接触面积　采用开缝套筒或一些特制的软卡爪使接触面积增大，让夹紧力均布在工件上，从而使工件被夹紧时不易产生变形。

（4）使用轴向夹紧夹具　车薄壁工件时，尽量不使用径向夹紧夹具，而应优先选用轴向夹紧的方法。工件靠轴向夹紧套（螺纹套）的端面实现轴向夹紧，由于夹紧力 F 沿工件的轴向分布，而工件的轴向刚度大，因此不易产生夹紧变形。

（5）增加工艺肋　有些薄壁工件在其装夹部位特制有几根工艺肋，以增强此处的刚性，使夹紧力作用在工艺肋上，以减少工件的变形；加工完毕后，再去掉工艺肋。

（6）充分浇注切削液　充分浇注切削液可降低切削温度，减少工件的热变形。

任务解析

（1）情景预演　加工内孔时可能会产生很大的振动，发出刺耳的噪声，并且加工工件上会出现振痕，这是由于工件太薄所致。操作者应采用合理的加工工艺、切削用量和刀具解决这些问题。

（2）任务分析　薄壁零件的加工是车工工艺中的难点，若工艺安排不合理，则会使工件产生变形，无法达到零件图的要求。

（3）任务小结　薄壁工件的加工是车床加工工艺中的重要部分，通过本任务的学习，学生可以掌握薄壁零件的加工方法，为更深入、全面地学习车工技术打下扎实的基础。

想想练练

想一想

1. 车削薄壁工件时，尽量不使用________夹紧，而优先选用________夹紧方法。

2. 在切削力（特别是径向切削力）的作用下，工件容易产生振动和变形，从而影响工件的________。

练一练

加工如图 8-47 所示的薄壁套零件，其质量评价见表 8-30。

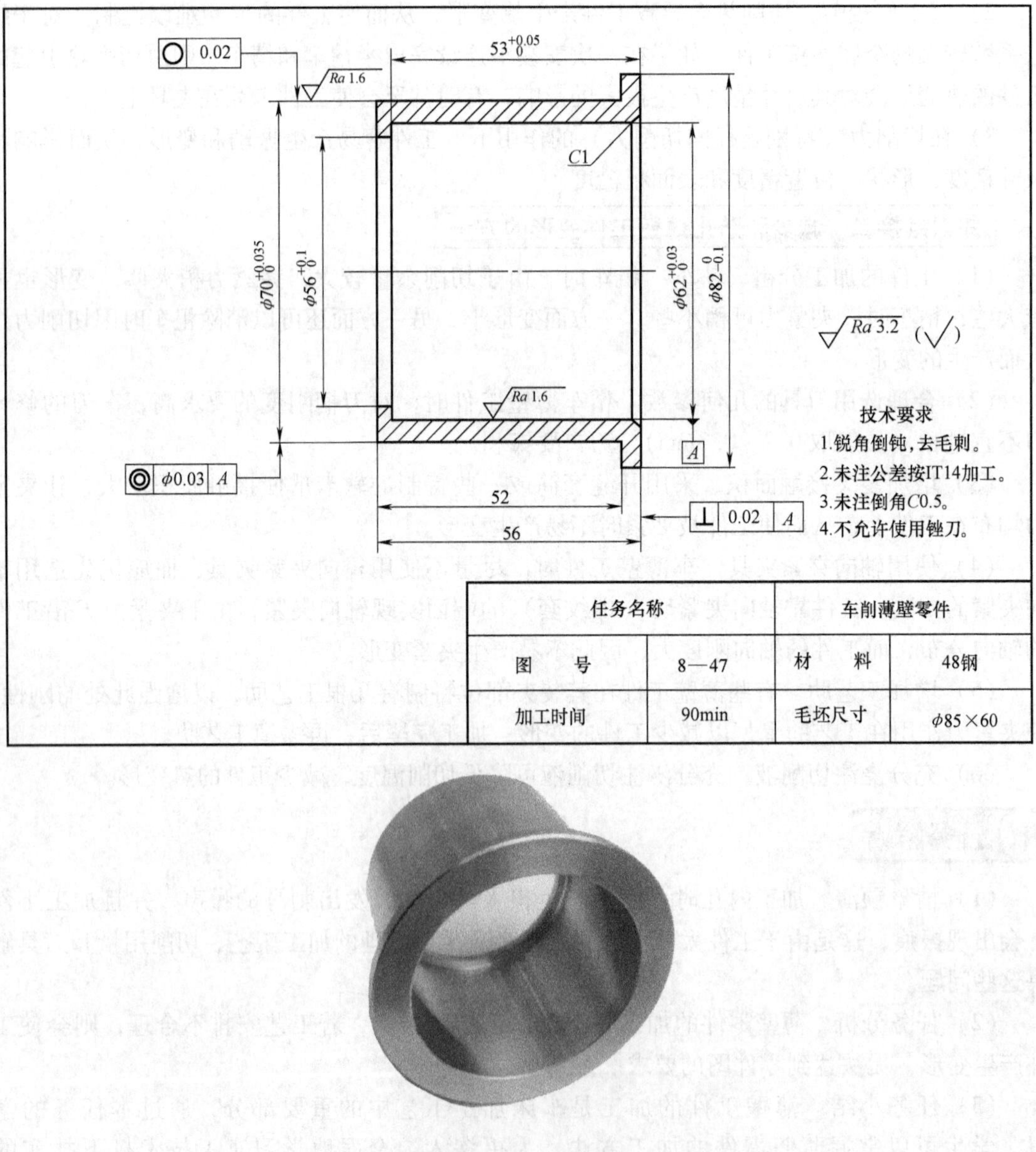

任务名称		车削薄壁零件	
图　号	8—47	材　料	48钢
加工时间	90min	毛坯尺寸	φ85×60

图 8-47　薄壁套零件

表 8-30　工件质量评分表

项　目		序号	检测内容	配分	学生		教师评分
					自检	互检	
基本检查	准备	1	切削加工工艺制订正确	5			
		2	切削用量选择合理	5			
		3	刀具刃磨质量符合要求	5			
	操作	4	设备操作、维护保养正确	3			
		5	操作要领正确	5			
		6	刀具选择、安装正确、规范	3			
		7	工件找正、安装正确、规范	4			
工作态度		8	遵守“7S”规范，纪律表现良好	10			
尺寸		9	$\phi82_{-0.1}^{0}$ mm	8			
		10	$\phi56_{0}^{+0.1}$ mm	8			
		11	$\phi70_{0}^{+0.035}$ mm	8			
		12	$53_{0}^{+0.05}$ mm	8			
		13	52mm、56mm	8			
		14	◎ | $\phi0.03$ | A	10			
		15	⊥ | 0.02 | A	10			
综合得分				100			

附　　录

附录 A “7S” 管理

产教结合是职业教育以及企业的需求，而在现今的企业中，“7S” 管理尤为重要。为了更好地实行产教结合，学生应掌握 “7S” 管理的基本内容。附图　1 所示为某学校在校园及实习工厂推行的 “7S” 管理手册。

附图　1 “7S” 管理手册

附录B　卧式车床安全作业标准

标准化作业是生产安全的客观需要和规范化管理的基础，因此，施行产教结合时应执行卧式车床安全作业标准，见附表1。

附表1　卧式车床安全作业标准

操作程序		作业标准	安全要点
准备	检查	1)检查机床各手柄是否到位 2)确认电气开关完好 3)确认卡盘保险螺栓拧紧牢固 4)向各润滑点注油 5)开空车转动，由低速至高速试运行3～5min，观察车床状态是否正常	1)安全防护装置起动有效，劳动保护用品穿戴整齐，禁止戴手套作业，袖口要扎紧，长发应塞入工作帽内，禁止酒后上岗 2)发现异常时，要及时排除故障 3)磨刀时，要戴好防护眼镜 4)禁止磨削有色金属或非金属材料，严禁两人同时使用一个砂轮
	磨刀	1)检查砂轮有无裂纹，电气开关是否良好、接地是否牢固，确认除尘装置是否有效，托架是否灵活、稳固 2)用右手食指按起动开关，观察砂轮机的运转是否正常 3)站在砂轮机的侧面，两手端平车刀，用力要均匀；刃磨高速工具钢车刀时，应用水冷却 4)磨完刀，用右手食指关闭开关	
装夹	装夹小型工件	1)用卡盘扳手将卡爪松至工件尺寸 2)两手搬起加工件 3)右手扶加工件，左手用扳手拧紧卡盘爪，夹紧工件 4)左手拿扳手，右手拿套管，左脚在前，右脚在后，两手用力，确定工件夹紧牢固 5)用手扳动卡盘转一圈，确认转动无障碍	1)工件应先清除毛刺，夹紧要牢固；加工质量不均匀的工件时，要加装平衡块 2)装卸和找正大型工件时，床面要垫木板，以防止工件坠落；禁止在机床上猛烈敲击
	装夹大型工件	1)用卡盘扳手将四个卡爪松至工件尺寸 2)根据工件的质量选择钢丝绳，将钢丝绳栓在工件的重心位置，指挥吊车平稳吊起，将工件一端准确地推进四个卡爪之间 3)左手拿扳手，将其放在卡盘扳手孔内，右手拿套管套在扳手手柄上，两手扳动扳手，逐一拧紧卡爪。将工件夹住后，取下吊车吊钩和钢丝绳 4)左脚在前，右脚在后，两手用力要均匀，将工件夹紧 5)低速空转，确认运转状态正常	
	装夹轴类工件	1)按图样要求，在轴类工件上加工中心孔 2)双手取下小卡盘并放在适当的位置，指挥吊车吊下大卡盘并放在适当的位置 3)装上拨盘，指挥吊车将工件吊装在拨盘上，另一端用尾座顶尖顶牢。加工长轴时，应使用中心架或跟刀架	
车削	装刀	1)装刀要平稳，刀尖伸出长度要合适，刀尖要与工件中心等高。加工大工件时，刀尖应稍高于工件中心 2)两脚前后分开，站稳，两手用力扳动扳手将其锁紧，车刀安装要牢固可靠	1)不能将长轴类工件伸出主轴后端，如果必须伸出，则应加防护装置 2)测量工件时必须停车，不准把手伸到对面取送 3)对于有自动快速进给功能的机床，不得纵向、横向同时起动，不得直接用手抓卡盘来制动 4)停车或突然停电时，要将刀具退出切削面，将进给手柄放在空挡，切断电源
	车削	1)左手抬起离合器开关 2)左手摇溜板箱手柄，右手摇中滑板手柄，使刀尖对准加工件；慢慢进给，选择合适的切削速度后，抬起自动进给手柄，进行自动进给 3)停车测量工件时，右手拿卡钳，左手拿钢直尺 4)开车车削，用铁钩清除铁屑 5)根据工艺尺寸加工工件	

（续）

<table>
<tr><th colspan="2">操作程序</th><th>作业标准</th><th>安全要点</th></tr>
<tr><td rowspan="3">车削</td><td>抛光</td><td>1）用车刀抛光工件时，转速的选择要适当
2）用锉刀抛光工件时，右手在前拿住锉刀前端，左手在后握住锉刀柄。转速要低，锉刀应与工件的中心线垂直，右臂抬高，轻轻下压由右向左缓慢移动
3）用纱布抛光工件时，转速要高，右手在前，左手在后，拉直纱布，使其与工件的中心线垂直，由右向左移动</td><td rowspan="3">1）不能将长轴类工件伸出主轴后端，如果必须伸出，则应加防护装置
2）测量工件时必须停车，不准把手伸到对面取送
3）对于有自动快速进给功能的机床，不得纵向、横向同时起动，不得直接用手抓卡盘来制动
4）停车或突然停电时，要将刀具退出切削面，将进给手柄放在空挡，切断电源</td></tr>
<tr><td>钻中心孔</td><td>1）将尾座顶尖卸下，再把中心钻安装牢固，将尾座推至距离加工件10mm左右的位置固定
2）根据所钻孔的大小选择转速，摇动尾座手轮，使钻头慢慢推进钻孔</td></tr>
<tr><td>切断工件</td><td>1）将切断刀装夹固定在刀架上
2）左手摇溜板箱手柄，右手摇中滑板手柄，使切断刀对准切割处。快切断时速度要慢，使切掉端自然掉下或在快断时停车折断</td></tr>
<tr><td rowspan="2">卸工件</td><td>卸小型工件</td><td>1）左手拿卡盘扳手，右手拿加力套管，将扳手放入卡盘的扳手孔内，将加力套管套在扳手手柄上。右脚在前，左脚在后，两手扳动扳手，逐渐用力，松开卡爪
2）右手扶住工件，左手将扳手取下
3）两手将工件搬下，放在指定位置，摆放应整齐平稳</td><td rowspan="2">装卸工件完毕后，扳手必须撤离卡盘</td></tr>
<tr><td>卸大型工件</td><td>1）在加工好的工件的重心位置拴好钢丝绳，挂好吊车吊钩，将钢丝绳拉紧
2）松开四个卡爪
3）用手扶住工件，指挥吊车把工件放在指定位置，摆放应整齐平稳</td></tr>
<tr><td rowspan="2">交班</td><td>清理</td><td>1）将车削加工后的铁屑用铁钩、扫帚等工具清除干净并放入推车，倒放在指定地点
2）将拣出的料头、废料等分别放到指定的地点</td><td rowspan="2">清扫机器和打扫环境卫生，机床导轨和滑动面不能有铁屑及油垢</td></tr>
<tr><td>交班</td><td>将本班设备的运转情况、安全情况、任务完成情况等详细地写入交接班记录本</td></tr>
</table>

附录C　产教结合案例

［产品加工任务的引入］

一、校企洽谈

为了更好地进行教学内容的改革，使教学内容更加贴近企业的生产实际，进而培养出企业需要的毕业生，某学校每学期都会安排部分专业教师到不同的企业进行为期两个月的交流学习。在交流学习的过程中，根据学校的设备、教学资源等，如果发现有适合学校学生加工的企业产品，校方就和企业进行业务洽谈。

二、产品任务引入

某学校根据学校的机床设备及学生的实训情况，引入某汽车零配件集团的产品施行产教结合。产品引入条件见附表2。

附表2　产品引入条件

加工机床	总加工数量/个	生产时间	加工人员	加工要求
卧式车床	5000	4月、5月	实习学生	按照图样要求

配备企业技术指导员	运输条件	产品检验
1名	集团汽运	学生或集团检测员(1名)

学校每周的生产实习安排见附表3。

附表3　生产实习安排

星期一	星期二	星期三	星期四	星期五
正常教学	正常教学	渗透产品教学	企业产品加工	企业产品加工

［生产加工安排］

一、加工工艺分析及安排

根据产品图样要求进行加工工艺分析，根据学校和学生的实际情况合理地选择和分配机床、工具、量具、原材料。

学校根据学生的训练情况和学校现有的材料从企业接到一件如附图2所示的产品施行产教结合。学校先对产品进行试加工，然后双方洽谈合作并签订合同。

1. 工序工步分析

该产品的加工工艺主要由实习指导教师和企业技术指导员为辅，引导学生自主安排并优化生产过程，最后由学生、指导教师和企业技术指导员共同完成各工序的工艺安排。

工艺安排总纲为：车削端面，粗车外圆至 $\phi38.5$mm，长度为34mm →粗、精车外圆 $\phi48_{-0.1}^{\ 0}$mm 和 $\phi42_{-0.1}^{\ 0}$mm，同时保证长度 (35 ±0.25)mm，加工135°斜面并倒角→粗、精车内孔 $\phi34_{\ 0}^{+0.1}$，长度为30mm，倒角→车削15mm×2mm的槽→车削螺纹外圆，倒角，车削外螺纹→车削偏心内孔 $\phi28_{\ 0}^{+0.1}$mm，倒角，去毛刺。

具体工艺安排见附表4～附表9。

2. 工序补充说明

工序卡中的靠塞主要用来进行长度定位，其具体尺寸根据实际使用的机床来设计，形状

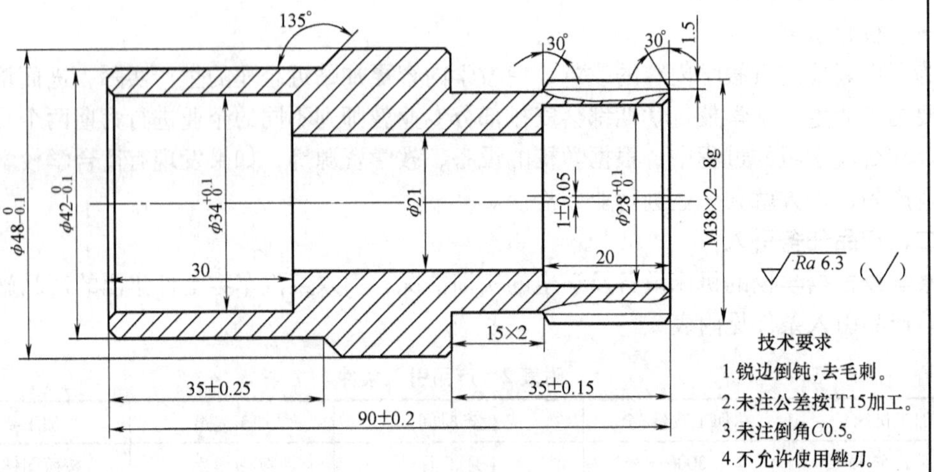

技术要求

1.锐边倒钝，去毛刺。
2.未注公差按IT15加工。
3.未注倒角C0.5。
4.不允许使用锉刀。

任务名称		加工汽车零配件	
图　　号	附图2	材　　料	ZG200−400
加工时间	60min	毛坯尺寸	ϕ50×92

附图　2　产教结合产品零件图

如附图3所示。

在最后一道工序中，车削偏心孔时采用的偏心夹套的长度仍然采用靠塞来限位。偏心夹套采用具有一定弹性的材料制成，偏心弹簧夹套如附图4所示。

为了在倒角时不换刀，加工刀具应具有特殊的形状，如附图5所示。

二、原料、工量具的采购

该产品的原材料为ϕ50mm×92mm的圆棒料，前面项目中加工过的工件可用来继续加工该产品，这样可以有效地节约成本。所有的原材料和工具、量具由校办工厂统一采购。

三、生产加工流程

1. 考勤和分组

为了尽可能地贴近企业的生产实际，学生每天应严格按时进工厂和出工厂，并要求学生打考勤卡，工作时间为8h，并提出相应的奖惩措施。根据本次产品的6道加工工序、检验、学生的人数和机床数量，将学生分为7个小组，每个小组5人，每人操作一台卧式车床，每个小组有一个组长，由班长负责车间管理。所有的考勤、管理制度由班长、组长监督检查。

2. 原材料和工具、量具的领取

所有的原材料和工具、量具由校办工厂的仓库管理员管理，加工产品前，由组长去仓库领取各组所需的工具、量具，并填写借取单（附表2）；由班长领取一天的产品原料，并填写领料单（附表11）。

附表 4　粗车外圆 $\phi 38.5mm$

机械制造	机械加工工序卡片	工序名称	粗车外圆 $\phi 38.5mm$	工序号
		零件名称	偏心套	1

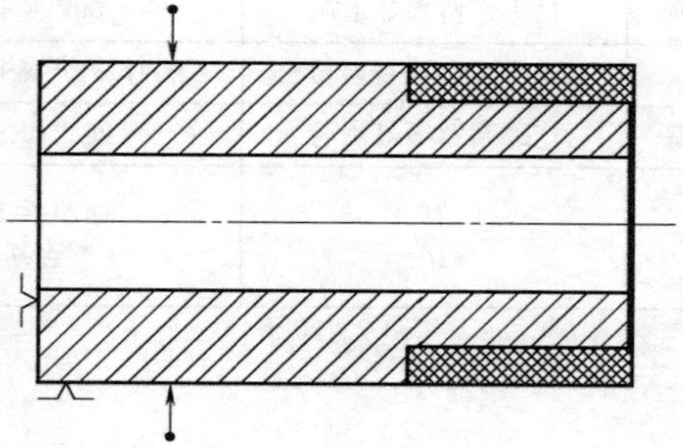

材料		毛坯	
牌号	硬度	形式	重量
45 钢	225 ~ 250HBW	锻件	
设　备		夹具	辅助工具
名称	型号		
卧式车床	CA6140A	通用夹具（自定心卡盘）	靠塞

工步	安装及工步说明	刀具	量具	进给长度 /mm	进给次数	切削深度 /mm	进给量 /(mm/r)	主轴转速 /(r/min)	切削速度 /(m/s)	基本工时 /min
1	车削端面	硬质合金焊接车刀	游标卡尺	18	1	0.5	0.2	600	1.5	0.2
2	粗车外圆至 $\phi 38.5mm$	硬质合金焊接车刀	游标卡尺	35	2	6	0.2	600	1.5	0.8
3	倒角	硬质合金焊接车刀								

附表5　粗、精加工外圆

机械制造	机械加工工序卡片	工序名称	粗、精加工外圆	工序号
		零件名称	偏心套	2

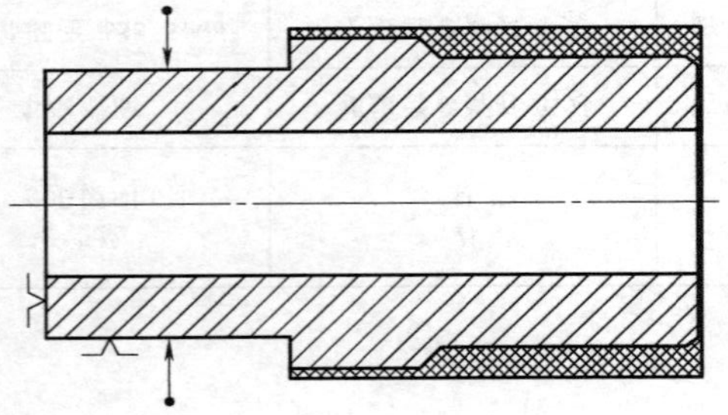

材料		毛坯	
牌号	硬度	形式	重量
45钢	225～250HBW	锻件	
设备		夹具	辅助工具
名称	型号		
卧式车床	CA6140A	通用夹具（自定心卡盘）	靠塞

工步	安装及工步说明	刀具	量具	进给长度/mm	进给次数	切削深度/mm	进给量/(mm/r)	主轴转速/(r/min)	切削速度/(m/s)	基本工时/min
1	车削端面	硬质合金焊接车刀	游标卡尺	18	1	1	0.2	600	1.5	0.5
2	粗车外圆 ϕ48.4mm	硬质合金焊接车刀		58	1	2	0.2	600	1.5	1
3	粗车外圆 ϕ42.4mm	硬质合金焊接车刀	游标卡尺	35	1	6	0.2	600	1.5	1
4	精车外圆 ϕ48mm、ϕ42mm	硬质合金焊接车刀	游标卡尺	58	1	0.4	0.2		1.5	1
5	倒角	硬质合金焊接车刀								

附表6　粗、精加工内孔

机械制造	机械加工工序卡片	工序名称	粗、精加工外圆	工序号
		零件名称	偏心套	3

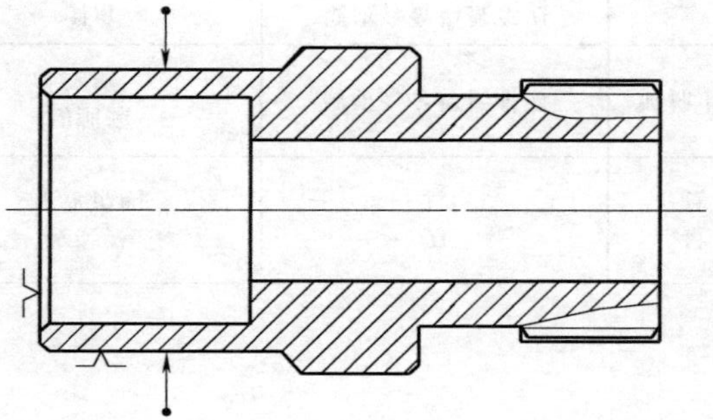

材料		毛坯	
牌号	硬度	形式	重量
45钢	225~250HBW	锻件	
设备		夹具	辅助工具
名称	型号		
卧式车床	CA6140A	通用夹具（自定心卡盘）	靠塞

工步	安装及工步说明	刀具	量具	进给长度/mm	进给次数	切削深度/mm	进给量/(mm/r)	主轴转速/(r/min)	切削速度/(m/s)	基本工时/min
1	粗车内孔 ϕ33.5mm	硬质合金焊接车刀	游标卡尺	30	1	4	0.2	600	1.1	0.5
2	精车内孔 ϕ34mm	硬质合金焊接车刀	游标卡尺	30	1	0.5	0.2	600	1.1	1
3	倒角	硬质合金焊接车刀								

附表 7　车槽

机械制造	机械加工工序卡片	工序名称	车槽	工序号
		零件名称	偏心套	4

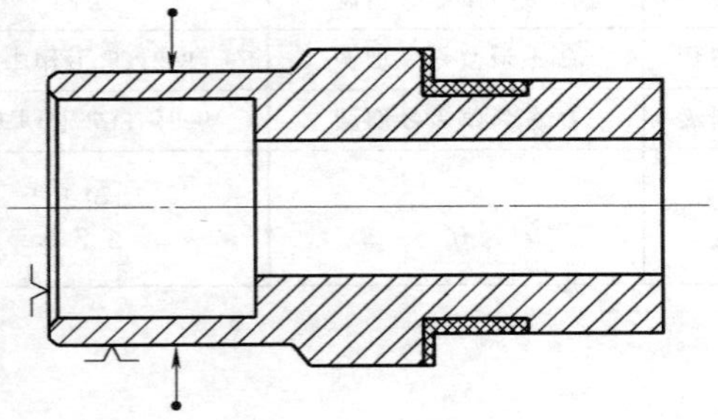

材料		毛坯	
牌号	硬度	形式	重量
45 钢	225～250HBW	锻件	
设备		夹具	辅助工具
名称	型号		
卧式车床	CA6140A	通用夹具（自定心卡盘）	靠塞

工步	安装及工步说明	刀具	量具	进给长度/mm	进给次数	切削深度/mm	进给量/(mm/r)	主轴转速/(r/min)	切削速度/(m/s)	基本工时/min
1	切削螺纹槽	硬质合金焊接车刀	游标卡尺	15	3	2		500	1	0.5
2	倒角	硬质合金焊接车刀								

附表 8　车削螺纹孔

机械制造	机械加工工序卡片	工序名称	车削螺纹孔	工序号	
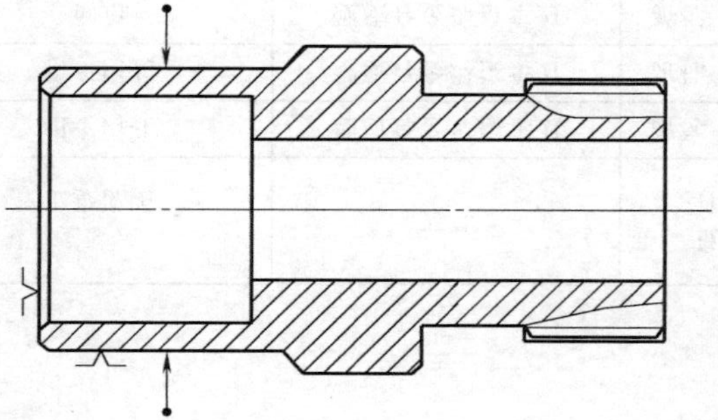		零件名称	偏心套	5	
		材　料		毛　坯	
		牌　号	硬　度	形　式	重　量
		45 钢	225～250HBW	锻件	
		设　备		夹具	辅助工具
		名称	型号		
		卧式车床	CA6140A	通用夹具（自定心卡盘）	靠塞

工步	安装及工步说明	刀具	量具	进给长度/mm	进给次数	切削深度/mm	进给量/(mm/r)	主轴转速/(r/min)	切削速度/(m/s)	基本工时/min
1	车削外圆	硬质合金焊接车刀	游标卡尺	20	1	0.7	0.2	500	1	0.2
2	倒角	硬质合金焊接车刀						500	1	0.1
3	车削螺纹	硬质合金焊接车刀	游标卡尺	20	6	0.4		500	1	3

附表 9　车削偏心内孔

机械制造	机械加工工艺卡片	工序名称	车削偏心内孔	工序号	
		零件名称	偏心套	6	
		材料		毛坯	
		牌号	硬度	形式	重量
		45 钢	225 ~ 250HBW	锻件	
		设备		夹具	辅助工具
		名称	型号		
		卧式车床	CA6140A	专用夹具（偏心弹簧套）	靠塞

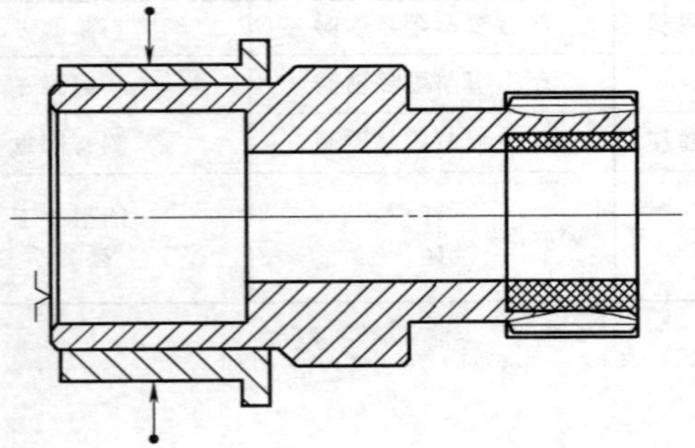

工步	安装及工步说明	刀具	量具	进给长度 /mm	进给次数	切削深度 /mm	进给量 /(mm/r)	主轴转速 /(r/min)	切削速度 /(m/s)	基本工时 /min
1	粗车内孔	硬质合金焊接车刀	游标卡尺	20	2	4	0.2	600	0.8	0.6
2	精车内孔	硬质合金焊接车刀	游标卡尺	20	1	0.5	0.2	600	0.8	0.3
3	倒角	硬质合金焊接车刀	游标卡尺							

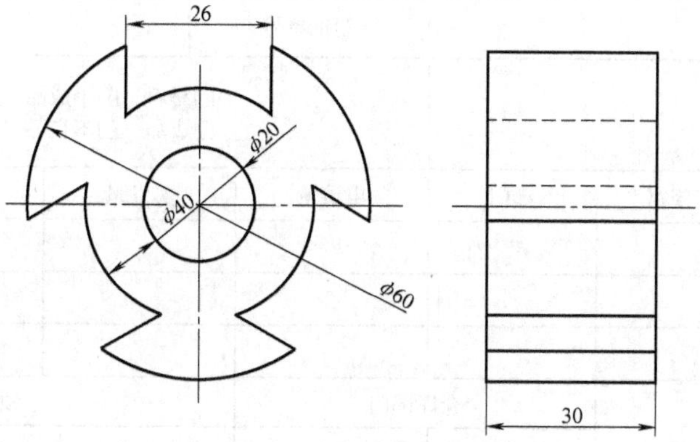

附图　3　靠塞

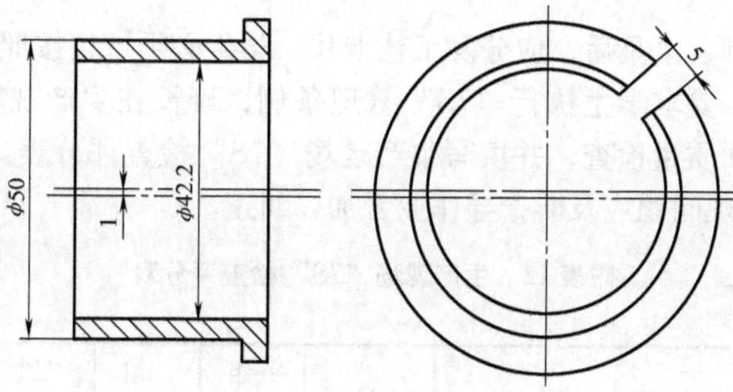

附图　4　偏心弹簧夹套

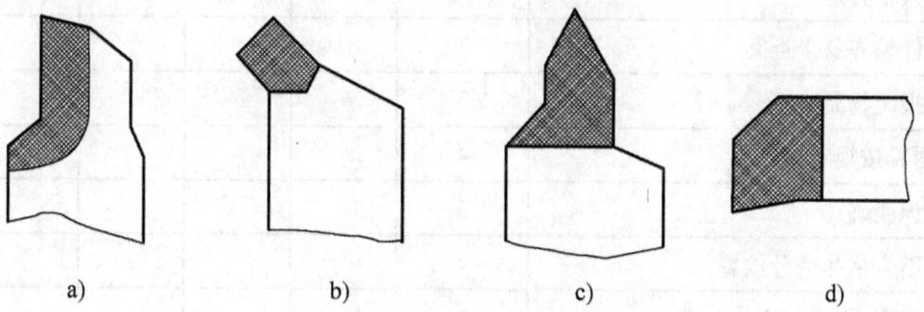

附图　5　加工刀具的形状

a）外圆车刀　b）45°外圆车刀　c）螺纹车刀　d）内孔车刀

附表 10　工具、量具借取单

申请部门	领取物品	领取时的完好性	归还时的完好性	领取日期	归还日期	申请人签字

附表 11　领料单

领料部门			制工单号			
申请用途 理由说明			□材料　□半成品　□物料 □成品　□不良品　□其他			
料号	品名规格	部门	申请量	实发量	不足量	备注
核复初制 准审审单		仓库部门		领料签收		
		主管	经办			

3. 生产加工

分配好机床、工具、量具后，应分发工艺卡片，学生必须严格按照工艺卡片上的工序进行加工。加工过程中，要求学生执行“7S”管理条例，班长在生产现场要以一定的时间间隔对制造工序进行巡回质量检查，并填写生产现场“7S”检查评分表（附表 12）和巡检表（附表 13）。巡检中发现问题应及时指导作业者加以纠正。

附表 12　生产现场“7S”检查评分表

检查日期

项目	检查内容	配分	一组	二组	三组	物料部	检查人	备注
整理	1. 工位无不用工具及物品	4						
	2. 物品摆放整齐定位	4						
	3. 图样文件整齐易于查阅	3						
	4. 现场无报废物品	3						
整顿	1. 物品、器具按规定摆放	4						
	2. 产品标识明确	3						
	3. 合格与不合格品区分放置	4						
	4. 作业指导书、报表等定位放置	4						
清扫	1. 工作区域干净整洁	3						
	2. 仪器设备无脏污	4						
	3. 无卫生死角	3						
	4. 风扇及天花板干净	3						
清洁	1. 现场有卫生值日表	3						
	2. 工位、地面干净	3						
	3. 工作台、凳子等无损坏	3						
	4. 现场无私人用品	3						
	5. 现场用具清洁整齐	3						

（续）

项目	检查内容	配分	一组	二组	三组	物料部	检查人	备注
素养	1. 作业指导书摆放整齐	4						
	2. 工作人员遵守作业标准	4						
	3. 工作人员站立整齐规范	3						
	4. 工衣、工帽穿戴整齐	3						
	5. 各种记录清晰明确	4						
节约	1. 各种单据适宜，无乱写现象	3						
	2. 手套等用具合理分发	3						
	3. 毛巾、清洗剂等无浪费	3						
	4. 仪器设备及时关电	4						
安全	1. 不存在安全隐患	3						
	2. 开关无松动漏电	3						
	3. 电源线无裸露部分	3						
	4. 仪器设备无漏电	3						
合计		100						

附表 13　巡检表

车床号：　　　　班次：　　　　组长：　　　　日期：

本班生产工单	序号	生产时间	工单编号	产品/工模编号	产品名称	工单数量	生产数量

	检查时间						
巡回检查记录	来货与工单核对						
	模/夹具确认						
	工艺参数核对						
	设备运行状态						
	有无 QC 签办						
	货品标示						
	货品摆放						
	不合格品标示						
	不合格品隔离						
	员工作业状态						
	环境保护状态						
	品质可否接受						

不合格处理	序号	时间	不合格项目及说明	生产签认	不合格处理	改善结果确认	备注

4. 产品检验

除了负责6个工序的小组之外，还有一个小组为检验小组。检验小组必须严格参照检验表对产品进行检验，由班长抽检，最后将不合格的产品进行分类整理，由班长填写加工产品抽检表（附表14）和不合格产品处理单（附表15）。

附表14 加工产品抽检表

货号批次	抽检项目	抽检结果	抽检人	抽检时间	是否合格	
					是（✓）	否（×）
	$\phi48_{-0.1}^{\ 0}$ mm					
	$\phi42_{-0.1}^{\ 0}$ mm					
	$\phi34_{\ 0}^{+0.1}$ mm					
	$\phi28_{\ 0}^{+0.1}$ mm					
	(1 ± 0.05) mm					
	M38×2—8g					
	(90 ± 0.2) mm					
	(35 ± 0.25) mm					
	(35 ± 0.15) mm					
	30mm					
	20mm					
	15mm×2mm					
总评	合格☐			不合格☐		
产品实物						

附表 15　不合格产品处理单

品名		物料编号		不良品总数	
生产批量		生产日期		检验报告编号	
不良品描述及数量 发现部门：					
原因分析： 品质部：			效果确认： 签名：		
□特采　□降低使用　□返工　□返修　□让步接收　□报废					
纠正措施： 责任部门：			效果确认： 签名：		
预防措施： 责任部门：			效果确认： 签名：		
标准化： 工程部：					

批准：　　　　审核：　　制表：

四、成品统计入库

每天生产结束后，要对产品进行清点和入库处理，并填写工程检查日报表和成品入库单，见附表 16 和附表 17。

附表 16　工程检查日报表

生产时间：　　　　年　月　日

客户		产品编号	
产品名称		生产总量	
额定班产			
用料		完成日期	

日期	班别	机号	作业者	订单号	生产数统计			良品累计数
					生产数	不良品数	良品数	

批准：　　　　审核：　　　　制表：

附表 17　成品入库单

单号：　　　　　　　　　　　　　　　　日期：

生产单量	成品编号	成品名称	数量		备注
			合格	不合格	

制单：　　　　　　　　　　　　生产主管：

五、看板管理

为了共享信息资源、促成统一认识，车间设有生产管理看板，如附图 6 所示，将生产现场“7S”检查评分表、巡检表、工程检查日报表、周计划表等信息都显示在看板上面。这样可以更加有效、直观地让操作者看到各自生产情况的信息。

[生产结束安排]

一、产品交货

为期两个月的生产加工结束后，由企业安排运输车从学校的仓库将成品交货。此时仓库管理员应填写成品出库单，见附表 18。

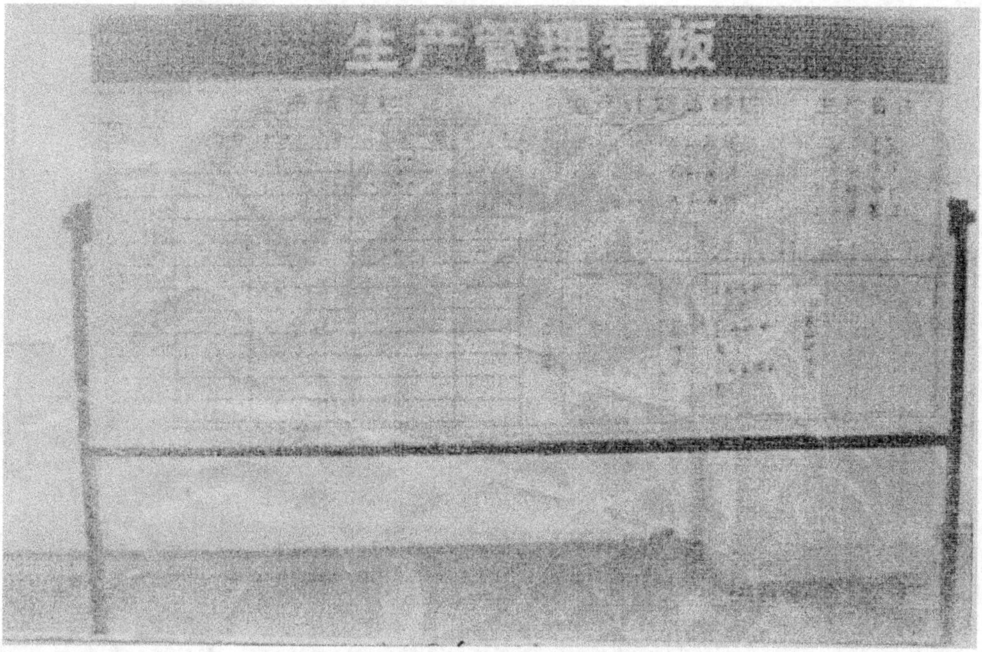

附图6　生产管理看板

附表18　成品出库单

单号：　　　　日期：

订单号	客户	成品编号	成品名称	数量	备注

出货人：

二、学校收尾工作

1）对做得好的学生要给予表扬，对做得不好的学生应指出其错误，但也要进行适当的鼓励。

2）根据每位学生完成的数量和质量，适当给予应得的加工费用或一定的奖品和学分奖励。

3）指导教师和学生共同总结本次产品加工中存在的问题，并共同分析和解决该问题。

4）要求每位学生在加工结束之后写出总结报告，在总结报告中写出自己在本次产品加工中的优缺点以及对本次产品加工的想法和意见。

5）要求每位学生自己找出一个产品，对产品进行工艺安排，并填写工序卡片。

参 考 文 献

[1] 娄海滨. 普通车床加工技术［M］. 北京：高等教育出版社，2010.

[2] 蒋增福. 车工工艺与技能训练［M］. 北京：高等教育出版社，2003.

[3] 王公安. 车工工艺学［M］. 4版. 北京：中国劳动社会保障出版社，2008.

[4] 刘芳时. 车削加工技能［M］. 北京：中国劳动社会保障出版社，2006.

[5] 赵忠玉. 车工技能鉴定考核试题库［M］. 北京：机械工业出版社，2005.

[6] 樊永泉. 车工技术［M］. 北京：机械工业出版社，2009.